普通高等教育"十三五"规划教材

矿物加工数学模型

吴翠平 编著

北京
冶金工业出版社
2018

内 容 提 要

矿物加工数学模型是矿物加工工程各种问题的定量化模型。本书系统叙述了矿物加工数学模型的建立方法与技术，介绍了重选、浮选、粉碎、筛分与分级等专门数学模型，以及矿物加工流程计算软件的国内外最新实例与技术，矿物加工计算流体力学模型的建立求解技术及模拟实例。本书内容照顾了煤炭分选加工数学模型的特点。本书附有教学用上机实验手册，并介绍了矿物加工数学建模的MATLAB函数。

本书内容丰富，理论和应用并重，实用性强，吸收了国内外矿物加工数学模型建立与计算机应用的最新成果，反映了矿物加工数学模型技术的最新进展。本书内容深入浅出，详略得当，突出了数学建模的基础方法、计算机技术、最新成果。

本书可作为高等学校矿物加工工程专业的教学用书、矿物加工工程相关科研人员和技术人员的参考用书，也可作为矿物加工厂管理及技术人员计算机应用的培训用书。

图书在版编目(CIP)数据

矿物加工数学模型/吴翠平编著. —北京：冶金工业出版社，2017.2（2018.3重印）

普通高等教育"十三五"规划教材

ISBN 978-7-5024-7400-3

Ⅰ.①矿… Ⅱ.①吴… Ⅲ.①选矿—数学模型 Ⅳ.①TD9

中国版本图书馆 CIP 数据核字（2016）第 253254 号

出 版 人　谭学余
地　　　址　北京市东城区嵩祝院北巷 39 号　邮编　100009　电话　(010)64027926
网　　　址　www.cnmip.com.cn　电子信箱　yjcbs@cnmip.com.cn
责任编辑　李鑫雨　美术编辑　彭子赫　版式设计　彭子赫
责任校对　李　娜　责任印制　牛晓波
ISBN 978-7-5024-7400-3
冶金工业出版社出版发行；各地新华书店经销；虎彩印艺股份有限公司印刷
2017 年 2 月第 1 版，2018 年 3 月第 2 次印刷
787mm×1092mm　1/16；19.5 印张；473 千字；302 页
45.00 元

冶金工业出版社　投稿电话　(010)64027932　投稿信箱　tougao@cnmip.com.cn
冶金工业出版社营销中心　电话　(010)64044283　传真　(010)64027893
冶金书店　地址　北京市东四西大街 46 号(100010)　电话　(010)65289081(兼传真)
冶金工业出版社天猫旗舰店　yjgycbs.tmall.com
（本书如有印装质量问题，本社营销中心负责退换）

前　言

矿物加工数学模型一直作为矿物加工学（按工业界的沿袭，曾称为选矿学）的重要内容，是矿物加工工程中相关的设备、工艺以及工厂设计与生产运营中涉及的各种科学问题、技术问题和管理问题的定量化途径。马克思说："一门科学，只有当它成功地运用数学时，才能达到真正完善的地步"。矿物加工工程，如包括工程技术科学在内的一切应用科学一样，离开了数学和数学模型方法是不可能发展的。

矿物加工数学模型是矿物加工技术与数学相结合的产物，其发展除了伴随着矿物加工技术和矿物加工工业本身的发展外，还与应用数学、计算数学、计算机技术、矿物加工有关物理量的测试技术等的发展密不可分。20 世纪 80 ~ 90 年代，中国出现过对选矿和选煤数学模型研究的热潮，不论是设备模型还是流程计算以及过程控制和生产的技术与经济管理方面，都涌现大量研究和文献，并有许多相关教材出版，但其后的近 20 年内，虽然有关研究一直在继续，但文献发表和图书出版的很少。近 10 年内，随着测试技术、计算机技术和计算流体力学技术的发展，为矿物加工数学模型带来了新的研发手段和措施，也积累沉淀了不少研究结果、成果和文献，这些新进展有待及时归纳总结。另外，矿物加工数学模型（尤其照顾煤炭加工数学建模特色）的教材已逾 25 年没有新编，急需跟进与更新；从事矿物加工的相关工程技术人员也希望见到这方面的新书，以便及时了解矿物加工数学建模的新发展。

本书编写的思路为：概念→相关数学知识与基础建模方法→模型→应用，即循着概念解析与发展概述、数学建模基础知识、基础建模方法、专门数学模型、流程计算软件、计算流体力学模型等主题构成的线性结构主线进行编写，综合了数学建模、计算数学、计算机程序设计、矿物加工设备模型、矿物加工流程计算以及计算流体力学模型等方面的有关知识、理论和技术，介绍了国外重选分配曲线模型，结合国内与国外流程计算的典型软件介绍了流程计算技术，总结了作为矿物加工近年新应用的计算流体力学建模的理论和技术及矿物加工计算流体力学的典型应用，吸收总结了近年来矿物加工数学模型建立与应用的有关最新成果。本书编写照顾了煤炭分选加工数学建模与应用的行业特色。

全书共分10章。第1章细致解析数学模型的含义、分类，叙述矿物加工数学模型的建立方法、应用及相关软件的发展。第2章介绍矿物加工数学模型中推导和建立所需的数学知识，包括概率与数理统计、矩阵与方程组、数值计算、最优化与搜索法、最小二乘法、拉格朗日乘数法等，是数学模型研究必需的理论基础。第3~4章介绍在矿物加工数学模型中具有重要地位的经验模型——拟合模型与插值模型的建立技术。第5~8章介绍重选、浮选、粉碎、筛分和分级等的专门模型，并照顾到煤炭分选方面的模型。第9章介绍已经应用的典型流程计算软件——国内的选煤优化软件包与国外的 ModSim，其中包含流程图模拟技术和软件应用实例。第10章介绍计算流体力学模型建立的理论和技术及重介质旋流器、浮选柱、粉体表面改性机等的计算流体力学模型。

本书附有上机实验（C语言版）及上机编程知识，可作为本科生教学上机实验的手册，用于演练矿物加工数学建模的基本技术和方法；还附有 MATLAB 用于矿物加工数学建模的有关函数总结，可作为借助数学建模软件而展开的预测、优化、模拟等较复杂矿物加工数学建模工作的参考；最后附有相关系数 R 的数表，以方便使用中进行回归建模分析的有关查阅。

本书第1~6章、第9、10章由吴翠平编写，第7~8章由朱学帅编写，全书由吴翠平统稿。

在本书编写过程中，得到了中国矿业大学（北京）矿物加工工程系老师和课题组人员的大力支持，在此表示衷心感谢。本书以恩师冯绍灌先生所编《选煤数学模型》为全书结构基础，同时引用了国内外相关文献的一些内容和实例，特别是樊民强、刘峰、夏玉明以及 R. P. King 等人的研究资料与结论。另外，路迈西先生为本书国内流程计算实例提供了细节资料。在此，谨向各位前辈、被引文献作者、涉及出版社和企业表示诚挚谢意。

本书的顺利出版，受益于中国矿业大学（北京）教材建设项目的资助，在此表示衷心感谢。

由于编者水平所限，不足之处在所难免，敬请广大读者批评指正。

吴翠平

（wcuip@ vip. sina. com）

2016 年 10 月

目　录

扫我看课件

1 概　述

为探索客观事物的内在规律，提高生产效率和生活质量，人们在科学与技术领域采用数学表达式描述被研究对象的输入与输出之间的关系，由来已久。矿物加工数学模型是矿物加工过程或设备的简化描述与数学抽象，是矿物加工技术与数学相结合的产物。

本章主要解释有关数学模型的术语，介绍数学模型的建立方法及数学模型在矿物加工中的应用，以便建立概念，明了学习与研究矿物加工数学模型的意义。

1.1　数　学　模　型

1.1.1　模型

矿物加工是现代矿业中必不可少的工艺过程。在 20 世纪初至今的这一百年里，矿物加工的理论和技术都得到了前所未有的发展。随着可被开采矿物的减少和加工工艺与技术的发展，从事矿物加工的人们，也越来越深刻体会到：矿物加工工程是复杂的。

"简化"是工程师或科学家们分解系统复杂性的基本策略；实际上，日常生活中我们也是这么做的。也就是说，了解复杂系统或解决相关问题时，应考虑使用系统的简化描述。而系统的简化描述，就是系统的"模型"。1965 年，Minsky 提出的模型的一般定义为：如果研究者使用对象 A* 来解决对象 A 的某个问题，则称 A* 是 A 的模型。

一般认为，模型（Model）是原型（Prototype）的简化描述，而原型是指人类在社会实践中所关心和研究的存在于现实世界中的事物或对象。所以，模型是相对于原型而言的，不同的对象实体，对应有不同的模型。例如，对象是一台矿物加工设备，对应的模型称为设备模型；对象是一个工艺过程（如矿物分选过程），对应的模型称为过程模型。

同时，模型又是原型的简化描述，即为了某个特定目的将原型所具有的本质属性的某一部分信息经过简化、提炼而构成的原型替代物。由原型到模型，需要经过两大步，即适当过滤或筛选对象实体和用适当的表现规则描绘出该对象实体的简洁模仿品。所以，模型应含有对象实体的主要性质，但又不能（或不可能）包含对象实体的全部性质。

理论上，采用模型研究复杂系统可以分为几个步骤：定义→分析原型系统→建立系统模型→仿真→确认。其中，"定义"即明确需要解决或回答的问题，并定义原型系统；"分析"原型系统就是识别与问题相关的原型系统的部分信息；之后，就可以以分析结果为基础，"建立"系统模型；而"仿真"是基于模型开展的试验，也就是应用模型解决问题，并导出解决问题的策略。"确认"则是判定仿真过程导出的策略是否能够解决或回答"定义"中提出的问题。还要注意，实际的研究项目很少能一次按照上述步骤直接完成，各个步骤间往往存在交叉。例如，如果模型确认失败，需要返回到上述循环式结构的某个步骤；改进模型，抑或是重新分析原型系统，甚至重新界定问题。

那么，好的模型是不是要"尽可能逼近"原型？回答是否定的。模型研究的目的是简化，而不是复杂现实的无意义模仿。所以，"最佳模型"是符合目的的最简单模型，但它仍然复杂到足以帮助我们了解原型系统和解决问题。最佳模型可使人们明晰思路，透过矿物加工的复杂系统，看到其本质。

一般地，从原型得到模型的过程称为建立模型，简称建模。

1.1.2　模型的分类

模型作为原型的模仿品，按"模仿"角度的不同，有多种类型。只对几何尺寸按一定比例增大或缩小，称为几何相似模型。如：地球仪、原子模型。依据相似理论中的一些准数进行几何尺寸的变化，称为量纲相似模型。国内曾用这种模型进行过大型跳汰机研究。通过相似的数学公式描述不同实体的特殊物理规律，称为数学形式相似模型。如电阻电容充电电路的充电过程与单容积水槽的充水过程，其动态方程完全一样，只是方程中参数的物理意义不同。

按照对实体的认识深度，模型分为具体模型与抽象模型。具体模型又分为直观模型、物理模型；抽象模型又分为思维模型、符号模型、数学模型。数学模型采用数学语言来模拟原型系统。

另外，按照描述规则的不同，还可以有多种分类方法。如实际模型与思考模型；精确模型与近似模型；动态模型与静态模型。又如，按表现形式分类，可分为数学模型、逻辑模型、图形模型、模拟模型等。

实际中，人们会根据不同的需要，对同一研究对象，从不同角度建立不同形式的模型。如对选煤工艺，可以用流程图表示；也可以用一系列有顺序的运算表示。另一方面，具体某种模型，可以按不同分类角度归类，如选煤厂工艺流程图，可以视为煤炭分选过程的直观模型、近似模型、静态模型和图形模型。

1.1.3　数学模型

从不同角度，数学模型有很多定义。

狭义讲，数学模型是指将原型系统的特征或本质用数学表达的关系式来表示的模型。

从建模过程的角度，数学模型是三要素（S，Q，M）的集合体，其中，S是原型系统，Q是与系统S相关的问题，M是用来回答问题Q的一组数学表达式。这个定义强调了建立数学模型的先后顺序，即（通常情况下）首先定义原型系统，然后提出与系统相关的问题，最后建立数学表达式。（S，Q，M）集合体中的三个要素都是数学模型不可或缺的组成部分；没有问题Q，就无法建立数学模型。

从数学角度，数学模型是"与现实组成部分相关，并根据特定目的而建立的一个抽象及简化的数学结构"。

当然，作为模型的一种类型，数学模型的主要优势依然在于简化系统，即，使复杂系统的信息内容简单化。

需要注意，实际应用中，模型的数学关系式是多种多样的，不单局限于显式的函数关系，可以是图形，也可以是表格，（使用计算机后，）还可以是计算机程序。

由原型建立数学模型的过程简称数学建模。数学建模不仅需要一定的数学知识与技巧，还需要敏锐的洞察力与理解力（有赖于专业知识）。

一般地，数学建模包含模型求解在内，即数学建模不单单包括由原型得出一个数学表示，更重要的是要求解模型并揭示其现实意义，还要为确认模型的可用性和适用性而进行模型检验。

还要注意，为了便于建模（也包括求解），数学模型往往只把生产过程中主要的输入与输出的变量关系描述出来，忽略一些次要和影响不大的因素，所以建模时要善于抓住问题的内在联系，作出合理的假设与简化，找出影响问题的各种因素及其相互关系。建立应用于矿物加工工程这样的工业过程的模型更是如此，可能出现数学中不够合理，但对实际生产却是切实可行的假设、简化、省略、近似。

所以，还应始终牢记：谨慎地使用数学模型。在使用数学模型解决实际问题时，数学建模过程中所做的简化和假设将或多或少地限制我们对真实系统的理解。

1.1.4 数学模型的描述

数学模型描述时，涉及一些术语。本节给出这些术语的含义界定。

（1）因变量。对以集合体（S，Q，M）代表的数学模型，在表达式 M 中用以描述系统 S 的状态以及用于回答问题 Q 的数学量 y_1，y_2，$\cdots$，y_n 称为（S，Q，M）的因变量。可见，因变量用于描述所关注的原型系统的属性。

（2）系统参数。对以集合体（S，Q，M）代表的数学模型，x_1，x_2，$\cdots$，x_n 为数学量（可以是数值、变量或函数），且这些数学量可借由表达式 M 得到描述系统 S 状态的因变量以及用于回答问题 Q，则 x_1，x_2，$\cdots$，x_n 称为数学模型（S，Q，M）的系统参数。所以，系统参数用于描述系统特性，进而通过数学方法确定因变量。

从数学角度，系统参数也就是数学表达式 M 的自变量。

（3）模型中的数学问题。通常情况下，很容易区分数学模型的表达式 M 与数学模型隐含的待求解的数学问题。模型中的数学问题可以凭借数学专业求解、还可用软件进行求解。换言之，实际中，模型被表达为纯粹数学问题后，其求解可以"扔给"数学家去完成。意即，即使不是数学家，也可以采用数学模型方法便捷地解决问题。

数学建模通常涉及多学科的交叉内容，非数学专业人员通过对系统进行深入分析后，才可以建立数学模型。数学模型的作用是将"数学"这个工具应用于看似非数学性质的问题中；数学建模将非数学问题"转换"成数学语言。"转换"之后就可以采用强大的数学方法进行模型求解。

（4）辅助变量。有些情况下，需要通过引入辅助变量才能便捷地将问题描述转化成数学表达式，即用辅助变量帮助确定未知量。自然，要确定辅助变量和未知量，需要问题描述时提供更多信息（即辅助变量增加了模型求解时方程组的大小）。

（5）统计方法。统计方法在数学建模中具有重要地位。一方面，统计方法本身就是一类可用于对数据进行描述和推论的数学模型集合；另一方面，统计方法为非统计数学模型与真实世界之间提供了联系纽带。因为，系统参数和因变量都需要实验测量，而实验测量的数据结果需要用统计方法来处理。

统计方法中，描述统计学用来描述或概括数据；而推论统计学可以通过对数据进行分析，获得随机性问题和不确定性问题的结论。

1.2 数学模型的分类

数学模型分类的意义在于，帮助建模人员知道所建数学模型处于数模空间的哪个位置，以及一旦原有模型不适用时可以选择其他哪些模型。

按照不同的标准，数学模型有多种分类，且不同角度的分类，还互有交叉。

最直接的分类是按照数学模型所针对的原型进行分类。如针对浮选过程的数学模型称为浮选数学模型，针对重选过程或重选分选结果的数学模型称为重选数学模型等。

本节头两节给出数学模型的通用分类，建立起关于数学模型分类的系统思想。之后，再单列标题展开介绍与矿物加工数学模型有关系的几种重要分类。

1.2.1 依据认识程度的分类

当对系统 S 的认识仅处于对因变量（和系统参数）观测与统计的阶段，而对其内部工作过程毫无了解时，所得模型称为黑盒模型。而对系统 S 能提供其由系统参数到因变量的明确过程信息的模型，称为白盒模型。

黑盒模型中，系统 S 像是一个被"黑色"笼罩的盒子，对其内部过程毫无认识；白盒模型中，系统 S 像是一个"透明"的盒子，对其内部过程已全部掌握。介于黑盒模型与白盒模型之间的，是灰盒模型。所以模型的"灰度"便成为认识程度的代名词。

图 1.2-1a 给出基于认识程度（从黑盒模型到白盒模型）的数学模型分类方法，而且从 S、Q、M 三种角度进行了排列。

从原型 S 的角度，心理学系统和社会学系统居左，因为这类问题复杂性极高，包括很多子过程，比较难以理解，只能通过对外围信息的收集、分析、判定来解决问题。另一方面，机械系统和电路系统占据最右端，通过物理定律和公式，很容易掌握这些系统的特性。其他系统（如生物系统）的模型逐渐由黑盒向白盒渐变。

从能够解决的问题角度，随着模型逐渐由黑盒变为白盒，数学模型可以解决的问题越来越具有挑战性。在黑盒端，模型可依据数据进行大致可靠的预测，化学系统模型则可以精确地用于控制反应过程；在白盒端，在原型实体实现之前，可在计算机上采用数学模型对系统与过程进行设计、测试和优化，其中包括计算流体力学交互设计、虚拟现实等技术。例如，可使用数值模拟软件计算三维装置（如集成芯片）的温度分布，进而能通过在计算机上虚拟更改设备特性、观察温度分布变化，先在计算机中对设备构造进行优化、获得预期的温度分布特性，之后再付诸实际制造。

需要指出，灰盒模型也可称为半经验模型，或称为综合模型。灰盒模型基于 S 的部分信息构建，但还有一些重要信息难以获得。

1.2.2 依据数学模型要素的分类

按照数学模型的三要素定义，把数学模型看作一种集合，则该集合可在 S、Q、M 三要素构成的空间（不妨称为 SQM 空间）内描述，据此可将数学模型分类（如图 1.2-1b 所示）。

1.2.2.1 SQM 空间之 S 轴

按 S 轴的分类即是按原型系统的分类。

可分为针对实体系统的数学模型与针对概念系统的数学模型。实体系统是真实世界的一部分；概念系统主要是由思想、创意等组成。矿物加工工程属实体系统。

可分为针对自然系统的数学模型与针对技术系统的数学模型。自然系统是自然界的一部分；技术系统是一辆车或一部机器等。矿物加工工程属技术系统。

可分为针对随机系统的数学模型与针对确定系统的数学模型。随机系统包含随机效应；确定系统不包含或包含很少以至可以忽略的随机效应。矿物加工工程中这两类系统都存在。

可分为针对连续系统的数学模型与针对离散系统的数学模型。连续系统中包含与连续时间变化相关的变量。离散系统只包含与离散时间变化相关的变量。矿物加工工程中主要是连续系统，涉及离散系统的地方很少（产品的装车、打包之类，可归为离散系统）。

空间变量的个数称为系统维度（常用 1D、2D、3D 表示）。依研究人员的关注角度，这三种维度的模型在矿物加工中都会出现。

还可按应用领域分类。此处"应用领域"若理解为数学模型所涉及的领域，如化学系统、物理系统、生物系统等，则图 1.2-1a 中罗列的系统在矿物加工工程中都有所涉及。

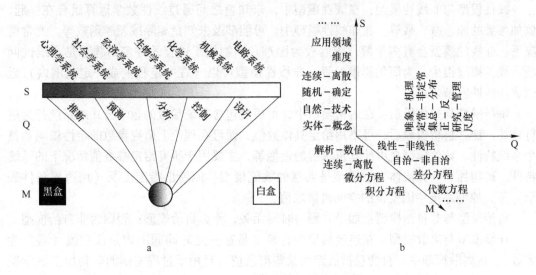

图 1.2-1　数学模型的分类

a—基于认识程度的数学模型分类；b—基于 SQM 空间的数学模型分类

1.2.2.2　SQM 空间之 Q 轴

按 Q 轴的分类即是按问题类型的分类。其中，唯象模型与机理模型、定常模型与非定常模型，将单列标题讨论。但是，先要指出，唯象模型也被称为经验模型，机理模型等同于理论模型。

集总模型与分布模型：对数学模型（S，Q，M），若至少一个系统参数或因变量与空间变量相关，则称为分布模型；若系统参数或因变量都与空间变量无关，则称为集总模型。集总模型（与空间无关）和分布模型（与空间有关）的区分，主要取决于所提的问题。例如，对重介质旋流器，当虑及混合液密度与空间有关时，其数学建模问题需要用分布模型来解决；当把混合液密度视作均一时，其数学模型将是集总模型。

正问题与反问题：若问题 Q 是通过给定输入量和系统参数来确定输出量，则模型解决的是正问题。反之，若问题 Q 是确定输入量和系统参数，则模型解决的是反问题。如果问题只是确定系统参数，则称为参数辨识。矿物加工实践中，产品指标管控中，解决的是正问题；而控制策略研究时，需要解决反问题。

研究模型与管理模型：若问题 Q 是为了理解系统 S，可使用研究模型。若问题 Q 是确定系统 S 的实际问题的解，可用管理模型。研究模型所要考虑的问题更加复杂，不便于管理。矿物加工过程中，依问题角度，同一个数学方程可能是研究模型的组成部分，也可能是管理模型的组成部分。

尺度：针对问题 Q，模型以合适的尺度对系统进行描述。例如，空气重介质流化床干法选煤中，问题 Q 可能是研究加重质颗粒在床层中的运动规律，也可能是确定流化床床层的密度，显然，这两种情况需要建立两种不同尺度的数学模型。

1.2.2.3　SQM 空间之 M 轴

按 M 轴分类实质是按模型表达式的数学类型分类。这些类型均可能出现在矿物加工数学模型中。

线性模型与非线性模型：在线性模型中，未知量之间通过线性数学运算组合在一起，例如参数的加、减、乘等。在非线性模型中，可能涉及未知量相除或超越函数等。通常情况下，非线性模型会有多个解，求解较为困难。矿物加工过程的许多问题都是非线性问题，线性模型很少。为简化建模过程，非线性模型可以（在一定程度或一定范围内）近似成用线性模型表示。

解析模型与数值模型：在解析模型中，可通过包含系统参数的数学公式对系统行为进行描述。建立解析模型后，可不用给定具体数值，便可在理论上研究参数的定性影响和整个系统特性。数值模型是由计算机求解的近似解，主要用于研究给定参数值情况下的系统特性。矿物加工计算流体力学模型是典型的数值模型，能给出指定工况（用边界条件表示）下，原型系统中因变量的空间离散取值。

自治模型与非自治模型：如果方程与时间无关，称为自治模型；否则为非自治模型。

连续模型与离散模型：在连续模型中，自变量在一定时间间隔内是任意值（通常为实数）。在离散模型中，自变量被假定为某些离散值。对用于过程控制的矿物加工数学模型，对原型过程来说，属连续模型；但在使用数字计算机作为控制器之后，控制器内采用的数学模型属于离散模型。

差分方程、微分方程、积分方程、代数方程：这些都是数学模型表达为方程（方程组）后基于方程（方程组）类属的分类形式。在差分方程中，获得的结果是一系列离散数据，常用来描述离散系统；微分方程是指包含未知函数导数的方程，是建立连续机理模型的主要工具；积分方程是指包含未知函数积分项的方程，也常见于机理模型中；代数方程是指包含加、减、乘等基本代数运算的方程。

必须强调，以上数学模型分类互有交叉。例如，唯象模型也被称为统计模型或黑盒模型。唯象模型可以是集总、离散、定常或非定常模型等。

综上，可以发现，术语"矿物加工数学模型"实质是按原型系统分类而命名的。矿物加工数学模型是关于矿物加工理论和矿物加工生产的数学模型，建模目的是要解决矿物加工学的理论分析问题（科学问题）和生产过程的计算、预测、优化问题（技术问题），为设计、管理、控制提供依据和方法。研究目的和应用场合不同，对建模要求也自然不同。矿物加工数学模型建立时，应根据需要，选择适宜形式的模型。

1.2.3　机理模型与经验模型

一直以来，矿物加工行业中最常见的一种分类是按模型来源分为机理模型与经验模型（其他工业行业也是如此），而介于两种类型之间的，便是综合模型（又称混合模型）。研究人员总希望得到机理模型，但由于认识的局限和原型系统的复杂性，在还未完全掌握原型系统内部的所有过程信息但又必须建立模型以解决实际问题的阶段，得到的就是综合模型。综合模型可看作是由经验模型通往机理模型的漫长研究历程上的中间产物。

所以，按照来源，数学模型可分为机理模型、经验模型和综合模型。

国外文献给出的定义为：对数学模型（S，Q，M），如果只基于实验数据构建，而未使用系统 S 的任何关于系统内部工作过程的信息，则所建数学模型称为经验模型；如果 M 中的一些表达式是基于系统 S 内部工作过程信息而建立的，这样的数学模型称为机理模型。

相对于经验模型，机理模型具有以下重要优点（也是机理方法的特色优势）：第一，机理模型可以更准确地预测系统行为。这是因为机理模型是基于具有普适性的物理理论或其他理论而建立，即使超出实验数据范围，仍然有效。第二，机理模型允许修改系统，以对其特性进行更好的预测。例如，可以换为另外的某个原型系统，仍然有效。第三，机理模型通常涉及具有实际物理意义的参数，这些参数可真实反映实际系统特性，意即，机理模型中的参数与系统特性紧密相关。经验模型中数值系数，只是数字而已。所以，如有可能，应尽可能采用机理模型。

但是，现实是很多情况下，根本无法建立系统的机理模型。为了给 Q 一个合理可用的 M，不得不使用经验模型。在工程领域或科学研究、开发中，对系统信息知之甚少的情况并不少见，或者虽然已经掌握了足够的系统信息，但系统极为复杂，建立机理模型需要花费大量时间和资源，这时就会用到经验模型。建立经验模型的一个重要优点是，只需要花费少得多的时间和资源。

在实际工程中，如果建立经验模型所需花费很少且可以给出问题的答案，那么建立经验模型当然是一种不错的选择。

以上讨论是广义性质的，有助于抓住两类数学模型的实质内涵。下面给出适合矿物加工工程角度的分类定义。

1.2.3.1　机理模型

机理模型是指按照原型实体内部的物理或化学规律分析推导出来的模型。对于作用机理清楚、因果关系明确的理论问题和生产过程，可以建立机理模型。矿物加工过程中，能建立机理模型的情况不多。一般地，涉及化学反应或水力分级过程的作业单元，有可能建立机理模型。建立机理模型的过程称为机理建模或理论建模。

1.2.3.2　经验模型

经验模型是指在不考虑原型实体内部变化的情况下，收集实体外部的输入、输出数据，用拟合、插值或数理统计等数学方法，推导出来的模型。任何系统或过程，只要收集其输入、输出数据，都能建立经验模型。矿物加工过程中大量采用经验模型。例如，对实际浮选过程，影响浮选效果的因素很多，目前还无法找到各因素与浮选产品数、质量的定量关系，只能根据生产中积累的资料或单机检查资料建立经验模型。再如煤的发热量，影响某煤发热量的因素很多，如碳、氢、氧含量等，但目前还无法找到这些影响因素与发热量的定量关系，只能通过实验测得发热量与影响发热量的物质的主要含量，建立经验模型。好在，只要数据正确、过程合理，经验模型对数据来源所在的原型实体（如同一浮选过程、同一煤层的煤），一般都有很好的适用性。建立经验模型的过程称为经验建模或实验建模。

1.2.3.3　综合模型

综合模型是一种机理模型和经验模型相结合的模型，即模型的结构形式来自理论分析，而某些模型参数由经验建模来确定。所以，建立综合模型的过程称为混合建模。矿物加工过程中有相当数量的综合模型。例如，筛分效率模型，通过对筛分过程进行动力学分析，得到公式：

$$E = 1 - e^{-Kt} \tag{1.2-1}$$

式中，E 为筛分效率；t 为筛分时间；K 为物料可筛性参数。

该式反映了筛分效率与时间的关系，是一个适用于各种原料与不同筛分设备的普遍关系。但是，对不同的筛分过程，K 值不同；同时，K 值也无法通过理论分析求出。所以，需要针对具体筛分过程，进行筛分实验，得到 (t, E) 数据，按经验建模方法确定出 K 的取值。

1.2.4　稳态模型与动态模型

按照数学模型是否反映出物理量随时间的变化，数学模型可分为稳态模型和动态模型。稳态模型的系统参数和因变量均与时间无关，又称为定常模型；动态模型的至少一个系统参数或因变量与时间有关，也可称为非定常模型。

稳态模型是指反映原型实体处于相对静止状态下的规律的数学模型，只描述生产过程变量之间的关系，不考虑时间因素。一般用代数方程表示。相对静止状态是指系统相对平稳，内部各量的变化非常缓慢，工程上常常称为稳态。矿物加工所用数学模型一般为稳态模型。例如，煤泥浮选过程中，当操作稳定、入料性质和数量稳定时，可以看作稳态。这时，某具体浮选过程中，精煤灰分与原煤灰分及给料量之间的稳态经验模型为：

$$A_c = 0.2321 + 0.3800A_f + 0.0740Q_f \tag{1.2-2}$$

式中，A_c 为精煤灰分，%；A_f 为原煤灰分，%；Q_f 为按固体计算的给料量，t/h。

动态模型是指反映原型实体处于动态下的规律的模型，模型中各变量都随时间的变化而变化。动态模型一般用微积分方程表示。一般地，生产过程进行启动与停止或操作参数改变时，处于动态，需要用动态模型描述其过渡过程。例如，闭路磨矿中，合格产品产量 Q_C 与磨机给料量 Q 之间的关系为

$$Cq \frac{\mathrm{d}Q_C}{\mathrm{d}t} + Q_C = Q \tag{1.2-3}$$

且

$$q = \frac{Q_n}{Q_C}; \quad C = \frac{M}{Q_n}$$

式中，Q 为磨机给矿量，t/h；Q_C 为磨矿循环中的合格产品产量（分级机溢流产品产量），

t/h；Q_n 为分级机返砂量，t/h；q 为返砂量与合格产品产量比值；C 为系数；M 为磨机内循环矿量，t。该模型中，磨机合格产品产量 Q_C，不仅与磨机给矿量有关，还随时间的变化而变化，反映了闭路磨矿的动态规律，属动态模型。

1.2.5 确定模型与随机模型

按照模型中变量的性质，数学模型可分为确定模型和随机模型。

对数学模型（S，Q，M），当 M 的变量全部为确定性变量时，称为确定模型；当 M 中包含随机变量时，称为随机模型。

确定模型中的变量均为确定性质的变量，没有随机性，所以模型反映出的变量及参数的关系是确切而肯定的，也没有随机性。矿物加工中的规划模型，可视为确定模型。

随机模型中至少有一部分变量是随机变量，符合某种统计规律。变量之间的关系不是确定的函数关系，而是具随机性质的相关关系。用数理统计方法建立的模型都是随机模型，这些模型建立后，往往需要检验其可靠性和精确性。

1.2.6 经验模型的两种类型——拟合模型与插值模型

现阶段，经验模型在矿物加工数学模型中具有重要地位。因此，本书第3章与第4章分别介绍矿物加工中最常用到的两类经验模型。

作为数学模型，矿物加工中的经验模型是要通过数据集（即不涉及内部机理的实验结果数据构成的集合）找出一个（或一组）数学表达式 M，来描述原型系统的因变量与系统参数之间的关系。按照数据集的利用方法的不同，经验模型又分为拟合模型与插值模型两大类。

1.2.6.1 拟合模型

拟合是指寻找一个相对简单的解析函数来逼近或近似一个数据集的过程。该数据集通常来源于实验测量；对于生产过程，可以来源于实际生产资料。由拟合方法建立的模型称为拟合模型。拟合模型侧重探讨因变量与系统参数之间的数学关系式，对于已知数据 (x_i, y_i)，拟合函数在 x_i 处的函数值要尽量接近 y_i。

有必要说明，在数理统计文献中，拟合称为回归。完整的回归分析在最大似然估计法的基础上，还需要检查拟合函数的显著性与预测精度。

例如，表 1.2-1 为6个不同中、短跑成绩的世界纪录，那么能否根据这些纪录数据分析出运动员的成绩如何依赖于赛跑距离？

表 1.2-1　赛跑成绩的世界纪录

距离 x/m	100	200	400	800	1000	1500
时间 t	9.95″	19.72″	43.86″	1′42.4″	2′13.9″	3′32.1″
线性模型拟合值	4.56″	19.10″	48.20″	1′46.4″	2′15.5″	3′28.2″
幂函数模型拟合值	9.39″	20.78″	45.96″	1′41.68″	2′11.29″	3′28.88″

求解这个问题就是由这些数据建立拟合模型，找出赛跑成绩与赛跑距离之间的关系。方法为在 $x-t$ 坐标上描出这些数据点，估计某种形式的数学函数，然后用拟合建模方法求得该函数的参数。表 1.2-1 中选用了线性函数与幂函数两种形式，经过求解，分别得到函数：

$$t = -9.99 + 0.1455x \tag{1.2-4}$$
$$t = 0.48x^{1.145} \tag{1.2-5}$$

针对这两个函数，代入 x_i，得到拟合值（表中第 3 行、第 4 行数据）。以"在所有已知数据点上都尽量接近"作为判别原则，对于该数据集，幂函数模型比线性模型的拟合效果要好。

1.2.6.2 插值模型

插值也是针对一个数据集寻找一个（或一组）表达式，数据集也通常来源于实验测量或收集的客观资料，但侧重于模拟效果，特别是要在数据观测点处没有误差，即"所建模型在 x_i 处的函数值要等于数据集中的 y_i"。插值模型又称为模拟模型，意即借助模型来模拟实际情况。

比如，绘制某地域的地形图，需要先测绘若干位置点的海拔高度，构成数据集；之后再根据这些数据建立描绘该地域各地理位置海拔高度的模型，这时建立的经验模型就是插值模型，要求模型函数值与数据集各位置的海拔高度要重合。

1.2.6.3 两种模型的比较

通过数据集建立经验模型时，可以建立拟合模型，也可以建立插值模型。两种方法的对比见表 1.2-2。

表 1.2-2 拟合模型与插值模型的对比

比较角度	拟 合 模 型	插 值 模 型
适用条件	给定数据集 (x_i, y_i) 原始数据可能带有一定的误差	给定数据集 (x_i, y_i) 原始数据一般比较精确
模型函数	根据研究者的经验和实际应用需要，选择简单、合适的函数形式进行拟合	模型形式一般是数学中的常用函数，如多项式。当数据点较多而又采用高次多项式插值时，可能引起龙格现象，产生震荡，因此多采用分段插值，即模型函数是一个分段函数
特点	不要求模型函数一定通过数据点，而是要求模型能反映数据集的变化趋势	模型函数必须通过数据集中的所有点
图示		

可见，拟合模型中曲线与数据集点的差距被"平均"了，消除了某些随机误差的影响，能在一定程度上反映因变量与系统参数之间的输出/输入关系。但建立拟合模型时，必须给出模型函数的形式；对于一些复杂关系，选择适当形式的拟合函数往往比较困难。而建立插值模型时，模型的数学形式是已知的。

所以，矿物加工数学模型中，在已经取得数据集的前提下，要根据实际情况和建模目的选择经验模型的建模方法。当模型函数容易选定而模型参数求解又不太困难时，可采用拟合模型。当模型的函数式未知或形式太复杂以致无法求解时，或只要求计算少数未知数据点的函数值时，可采用插值模型。另外，在计算机中通过已知数据点绘制光滑曲线时，一般也采用插值模型。

1.3　数学模型的建立方法

首先举例说明机理模型建立的方法和特点，之后给出经验模型建立的通用方法。

1.3.1　机理模型的建立方法

机理建模的方法为，根据原型（实体或生产过程）的内部机理，列出有关平衡方程，如物料平衡方程、能量平衡方程、动量平衡方程、相平衡方程等，以及某些物性方程、设备的特征方程等，经推导后得出关于因变量与系统参数的表达式或方程。

矿物加工数学模型中，也会出现机理建模的推导过程。为帮助读者建立概念，下面介绍单容水槽机理模型的推导。该例不仅能说明机理建模的方法和特点，而且其原型系统具有一定程度的普遍意义。矿物加工中容积物（如槽、罐、桶、箱）的工作过程都与此类似；当槽体内存在物理或化学反应，或槽体内不是单纯液相时，机理建模过程自然要比该例复杂很多，但仍有借鉴意义。

图 1.3-1 所示为以单容水槽为核心构成的系统，流入量 Q_i 由进水阀开度 μ 控制，流出量 Q_o 则由用户根据需要通过出水阀 R 来改变。水槽水位为 H，反映了水的流入量与流出量之间的平衡状态。

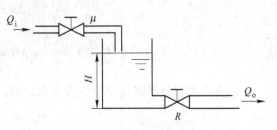

图 1.3-1　单容水槽系统

在任何时刻，水位变化都满足下述物料平衡方程：

$$\frac{\mathrm{d}H}{\mathrm{d}t} = \frac{1}{F}(Q_i - Q_o)　\qquad(1.3-1)$$

同时，进水阀与出水阀的特性方程分别为：

$$Q_i = k_\mu \mu　\qquad(1.3-2)$$

$$Q_o = k\sqrt{H}　\qquad(1.3-3)$$

式中，F 为水槽截面积；k_μ 为取决于阀门特性的系数，假定为常数；k 为与出水阀开度有关的系数，在开度固定时，视为常数。

将式（1.3-2）与式（1.3-3）代入式（1.3-1）得：

$$\frac{\mathrm{d}H}{\mathrm{d}t} = \frac{1}{F}(k_\mu \mu - k\sqrt{H})　\qquad(1.3-4)$$

在一定条件下，可对上式适当简化。假设水位能保持在其稳定值附近很小的范围内，式（1.3-4）可以线性化。

稳态时，水槽处于稳定平衡工况，水位保持不变。式（1.3-1）变为：

$$0 = \frac{1}{F}(Q_{io} - Q_{oo})　\qquad(1.3-5)$$

意即，在起始稳定工况下，流入量 Q_i 等于流出量 Q_o，水位变化速度为零。Q_{io}、Q_{oo} 分别表示起始稳定工况的流入量和流出量。

以增量形式表示各个量偏离其起始稳态值的程度，即：

$$\Delta H = H - H_0, \quad \Delta Q_i = Q_i - Q_{i0}, \quad \Delta Q_o = Q_o - Q_{o0}$$

式中，H_0 为起始稳定工况时的水位。

式（1.3-1）减去式（1.3-5），得：

$$\frac{\mathrm{d}(\Delta H)}{\mathrm{d}t} = \frac{1}{F}(\Delta Q_i - \Delta Q_o) \tag{1.3-6}$$

该式是平衡方程（1.3-1）的增量形式。

因为，水位只在稳态值附近的很小范围内变化，由式（1.3-3），可以近似认为：

$$\Delta Q_o = \frac{k}{2\sqrt{H_0}} \Delta H \tag{1.3-7}$$

而，由式（1.3-2），可以近似认为：

$$\Delta Q_i = k_\mu \Delta \mu \tag{1.3-8}$$

则，式（1.3-6）变为：

$$\frac{\mathrm{d}\Delta H}{\mathrm{d}t} = \frac{1}{F}\left(k_\mu \Delta \mu - \frac{k}{2\sqrt{H_0}} \Delta H\right) \tag{1.3-9}$$

或

$$\left(\frac{2\sqrt{H_0}}{k}F\right)\frac{\mathrm{d}\Delta H}{\mathrm{d}t} + \Delta H = \left(k_\mu \cdot \frac{2\sqrt{H_0}}{k}\right)\Delta \mu \tag{1.3-10}$$

如果各量都以自己的稳定值为参考点，即：

$$H_0 = \mu_0 = 0 \tag{1.3-11}$$

则，式（1.3-10）能去掉增量符号，直接写成：

$$\left(\frac{2\sqrt{H_0}}{k}F\right)\frac{\mathrm{d}H}{\mathrm{d}t} + H = \left(k_\mu \cdot \frac{2\sqrt{H_0}}{k}\right)\mu \tag{1.3-12}$$

设起始稳态时，突然开大进水阀，开度变化为 $\Delta\mu$，则水位变化如图 1.3-2 所示，可见 H 的变化是一条指数曲线。

对照电工学中图 1.3-3 所示的阻容电路，会发现图 1.3-2 所示指数曲线也表示阻容电路中电容的充电过程，只是曲线的因变量要换成电容器两端的电压 u。

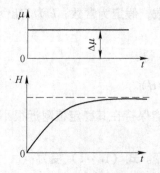 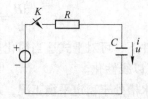

图 1.3-2　单容水槽水位阶跃响应曲线　　　图 1.3-3　RC 充电回路

实际上，如果把水槽的充水过程与 RC 回路的充电过程加以比较，会发现两者虽然实际意义不同，但变量的物理意义有类比性，其数学方程是一样的。

电工学中 $\qquad\qquad\qquad i=\dfrac{u}{R} \qquad \dfrac{\mathrm{d}u}{\mathrm{d}t}=\dfrac{i}{C}$ $\hfill$ (1.3-13)

在水槽中，水位相当于电压，水流量相当于电流。类比地，由式（1.3-1）和式（1.3-7）可以得出水容（类似于电容）与水阻（类似于电阻）分别为：

水容 $\qquad\qquad\qquad\qquad C=F$ $\hfill$ (1.3-14)

水阻 $\qquad\qquad\qquad\qquad R=\dfrac{2\sqrt{H_0}}{k}$ $\hfill$ (1.3-15)

不同的是，图1.3-1中，水阻出现在流出侧，而图1.3-3中的电阻则出现在流入侧。

另外，式（1.3-12）还表明，水槽的时间常数为：

$$T=\frac{2\sqrt{H_0}}{k}F=水阻\times水容 \hfill (1.3\text{-}16)$$

这与 RC 回路的时间常数 $T=RC$ 没有区别。

单容水槽的机理建模过程表明，从原型到模型常常需要进行必要的简化和假设，才能得到能够使用的数学模型，并且机理模型的参数都有明确的物理意义。还表明，外观相去甚远的两个系统（如单容水槽与 RC 充电回路），其数学模型也许完全一样，这使人们有可能借助容易搭建的小型系统作为实验室模型去研究大型的实际系统。例如，用电量系统去模拟水利系统。

1.3.2 经验模型的建立方法

由数据集建立矿物加工经验模型的过程一般分为以下五个阶段（参见图1.3-4）。

（1）确定建模目的和要求。建模之前，必须明确研究的原型对象与研究目的。首先对原型系统 S 进行分析，辨识并列出与问题有关的因素，通过假设或简化，最后确认需要考虑的因素及其在问题中的作用。明确输入（系统参数）、输出变量（因变量）后还需要明确问题 Q 的类型，比如是确定性的还是随机性的，是拟合还是插值。最后提出对模型功能、应用范围、精确程度等方面的要求。同时，建模的目的与要求也是对模型进行评价与确认的依据。

（2）获取数据。数据集是连接经验模型与原型实体的纽带，是后续各阶段的依据，所以数据集的正确性、真实性是决定经验建模成败的基础，需要谨慎地、尽量全面地获取符合实际情况的原始数据。获取数据通常有两类方法，直接收集数据与通过实验获取数据。通过实验获取数据需要进行实验设计，甚至包括实验装置与实验系统的设计。

（3）确定模型形式。根据专业知识、原始数据，并借鉴前人对该问题的相关研究成果，确定模型表达式的形式。

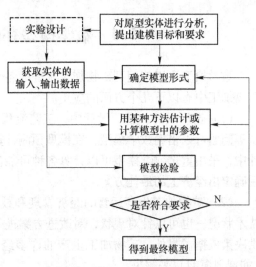

图1.3-4 建立经验模型的步骤

（4）确定模型参数。根据已知数据和专业知识求取模型表达式中的常量和参数。在拟合建模中，求取模型参数的过程称为参数估计。整个经验建模过程中，确定模型参数的工作量往往较大，方法多种多样，要根据模型复杂程度和建模要求进行选择。参数估计常用的方法有回归分析法、最优化方法等。而插值模型的参数按插值方法通过特定算法计算。

（5）模型检验。将所建模型对原型系统进行一次应用，判定并最终确认所建模型是否可用（即 M 能否回答 Q）。判定的最直接方法是将模型仿真结果与数据集数据进行比较，判断模型对原型的适用性。回归分析中，还需要检验模型的统计属性。模型检验可以从两个方面进行。其一，所建模型对已知数据集的适应情况。例如，用回归分析求得模型参数后，再用拟和误差大小来判定。其二，同样条件下，另外收集数据对所建模型进行验证。如果所建模型仿真结果的解释与实际状况相符合，或结果数据与实际观测值的误差在问题允许的范围内，则表明所建模型符合实际问题，可以作为最终建模结果，投入使用并在使用中进一步完善。如果所建模型的仿真结果的解释与实际状况很难相合，或结果数据与实际观测值的误差超过了问题允许的范围，则表明所建模型不符合实际问题，需要返回到第（3）或第（4）阶段，改变模型形式或重新求取模型参数；甚至返回到第（1）或第（2）阶段，修正不应该忽略与简化的因素，或针对建模重新安排实验以获取适合数据。

矿物加工的许多理论与生产实践都很复杂，有许多过程的机理还不清楚，而实际生产过程中的影响因素又众多，导致经验模型与综合模型居多。所以经验建模技术在矿物加工数学模型中非常重要。

最后指出，由于检测手段和实验方法的不完善，建立的数学模型不可避免地会出现误差，因此建模中常常会根据具体情况设定模型的允许误差。矿物加工数学模型中，这个允许误差的数值（与白盒系统相比）有时相对较大，甚至可能在其他行业与系统中是不允许的，但在现阶段矿物加工中，是适用或基本适用的。所以，不断提高模型的准确性也正是研究矿物加工数学模型的目标之一。

1.4　数学模型在矿物加工中的应用

数学模型可以应用到矿物加工工程的各个阶段和多个方面。按目前情况，数学模型在矿物加工中有以下几个方面的应用。

（1）选厂设计。选厂设计中，工艺流程的计算、工艺流程的选择和比较、设备的选型等问题可以借助数学模型，在模型预测计算的基础上，选择最优方案。例如，选煤厂设计中，采用重选数学模型可以计算各种可能流程方案，得出各方案的产品产率和灰分，最后确定出经济上的最佳方案。

（2）矿物加工生产运营的经济管理和技术管理。可以通过数学模型评价当前生产和技术状况；也可以针对现状，对改进方案进行预测，为调整产品结构、技术改进与革新提供决策依据。另外，矿物加工生产的许多经济管理和技术管理问题也会通过运筹学模型（如规划模型）来解决。

（3）选厂自动控制。根据矿物加工设备和矿物加工过程的数学模型，对矿物加工生产进行自动控制，可以提高生产效率、降低劳动强度、提高管理水平，创造经济效益和社会效益。

此外，矿物加工流程模拟（或仿真）是建立矿物加工数学模型的重要内容和主要目的。矿物加工流程模拟相当于其他学科和行业的系统仿真，即借助计算机或以计算机为中心的系统对现实系统的结构和行为进行模拟，以评价或预测系统的行为效果，为决策提供参考或为实际操作积累经验。例如，一些危险或造价昂贵的系统，可以首先建立模拟程序或模拟器，在对危险和故障进行多种、多次模拟实验后，最终确定最佳设计方案。再如，飞行员训练，首先在模拟机上学习，积累经验后再驾驶真机。因此，模拟在当今社会和生产中已经非常普遍，是提高效率、减低成本的重要手段。数学模型是模拟的核心和基础，正是通过数学模型才能模仿、展现或再现现实原型系统的运行过程和结果。

1. 4. 1　矿物加工流程模拟方法

矿物加工流程模拟就是仿照矿物处理过程的真实运行。矿物加工流程模拟一直作为矿物加工数学模型研究的目标之一，因为这样可以将矿物加工的各种数学模型与具实际意义的处理工艺联系起来，真正实现数学模型的应用，成为技术人员研究、设计和优化矿物加工生产流程的重要工具，带来效率和效益。若再借助计算机程序技术，编制成专业计算软件，就可以降低专业模型应用的门槛，更方便更广泛地将矿物加工数学建模的成果转化为应用技术，帮助通常不具备很强数学建模能力和编程技能的矿物加工工程技术人员能较方便地采用数学建模技术解决实际问题。

下面介绍选煤流程模拟的基本方法，从中体会矿物加工流程模拟的思想。选煤流程模拟也称选煤系统模拟，如果能模拟选煤厂的全部流程，则可以称为选煤厂模拟。

选煤流程模拟一般是按照分选设备和分选过程将加工流程划分成多个相对独立的作业，建立各个作业的数学模型，然后按流程组合各作业，构成对整个加工系统的模拟。所以，选煤流程模拟是积木式的，与软件工程的模块化原则恰好一致。在计算机中模拟选煤流程就是以各作业（或设备）的数学模型为模块，按工艺逻辑灵活组织流程并实现计算的软件系统。

图 1.4-1 所示为采用块煤重介—末煤跳汰工艺的分级分选流程，适用于块、末煤可选性不同时的原煤分选。两种原煤混合后，筛分为 +13mm 和 −13mm 两种粒级，块煤经两次重介选，选出精煤、块中煤和尾煤；末煤经跳汰主、再选，选出精煤、末中煤和尾煤。两种精煤混合作为最终精煤，中煤和尾煤分别作为出厂产品。

要模拟此流程（也就是在计算机中计算此流程），需要计算各作业每种产物的质量和数量，所以模拟软件中应该包括混煤数学模型、筛分数学模型、重选（含重介选和跳汰选）数学模型，以及分配曲线模型、数量效率模型五种数学模型，即首先要编制这些矿物加工数学模型的程序，作为流程模拟软件的子程序（即作业模型的程序模块）。之后，流程模拟计算就是编写主程序，按流程顺序调用各作业的模型模块，实现模拟计算。

对图 1.4-1 流程，流程模拟主程序应该包括以下内容：

（1）输入两种原煤的浮沉实验数据和要求的精煤灰分、尾煤灰分。

（2）调用混煤子程序，综合两种原煤的浮沉实验数据。

（3）调用筛分子程序，计算筛分后 +13mm 和 −13mm 两粒级的数量。

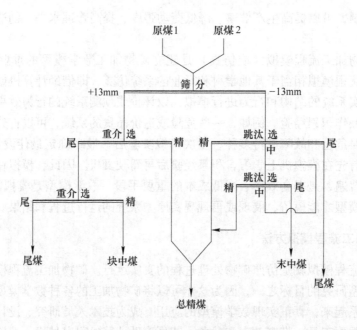

图 1.4-1　煤炭分级洗选流程

（4）调用重选子程序，并利用分配曲线子程序，计算重介选作业产物的产率和灰分。

（5）调用重选子程序，并利用分配曲线子程序，计算跳汰主、再选作业产物的产率和灰分。

（6）调用数量效率子程序，根据原煤浮沉实验资料，采用插值方法计算块、末煤的理论精煤产率，从而计算数量效率。

（7）计算总精煤的产率和灰分。

（8）根据要求输出计算结果。

矿物加工流程模拟的结果是否准确，主要取决于各作业的数学模型是否准确，即各作业数学模型是整个系统流程模拟的基础。如果对各种矿物加工方法都能建立数学模型，则对整个选厂（或矿物加工系统）的模拟是比较容易实现的。

1.4.2　相关软件

应实际需求，从事矿物加工行业的工程技术人员和科研人员，一直在为建立各种矿物加工数学模型努力着，并取得了明显进步，还研发出一些业已实际应用的矿物加工计算软件。对选煤，重选数学模型的实际应用更显著。对选矿，研磨和分级模型得到了较好的发展并在设计和生产优化中应用广泛；浮选动力学模型在设计和优化生产中得到了应用，并且浮选仿真软件也得到了实际应用。近 10 年内快速发展和应用的计算流体力学建模技术越来越多地被用于涉及流体流动的矿物加工研究和开发中。也有许多模型与研发软件，停留在教学使用的层面，或研究成果的层面，还没有应用于矿物加工实践中。

矿物加工数学建模和计算软件的研究在我国起步较国外晚，也曾受到过广泛的重视，20 世纪 80 ~ 90 年代是国内矿物加工数学模型和模拟研究最为活跃的时期。现阶段，选矿方面，相关研究多侧重于单元作业模型本身，对流程整体的建模和模拟研究较少；选煤方面，已有比较成熟的工艺流程预测优化系统。

时至今日，除了经验模型外，矿物加工的许多设备或过程，都有了综合模型，但普适性的综合模型还是不够多；机理模型依然很少。所以，矿物加工数学模型的有关计算软件，在使用时往往要求使用者具备专业分析能力并输入某些关键参数。

下面先列举几个近些年应用较为广泛的矿物加工计算软件。

（1）选煤工艺计算软件包。"选煤工艺计算软件包"是最早由中国矿业大学矿物加工工程系开发的，用于计算煤炭分选过程中各类工艺参数的专业计算软件。该软件的早期版本用 Turbo Pascal 3.0 开发，后来不断升级，DOS 最终版本为"选煤工艺参数计算软件包"6.0 版。该软件技术不断被继承和发展，出现了称为"选煤 Windows 软件包"的 Windows 版本以及随网络技术发展与企业需求而出现的 B/S 模式的、可定制的"选煤优化软件包"。这两种软件由中国矿业大学（北京）研发，均成功应用于实际。

"选煤 Windows 软件包"适用于设计院、选煤厂、煤质管理部门、发电厂、配煤厂、大专院校等进行有关选煤的参数计算、数据处理、预测优化等。其主要功能包括：数据校正，大筛分计算，浮沉资料混合，可选性及分配率计算，可选性及分配曲线拟合，重选工艺流程计算，选煤流程优化，配煤计算，煤炭发热量预测计算等。"选煤 Windows 软件包"的用户累计有几十家。

"选煤优化软件包"的介绍见本书第 9 章。

（2）选矿模拟计算软件 JKSimMet 与 JKSimFloat。JKSimMet 是澳大利亚昆士兰大学 J. K. 选矿中心（Julius Kruttschnitt Mineral Research Centre，简称 JKMRC）研发的选矿专用软件，主要用于对破碎回路和磨矿回路进行计算机模拟，主要功能为加工过程中的物料流数、质量平衡计算，单回路及各种复杂流程的模拟优化、单元操作、分配曲线拟合等。也有 DOS 版本和 Windows 版本。其用户已超过三百多家，主要分布在澳大利亚和北美地区。

JKSimMet 选矿软件的突出优点是实现了"所见即所得"的流程模拟方式。用户在设计、模拟某一工艺流程时，可以在计算机屏幕上调入各种设备，通过添加物料流将设备与设备连接起来。流程"画"好后，输入必要的参数，软件就可以根据流程进行数、质量平衡计算和流程的模拟优化计算。

JKSimFloat 是由 JKMRC 主持开发的浮选回路模拟软件，也有 DOS 版本和 Windows 版本，其用户已经超过 30 家。JKSimFloat 软件内置的单元模型包括 AMIRA P9 模型、常规浮选机、浮选柱、杰姆森浮选机、水力旋流器、物料粒度重新分布（再磨磨矿）、可浮性转变（加药）、分样器、混合器等。其研究和使用经验表明，JKSimFloat 软件可用于计算包含 80 多台浮选设备（各设备有独自的作业条件）、10 个可浮性组分、15 个粒级、3 种矿物类型的复杂浮选回路，而且计算速度很快。

（3）选矿流程模拟软件 USIM PAC。USIM PAC 是法国地矿研究局（BRGM）开发的选矿流程稳态模拟软件，有 DOS 版本和 Windows 版本，其用户已经超过 150 家。USIM PAC 采用的开发策略是：汇集专业文献上见到的各种矿物加工单元作业模型于自己的软件中，包括破碎、磨矿、分级、浮选、重选、磁选、湿法冶金等方面的数学模型，并且允许用户采用软件内置的编程工具进行二次编程，将用户新创作业模型汇集到软件中。USIM PAC 的应用范围可贯穿于选厂项目从可行性研究、工程设计、投产运行、流程优化、改造升级直至工厂完成使命退役的整个生命周期。

（4）选矿厂模拟软件 ModSim。选矿厂模拟软件 ModSim（Modular Simulator for Ore Dressing Plants）由犹他大学 R. P. King 主持研发，随时间推移出现过很多版本，曾经是主要用于金属矿选矿计算的仿真软件，目前版本已经加入煤炭分选模型，其名称直译为"矿石"加工工厂的模块化仿真器，英文解释为"ModSim is a simulator that will calculate the detailed mass balance for any ore dressing plant"。

ModSim 软件介绍见本书第 9 章。

另外，化工流程模拟软件的发展要早于矿物加工领域，且技术成熟，目前国际上已有数十种，较为著名的有 ASPEN PLUS、PRO/II、CHEMCAD、HYSYS 等。化工模拟的有些软件可用于矿物加工流程模拟。例如，SysCAD 可用于矿物加工相关领域特别是化学选矿和湿法冶金过程。

在以上列举之外，国内外还有一些其他已经实际应用的与矿物加工数学模型有关的软件。国内方面，如太原理工大学曾用 VB 开发了"选煤技术管理软件"，是以选煤数学模型为技术核心的选煤厂技术管理软件，内含可选性曲线、分配曲线、配煤、最优化等的数学模型，可以进行多种重选流程（如跳汰、重介、粗精煤再选等）的优化计算，并能借助构建的多种选煤控件由用户设计选煤流程，自动完成流程的产品、水量及介质平衡计算。软件在太原、屯兰选煤厂等多家单位使用。再如一些配煤软件或专家系统。国外方面，见诸文献的还有 Plant Designer 等流程计算软件，加拿大矿物能源技术中心（CANMET）研发的计算机辅助选矿（CAMP）软件包等。见诸文献的诸多矿物加工数学模型有关软件，其开发年代不同，功能上各有特点，篇幅所限，不再一一列举。

2 矿物加工数学建模相关数学知识

矿物加工数学模型的建立和求解需要比较宽广的数学基础，如经验模型数据集的处理和其中的拟合建模会用到概率论与数理统计、最小二乘法，求解模型参数会用到线性方程组与非线性方程组以及数值算法，在计算机中表达模型也要用到各种数值计算，各种优化问题会用到运筹学的多种最优化方法与搜索法，配煤模型要用到规划法，一些矿物加工专有算式的推导要用到最小二乘法、拉格朗日乘数法等。本章对这些矿物加工数学建模中常常涉及的数学知识进行总结。

2.1 概率论与数理统计

数理统计利用概率论中有关随机事件分布规律的理论来整理、分析、研究矿物加工实验数据和生产数据，从中找出参量的变化规律和发展趋势，得出有用结论，用于控制和预测。在科学实验和生产实践中，与矿物加工建模有关的用途具体包括可疑值舍弃、参数估计、影响因素分析（方差分析）、回归与相关分析、预测可靠性检验。另外，以数理统计学为基础的拟合建模方法常常被用于数据集的初步分析。

2.1.1 概率论

概率论用于揭示和研究随机事件发生的规律。

2.1.1.1 随机变量

随机过程和随机变量在日常生活及科学和工程领域都随处可见。例如，矿物加工过程中，一份煤样（如几百克或几十千克）的灰分对应某个确定值，但用多个测量装置测量或不同人测量，得到的灰分值却不尽相同，灰分测量值随机地分布在某个确定值周围，是一种随机现象。随机现象发源于人类认识客观事物时对事件发生原因认识的局限性，即事件的某些影响因素还没有被人们所认识和掌握，或者即使认识到也无法控制，或认为没有必要控制。这些影响因素造成事件结果的波动，有时大，有时小，伴随有偶然性，称为"随机"（stochastic 或 random）。

在相同条件下，一桩事件有时会发生，有时不会发生，这类事件称为随机事件。相应的条件和结果统称为一个随机试验。一般用 E 表示随机试验，用 ω 表示随机试验的一个结果，称 ω 为 E 的一个基本事件，所有基本事件的集合 $\Omega = \{\omega\}$ 称为基本样本空间或样本空间。

设 X 为定义在样本空间 Ω 上的实函数，即对任一样本点，$\omega \in \Omega$，$X(\omega)$ 为一实数，则称 X 为随机变量。随机变量是一个变量，其值是随机确定的单一数值。

最具代表性的随机变量，如：X_1：抛硬币的结果，X_2：掷骰子的结果。

2.1.1.2 概率

随机变量的取值为某个确定值的可能性用概率表示。例如，掷骰子，任意一次掷得点数为 2 的概率是 1/6，概率学表达式为：

$$P(X_2 = 2) = \frac{1}{6} \tag{2.1-1}$$

式中，P 为概率函数。

给定样本空间 Ω，针对任意事件 $\omega(\omega \in \Omega)$，将概率函数 P 赋值为 $P(\omega) \in [0,1]$，则称 $P(\omega)$ 为事件 ω 的概率，即事件 ω 发生概率的准确值。

对任意随机变量 X，称函数 $F(x) = P(X \leq x)(-\infty < x < \infty)$ 为它的分布函数。任一随机变量的分布函数 $F(x)$，满足 $0 \leq F(x) \leq 1$，且具有三个基本性质：单调不减；右连续；$F(-\infty) = 0, F(\infty) = 1$。

根据取值情况（计数值或计量值）的不同，随机变量可分为离散型随机变量和连续型随机变量。

（1）离散型随机变量。若随机变量 X 只能取有限个值（如抛硬币，只有字面与花面两种取值可能），并且以各种确定的概率取这些不同的值，则称 X 为离散型随机变量。

设 X 的取值为 $x_1, x_2, x_3, \cdots$，相应的概率 $p_i = P(X = x_i)$，$i = 1, 2, 3, \cdots$。则 $\{(x_i, p_i), i = 1, 2, 3, \cdots\}$ 称为 X 的分布列。分布列刻画了离散型随机变量的概率分布。显然有 $p_i \geq 0$，$\sum_{i=1}^{\infty} p_i = 1$。

（2）连续型随机变量。如果随机变量 X 在一个或多个非退化的实数区间内可以连续取值，且存在一个非负的实函数 $f(t)$，使对任一区间 (a,b)，有

$$P(a < x \leq b) = \int_a^b f(t)\,\mathrm{d}t \tag{2.1-2}$$

则称 X 为连续型随机变量，称 $f(t)$ 为 X 的概率密度函数。密度函数决定了连续型随机变量的概率分布，即已知概率密度函数时，可以预测随机变量行为。式（2.1-2）用于计算事件 (a,b) 的概率，而分布函数 $F(x)$ 可按下式计算

$$F(x) = P(X \leq x) = \int_{-\infty}^{x} f(t)\,\mathrm{d}t \tag{2.1-3}$$

概率密度函数始终满足 $f(t) \geq 0$，且

$$\int_{-\infty}^{\infty} f(t)\,\mathrm{d}t = 1 \tag{2.1-4}$$

2.1.1.3 随机变量的数字特征

对实际问题，求随机变量的分布函数是一件困难的事；另一方面，在一些问题中，也不需要全面考察随机变量的变化情况，并不需要求出它的分布函数，而只需知道随机变量的某些特征。随机变量的某些重要特征可以用少量的数值来描述，称为随机变量或分布函数的数字特征。

随机变量的常用数字特征包括数学期望或均值（常用符号为 $E(X)$）、方差（常用符号为 $D(X)$）和矩。分布函数的各种矩是相当好的特征数。

可以将离散型随机变量和连续型随机变量的各种矩按斯蒂尔吉斯（Stieltjes）积分形式统一表示。

对于给定的正整数 k，若 $E(X^k)$ 存在，则 k 阶原点矩为：

$$\alpha_k = E(X^k) = \int_{-\infty}^{\infty} x^k \mathrm{d}F(x) \tag{2.1-5}$$

对于大于 1 的正整数 m，若 $E(|X|^m)$ 存在，其 m 阶中心矩为：

$$\mu_m = E(X - E(X))^m = \int_{-\infty}^{\infty} (x - E(X))^m \mathrm{d}F(x) \tag{2.1-6}$$

由矩的统一表达式，可以派生出多个有用的数字特征，如常见的数学期望、方差、偏度、峰度等。

A 数学期望与位置参数

设随机变量 X 有分布函数 $F(x)$，其数学期望的定义式为：

$$E(X) = \int_{-\infty}^{\infty} x \mathrm{d}F(x) \tag{2.1-7}$$

数学期望简称期望或均值。

对于离散型随机变量 $\quad E(X) = \sum_i p_i x_i, \quad i = 1, 2, 3, \cdots \tag{2.1-8}$

对于连续型随机变量 $\quad E(X) = \int_{-\infty}^{\infty} x f(x) \mathrm{d}x \tag{2.1-9}$

数学期望反映了随机变量 X 的平均性质，其值是一个刻画随机变量取值中心的量。

除数学期望外，众数、分位数也能刻画随机变量分布的中间位置。

众数是指密度函数达到极大值的点。具体含义为，对离散型随机变量 X，若 $p_j > p_i$ 对一切 $i \neq j$ 成立，则称 x_j 为 X 的众数；对连续型随机变量 X，若 $f(x_0) = \max f(x)$，则称 x_0 为 X 的众数。

分位数代表概率分布中的某个数值。给定常数 $0 < p < 1$，当存在 α_p，使得 $P(X < \alpha_p) \leq p \leq P(X \leq \alpha_p)$ 成立，则称 α_p 为随机变量 X 的 p 分位数。当 $p = 0.5$ 时，相应的 $\alpha_{0.5}$ 称为随机变量的中位数。中位数是分布的"中点"，是刻画随机变量"均值"的一种方法，对没有数学期望的随机变量，中位数常起着数学期望的作用。而 $\alpha_{0.25}$、$\alpha_{0.5}$、$\alpha_{0.75}$ 将随机数据划分成大致相等的四组，故称为四分位数，并称 $\alpha_{0.25}$ 为下四分位数，$\alpha_{0.75}$ 为上四分位数。

B 方差与散布特征

设随机变量 X 有分布函数 $F(x)$，其方差的定义式为：

$$D(X) = \int_{-\infty}^{\infty} (x - E(X))^2 \mathrm{d}F(x) \tag{2.1-10}$$

而 $\qquad\qquad\qquad \sigma(X) = \sqrt{D(X)} \tag{2.1-11}$

称为标准差或均方差。

对于离散型随机变量 $\quad D(X) = \sum_i p_i (x_i - E(X))^2 \tag{2.1-12}$

对于连续型随机变量 $\quad D(X) = \int_{-\infty}^{\infty} (x - E(X))^2 f(x) \mathrm{d}x \tag{2.1-13}$

方差与标准差均用来刻画随机变量围绕均值的散布程度。方差数值小时，说明随机变量的取值集中在均值附近；反之，随机变量的取值向均值左右两边散开。

还可以利用分位数来表示随机变量围绕均值的散布程度。例如，称 $\alpha_{0.75} - \alpha_{0.25}$ 为四分位差；$(\alpha_{0.75} - \alpha_{0.25})/2$ 为四分位偏差。显然，用于评定重选设备分选效果的可能偏差 E_{pm} 就是四分位偏差。

C　偏度系数

设分布函数 $F(x)$ 有二阶中心矩 μ_2 和三阶中心矩 μ_3，其偏度系数为：

$$\gamma_1 = \frac{\mu_3}{\mu_2^{\frac{3}{2}}} \tag{2.1-14}$$

偏度系数是一个无量纲的量，能刻画分布函数的对称性。当 $\gamma_1 = 0$ 时，分布函数对称；当 $\gamma_1 > 0$ 时，概率分布偏向均值的右边（即右尾长），反之，则偏向均值的左边（左尾长）。

D　峰度系数

设分布函数 $F(x)$ 有二阶中心矩 μ_2 和四阶中心矩 μ_4，其峰度系数为：

$$\gamma_2 = \frac{\mu_4}{\mu_2^2} - 3 \tag{2.1-15}$$

峰度系数是一个无量纲的量，能刻画不同类型分布函数的集中和分散程度。对于单峰分布，γ_2 越小，说明密度函数形状越"陡峭"（即细尾）；γ_2 越大，说明密度函数形状越"平缓"（粗尾）。对于正态分布，峰度系数 $\gamma_2 = 0$。一个对称分布的峰度系数越接近于 0，说明该分布越接近于正态分布。

2.1.1.4　正态分布

正态分布是概率论和数理统计中应用最为广泛的一种分布类型。科学与工程中的大量随机过程、测量误差等都符合正态分布规律。选煤中常将重介分选设备的分配曲线近似看作正态分布。

正态分布的密度函数为：

$$f(x) = \frac{1}{\sigma\sqrt{2\pi}} e^{-\frac{1}{2}\left(\frac{x-\mu}{\sigma}\right)^2}, \quad -\infty < x < \infty \tag{2.1-16}$$

式中，μ、σ 为常数，$-\infty < \mu < \infty$，$\sigma > 0$。随机变量服从正态分布记作 $X \sim N(\mu, \sigma^2)$。

正态分布的分布函数为：

$$F(x) = \int_{-\infty}^{x} \frac{1}{\sigma\sqrt{2\pi}} e^{-\frac{1}{2}\left(\frac{t-\mu}{\sigma}\right)^2} \mathrm{d}t \tag{2.1-17}$$

正态分布函数曲线如图 2.1-1 所示。

正态分布的特征数为：

$$E(X) = \mu, D(X) = \sigma^2, \gamma_1 = 0, \gamma_2 = 0$$

正态分布为对称分布，数学期望、中位数和众数均为 μ。

当正态分布的 $\mu = 0$，$\sigma = 1$ 时，称为标准正态分布，标准正态分布的密度函数和分布函数分别记为 $\varphi(x)$、$\Phi(x)$，且：

$$\varphi(x) = \frac{1}{\sqrt{2\pi}} e^{-\frac{x^2}{2}}, \quad -\infty < x < \infty \tag{2.1-18}$$

$$\Phi(x) = \int_{-\infty}^{x} \frac{1}{\sqrt{2\pi}} e^{-\frac{t^2}{2}} \mathrm{d}t \tag{2.1-19}$$

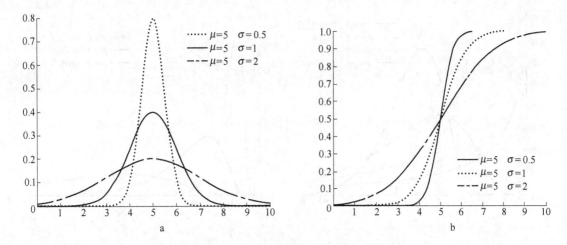

图 2.1-1 正态分布函数曲线形态
a—密度曲线；b—分布曲线

在标准正态表中，给出了对应于 $x \geqslant 0$ 的 $\Phi(x)$，当 $x < 0$ 时，利用公式 $\Phi(x) = 1 - \Phi(x)$，可以得到 $\Phi(x)$ 的值。

对于一般的正态分布 $X \sim N(\mu, \sigma^2)$，则 $(X - \mu)/\sigma \sim N(0,1)$。

正态分布的密度函数比较容易计算，但它的分布函数 $\Phi(x)$ 是一个积分函数，需要较多的计算。除传统查表方法与计算机程序外，可以使用 Excel、MATLAB 函数方便地完成。也可采用近似公式：

$$p(x) = 0.5 \, (1 + a_1 x + a_2 x^2 + a_3 x^3 + a_4 x^4 + a_5 x^5 + a_6 x^6)^{-16}$$

$$\Phi(x) = \begin{cases} p(-x), & x \leqslant 0 \\ 1 - p(x), & x > 0 \end{cases} \tag{2.1-20}$$

式中，$a_1 = 0.0498673470$；$a_2 = 0.0211410061$；$a_3 = 0.0032776263$；$a_4 = 0.0000380036$；$a_5 = 0.0000488906$；$a_6 = 0.000005383$。该方法利用计算器即可计算，方法简单，且有效位数达小数点后第 7 位。

若一个随机变量的对数服从正态分布，则该随机变量服从对数正态分布。对数正态分布在工程、经济学、医学和生物学等领域有着广泛地应用。选煤中，跳汰分选的分配曲线，近似看作对数正态分布，能获得较好的拟合精度。

对数正态分布的密度函数为：

$$f(x) = \frac{1}{\sigma x \sqrt{2\pi}} e^{-\frac{1}{2}\left(\frac{\ln x - \mu}{\sigma}\right)^2}, \quad x > 0 \tag{2.1-21}$$

对数正态分布曲线如图 2.1-2 所示，可见对数正态分布曲线不再对称。对数正态分布的数学期望和方差分别为：

$$E(X) = e^{\left(\mu + \frac{\sigma^2}{2}\right)}, D(X) = e^{(2\mu + \sigma^2)} (e^{\sigma^2} - 1)$$

2.1.1.5 其他连续型分布

简单介绍在分配曲线、粒度分布、浮选速率常数分布等的描述中大量应用的几个连续型分布。

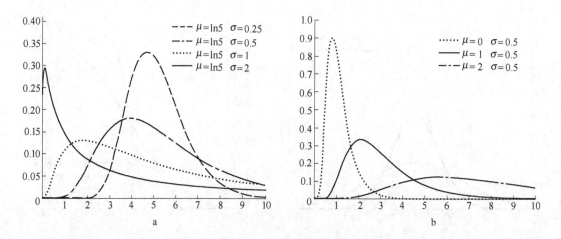

图 2.1-2　对数正态分布密度函数曲线形态

a—相同 μ 不同 σ；b—不同 μ 相同 σ

A　均匀分布

若随机变量 X 在 $[a,b]$ 区间上取值，并且以相等的概率取 $[a,b]$ 中任何一点，则称 X 服从 $[a,b]$ 上的均匀分布，记作 $X \sim U(a,b)$。

$X \sim U(a,b)$ 的密度函数为：

$$u(x,a,b) = \begin{cases} \dfrac{1}{b-a}, & a \leqslant x \leqslant b \\ 0, & \text{其他} \end{cases} \tag{2.1-22}$$

分布函数为：

$$U(x,a,b) = \begin{cases} 0, & x < a \\ \dfrac{x-a}{b-a}, & a \leqslant x \leqslant b \\ 1, & x > b \end{cases} \tag{2.1-23}$$

$X \sim U(a,b)$ 的特征数为：

$$E(X) = \frac{b-a}{2}, D(X) = \frac{(b-a)^2}{12}, \gamma_1 = 0, \gamma_2 = -\frac{5}{6}$$

均匀分布 $U(0,1)$ 在随机模拟中起着特殊的作用。$U(a,b)$ 被用于近似描述浮选速率常数分布函数。

B　威布尔分布

在矿物加工中，威布尔分布经常用于描述颗粒较细的粒度分布，即 Rosin-Rammler 方程；也被用来描述旋流器分级曲线以及筛分、破碎、磨矿、跳汰等动力学过程。

设随机变量 X 具有分布密度函数：

$$w(x,\alpha,\beta,\delta) = \begin{cases} \dfrac{\alpha}{\beta}(x-\delta)^{\alpha-1} e^{-\frac{(x-\delta)^\alpha}{\beta}}, & x \geqslant \delta \\ 0, & x < \delta \end{cases} \tag{2.1-24}$$

则称 X 服从威布尔分布，记作 $X \sim W(\alpha,\beta,\delta)$。其中，$\delta \geqslant 0$ 为位置参数，$\alpha > 0$ 为形状参

数，$\beta > 0$ 为尺度参数。特别地，当 $\alpha = 3.57$ 时，威布尔分布与正态分布很相似。

威布尔分布的分布函数为：

$$W(x,\alpha,\beta,\delta) = \begin{cases} 1 - e^{-\frac{(x-\delta)^\alpha}{\beta}}, & x \geq \delta \\ 0, & x < \delta \end{cases} \tag{2.1-25}$$

威布尔分布的特征数为：

$$E(X) = \beta^{\frac{1}{\alpha}}\Gamma\left(1+\frac{1}{\alpha}\right) + \delta, D(X) = \left[\Gamma\left(1+\frac{2}{\alpha}\right) - \Gamma^2\left(1+\frac{1}{\alpha}\right)\right]\beta^{\frac{2}{\alpha}}, \text{中位数} = (\beta\ln2)^{\frac{1}{\alpha}} + \delta$$

威布尔分布的密度函数曲线如图 2.1-3 所示，而威布尔分布函数曲线如图 2.1-4 所示。

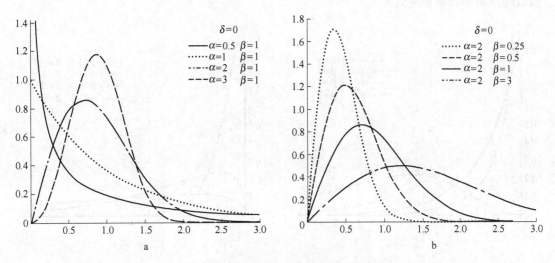

图 2.1-3　威布尔分布密度函数曲线形态
a—相同 β 不同 α；b—不同 β 相同 α

当 $\delta = 0, \alpha = 1$ 时，威布尔分布简化为负指数分布，其分布函数为：

$$F(x,\beta) = \begin{cases} 1 - e^{-\frac{x}{\beta}}, & x \geq 0 \\ 0, & x < 0 \end{cases} \tag{2.1-26}$$

负指数分布的特征数为：

$$E(X) = \beta, D(X) = \beta^2, \gamma_1 = 2, \gamma_2 = 6$$

樊民强认为，当 $\alpha = 3.57$ 时，利用威布尔分布与正态分布非常接近的特性，可以得到用威布尔分布近似表示的理论分配曲线数学模型。

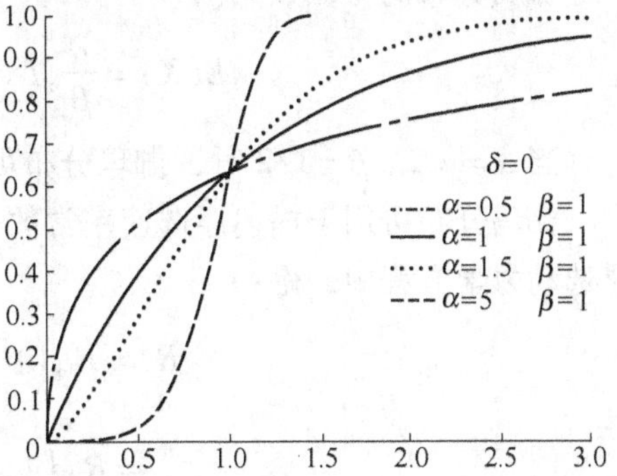

对重介分选，为：

图 2.1-4　威布尔分布函数曲线形态

$$F(\delta) = 1 - \exp\left(-\frac{0.192}{E_{pm}}(\delta - \delta_P) + 0.9024\right)^{3.57} \tag{2.1-27}$$

对水介分选，为：

$$F(\delta) = 1 - \exp\left(-\frac{0.192}{I}\ln\left(\frac{\delta-1}{\delta_P-1}\right) + 0.9024\right)^{3.57} \tag{2.1-28}$$

C　伽玛分布

设随机变量 X 具有分布密度函数：

$$g(x,\alpha,\beta) = \begin{cases} \dfrac{\beta^{\alpha} x^{\alpha-1} e^{-\beta x}}{\Gamma(\alpha)}, & x \geqslant 0, \alpha > 0, \beta > 0 \\ 0, & x < 0 \end{cases} \qquad (2.1\text{-}29)$$

则称 X 服从参数为 α（位置参数）和 β（尺度参数）的伽玛分布，记作 $X \sim \Gamma(\alpha,\beta)$。

伽玛分布的密度函数形态如图 2.1-5 所示。从曲线形态看，伽玛分布是不对称的，当 $\alpha \leqslant 1$ 时，曲线单调下降；$\alpha > 1$ 时，曲线为单峰分布，众数为 $(\alpha-1)/\beta$。当 β 增大时，曲线逐渐集中在原点附近。

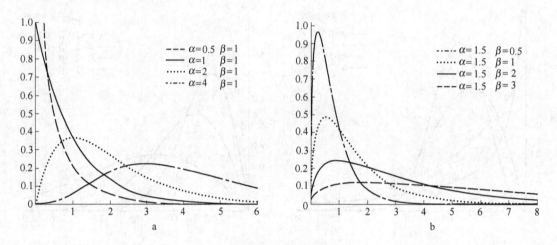

图 2.1-5　伽玛分布密度函数曲线形态
a—相同 β 不同 α；b—不同 β 相同 α

伽玛分布的特征数为：

$$E(X) = \frac{\alpha}{\beta}, D(X) = \frac{\alpha}{\beta^2}, \gamma_1 = \frac{2}{\alpha^{0.5}}, \gamma_2 = \frac{6}{\alpha}$$

当 $\alpha = n/2$，$\beta = 1/2$ 时，伽玛分布可以转化为 χ^2 分布。

伽玛分布可用于描述浮选速率常数 k 的分布。将服从伽玛分布的 k 代入宽级别物料的浮选动力学方程中，得：

$$\begin{aligned} R &= R_{\infty}\left(1 - \int_0^{\infty} \frac{\beta^{\alpha} k^{\alpha-1} e^{-\beta k}}{\Gamma(\alpha)} e^{-kt} \mathrm{d}k\right) \\ &= R_{\infty}\left(1 - \frac{\beta^{\alpha}}{(\beta+t)^{\alpha}} \int_0^{\infty} \frac{(\beta+t)^{\alpha} k^{\alpha-1} e^{-(\beta+t)k}}{\Gamma(\alpha)} \mathrm{d}k\right) \\ &= R_{\infty}\left(1 - \frac{\beta^{\alpha}}{(\beta+t)^{\alpha}}\right) \end{aligned}$$

最终结果可表示为：
$$R = R_{\infty}\left(1 - \left(1 + \frac{t}{\beta}\right)^{-\alpha}\right) \qquad (2.1\text{-}30)$$

式（2.1-30）为比较简单的代数表达式，在浮选动力学研究中被广泛采用。

$\Gamma(x)$ 函数要通过积分运算才能求值，比较烦复。可以采用 MATLAB 或 Excel 等软件完成。

 D 贝塔分布

设随机变量 X 具有分布密度函数：

$$be(x,\alpha,\beta) = \begin{cases} \dfrac{\Gamma(\alpha+\beta)}{\Gamma(\alpha)\Gamma(\beta)}x^{\alpha-1}(1-x)\beta-1, & 0 \leqslant x \leqslant 1, \alpha > 0, \beta > 0 \\ 0, & 其他 \end{cases} \quad (2.1\text{-}31)$$

则称 X 服从参数为 α 和 β 的贝塔分布，记作 $X \sim B(\alpha,\beta)$。

贝塔分布的密度函数形态如图 2.1-6，由图可知，α、β 的取值不同，其密度曲线形态不同，具体为：

$\alpha=1$，$\beta=1$，X 服从 $[0,1]$ 的平均分布；

$\alpha \leqslant 1$，$\beta \geqslant 1$，曲线单调下降；

$\alpha \geqslant 1$，$\beta \leqslant 1$，曲线单调上升；

$\alpha < 1$，$\beta < 1$，曲线呈 "U" 形；

$\alpha > 1$，$\beta > 1$，曲线为单峰，众数为 $(\alpha-1)/(\alpha+\beta-2)$。

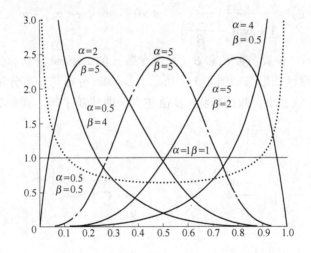

图 2.1-6 贝塔分布密度函数曲线形态

而 α 与 β 大小关系不同时，贝塔曲线形态还可表现为：

$\alpha = \beta$，曲线关于 $x = 0.5$ 对称；

$\alpha < \beta$，众数小于 0.5 曲线，曲线正偏；

$\alpha > \beta$，众数大于 0.5 曲线，曲线负偏。

贝塔分布的特征数为：

$$E(X) = \frac{\alpha}{\alpha+\beta}, D(X) = \frac{\alpha\beta}{(\alpha+\beta+1)(\alpha+\beta)^2}, \gamma_1 = \frac{2(\beta-\alpha)(\alpha+\beta+1)^{0.5}}{(\alpha+\beta+2)(\alpha\beta)^{0.5}},$$

$$\gamma_2 = \frac{3(\alpha+\beta)(2\beta-\alpha)(\alpha+\beta+1)(\alpha+1)}{\alpha\beta(\alpha+\beta+2)(\alpha+\beta+3)} + \frac{\alpha(\alpha-\beta)}{\alpha+\beta} - 3$$

贝塔分布具有单调下降、单调上升、"U" 形和单峰分布等多种形态，可以适配多种类型曲线。用贝塔分布描述不同密度颗粒在跳汰床层中的分布形态，取得了一定成效。

E　柯西分布

设随机变量 X 具有分布密度函数：

$$c(x,\theta,\lambda) = \frac{1}{\pi\lambda\left(1 + \left(\dfrac{x-\theta}{\lambda}\right)^2\right)} \quad \lambda > 0,\ -\infty < \theta < \infty,\ -\infty < x < \infty \quad (2.1\text{-}32)$$

则称 X 服从参数为 θ（位置参数）和 λ（尺度参数）的柯西分布，记作 $X \sim C(\theta,\lambda)$。

柯西分布的分布函数为：

$$C(x,\theta,\lambda) = 0.5 + \frac{1}{\pi}\arctan\left(\frac{x-\theta}{\lambda}\right) \quad (2.1\text{-}33)$$

柯西分布呈对称分布，但不存在数学期望和方差。

在建立分配曲线数学模型或可选性曲线的密度曲线模型时，柯西分布函数常作为模型的基础函数来使用。

F　Logistic 分布

设随机变量 X 具有分布函数：

$$L(x,\alpha,\beta) = \frac{1}{1 + \exp\left(-\dfrac{x-\alpha}{\beta}\right)} \quad \beta > 0,\ -\infty < \alpha < \infty,\ -\infty < x < \infty \quad (2.1\text{-}34)$$

则称 X 服从参数为 α（位置参数）和 β（尺度参数）的 Logistic 分布，记作 $X \sim L(\alpha,\beta)$。

Logistic 分布密度函数形态如图 2.1-7 所示。Logistic 分布与正态分布的形状十分相似，也是一种钟形图。β 值越小，曲线越陡；β 值越大，曲线越平缓。而位置参数 α 减小时图形向左移。

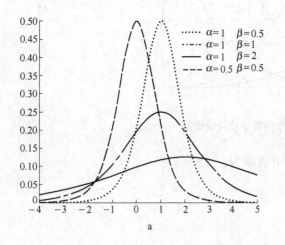
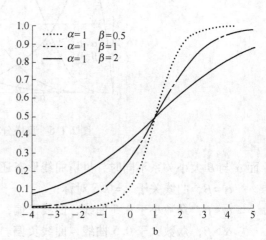

图 2.1-7　Logistic 分布曲线形态

a—密度曲线；b—分布曲线

Logistic 分布的特征数为：

$$E(X) = \alpha,\ D(X) = \frac{\pi^2\beta^2}{3},\ \gamma_1 = 0,\ \gamma_2 = 1.2$$

Logistic 分布可以转换成双曲正切分布与双曲正切平方分布的形式。在建立分配曲线数学模型或可选性曲线的密度曲线模型时，Logistic 分布函数常作为模型的基础函数使用，并且能获得较好的拟合精度。

G 极值分布

设随机变量 X 具有分布函数：

$$EV(x,\alpha,\beta) = \exp\left(-\exp\left(-\frac{x-\alpha}{\beta} \right) \right) \quad \beta > 0, \ -\infty < \alpha < \infty, \ -\infty < x < \infty \quad (2.1\text{-}35)$$

则称 X 服从参数为 α（位置参数）和 β（尺度函数）的极值分布，记作 $X \sim EV(\alpha,\beta)$。

极值分布密度函数曲线形态如图 2.1-8 所示，可知极值分布呈偏态单峰分布，分布的众数为 α。β 值越小，曲线越陡；β 值越大，曲线越平缓。

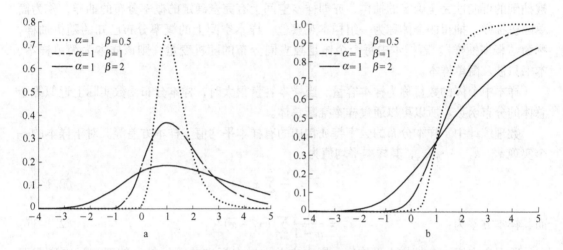

图 2.1-8 极值分布曲线形态

a—密度曲线；b—分布曲线

极值分布的特征数为：

$$E(X) = \alpha + 0.5772\beta, \ D(X) = \frac{\pi^2\beta^2}{6}, \ \gamma_1 = 1.29857, \ \gamma_2 = 2.4$$

极值分布与 Logistic 分布组合，对各种形态的分配曲线和密度曲线都有良好的适应性。

2.1.2 数理统计

数理统计以概率论为理论基础，根据试验或观察得到的数据，对研究对象的客观规律性做出种种合理的估计和判断。数理统计的内容很丰富，本书只讨论矿物加工数学建模中涉及的部分，包括参数估计、假设检验、方差分析、回归分析。方差分析与回归分析的内容放在第 3 章。

2.1.2.1 总体、样本、统计量

数理统计中，研究对象的全体（或称母体，工程实际中指某个随机变量 X 取值的全体）叫做总体，其中的每一个单元（X 的某个取值）叫做个体。

总体中的个体有有限的和无限的，前者称为有限总体，后者称为无限总体。实际研究中，当有限总体中个体数目很大时，可近似看成是无限总体。

若总体的某一个或多个指标变量的取值情况已知，可以计算出它的分布函数，而这分布函数在总体上确定了一个概率分布，即总体分布。

但实际中，人们不可能对总体一一加以考察（随机变量总体真正的均值与方差，通常是未知的），只能通过实验与观察，抽取一部分个体，经由随机变量 X 的有限数量的个体来了解总体。

因此数理统计学面临的任务就是依据总体的一部分个体的指标变量值来推断总体的分布性质。统计推断的原理是小概率事件在一次实验中是不可能发生的。

总体的一部分个体的指标变量值叫做样本。获取样本的过程称为抽样。为了能够通过样本正确地去推断总体，样本必须具有代表性，必须从总体中随机抽取，称为随机抽样。被抽到的可能性完全确定的抽样，亦即样本空间上有完全确定的概率分布的抽样，称为简单随机抽样。抽得的个体称为一组样本观察值。样本空间上的概率分布已知的随机抽样，称为"概率抽样"。若样本中每个个体是独立同分布的随机变量，则该样本为简单样本，本书只涉及简单样本。

样本中个体的数目称为样本容量。当样本容量很大时，样本分布函数实际上近似等于总体的分布函数，所以可以通过样本推断总体。

数理统计中，样本分布的数字特征常用的有样本平均值、样本方差等。对于样本的一个实现 x_1，x_2，$\cdots$，x_n，其样本平均值为：

$$\bar{x} = \frac{1}{n} \sum_{i=1}^{n} x_i \tag{2.1-36}$$

而其样本方差为：

$$s^2 = \frac{1}{n-1} \sum_{i=1}^{n} (x_i - \bar{x})^2 \tag{2.1-37}$$

除了样本矩（包括样本平均值、样本方差、样本标准差等）外，数理统计中还需要另外一些样本数字特征——统计量。不包含任何未知参数的关于样本的某个函数，称为统计量。

设 X_1，X_2，$\cdots$，X_n 为相互独立且同 $N(\mu, \sigma^2)$ 分布的随机变量，则，样本平均值

$$\bar{X} = \frac{1}{n} \sum_{i=1}^{n} X_i \tag{2.1-38}$$

和样本方差

$$S^2 = \frac{1}{n-1} \sum_{i=1}^{n} (X_i - \bar{X})^2 \tag{2.1-39}$$

是两个特别重要的统计量。

统计量都是随机变量。$\bar{x}$、s^2 分别是 $\bar{X}$、S^2 这两个随机变量的观察值，但通常都称为样本平均值、样本方差。

2.1.2.2　抽样分布

若总体的分布函数为已知，则统计量的分布总是可以求得的。统计量的分布又称为抽样分布。先以均值的抽样分布为例。

设 X_1，X_2，$\cdots$，X_n 为相互独立且同 $N(\mu, \sigma^2)$ 分布的随机变量，则样本平均值

$$\bar{X} = \frac{1}{n} \sum_{i=1}^{n} X_i$$

的数学期望和方差分别为

$$E(\bar{X}) = \mu, D(\bar{X}) = \frac{\sigma^2}{n} \tag{2.1-40}$$

亦即
$$\overline{X} \sim N\left(\mu, \frac{\sigma^2}{n}\right)$$

注意，$E(\overline{X})$ 与总体均值 μ 相等，但 $D(\overline{X})$ 只等于总体方差 σ^2 的 n 分之一。可见，样本容量 n 越大，样本平均值 $\overline{X}$ 越向总体均值 μ 集中。

正态总体是最常见的总体。因此，下面几个针对正态总体的抽样分布显得特别重要。

A χ^2 分布

设 $X_1, X_2, \cdots, X_n$ 为相互独立且同 $N(0,1)$ 分布的随机变量，定义这些变量的平方和 $Q = \sum_{i=1}^{n} X_i^2$，则 Q 的分布称为具自由度 n 的 χ^2 分布，记为 $Q \sim \chi^2(n)$。

$\chi^2(n)$ 的密度函数为：

$$f(x,n) = \frac{1}{2^{\frac{n}{2}}\Gamma\left(\frac{n}{2}\right)} x^{\frac{n}{2}-1} e^{-\frac{x}{2}}, \quad x \geq 0 \qquad (2.1\text{-}41)$$

式中，$\Gamma\left(\frac{n}{2}\right)$ 为伽玛函数，$\Gamma\left(\frac{n}{2}\right) = \int_0^{\infty} x^{\frac{n}{2}-1} e^{-x} dx$。

$\chi^2(n)$ 分布的密度函数曲线如图 2.1-9 所示。

$\chi^2(n)$ 分布的特征数为：

$$E(Q) = n, D(Q) = 2n, \gamma_1 = \frac{2\sqrt{2}}{n^{0.5}}, \gamma_2 = 12/n$$

显然，当 n 趋向于无穷大时，偏度系数和峰度系数均趋向于 0，$\chi^2(n)$ 趋于正态分布。

定理2-1 设 $X_1, X_2, \cdots, X_n$ 为相互独立且同 $N(\mu, \sigma^2)$ 分布的随机变量，记 $\overline{X} = \frac{1}{n}\sum_{i=1}^{n} X_i, S^2 = \frac{1}{n-1}\sum_{i=1}^{n} (X_i - \overline{X})^2$，则 $\overline{X}$ 和 S^2 相互独立，且

$$\overline{X} \sim N\left(\mu, \frac{\sigma^2}{n}\right), (n-1)\frac{S^2}{\sigma^2} \sim \chi^2(n-1) \qquad (2.1\text{-}42)$$

B t 分布

设 $X \sim N(0,1), Q \sim \chi^2(n)$，且 X 与 Q 相互独立，定义随机变量 $T = X/\sqrt{Q/n}$，则 T 的分布称为具自由度 n 的 t 分布，记为 $T \sim t(n)$。

t 分布的密度函数为：

$$f(x,n) = \frac{\Gamma\left(\frac{n+1}{2}\right)}{(n\pi^{\frac{1}{2}})\Gamma\left(\frac{n}{2}\right)} \left(1 + \frac{x^2}{n}\right)^{-\frac{n+1}{2}}, \quad -\infty < x < \infty \qquad (2.1\text{-}43)$$

t 分布的密度函数曲线如图 2.1-10 所示。可知，t 分布的密度曲线也是一个对称曲线，且 n 越大，$t(n)$ 曲线越接近于 $N(0,1)$。

t 分布的特征数为：

$$E(T) = 0, D(T) = \frac{n}{n-2} \quad (\text{当 } n > 2 \text{ 时}), \gamma_1 = 0, \gamma_2 = \frac{6}{n-4}$$

显然，当 n 趋向于无穷大时，偏度系数和峰度系数均趋向于 0，$t(n)$ 趋于正态分布。

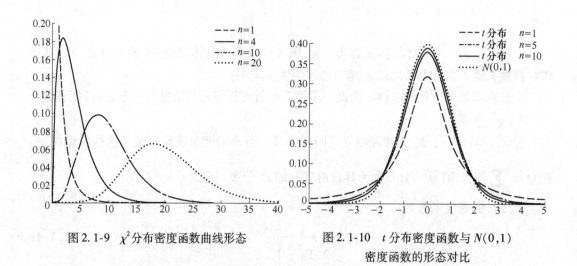

图 2.1-9 χ^2 分布密度函数曲线形态   图 2.1-10 t 分布密度函数与 $N(0,1)$
                                                      密度函数的形态对比

t 分布常用于方差未知时，正态分布均值的区间估计和检验。有如下两个定理。

定理 2-2 设 X_1，X_2，$\cdots$，X_n 为相互独立且同 $N(\mu,\sigma^2)$ 分布的随机变量，记 $\overline{X} = \dfrac{1}{n}\sum_{i=1}^{n} X_i, S^2 = \dfrac{1}{n-1}\sum_{i=1}^{n} (X_i - \overline{X})^2$，则：

$$T = \frac{\sqrt{n}(\overline{X} - \mu)}{S} \sim t(n-1) \qquad (2.1\text{-}44)$$

定理 2-3 设 X_1，X_2，$\cdots$，X_n 为相互独立且同 $N(\mu_1,\sigma^2)$ 分布的随机变量，记 $\overline{X} = \dfrac{1}{n}\sum_{i=1}^{n} X_i, S_X^2 = \dfrac{1}{n-1}\sum_{i=1}^{n} (X_i - \overline{X})^2$，$Y_1$，$Y_2$，$\cdots$，$Y_m$ 为相互独立且同 $N(\mu_2,\sigma^2)$ 分布的随机变量，记 $\overline{Y} = \dfrac{1}{m}\sum_{i=1}^{n} Y_i, S_Y^2 = \dfrac{1}{m-1}\sum_{i=1}^{m} (Y_i - \overline{Y})^2$，则当 $\mu_1 = \mu_2$ 时

$$T = \frac{\sqrt{\dfrac{mn}{m+n}}(\overline{X} - \overline{Y})}{\sqrt{\dfrac{(n-1)S_X^2 + (m-1)S_Y^2}{n+m-2}}} \sim t(n+m-1) \qquad (2.1\text{-}45)$$

C F 分布

设 $Q_1 \sim \chi^2(n_1)$，$Q_2 \sim \chi^2(n_2)$，且 Q_1 与 Q_2 相互独立，定义 $F = \dfrac{Q_1}{n_1}\Big/\dfrac{Q_2}{n_2}$，则 F 的分布称为具自由度 (n_1,n_2) 的 F 分布，记为 $F \sim F(n_1,n_2)$。

$F(n_1,n_2)$ 分布的密度函数为：

$$f(x,n_1,n_2) = \frac{\Gamma\left(\dfrac{n_1+n_2}{2}\right)\left(\dfrac{n_1}{n_2}\right)^{\frac{n_1}{2}}}{\Gamma\left(\dfrac{n_1}{2}\right)\Gamma\left(\dfrac{n_2}{2}\right)} x^{\frac{n_1}{2}-1}\left(1 + \frac{n_1}{n_2}x\right)^{-\frac{n_1+n_2}{2}}, x > 0 \qquad (2.1\text{-}46)$$

$F(n_1,n_2)$ 分布的密度函数曲线如图 2.1-11 所示。

$F(n_1,n_2)$ 分布的特征数为：

$$E(F)=\frac{n_2}{n_2-2}(n_2>2)\,,D(F)=\frac{2n_2^2(n_1+n_2-2)}{n_1\,(n_2-2)^2(n_2-4)}(n_2>4)$$

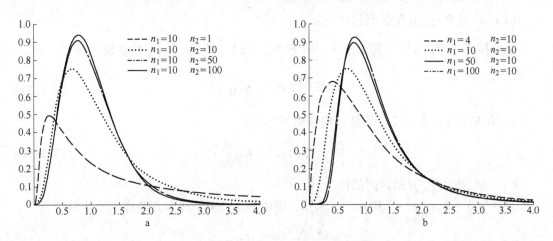

图 2.1-11　$F(n_1,n_2)$ 分布的密度函数曲线形态

a—相同 n_1 不同 n_2；b—不同 n_1 相同 n_2

设 S_X^2,S_Y^2 如定理 2-3 所定义，则：

$$F=\frac{S_X^2}{S_Y^2}\sim F(n-1,m-1) \tag{2.1-47}$$

F 分布常用来检查两个正态分布间方差的显著性差异以及检验方差分析中某个因素是否对指标有显著作用。

2.1.2.3　点估计

设总体 X 的分布函数形式为已知，但它的一个或多个参数为未知。根据 X 的一组样本去估计总体参数的值，称为参数的点估计。

设 θ 为总体的待估计参数，$\hat{\theta}$ 为 θ 的估计量。对应于样本的一个实现 x_1，x_2，$\cdots$，x_n，估计量的值 $\hat{\theta}\,(x_1$，x_2，$\cdots$，$x_n)$ 称为 θ 的估计值，仍用 $\hat{\theta}$ 表示。

对正态分布 $X\sim N\,(\mu,\,\sigma^2)$，用样本平均值与样本方差来估计总体均值与总体方差，即

$$\hat{\mu}=\overline{X} \tag{2.1-48}$$

$$\hat{\sigma}^2=S^2 \tag{2.1-49}$$

2.1.2.4　区间估计

设 θ 为总体分布的未知参数，$\hat{\theta}_1$ 和 $\hat{\theta}_2$ 为两个统计量，且 $\hat{\theta}_1<\hat{\theta}_2$，用区间 $(\hat{\theta}_1,\,\hat{\theta}_2)$ 去估计 θ 存在的范围，称为参数 θ 的一个区间估计。

若样本确定的两个统计量 $\underline{\theta}(x_1,x_2,\cdots,x_n)$ 及 $\overline{\theta}(x_1,x_2,\cdots,x_n)$，对于给定值 α（$0<\alpha<1$），满足

$$P(\underline{\theta}<\theta<\overline{\theta})=1-\alpha \tag{2.1-50}$$

则称区间 $(\underline{\theta},\overline{\theta})$ 是 θ 的 $100(1-\alpha)\%$ 置信区间，$\underline{\theta}$ 及 $\overline{\theta}$ 称为 θ 的 $100(1-\alpha)\%$ 置信限（分别称 $\underline{\theta}$、$\overline{\theta}$ 为置信下限及置信上限），百分数 $100(1-\alpha)\%$ 称为置信度。置信度反映置信区间的可靠程度，在应用时常取 0.90、0.95、0.99 等值。

A　单正态总体参数的区间估计

（1）σ^2 已知时，μ 的区间估计。

当总体 $X \sim N(\mu,\sigma^2)$，其 μ 未知、σ^2 已知，则 $\overline{X} \sim N\left(\mu,\dfrac{\sigma^2}{n}\right)$，构建统计量 U

$$U = \frac{\sqrt{n}(\overline{X}-\mu)}{\sigma} \sim N(0,1) \tag{2.1-51}$$

$z_{\alpha/2}$ 为 $N(0,1)$ 上 $\alpha/2$ 分位数，则置信区间为：

$$\left(\overline{X} - z_{\alpha/2}\frac{\sigma}{\sqrt{n}},\overline{X} + z_{\alpha/2}\frac{\sigma}{\sqrt{n}}\right) \tag{2.1-52}$$

（2）σ^2 未知时，μ 的区间估计。

当总体 $X \sim N(\mu,\sigma^2)$，其 σ^2、μ 未知，则由样本均值和样本方差构成统计量

$$T = \frac{\sqrt{n}(\overline{X}-\mu)}{S} \sim t(n-1) \tag{2.1-53}$$

$t_{\alpha/2}$ 为 $t(n-1)$ 上 $\alpha/2$ 分位数，则置信区间为：

$$\left(\overline{X} - t_{\alpha/2}(n-1)\frac{S}{\sqrt{n}},\overline{X} + t_{\alpha/2}(n-1)\frac{S}{\sqrt{n}}\right) \tag{2.1-54}$$

（3）μ 已知时，σ^2 的区间估计。

根据 χ^2 分布的定义，用 $\hat{\sigma}^2 = \dfrac{1}{n}\sum\limits_{i=1}^{n}(X_i-\mu)^2$ 作为 σ^2 的极大似然估计，$\sum\limits_{i=1}^{n}\left(\dfrac{X_i-\mu}{\sigma}\right)^2 \sim \chi^2(n)$，则置信区间为：

$$\left(\frac{n\hat{\sigma}^2}{\chi^2_{\alpha/2}(n)},\frac{n\hat{\sigma}^2}{\chi^2_{1-\alpha/2}(n)}\right) \tag{2.1-55}$$

（4）μ 未知时，σ^2 的区间估计。

根据定理 2-1，当用 $S^2 = \dfrac{1}{n-1}\sum\limits_{i=1}^{n}(X_i-\overline{X})^2$ 作为 σ^2 的无偏估计时

$$(n-1)\frac{S^2}{\sigma^2} \sim \chi^2(n-1)$$

则置信区间为：

$$\left(\frac{(n-1)S^2}{\chi^2_{\alpha/2}(n-1)},\frac{(n-1)S^2}{\chi^2_{1-\alpha/2}(n-1)}\right) \tag{2.1-56}$$

B　正态总体均值差与方差比的区间估计

（1）σ_1^2，σ_2^2 已知时，$\mu_1-\mu_2$ 的区间估计。

记 $\overline{X} = \dfrac{1}{n}\sum\limits_{i=1}^{n}X_i,\overline{Y} = \dfrac{1}{m}\sum\limits_{i=1}^{n}Y_i$，则 $\overline{X}-\overline{Y}$ 为 $\mu_1-\mu_2$ 的方差最小无偏估计，且

$$\overline{X}-\overline{Y} \sim N\left(\mu_1-\mu_2,\frac{\sigma_1^2}{n}+\frac{\sigma_2^2}{m}\right) \tag{2.1-57}$$

$$U = \frac{(\overline{X} - \overline{Y}) - (\mu_1 - \mu_2)}{\sqrt{\dfrac{\sigma_1^2}{n} + \dfrac{\sigma_2^2}{m}}} \sim N(0,1) \qquad (2.1\text{-}58)$$

则，$\mu_1 - \mu_2$ 的置信区间为：

$$\left((\overline{X} - \overline{Y}) - z_{\alpha/2}\sqrt{\frac{\sigma_1^2}{n} + \frac{\sigma_2^2}{m}}, (\overline{X} - \overline{Y}) + z_{\alpha/2}\sqrt{\frac{\sigma_1^2}{n} + \frac{\sigma_2^2}{m}} \right) \qquad (2.1\text{-}59)$$

（2）σ_1^2，σ_2^2 未知，但 $\sigma_1^2 = \sigma_2^2$ 时，$\mu_1 - \mu_2$ 的区间估计。

根据定理 2-3，记 $S_P = \sqrt{\dfrac{(n-1)S_X^2 + (m-1)S_Y^2}{n+m-2}}$，则

$$T = \frac{\sqrt{\dfrac{mn}{m+n}}(\overline{X} - \overline{Y} - (\mu_1 - \mu_2))}{S_P} \sim t(n+m-2) \qquad (2.1\text{-}60)$$

则，$\mu_1 - \mu_2$ 的置信区间为：

$$\left((\overline{X} - \overline{Y}) - t_{\alpha/2}(n+m-2)\frac{S_P}{\sqrt{\dfrac{mn}{m+n}}}, (\overline{X} - \overline{Y}) + t_{\alpha/2}(n+m-2)\frac{S_P}{\sqrt{\dfrac{mn}{m+n}}} \right) \qquad (2.1\text{-}61)$$

（3）μ_1，μ_2 已知时，σ_1^2/σ_2^2 的区间估计。

$\hat{\sigma}_1^2 = \dfrac{1}{n}\sum\limits_{i=1}^{n}(X_i - \mu_1)^2$ 和 $\hat{\sigma}_2^2 = \dfrac{1}{m}\sum\limits_{i=1}^{n}(Y_i - \mu_2)^2$ 分别作为 σ_1^2 和 σ_2^2 的无偏估计，则：

$$F = \hat{\sigma}_1^2/\hat{\sigma}_2^2 \sim F(n,m) \qquad (2.1\text{-}62)$$

σ_1^2/σ_2^2 的置信区间为：

$$\left(\frac{\hat{\sigma}_1^2/\hat{\sigma}_2^2}{F_{\alpha/2}(n,m)}, \frac{\hat{\sigma}_1^2/\hat{\sigma}_2^2}{F_{1-\alpha/2}(n,m)} \right) \qquad (2.1\text{-}63)$$

（4）μ_1，μ_2 未知时，σ_1^2/σ_2^2 的区间估计。

$S_X^2 = \dfrac{1}{n-1}\sum\limits_{i=1}^{n}(X_i - \overline{X})^2$ 和 $S_Y^2 = \dfrac{1}{m-1}\sum\limits_{i=1}^{m}(Y_i - \overline{Y})^2$ 分别作为 σ_1^2 和 σ_2^2 的无偏估计，则

$$F = \frac{S_X^2}{S_Y^2} \sim F(n-1,m-1) \qquad (2.1\text{-}64)$$

σ_1^2/σ_2^2 的置信区间为：

$$\left(\frac{S_X^2/S_Y^2}{F_{\alpha/2}(n-1,m-1)}, \frac{S_X^2/S_Y^2}{F_{1-\alpha/2}(n-1,m-1)} \right) \qquad (2.1\text{-}65)$$

2.1.2.5 假设检验

根据样本信息来判断总体分布是否具有指定的特征，称为假设检验。对总体参数的假设进行的检验，称为参数检验；对总体分布的假设检验称为分布检验。以下仅介绍参数检验。

一般地，"具有某项指定特征"（是预期的性质）用原"假设"H_0 表示。例如，已知给定矿样某项指标的测量值，总体服从正态分布，10 次测量值构成样本，需要判断总体均值是否等于 μ_0。假设检验方法为：选定样本平均值 $\overline{x}$ 这一统计量进行判断，若

$|\bar{x}-\mu_0|<k$，即 $\bar{x}$ 与 μ_0 的差异不显著，则接受假设 $H_0:\mu=\mu_0$。其中 k 值按照"小概率事件 $|\bar{x}-\mu_0|>k$ 在一次实验中不可能发生（其发生概率小于很小的数 α，如 $\alpha=0.05$）"来确定。数 α 称为检验的显著性水平。拒绝假设 H_0 的区域（如 $|\bar{x}-\mu_0|>k$）称为检验的拒绝域。拒绝域的边界点称为临界点（如点 μ_0-k 及点 μ_0+k）。

实际检验中，总有可能做出错误的判断。其中，"弃真"的错误为第一类错误；"取伪"的错误为第二类错误。在样本容量确定后，犯两类错误的概率不可能同时减少。实际问题中，一般总是控制犯第一类错误的概率 α。α 的大小视具体情况要尽可能小，通常取 0.1，0.05，0.01，0.005 等数值。

根据需要，可能还需要备择假设。例如实际问题需要检验样本均值 $\bar{x}$ 是等于总体均值 μ_0，还是大于 μ_0。这种检验一般叙述为：在水平 α 下，检验假设

$$H_0:\mu=\mu_0;H_1:\mu>\mu_0 \tag{2.1-66}$$

其中，H_1 称为备择假设，原来的假设 H_0 又称为原假设或零假设。这种形式的假设，称为总体均值的右边检验；相应地，也可以有左边检验。双边检验的备择假设常略而不写。

所以，进行假设检验的步骤如下：

（1）根据实际问题提出假设 H_0（对单边检测，还应写出备择假设 H_1）。

（2）选取检验所用统计量，同时也就确定了统计量的分布。

（3）选取适当的显著性水平 α。

（4）确定拒绝域形式，并由给定的显著性水平 α 查（也可用工具软件计算）统计量概率分布表，求出拒绝域。

（5）根据样本观察值，计算统计量的值。

（6）做出决策，若统计量落在拒绝域内，则拒绝原假设 H_0；反之则接受 H_0。

注意到，对于常用的一些正态总体均值及方差的假设检验，其统计量形式与相应区间估计问题用到函数的形式是一致的。例如，就方差已知的正态总体而言，利用 $\dfrac{\sqrt{n}(\bar{X}-\mu)}{\sigma}$ 函数作总体均值的区间估计，而用统计量 $\dfrac{\sqrt{n}(\bar{X}-\mu_0)}{\sigma}$ 作总体均值的假设 $H_0:\mu=\mu_0$。常用的假设检验包括单正态总体参数检验和双正态总体参数检验，并按 σ^2 或 μ 已知/未知分为多种情形，其具体检验方法请参见数理统计书籍。

对实际问题，总体方差常为未知，所以常用服从 t 分布的统计量检验总体均值。

2.2　行列式、矩阵与线性方程组

涉及多变量求解的数学建模过程，必然用到方程组；而行列式和矩阵是方程组表达与运算处理的工具。所以，本节简要总结矿物加工数学模型建立过程中，用到的矩阵与方程组的有关内容，以方便建模时查看和使用。

2.2.1　行列式

行列式是一种特定的算式，是根据求解"方程个数和未知量个数相同"的一次方程

组的需要而定义的。n 阶行列式（的值）是 $n!$ 项的代数和，而每项都是位于不同行、不同列的各元素的乘积，正负号由下标排列的逆序数决定。对行列式

$$D = \begin{vmatrix} a_{11} & a_{12} & \cdots & a_{1n} \\ a_{21} & a_{22} & \cdots & a_{2n} \\ \vdots & \vdots & & \vdots \\ a_{n1} & a_{n2} & \cdots & a_{nn} \end{vmatrix} \tag{2.2-1}$$

可以简记做 $\det(a_{ij})$ 或 $|a_{ij}|$，数 a_{ij} 称为行列式 $|a_{ij}|$ 的元素。行列式 D 的值为：

$$D = \sum (-1)^{t(p_1 p_2 \cdots p_n)} a_{1p_1} a_{2p_2} \cdots a_{np_n} \tag{2.2-2}$$

式中，$p_1 p_2 \cdots p_n$ 为自然数 1，2，$\cdots$，n 的一个排列，$t(p_1 p_2 \cdots p_n)$ 表示排列 $p_1 p_2 \cdots p_n$ 的逆序数。

若线性方程组中方程个数等于未知量个数，且方程组的系数行列式不等于零，则可采用克莱默（Cramer）法则解方程组。即，对线性方程组

$$\begin{cases} a_{11}x_1 + a_{12}x_2 + \cdots + a_{1n}x_n = b_1 \\ a_{21}x_1 + a_{22}x_2 + \cdots + a_{2n}x_n = b_2 \\ \qquad\qquad\qquad \vdots \\ a_{n1}x_1 + a_{n2}x_2 + \cdots + a_{nn}x_n = b_n \end{cases} \tag{2.2-3}$$

其系数行列式
$$D = \begin{vmatrix} a_{11} & a_{12} & \cdots & a_{1n} \\ a_{21} & a_{22} & \cdots & a_{2n} \\ \vdots & \vdots & & \vdots \\ a_{n1} & a_{n2} & \cdots & a_{nn} \end{vmatrix} \neq 0 \tag{2.2-4}$$

时，线性方程组有解且是唯一解，计算方法为：

$$x_1 = \frac{D_1}{D},\ x_2 = \frac{D_2}{D},\ x_3 = \frac{D_3}{D},\ \cdots, x_n = \frac{D_n}{D} \tag{2.2-5}$$

式中，
$$D_j = \begin{vmatrix} a_{11} \cdots a_{1,j-1} & b_1 & a_{1,j+1} \cdots a_{1n} \\ \vdots & \vdots & \vdots \\ a_{n1} \cdots a_{n,j-1} & b_n & a_{n,j+1} \cdots a_{nn} \end{vmatrix} \tag{2.2-6}$$

线性方程组（2.2-3）中，当常数项 b_1，b_2，$\cdots$，b_n 全为零时，方程组称为齐次方程组；否则，方程组称为非齐次方程组。

2.2.2 矩阵表示方程组

线性方程组（2.2-3）中，各系数和常数项可按其在方程组中的位置排列成由若干行和若干列构成的矩形阵列数表，称为矩阵。由 $m \times n$ 个数 $a_{ij}(i=1,2,\cdots,m; j=1,2,\cdots,n)$ 构成的矩阵，记作

$$A = A_{m \times n} = \begin{bmatrix} a_{11} & a_{12} & \cdots & a_{1n} \\ a_{21} & a_{22} & \cdots & a_{2n} \\ \vdots & \vdots & & \vdots \\ a_{m1} & a_{m2} & \cdots & a_{mn} \end{bmatrix} = (a_{ij})_{m \times n} = (a_{ij}) \tag{2.2-7}$$

这 $m \times n$ 个数称为矩阵 A 的元素,简称为元素。

对于一般线性方程组

$$\begin{cases} a_{11}x_1 + a_{12}x_2 + \cdots + a_{1n}x_n = b_1 \\ a_{21}x_1 + a_{22}x_2 + \cdots + a_{2n}x_n = b_2 \\ \qquad\qquad\qquad\vdots \\ a_{m1}x_1 + a_{m2}x_2 + \cdots + a_{mn}x_n = b_m \end{cases} \qquad (2.2\text{-}8)$$

其系数矩阵为:

$$A = \begin{bmatrix} a_{11} & a_{12} & \cdots & a_{1n} \\ a_{21} & a_{22} & \cdots & a_{2n} \\ \vdots & \vdots & & \vdots \\ a_{m1} & a_{m2} & \cdots & a_{mn} \end{bmatrix} \qquad (2.2\text{-}9)$$

增广矩阵为:

$$B = \left[\begin{array}{cccc|c} a_{11} & a_{12} & \cdots & a_{1n} & b_1 \\ a_{21} & a_{22} & \cdots & a_{2n} & b_2 \\ \vdots & \vdots & & \vdots & \vdots \\ a_{m1} & a_{m2} & \cdots & a_{mn} & b_m \end{array} \right] \qquad (2.2\text{-}10)$$

这样,对线性方程组的研究可转化为对矩阵数表的研究。求解方程组就是对系数矩阵或增广矩阵进行变换。

矩阵的初等变换包括初等行变换和初等列变换。矩阵的初等行变换是指以下三种变换:

(1) 互换矩阵的第 i 行和第 j 行,记作 $r_i \leftrightarrow r_j$。

(2) 用一个非零数 k 乘矩阵的第 i 行,记作 kr_i。

(3) 把矩阵的第 j 行的 k 倍加到矩阵的第 i 行上,记作 $r_i + kr_j$。

相应地,初等列变换的三种变换分别记作:$c_i \leftrightarrow c_j$、kc_i、$c_i + kc_j$。

对线性方程组施行一次初等变换,相当于对它的增广矩阵施行一次对应的初等行变换,而化简线性方程组相当于用初等行变换化简它的增广矩阵。如果矩阵 A 经过有限次初等变换变成矩阵 B,记作 $A \rightarrow B$。

借助矩阵解线性方程组时,要用到梯矩阵。满足下列两个条件的矩阵,称为梯(行阶梯)矩阵:

(1) 若有零行,则零行位于非零行的下方。

(2) 每个首非零元(非零行从左边数起第一个不为零的元)前面零的个数逐行增加。

而首非零元为 1,且首非零元所在列的其他元都为零的梯矩阵,称为最简梯矩阵,简称最简形。任意 $m \times n$ 矩阵 A 总可以经初等行变换化为梯矩阵及最简形,且其最简梯矩阵是唯一的。

【例 2.2-1】 用初等行变换将矩阵 A 化成阶梯矩阵和最简形。

$$A = \begin{bmatrix} 0 & 4 & -12 & 2 \\ 3 & -1 & -6 & -2 \\ -1 & -1 & 6 & 2 \\ 2 & -2 & 0 & 0 \end{bmatrix}$$

解：变换过程如下：

$$A \xrightarrow[\substack{r_2+3r_3 \\ r_4+2r_1}]{r_1 \leftrightarrow r_3} \begin{bmatrix} -1 & -1 & 6 & 2 \\ 0 & -4 & 12 & 4 \\ 0 & 4 & -12 & 2 \\ 0 & -4 & 12 & 4 \end{bmatrix} \xrightarrow[\substack{r_3+r_2 \\ r_4-r_2}]{-1r_1} \begin{bmatrix} 1 & 1 & -6 & -2 \\ 0 & -4 & 12 & 4 \\ 0 & 0 & 0 & 6 \\ 0 & 0 & 0 & 0 \end{bmatrix} = B$$

$$\xrightarrow[\substack{ \\ \frac{r_3}{6}}]{-\frac{r_2}{4}} \begin{bmatrix} 1 & 1 & -6 & -2 \\ 0 & 1 & -3 & -1 \\ 0 & 0 & 0 & 1 \\ 0 & 0 & 0 & 0 \end{bmatrix} \xrightarrow[\substack{r_1+2r_3 \\ r_1-r_2}]{r_2+r_3} \begin{bmatrix} 1 & 0 & -3 & 0 \\ 0 & 1 & -3 & 0 \\ 0 & 0 & 0 & 1 \\ 0 & 0 & 0 & 0 \end{bmatrix} = C$$

其中，矩阵 B 是梯矩阵，C 是最简形。

$m \times n$ 矩阵 A 中，不等于零的最高阶非零子式的阶数称为矩阵 A 的秩，记作 $R(A)$。$R(A) \leqslant \min(m,n)$。规定零矩阵的秩为零。行梯矩阵的秩等于非零行的行数。

对齐次方程组

$$Ax = 0 \qquad\qquad (2.2\text{-}11)$$

有非零解的充要条件是 $R(A) < n$；只有非零解的充要条件是 $R(A) = n$。

对非齐次方程组（2.2-8），简记为：

$$Ax = b, \ b \neq 0 \qquad\qquad (2.2\text{-}12)$$

其增广矩阵记为 B，则：

$$Ax = b \ \text{有解} \quad \Leftrightarrow \quad R(A) = R(B) \qquad\qquad (2.2\text{-}13)$$

$$Ax = b \ \text{有唯一解} \quad \Leftrightarrow \quad R(A) = R(B) = n \qquad\qquad (2.2\text{-}14)$$

$$Ax = b \ \text{有无穷解} \quad \Leftrightarrow \quad R(A) = R(B) < n \qquad\qquad (2.2\text{-}15)$$

2.2.3 特殊矩阵与矩阵运算

矩阵的重要性在于它可以把一个实际问题变成一个数表，使得可以通过研究数表的规律和特性来解决实际问题。

常用的几种特殊矩阵包括：

（1）零矩阵。元素全为零的矩阵称为零矩阵，$m \times n$ 零矩阵记作 $0_{m \times n}$；不同阶数的零矩阵是不同的。

（2）行矩阵。只有一行的矩阵称为行矩阵（或行向量）。

（3）列矩阵。只有一列的矩阵称为列矩阵（或列向量）。

（4）同型矩阵。行数相等且列数相等的两个矩阵。

（5）矩阵相等。若两个矩阵 A、B 为同型矩阵且对应元素相等，则称矩阵 A 与矩阵 B 相等，记作 $A = B$。

（6）方阵。行数与列数都等于 n 的矩阵 A，称为 n 阶方阵，也可记作 A_n。方阵中从左上角到右下角的元素位置形成一条直线，称为主对角线。主对角线上的元素行下标序号与列下标序号相等，即 a_{11}，a_{22}，$\cdots$，a_{nn}。

（7）上三角矩阵。主对角线左下方元素全为零的方阵。

（8）下三角矩阵。主对角线右上方元素全为零的方阵。

（9）对角矩阵。主对角线以外的元素全部为零的方阵，称为对角矩阵（或对角阵）。

（10）单位矩阵。对角矩阵的对角线元素全为 1，称为单位矩阵（或单位阵），记为 E_n，E 或 I。

（11）非奇异矩阵。当 n 阶矩阵 A 的行列式不为零（即 $|A| \neq 0$）时，称 A 为非奇异矩阵或满秩矩阵；否则称 A 为奇异矩阵或降秩矩阵。

矩阵的常见运算包括加、减、数乘、乘法、转置等，具体含义如下：

（1）矩阵的加法。两个同型矩阵可以进行加法运算，即对应位置的元素分别相加。特别地，$-A = (-a_{ij})$，称为矩阵 A 的负矩阵。矩阵加法运算满足交换律和结合律。

（2）数与矩阵相乘。数 λ 与矩阵 A 的乘积记作 λA 或 $A\lambda$，规定为数 λ 与矩阵 A 的每个元素相乘，结果为 A 的同型矩阵。矩阵数乘元素满足交换律、分配律。

（3）矩阵的乘法。设 $A = (a_{ij})_{m \times s}$，$B = (b_{ij})_{s \times n}$，规定 A 与 B 的乘积为 $C = (c_{ij})_{m \times n}$，记作 AB，即 $C = AB = (c_{ij})_{m \times n}$，其中

$$c_{ij} = a_{i1}b_{1j} + a_{i2}b_{2j} + \cdots + a_{is}b_{sj} = \sum_{k=1}^{s} a_{ik}b_{kj} \tag{2.2-16}$$

式中，$i = 1, 2, \cdots, m; j = 1, 2, \cdots, n$。矩阵乘法满足结合律、分配律。对 n 阶方阵 A，k 个 A 相乘，即 $AAA \cdots A = A^k$，称为 A 的 k 次幂。特别地，$AB = BA$，则称 A 与 B 可交换。

（4）矩阵的转置。把矩阵 A 的行换成同序数的列得到的新矩阵，称作 A 的转置矩阵，记作 A^T。若 n 阶方阵 A，满足 $A = A^T$，则称 A 为对称矩阵。

（5）逆矩阵。对 n 阶方阵 A，若存在一个 n 阶方阵 B，使得 $AB = BA = E$，则称矩阵 A 可逆，并称矩阵 B 是矩阵 A 的逆矩阵，记作 A^{-1}。显然，$AA^{-1} = A^{-1}A = E$。

矩阵加法、乘法、数乘运算，统称为矩阵的线性运算。

最后注意，矩阵与行列式不是完全没有关系的。比如：

（1）方阵的行列式。由 n 阶方阵 A 的元素按原次序所构成的行列式，称为方阵 A 的行列式，记作 $|A|$ 或 $\det A$。

（2）伴随矩阵。行列式 $|A|$ 的各个元素的代数余子式 A_{ij} 所构成的矩阵，称为 A 的伴随矩阵，记为 A^*。伴随矩阵可以用于计算逆矩阵，即：

$$A^{-1} = \frac{A^*}{|A|} \tag{2.2-17}$$

（3）顺序主子式。n 阶矩阵 A 的第 $1 \sim k$ 行和 $1 \sim k$ 列元素所确定的矩阵称为矩阵 A 的 k 阶顺序主子阵，其行列式 D_k 则称为 A 的 k 阶顺序主子式。顺序主子式可用于矩阵的三角分解。

2.2.4　线性方程组的解法

线性代数中，线性方程组可以有三种解法。

（1）克莱默法则。只适用于系数行列式不等于零的方形线性方程组，计算量大，理论价值大于实用价值。具体方法见 2.2.1 节。

（2）初等变换法。适用于方程组无解、唯一解、无穷多解的各种情形，运算在一个矩阵中进行，计算简单，是非常有效的方法。具体做法是将初等数学中的消元法用一系列矩阵处理来表示，即将方程组的增广矩阵变换为梯矩阵，然后写出相应的阶梯形方程组，从而求得原方程组的解。

（3）基础解系法。特点是解的结构清楚且计算简单，也是很好的方法。非齐次线性方程组解的结构为：对应的齐次线性方程组的一个基础解系＋该非齐次线性方程组的某个解（特解）。求齐次方程组的基础解系时，同样要用到方程组系数矩阵的初等变换，具体步骤此处不再赘述。

2.3　数 值 计 算

数值计算研究如何借助计算工具求得数学问题的数值解答。计算机技术的发展和进步促成了现代数值计算理论与方法的迅速发展。数值计算已成为当今科学计算的主力军，应用范围非常广泛。

数值算法用于描述数值问题的计算步骤，是由一组基本运算及运算顺序的规定构成的目标问题解决方案的完整描述。计算机虽然是运算速度极高的自动化计算工具，但本质上计算机仅能完成一系列具有一定位数的基本算术运算和逻辑运算。所以，采用计算机进行数值运算时，必须先将数值问题转化为数值算法。

好的算法应该具备以下特征：（1）结构简单，计算机容易实现；（2）理论上必须保证收敛性和数值稳定性；（3）计算效率高，计算速度快且节省存储空间；（4）经过计算实验的检验。

数值计算中，误差处理十分重要。按来源，误差可分为模型误差、观测误差、截断误差和舍入误差四种。采用数值计算建立矿物加工数学模型过程中，一方面要通过模型选优减少模型误差，通过实验手段与数据处理减少观测误差；另一方面还要关注纯粹由计算机作为运算工具而带来的截断误差和舍入误差。截断误差由所采用算法的近似带来，而舍入误差是因计算机只能对有限位数进行运算。截断误差与舍入误差都可通过对算法的改进和优选，最大程度上减少。一些简单原则包括：（1）避免两个相近的数相减；（2）避免绝对值太小的数作分母；（3）尽量简化计算步骤以减少运算次数；（4）尽量采用数值稳定性好的算法。数值算法的优选因问题而异，没有通用统一的方法。

目前，科学计算都采用计算机实现。经过多年积累、发展和验证，再加网络等信息传播途径的飞速发展，目前已经容易找到常用数值计算算法的程序代码。现在的许多科学计算软件也都提供有足量的数值算法功能函数。所以，对矿物加工数学模型，建模的关键是结合问题的专业特征找到和推演出合适的算法，其求解则可以借助成熟的科学计算软件（如 MATLAB、Fortran、C 等多种高级语言的程序开发工具）协助完成。

2.3.1　线性方程组的直接解法

在 2.2.4 节中提到，可以采用初等变换法求解线性方程组，但如果读者手工完成例 2.2-1 中以整数为元素的 4×4 矩阵到梯矩阵的变换过程，已经费时费力。可以想见，对实际问题，方程的系数矩阵会是实数，系数矩阵的规模也会随参数个数增多而变大，手工计算将非常繁复。所以，数值计算早就注意到这种困难，并提出了多种借助计算程序实现线性方程组精确解求取的算法。这些算法能发挥计算机的运算速度快、通用性计算代码可重复使用的优势，较轻松地得到线性方程组的精确解。

2.3.1.1 顺序高斯消去法

高斯（Gauss）消去法包括两大步：首先通过初等变换将方程组转化为同解的上三角方程组（称为消元），也就是将方程组（2.2-3）的增广矩阵变换为上三角矩阵；其次对上三角方程组按从下到上的顺序先求出 x_n，将变量的解依次代入上一方程求出 x_{n-1} 直至 x_1（称为回代）。这种按矩阵行的原本位置进行消元的高斯消去法称为顺序高斯消去法。

方程组（2.2-3）作为消元过程的起点，可写为：

$$\begin{cases} a_{11}^{(1)}x_1 + a_{12}^{(1)}x_2 + a_{13}^{(1)}x_3 + \cdots + a_{1n}^{(1)}x_n = b_1^{(1)} \\ a_{21}^{(1)}x_1 + a_{22}^{(1)}x_2 + a_{23}^{(1)}x_3 + \cdots + a_{2n}^{(1)}x_n = b_2^{(1)} \\ a_{31}^{(1)}x_1 + a_{32}^{(1)}x_2 + a_{33}^{(1)}x_3 + \cdots + a_{3n}^{(1)}x_n = b_3^{(1)} \\ \qquad\qquad\qquad\qquad\vdots \\ a_{n1}^{(1)}x_1 + a_{n2}^{(1)}x_2 + a_{n3}^{(1)}x_3 + \cdots + a_{nn}^{(1)}x_n = b_n^{(1)} \end{cases} \qquad (2.3\text{-}1)$$

其中，各系数及常数项的右上角小括号数字，代表消元计算的次序号。其初始增广矩阵为：

$$\begin{bmatrix} a_{11}^{(1)} & a_{12}^{(1)} & a_{13}^{(1)} & \cdots & a_{1n}^{(1)} & b_1^{(1)} \\ a_{21}^{(1)} & a_{22}^{(1)} & a_{23}^{(1)} & \cdots & a_{2n}^{(1)} & b_2^{(1)} \\ a_{31}^{(1)} & a_{32}^{(1)} & a_{33}^{(1)} & \cdots & a_{3n}^{(1)} & b_3^{(1)} \\ \vdots & \vdots & \vdots & & \vdots & \vdots \\ a_{n1}^{(1)} & a_{n2}^{(1)} & a_{n3}^{(1)} & \cdots & a_{nn}^{(1)} & b_n^{(1)} \end{bmatrix} \qquad (2.3\text{-}2)$$

消元过程为：

$$\begin{bmatrix} a_{11}^{(1)} & a_{12}^{(1)} & a_{13}^{(1)} & \cdots & a_{1n}^{(1)} & b_1^{(1)} \\ a_{21}^{(1)} & a_{22}^{(1)} & a_{23}^{(1)} & \cdots & a_{2n}^{(1)} & b_2^{(1)} \\ a_{31}^{(1)} & a_{32}^{(1)} & a_{33}^{(1)} & \cdots & a_{3n}^{(1)} & b_3^{(1)} \\ \vdots & \vdots & \vdots & & \vdots & \vdots \\ a_{n1}^{(1)} & a_{n2}^{(1)} & a_{n3}^{(1)} & \cdots & a_{nn}^{(1)} & b_n^{(1)} \end{bmatrix} \to \begin{bmatrix} a_{11}^{(1)} & a_{12}^{(1)} & a_{13}^{(1)} & \cdots & a_{1n}^{(1)} & b_1^{(1)} \\ 0 & a_{22}^{(2)} & a_{23}^{(2)} & \cdots & a_{2n}^{(2)} & b_2^{(2)} \\ 0 & a_{32}^{(2)} & a_{33}^{(2)} & \cdots & a_{3n}^{(2)} & b_3^{(2)} \\ \vdots & \vdots & \vdots & & \vdots & \vdots \\ 0 & a_{n2}^{(2)} & a_{n3}^{(2)} & \cdots & a_{nn}^{(2)} & b_n^{(2)} \end{bmatrix} \to \cdots \to$$

$$\begin{bmatrix} a_{11}^{(1)} & a_{12}^{(1)} & a_{13}^{(1)} & \cdots & a_{1n}^{(1)} & b_1^{(1)} \\ 0 & a_{22}^{(2)} & a_{23}^{(2)} & \cdots & a_{2n}^{(2)} & b_2^{(2)} \\ 0 & 0 & a_{33}^{(3)} & \cdots & a_{3n}^{(3)} & b_3^{(3)} \\ \vdots & \vdots & \vdots & & \vdots & \vdots \\ 0 & 0 & 0 & \cdots & a_{nn}^{(n)} & b_n^{(n)} \end{bmatrix}$$

其中，第一次消元的公式为：

$$a_{ij}^{(2)} = a_{ij}^{(1)} - m_{i1}a_{1j}^{(1)}, \; b_i^{(2)} = b_i^{(1)} - m_{i1}b_1^{(1)}, \; m_{i1} = \frac{a_{i1}^{(1)}}{a_{11}^{(1)}}, \; i,j = 2,\cdots,n$$

所以，各次消元的通式为：

$$a_{ij}^{(k+1)} = a_{ij}^{(k)} - m_{ik}a_{kj}^{(k)}, \; b_i^{(k+1)} = b_i^{(k)} - m_{ik}b_k^{(k)}, \; m_{ik} = \frac{a_{ik}^{(k)}}{a_{kk}^{(k)}},$$

$$i,j = k+1,\cdots,n \; ; \quad k = 1,\cdots,n-1 \qquad (2.3\text{-}3)$$

得到的上三角方程组为：

$$\begin{cases} a_{11}^{(1)}x_1 + a_{12}^{(1)}x_2 + a_{13}^{(1)}x_3 + \cdots + a_{1n}^{(1)}x_n = b_1^{(1)} \\ \qquad a_{22}^{(2)}x_2 + a_{23}^{(2)}x_3 + \cdots + a_{2n}^{(2)}x_n = b_2^{(2)} \\ \qquad\qquad a_{33}^{(3)}x_3 + \cdots + a_{3n}^{(3)}x_n = b_3^{(3)} \\ \qquad\qquad\qquad\qquad \vdots \\ \qquad\qquad\qquad\qquad a_{nn}^{(n)}x_n = b_n^{(n)} \end{cases}$$

$$\Rightarrow \begin{cases} x_n = \dfrac{b_n^{(n)}}{a_{nn}^{(n)}} \\ x_k = \dfrac{b_k^{(k)} - \sum\limits_{j=k+1}^{n} a_{kj}^{(k)} x_j}{a_{kk}^{(k)}} \end{cases} \quad k = n-1, \cdots, 2, 1 \qquad (2.3\text{-}4)$$

粗略估计,顺序高斯消去法消元过程的计算量为 $O(n^3)$,回代过程的计算量为 $O(n^2)$。只要方程组(2.2-3)系数矩阵 $\boldsymbol{A}$ 的顺序主子式

$$D_1 = a_{11}, D_2 = \begin{vmatrix} a_{11} & a_{12} \\ a_{21} & a_{22} \end{vmatrix}, \cdots, D_n = \begin{vmatrix} a_{11} & \cdots & a_{1n} \\ \vdots & & \vdots \\ a_{n1} & \cdots & a_{nn} \end{vmatrix} \qquad (2.3\text{-}5)$$

均不为 0,则该算法可行。

综上,顺序消去法的算法总结为:

(1)将线性方程组用系数矩阵 $\boldsymbol{A}$ 和常数项矩阵 $\boldsymbol{b}$ 表示,k 取初值为 1。

(2)消元。按式(2.3-3)计算 m_{ik}、$a_{ij}^{(k+1)}$、$b_i^{(k+1)}$。

(3)回代。按式(2.3-4)计算 x_n、x_{n-1}、$\cdots$、x_1。

2.3.1.2 列主元高斯消去法

顺序高斯消去法中,当 $a_{kk}^{(k)} = 0$ 时,出现分母为零的情况,算法将无法进行;或当 $a_{kk}^{(k)}$ 虽不为零但绝对值过于小时,计算过程的中间数据会非常大,进而"吃掉"与之相加的小数据,从而造成算法的数值不稳定而导致计算结果严重失真。所以,要通过选主元的办法改善消去法的数值稳定性。高斯消去法第 k 步中的 $a_{kk}^{(k)}$ 称为主元。

考虑选用绝对值大的数作为主元,可预防绝对值过小的数做分母。

列主元高斯消去法的基本思想是,消元过程的第 k 步,选取第 k 列中绝对值最大的元素作为主元素,若绝对值最大元素不在第 k 行,则需要进行行交换,以便将绝对值最大元素所在行(用 r_k 表示)交换到第 k 行。

列主元高斯消去法的算法为:

(1)将线性方程组用系数矩阵 $\boldsymbol{A}$ 和常数项矩阵 $\boldsymbol{b}$ 表示,k 取初值为 1。

(2)对 $k = 1, \cdots, n-1$ 进行如下运算:

1)选列主元,确定主元所在行 r_k,使满足

$$|a_{r_k k}^{(k)}| = \max_{k \le i \le n} |a_{ik}^{(k)}|$$

若 $a_{r_k k}^{(k)} = 0$,则停止计算;否则进行下一步。

2)若 $r_k > k$,交换增广矩阵的第 k 行和第 r_k 行。

3)消元。对 $i, j = k+1, \cdots, n (k = 1, \cdots, n-1)$,计算

$$m_{ik} = \frac{a_{ik}^{(k)}}{a_{kk}^{(k)}} \ , \quad a_{ik}^{(k+1)} = 0 \ , \quad a_{ij}^{(k+1)} = a_{ij}^{(k)} - m_{ik}a_{kj}^{(k)} \ , \quad b_i^{(k+1)} = b_i^{(k)} - m_{ik}b_k^{(k)}$$

（3）回代。按式（2.3-4）计算 x_n，x_{n-1}，…，x_1。

列主元高斯消去法是在运算过程中交换行。另有全主元消去法，运算过程中会出现交换列，不再赘述。

2.3.1.3　用追赶法解三对角方程组

若 n 元线性方程组的形式为：

$$\begin{bmatrix} b_1 & c_1 & & & \\ a_2 & b_2 & c_2 & & \\ & \ddots & \ddots & \ddots & \\ & & a_{n-1} & b_{n-1} & c_{n-1} \\ & & & a_n & b_n \end{bmatrix}\begin{bmatrix} x_1 \\ x_2 \\ \vdots \\ x_{n-1} \\ x_n \end{bmatrix} = \begin{bmatrix} d_1 \\ d_2 \\ \vdots \\ d_{n-1} \\ d_n \end{bmatrix} \tag{2.3-6}$$

称这种系数矩阵为三对角矩阵，其方程组为三对角方程组。科学与工程计算中，会经常遇到三对角方程组。

将顺序高斯消去法应用于三对角线方程组，得到的解法称为"追赶法"。追赶法解三对角方程组具体包括"追"与"赶"两大步。

追：

$$\left[\begin{array}{cccc|c} b_1 & c_1 & & & d_1 \\ a_2 & b_2 & c_2 & & d_2 \\ \ddots & \ddots & \ddots & & \vdots \\ & a_{n-1} & b_{n-1} & c_{n-1} & d_{n-1} \\ & & a_n & b_n & d_n \end{array}\right] \rightarrow \left[\begin{array}{cccc|c} \overline{b}_1 & c_1 & & & \overline{d}_1 \\ & \overline{b}_2 & c_2 & & \overline{d}_2 \\ & \ddots & \ddots & & \vdots \\ & & \overline{b}_{n-1} & c_{n-1} & \overline{d}_{n-1} \\ & & & \overline{b}_n & \overline{d}_n \end{array}\right]$$

其中，$\quad \overline{b}_1 = b_1, \overline{d}_1 = d_1, \overline{b}_k = b_k - \dfrac{a_k}{\overline{b}_{k-1}}c_{k-1}(k=2,\cdots,n), \overline{d}_k = d_k - \dfrac{a_k}{\overline{b}_{k-1}}\overline{d}_{k-1}$ （2.3-7）

赶：

$$x_n = \frac{\overline{d}_n}{\overline{b}_n}, \quad x_k = \frac{\overline{d}_k - c_k x_{k+1}}{\overline{b}_k} \ , k=n-1,\cdots,2,1 \tag{2.3-8}$$

追赶法的存储量和计算量都很小，只需使用一维数组存放数据，乘除法运算的总次数只有 $5n-1$ 次。

2.3.1.4　LU 分解法解线性方程组

LU 分解是非奇异矩阵的一个性质。对非奇异矩阵 $\boldsymbol{A} = (a_{ij})_{n \times n}$，当其顺序主子式均不为零时，存在唯一的单位下三角矩阵 $\boldsymbol{L}$ 和上三角矩阵 $\boldsymbol{U}$，使得 $\boldsymbol{A} = \boldsymbol{LU}$。寻找满足 $\boldsymbol{A} = \boldsymbol{LU}$ 的单位下三角矩阵 $\boldsymbol{L}$ 和上三角矩阵 $\boldsymbol{U}$ 的运算称为 LU 分解。

对线性方程组，若系数矩阵 $\boldsymbol{A} = \boldsymbol{LU}$，且

$$L = \begin{bmatrix} 1 & & & \\ l_{21} & 1 & & \\ \vdots & \vdots & \ddots & \\ l_{n1} & l_{n2} & \cdots & 1 \end{bmatrix}, \quad U = \begin{bmatrix} u_{11} & u_{12} & \cdots & u_{1n} \\ & u_{22} & \cdots & u_{2n} \\ & & \ddots & \vdots \\ & & & u_{nn} \end{bmatrix} \quad (2.3\text{-}9)$$

则

$$Ax = b \quad \Rightarrow \quad LUx = b \quad \Rightarrow \quad \begin{cases} Ly = b \\ Ux = y \end{cases} \quad (2.3\text{-}10)$$

即，原线性方程组转化为 $Ly = b$ 和 $Ux = y$ 两个三角形方程组。三角形方程组很容易通过回代方法求解，计算量只有 $O(n^2)$。

用 LU 分解求解线性方程组的算法为：

（1）将线性方程组用系数矩阵 A 和常数项矩阵 b 表示。

（2）LU 分解。

$$u_{1j} = a_{1j}, j = 1, \cdots, n; \qquad l_{i1} = a_{i1}/u_{11}, i = 2, \cdots, n$$

对 $k = 2, \cdots, n$，计算

$$u_{kj} = a_{kj} - \sum_{r=1}^{k-1} l_{kr} u_{rj}, \quad j = k, \cdots, n$$

$$l_{ik} = (a_{ik} - \sum_{r=1}^{k-1} l_{ir} u_{rk})/u_{kk}, \quad i = k+1, \cdots, n$$

（3）用向前消去法解下三角方程组 $Ly = b$。

$y_1 = b_1$，对 $k = 2, \cdots, n$，计算

$$y_k = b_k - \sum_{j=1}^{k-1} l_{kj} y_j$$

（4）用回代法解上三角方程组 $Ux = y$。

$$x_n = y_n/u_{nn}$$

对 $k = n-1, \cdots, 1$，计算

$$x_k = (y_k - \sum_{j=k+1}^{n} u_{kj}x_j)/u_{kk}$$

容易推证，LU 分解与高斯消去法的关系：顺序高斯消去法实质就是将方程组的系数矩阵分解成单位下三角矩阵与上三角矩阵的乘积。顺序高斯消去法的消元过程相当于 LU 分解过程和 $Ly = b$ 的求解，而其回代过程相当于解线性方程组 $Ux = y$。

2.3.1.5 舍入误差对解的影响

用直接法解线性方程组 $Ax = b$（$\det(A) \neq 0$），理论上应得出准确解 x。但数值计算必然存在舍入误差，只能得出近似解 $\bar{x}$，或者说得到近似方程组 $\bar{A}x = \bar{b}$ 的准确解。近似矩阵 $\bar{A}$ 和近似向量 $\bar{b}$ 的误差

$$\delta A = A - \bar{A}, \quad \delta b = b - \bar{b} \quad (2.3\text{-}11)$$

与计算机的计算精度有关。计算精度越高，$\|\delta A\|$ 和 $\|\delta b\|$ 必然越小（注：双竖线为欧氏空间中范数的符号）。近似解 $\bar{x}$ 的相对误差估计式为：

$$\frac{\|\delta x\|}{\|x\|} \leqslant \frac{\kappa}{1 - \kappa \cdot \varepsilon_r(\bar{A})} [\varepsilon_r(\bar{b}) + \varepsilon_r(\bar{A})] \quad (2.3\text{-}12)$$

式中，$$\kappa = \mathrm{Cond}(\boldsymbol{A}) = \|\boldsymbol{A}^{-1}\| \cdot \|\boldsymbol{A}\|, \quad \varepsilon_r(\overline{\boldsymbol{A}}) = \frac{\|\delta \boldsymbol{A}\|}{\|\boldsymbol{A}\|}, \quad \varepsilon_r(\boldsymbol{b}) = \frac{\|\delta \boldsymbol{b}\|}{\|\boldsymbol{b}\|}$$

式（2.3-12）表明，当 $\varepsilon_r(\overline{\boldsymbol{A}})$ 很小时，解的相对误差约等于 $\overline{\boldsymbol{A}}$ 与 $\overline{\boldsymbol{b}}$ 的相对误差和的 κ 倍。当 κ 很大时，即使 $\overline{\boldsymbol{A}}$ 和 $\overline{\boldsymbol{b}}$ 的相对误差很小，解的相对误差也可能很大。所以，舍入误差对解的影响的大小取决于 κ 值。把 κ 称为方程组的条件数。条件数很大的方程组称为病态方程组，条件数较小的方程组称为良态方程组。

对病态方程组，要减少舍入误差，得到较准确的近似解，可以采用以下措施：（1）提高计算精度；（2）选用数值稳定性较好的算法（如全主元高斯消去法）；（3）采用迭代改善算法，在求解计算过程中将对近似解的修正循环包含进来。

2.3.2　线性方程组的迭代解法

迭代法是数值计算中的常用方法，其大意是从某个初始值开始，借助某种递推规则的运算得到后继值，重复这个过程，便生成逐次逼近精确解的近似值的序列；当得到的近似值满足精度要求时，即可停止递推计算，并以序列的最末项作为问题的最终解。

迭代法求解线性方程组

$$\boldsymbol{A}\boldsymbol{x} = \boldsymbol{b} \tag{2.2-12}$$

就是构造一个无限的向量序列，使它的极限是方程组的解向量。无论计算过程怎样精确，迭代法都不能通过有限次算术运算求得方程组（2.2-12）的精确解，而只能逐步逼近它。因此，凡迭代法都存在收敛性与精度控制的问题。

迭代法常用于大型稀疏线性方程组的求解。此处，旨在为建立概念简要介绍。

当 n 元线性方程组（2.2-12）的系数矩阵 $\boldsymbol{A}$ 非奇异，且 $\boldsymbol{b} \neq 0$ 时，该方程组有唯一的非零解向量。把系数矩阵 $\boldsymbol{A}$ 分解成两个矩阵的差

$$\boldsymbol{A} = \boldsymbol{N} - \boldsymbol{P} \tag{2.3-13}$$

式中，$\boldsymbol{N}$ 是非奇异的。代入方程组（2.2-12）

$$(\boldsymbol{N} - \boldsymbol{P})\boldsymbol{x} = \boldsymbol{b} \Rightarrow \boldsymbol{N}\boldsymbol{x} = \boldsymbol{P}\boldsymbol{x} + \boldsymbol{b} \Rightarrow \boldsymbol{x} = \boldsymbol{N}^{-1}\boldsymbol{P}\boldsymbol{x} + \boldsymbol{N}^{-1}\boldsymbol{b}$$

记

$$\boldsymbol{G} = \boldsymbol{N}^{-1}\boldsymbol{P}, \quad \boldsymbol{d} = \boldsymbol{N}^{-1}\boldsymbol{b}$$

则有

$$\boldsymbol{x} = \boldsymbol{G}\boldsymbol{x} + \boldsymbol{d} \tag{2.3-14}$$

方程组（2.3-14）与原方程组（2.2-12）同解。

任取一个向量 $\boldsymbol{x}^{(0)}$ 作为方程组的初始近似解（称为迭代的初始值），代入递推公式

$$\boldsymbol{x}^{(k+1)} = \boldsymbol{G}\boldsymbol{x}^{(k)} + \boldsymbol{d}, \quad k = 0, 1, \cdots \tag{2.3-15}$$

生成一个向量序列 $\boldsymbol{x}^{(1)}$，$\boldsymbol{x}^{(2)}$，$\cdots$，$\boldsymbol{x}^{(k)}$，$\cdots$，当 k 足够大时，$\boldsymbol{x}^{(k)}$ 可以作为原方程组（2.2-12）的近似解，迭代即可终止。这种求解方法称为迭代法，递推公式（2.3-15）称为迭代公式，而迭代公式中的矩阵 $\boldsymbol{G}$ 称为迭代矩阵。

当 $k \to \infty$，$\boldsymbol{x}^{(k)}$ 趋向于某个常向量 $\boldsymbol{x}^*$ 时，称为向量序列 $\{\boldsymbol{x}^{(k)}\}$ 收敛于常向量 $\boldsymbol{x}^*$。只有迭代法收敛时，由它所生成的向量序列中的向量作为原方程组（2.2-12）的近似解才有意义。而且 k 越大，$\boldsymbol{x}^{(k)}$ 作为原方程组的解，就越精确。

迭代法解线性方程组中，按迭代公式的不同，常用的方法有雅可比（Jacobi）迭代法、高斯－赛德尔（Gauss-Seidel，简称 GS）迭代法、逐次超松弛迭代法（Successive Over Relaxation Method，简称 SOR 方法）等具体方法，不再赘述。

2.3.3 非线性方程的迭代解法

设有非线性方程

$$f(x) = 0 \tag{2.3-16}$$

其中 $f(x)$ 是一元非线性函数。对其求解就是寻找满足 $f(x^*) = 0$ 的常数 x^*，x^* 可以是一个（称为单根）或多个（称为多根）。但在限定范围内，工程问题的非线性方程往往只有单根，即函数 $f(x)$ 在小范围内单调，其曲线穿越横轴处的 x 值即为方程的根。

只有很少类型的非线性方程能解出根的解析表达式。对大多数非线性方程，只能用数值方法计算其根的近似值。本节介绍二分法和牛顿法，这两种方法都属于迭代法，因而要关注其收敛性和收敛速度。

迭代法求方程的根时，需要知道方程根所在的区间。若在区间 $[a, b]$ 内只有方程 $f(x) = 0$ 的一个根，则称区间 $[a, b]$ 为隔根区间。通常用逐步扫描或试算的方法寻找方程的隔根区间，即按一定步长或无规律递增方法取序列点 x_k（取点方法视函数 $f(x)$ 的具体形式灵活确定，$k = 1$，2，…），并逐点计算其函数值 $f(x_k)$；当出现 $f(x_k)$ 与 $f(x_{k+1})$ 的值异号时，则 $[x_k, x_{k+1}]$ 即为方程 $f(x) = 0$ 的一个隔根区间。

2.3.3.1 二分法解非线性方程

二分法的基本思想是通过计算隔根区间中点的函数值，再根据计算结果逐步缩小隔根区间，得到方程的近似根的序列。

设方程（2.3-16）的 $f(x)$ 为连续函数，隔根区间为 $[a, b]$，即 $f(a)f(b) < 0$，设定精度要求为 ε。记起始隔根区间为 $[a_0, b_0]$，即令 $a_0 \leftarrow a$，$b_0 \leftarrow b$。取其中点 $x_0 = (a_0 + b_0)/2$，计算 $f(x_0)$，并进行判定。若 $f(a_0)f(x_0) < 0$，则去掉区间 $[a_0, b_0]$ 的右半区间，即令 $a_1 \leftarrow a_0$，$b_1 \leftarrow x_0$；否则，应去掉左半区间，即令 $a_1 \leftarrow x_0$，$b_1 \leftarrow b_0$。

写成通式形式。记迭代过程中当前隔根区间为 $[a_k, b_k]$，取其中点 $x_k = (a_k + b_k)/2$，计算 $f(x_k)$。若 $f(a_k)f(x_k) < 0$，则令 $a_{k+1} \leftarrow a_k$，$b_{k+1} \leftarrow x_k$；否则，令 $a_{k+1} \leftarrow x_k$，$b_{k+1} \leftarrow b_k$。再取 $x_{k+1} = (a_{k+1} + b_{k+1})/2$ 进行计算并判定……如此循环，隔根区间逐渐缩短，直至第 $k+n$ 次迭代时 $|b_{k+n} - a_{k+n}| < \varepsilon$，达到要求精度，可以取前次迭代计算的中点 x_{k+n-1} 作为非线性方程的近似根。

二分法中，由迭代公式生成的点序列 $\{x_k\}$ 与方程的根 x^* 之间的误差不会超过隔根区间长度 $[a_k, b_k]$ 的一半，且某次迭代计算的隔根区间是前次隔根区间的一半，所以有

$$|x_k - x^*| \leqslant \frac{b_k - a_k}{2} = \frac{b_{k-1} - a_{k-1}}{2^2} = \cdots = \frac{b_0 - a_0}{2^{k+1}}$$

即

$$|x_k - x^*| \leqslant \frac{1}{2^{k+1}}(b_0 - a_0) \tag{2.3-17}$$

显然，当 $k \rightarrow \infty$，$|x_k - x^*| \rightarrow 0$，$x_k \rightarrow x^*$。可知，序列 $\{x_k\}$ 的收敛性与初始区间 $[a, b]$ 无关。因此，二分法是大范围收敛的，且计算简单、方法可靠。二分法的缺点是收敛缓慢（只有线性收敛速度），不能求重根和复根。通常做法是，用二分法为非线性方程的其他求解法（如牛顿法）提供较好的初始近似值，再用其他求解方法精确化。

2.3.3.2 牛顿法解非线性方程

牛顿（Newton）法是一种特殊形式的迭代法，是求解非线性方程最有效的方法之一。

牛顿法的基本思想是：利用泰勒（Taylor）公式将非线性函数 $f(x)$ 在方程 $f(x)=0$ 的某个近似根处展开，截取其线性部分作为函数 $f(x)$ 的一个近似，通过解构建的一元一次方程来获得原方程的新的近似根。

设当次迭代的近似根为 x_k，将 $f(x)$ 在 x_k 处进行泰勒展开并截取其线性部分，得

$$f(x) \approx f(x_k) + f'(x_k)(x - x_k)$$

以该线性部分作为函数 $f(x_k)$ 的近似，构建一元一次方程

$$f(x_k) + f'(x_k)(x - x_k) = 0$$

从中解得 x，作为下次迭代的近似根起始点，即

$$x_{k+1} = x_k - \frac{f(x_k)}{f'(x_k)} ,\ k = 0, 1, \cdots \tag{2.3-18}$$

式（2.3-18）称为解非线性方程组的牛顿迭代公式。

参考一阶导数的几何意义，牛顿法的几何意义为：下次迭代的起始点值 x_{k+1} 是函数 $f(x)$ 在 $(x_k, f(x_k))$ 处的切线与 x 轴的交点。可见，非线性方程牛顿迭代法的本质是不断用切线来近似曲线的过程（如图 2.3-1 所示），因而这种牛顿法也称为切线法。

牛顿法的终止条件为 $|x_{k+1} - x_k| < \varepsilon$（$\varepsilon$ 为精度要求）。

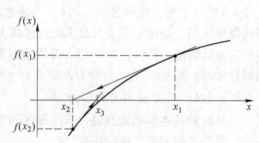

图 2.3-1　牛顿迭代法的近似逼近过程

非线性方程的牛顿法算法过程总结如下：

（1）取初始点 x_0、最大迭代次数 N 和精度要求 ε，令 $k \leftarrow 0$。

（2）计算式（2.3-18）。

（3）若 $|x_{k+1} - x_k| < \varepsilon$，则取 x_{k+1} 为非线性方程的最终近似解，结束算法。

（4）若 $k = N$，则结束算法；否则令 $k \leftarrow (k+1)$，转第（2）步。

迭代算法中，通常会设置一个比较大的整数 N 作为迭代次数的上限，以便迭代发散时或得不到要求精度解时算法依然能够正常结束，从而防止计算程序进入死循环或因耗尽存储空间导致计算机效率下降甚至死机。

函数 $f(x)$ 的二阶导数连续且在 x^* 处的一阶导数不为零的条件下，牛顿法是收敛的，且至少是平方收敛的。但要注意，重根条件下，牛顿法会失去快速收敛的优点，需要对算法进行改进。

2.3.3.3　阻尼牛顿法解非线性方程

通常，牛顿法能否收敛依赖于初始值 x_0 的选取，如果 x_0 偏离 x^* 较远，则牛顿法可能收敛缓慢甚至发散。例如，对方程 $x^3 - x - 1 = 0$，其牛顿迭代公式为：

$$x_{k+1} = x_k - \frac{x_k^3 - x_k - 1}{3x_k^2 - 1}$$

当取 $x_0 = 1.5$，迭代三次可得到结果 $x_1 = 1.3478$，$x_2 = 1.3252$，$x_3 = 1.3247$，且误差小于 10^{-5}。但如果 $x_0 = -2.0$，则要得到同样精度的解需要迭代 65 次。

为保证在 x_0 偏离 x^* 较远时，牛顿法依然较快地收敛，可在牛顿迭代公式中加入一个参数 d，改为

$$x_{k+1} = x_k - d_k \frac{f(x_k)}{f'(x_k)} \ , \ k = 0, 1, \cdots \tag{2.3-19}$$

其选取时应保证

$$|f(x_{k+1})| < |f(x_k)| \tag{2.3-20}$$

这样修正后的牛顿法称为阻尼牛顿法（又称牛顿下降法）。

可以采用简单后退准则选择 d_k。取 $\rho = 0.5$，取使如下不等式成立的最小非负整数为 m

$$\left| f\left(\frac{x_k - \rho^m f(x_k)}{f'(x_k)} \right) \right| < |f(x_k)| \tag{2.3-21}$$

再令 $d_k = \rho^{mk}$ 即可。

2.3.3.4 离散牛顿法解非线性方程

解非线性方程的牛顿法或阻尼牛顿法，都具有收敛速度快的优点；但这两种算法具有一个明显缺点：迭代公式中要计算 $f'(x)$。当 $f(x)$ 复杂时，计算 $f'(x)$ 就可能十分麻烦，尤其当 $|f'(x)|$ 很小时，计算还需要十分精确，否则会产生较大误差。

为避开导数运算，不妨改用差商（离散形式）代替导数（连续形式），即：

$$f'(x_k) \approx \frac{f(x_k) - f(x_{k-1})}{x_k - x_{k-1}}$$

进而得到牛顿迭代公式(2.3-18)的离散化形式

$$x_{k+1} = x_k - \frac{f(x_k)}{f(x_k) - f(x_{k-1})}(x_k - x_{k-1}) \tag{2.3-22}$$

称为离散牛顿法或割线法。

可以证明，离散牛顿法的收敛速度快于线性收敛速度，其收敛阶约为 1.618。由于离散牛顿法不需要计算导数，且具备较好的收敛速度，因此在非线性方程的求解中得到广泛应用，是工程计算中的常用方法之一。

2.3.4 非线性方程组的迭代解法

含 n 个方程的 n 元非线性方程组的一般形式为：

$$\begin{cases} f_1(x_1, x_2, \cdots, x_n) = 0 \\ f_2(x_1, x_2, \cdots, x_n) = 0 \\ \quad\quad\quad \vdots \\ f_n(x_1, x_2, \cdots, x_n) = 0 \end{cases} \tag{2.3-23}$$

式中，$f_i(i = 1, 2, \cdots, n)$ 为 n 元实值函数，且 f_i 中至少有一个是非线性函数。记

$$\boldsymbol{x} = (x_1, x_2, \cdots, x_n)^{\mathrm{T}} \quad\quad \boldsymbol{F}(\boldsymbol{x}) = (f_1(x), f_2(x), \cdots, f_n(x))^{\mathrm{T}} \tag{2.3-24}$$

则方程组（2.3-23）可以表示成向量形式

$$\boldsymbol{F}(\boldsymbol{x}) = \boldsymbol{0} \tag{2.3-25}$$

式中 $\boldsymbol{F}$ 是 n 维实值向量函数。若存在 $\boldsymbol{x}^*$，使 $\boldsymbol{F}(\boldsymbol{x}^*) = \boldsymbol{0}$，则称 $\boldsymbol{x}^*$ 是方程组（2.3-25）的解。

为介绍非线性方程组的迭代解法，需要先交代几种记法。

函数 f 在 $\boldsymbol{x}$ 处关于各自变量的偏导数 $f'(\boldsymbol{x}) = \left(\frac{\partial f(x)}{\partial x_1}, \frac{\partial f(x)}{\partial x_2}, \cdots, \frac{\partial f(x)}{\partial x_n} \right)^{\mathrm{T}}$，记为 $f'(\boldsymbol{x}) =$

$l(\boldsymbol{x})$，其中 $l(\boldsymbol{x})=(l_1(\boldsymbol{x}),l_2(\boldsymbol{x}),\cdots,l_n(\boldsymbol{x}))^{\mathrm{T}}$。函数 f 在 $\boldsymbol{x}$ 处的偏导数 $f'(\boldsymbol{x})$ 又称为 f 在 $\boldsymbol{x}$ 处的梯度，又可记为 $\mathrm{grad}f(\boldsymbol{x})$ 和 $\nabla f(\boldsymbol{x})$。对向量函数 $\boldsymbol{F}$，则是

$$F'(\boldsymbol{x})=\left[\frac{\partial f_i(\boldsymbol{x})}{\partial x_j}\right]_{n\times n}=\begin{bmatrix} \dfrac{\partial f_1(\boldsymbol{x})}{\partial x_1} & \dfrac{\partial f_1(\boldsymbol{x})}{\partial x_2} & \cdots & \dfrac{\partial f_1(\boldsymbol{x})}{\partial x_n} \\ \vdots & \vdots & & \vdots \\ \dfrac{\partial f_n(\boldsymbol{x})}{\partial x_1} & \dfrac{\partial f_n(\boldsymbol{x})}{\partial x_2} & \cdots & \dfrac{\partial f_n(\boldsymbol{x})}{\partial x_n} \end{bmatrix}$$

矩阵 $\left[\dfrac{\partial f_i(\boldsymbol{x})}{\partial x_j}\right]_{n\times n}$ 称为函数 $\boldsymbol{F}$ 在 $\boldsymbol{x}$ 处的 Jacobi 矩阵，也可记为 $\boldsymbol{J}_F(\boldsymbol{x})$。

另外，给出有关收敛速度的概念。设向量序列 $\{\boldsymbol{x}_k\}$ 收敛于 $\boldsymbol{x}^*$，$\boldsymbol{e}_k=\boldsymbol{x}^*-\boldsymbol{x}_k\neq 0$（$k=1,2,\cdots$），若存在常数 $r\geqslant 1$ 和常数 $c>0$，使得当 $k\geqslant K$（某个正整数）时，

$$\|\boldsymbol{e}_{k+1}\|\leqslant c\|\boldsymbol{e}_k\|^r \qquad (2.3\text{-}26)$$

成立，则称序列 $\{\boldsymbol{x}_k\}$ 收敛于 $\boldsymbol{x}^*$ 具有 r 阶收敛速度，简称序列 $\{\boldsymbol{x}_k\}$ 是 r 阶收敛的，c 称为收敛因子。当 $r=1$ 时，称为序列是线性收敛的，此时必有 $0<c\leqslant 1$；当 $r>1$ 时，称为序列是超线性收敛的；当 $r=2$ 时，称为序列是平方收敛的。

2.3.4.1　解非线性方程组的简单迭代法

把方程组（2.3-25）写成与之等价的形式

$$\boldsymbol{x}=\boldsymbol{G}(\boldsymbol{x}) \qquad (2.3\text{-}27)$$

式中 $\boldsymbol{G}$ 为实向量函数。若存在 $\boldsymbol{x}^*$ 满足 $\boldsymbol{x}^*=\boldsymbol{G}(\boldsymbol{x}^*)$，则称 $\boldsymbol{x}^*$ 为函数 $\boldsymbol{G}(\boldsymbol{x})$ 的不动点。显然，$\boldsymbol{G}(\boldsymbol{x})$ 的不动点就是方程组（2.3-25）的解。求方程组（2.3-25）的解自然转化为求函数 $\boldsymbol{G}(\boldsymbol{x})$ 的不动点。

选取适当的 $\boldsymbol{x}^{(0)}$，利用方程组（2.3-27）构造出迭代公式

$$\boldsymbol{x}^{(k+1)}=\boldsymbol{G}(\boldsymbol{x}^{(k)}),\ k=1,2,\cdots \qquad (2.3\text{-}28)$$

由它产生的向量序列 $\{\boldsymbol{x}_k\}$ 满足 $\lim\limits_{k\to\infty}\boldsymbol{x}_k=\boldsymbol{x}^*$。式（2.3-28）称为求解方程组（2.3-25）的简单迭代法，又称为不动点迭代法，$\boldsymbol{G}(\boldsymbol{x})$ 称为迭代函数。

2.3.4.2　解非线性方程组的牛顿法

设方程组（2.3-23）存在解 $\boldsymbol{x}^*$，向量 $\boldsymbol{x}^{(0)}$ 是方程组的初始近似解，当 $\boldsymbol{F}(\boldsymbol{x})$ 在 $\boldsymbol{x}^*$ 可微，将 $\boldsymbol{F}(\boldsymbol{x})$ 在 $\boldsymbol{x}^{(0)}$ 处作多元函数的 Taylor 展开，并取其线性部分，作为方程组（2.3-23）的近似

$$\begin{cases} 0=f_1(\boldsymbol{x}^*)\approx f_1(\boldsymbol{x}^{(0)})+\dfrac{\partial f_1(\boldsymbol{x}^{(0)})}{\partial x_1}(x_1^*-x_1^{(0)})+\dfrac{\partial f_1(\boldsymbol{x}^{(0)})}{\partial x_2}(x_2^*-x_2^{(0)})+\cdots+\dfrac{\partial f_1(\boldsymbol{x}^{(0)})}{\partial x_n}(x_n^*-x_n^{(0)}) \\ 0=f_2(\boldsymbol{x}^*)\approx f_2(\boldsymbol{x}^{(0)})+\dfrac{\partial f_2(\boldsymbol{x}^{(0)})}{\partial x_1}(x_1^*-x_1^{(0)})+\dfrac{\partial f_2(\boldsymbol{x}^{(0)})}{\partial x_2}(x_2^*-x_2^{(0)})+\cdots+\dfrac{\partial f_2(\boldsymbol{x}^{(0)})}{\partial x_n}(x_n^*-x_n^{(0)}) \\ \qquad\qquad\qquad\qquad\qquad\qquad\qquad\qquad\vdots \\ 0=f_n(\boldsymbol{x}^*)\approx f_n(\boldsymbol{x}^{(0)})+\dfrac{\partial f_n(\boldsymbol{x}^{(0)})}{\partial x_1}(x_1^*-x_1^{(0)})+\dfrac{\partial f_n(\boldsymbol{x}^{(0)})}{\partial x_2}(x_2^*-x_2^{(0)})+\cdots+\dfrac{\partial f_n(\boldsymbol{x}^{(0)})}{\partial x_n}(x_n^*-x_n^{(0)}) \end{cases}$$

即

$$\boldsymbol{0}=\boldsymbol{F}(\boldsymbol{x}^*)\approx \boldsymbol{F}(\boldsymbol{x}^{(0)})+\boldsymbol{F}'(\boldsymbol{x}^{(0)})(\boldsymbol{x}^*-\boldsymbol{x}^{(0)})$$

其中 $F'(x^{(0)})$ 为 Jacobi 矩阵 $F'(x)$ 在 $x^{(0)}$ 处的值。

若 Jacobi 矩阵 $F'(x)$ 非奇异,则方程组

$$F(x^{(0)}) + F'(x^{(0)})(x^* - x^{(0)}) = 0$$

有唯一解
$$x^{(1)} = x^{(0)} - (F'(x^{(0)}))^{-1} F(x^{(0)})$$

下面写成一般形式。设 $x^{(k)}$ 是方程组(2.3-25)的第 k 个近似解,由一阶 Taylor 公式,可得:

$$f_i(x) \approx f_i(x^{(k)}) + \sum_{j=1}^{n} \frac{\partial f_i(x^{(k)})}{\partial x_j}(x_j - x_j^{(k)}), \quad i = 1, 2, \cdots, n \qquad (2.3\text{-}29)$$

用线性方程组
$$f_i(x^{(k)}) + \sum_{j=1}^{n} \frac{\partial f_i(x^{(k)})}{\partial x_j}(x_j - x_j^{(k)}) = 0, \quad i = 1, 2, \cdots, n$$

即
$$F'(x^{(k)})(x - x^{(k)}) = -F(x^{(k)}) \qquad (2.3\text{-}30)$$

近似代替非线性方程组(2.3-25),即用线性方程组(2.3-30)的解作为非线性方程组(2.3-25)的第 $k+1$ 个近似解,从而得到迭代公式

$$x^{(k+1)} = x^{(k)} - (F'(x^{(k)}))^{-1} F(x^{(k)}), \quad k = 0, 1, 2, \cdots \qquad (2.3\text{-}31)$$

称迭代公式(2.3-31)为求解非线性方程组的牛顿(Newton)法。特殊地,当 $n = 1$ 时,迭代公式(2.3-31)就成为求解一元非线性方程 $f_1(x_1) = 0$ 的牛顿法,迭代公式变成

$$x_1^{(k+1)} = x_1^{(k)} - \frac{f_1(x_1^{(k)})}{f'_1(x_1^{(k)})}, \quad k = 0, 1, 2, \cdots \qquad (2.3\text{-}32)$$

可以证明,牛顿法公式(2.3-31)产生的序列 $\{x^{(k)}\}$ 是超线性收敛的。

牛顿法解非线性方程组(2.3-25)的算法总结为:

(1)在 x^* 附近选取迭代初始值 $x^{(0)}$,给定精度水平 $\varepsilon > 0$ 和最大迭代次数 M。

(2)对 $k = 0, 1, 2, \cdots, M$,执行:

1)计算 $F(x^{(k)})$ 和 $F'(x^{(k)})$;

2)求解关于 $\Delta x^{(k)}$ 的线性方程组

$$F'(x^{(k)}) \Delta x^{(k)} = -F(x^{(k)}) \qquad (2.3\text{-}33)$$

3)若 $\dfrac{\|\Delta x^{(k)}\|}{\|x^{(k)}\|} < \varepsilon$,则取 $x^* \approx x^{(k)}$,并停止计算;否则转 4);

4)计算
$$x^{(k+1)} = x^{(k)} + \Delta x^{(k)} \qquad (2.3\text{-}34)$$

5)若 $k < M$,则继续;否则输出第 M 次迭代不成功的信息,并停止计算。

牛顿法解非线性方程组的优点是收敛快,一般都能达到平方收敛。但是,许多情况下,牛顿法对迭代初始值 $x^{(0)}$ 的要求比较苛刻;$x^{(0)}$ 选取不合适时,算法可能不收敛。而且,还需要计算各 $f_i(x)$($i = 1, 2, \cdots, n$)的偏导数,计算量很大。要克服这些缺点,同样可以采用多种变形牛顿法。

与求解非线性方程的离散牛顿法类似,采用差商代替各求导运算,可以构成非线性方程组的离散牛顿法。即,将迭代公式(2.3-31)中 $F'(x^{(k)})$ 的各元素 $\dfrac{\partial f_i(x^{(k)})}{\partial x_j}$($i, j = 1, 2, \cdots, n$)用差商代替,令

$$h^{(k)} = (h_1^{(k)}, h_2^{(k)}, \cdots, h_n^{(k)})^{\mathrm{T}}, h_j^{(k)} \neq 0, \quad j = 1, 2, \cdots, n$$

$$J(\boldsymbol{x}^{(k)},\boldsymbol{h}^{(k)}) = \begin{bmatrix} \dfrac{f_1(\boldsymbol{x}^{(k)}+h_1^{(k)}\boldsymbol{e}_1)-f_1(\boldsymbol{x}^{(k)})}{h_1^{(k)}} & \cdots & \dfrac{f_1(\boldsymbol{x}^{(k)}+h_n^{(k)}\boldsymbol{e}_n)-f_1(\boldsymbol{x}^{(k)})}{h_n^{(k)}} \\ \vdots & & \vdots \\ \dfrac{f_n(\boldsymbol{x}^{(k)}+h_1^{(k)}\boldsymbol{e}_1)-f_n(\boldsymbol{x}^{(k)})}{h_1^{(k)}} & \cdots & \dfrac{f_n(\boldsymbol{x}^{(k)}+h_n^{(k)}\boldsymbol{e}_n)-f_n(\boldsymbol{x}^{(k)})}{h_n^{(k)}} \end{bmatrix}$$

式中,$\boldsymbol{e}_j$是第 j 个 n 维基本单位向量。迭代公式

$$\boldsymbol{x}^{(k+1)} = \boldsymbol{x}^{(k)} - (J(\boldsymbol{x}^{(k)},\boldsymbol{h}^{(k)}))^{-1}F(\boldsymbol{x}^{(k)}) \ , \ k = 0,1,2,\cdots \tag{2.3-35}$$

称为解非线性方程组(2.3-25)的离散牛顿法。

可见,离散牛顿法解非线性方程组的算法需要先选取 $\boldsymbol{h}^{(k)}$,计算 $F(\boldsymbol{x}^{(k)})$ 和 $J(\boldsymbol{x}^{(k)},$ $\boldsymbol{h}^{(k)})$,再求解如下关于 $\Delta\boldsymbol{x}^{(k)}$ 的线性方程组

$$J(\boldsymbol{x}^{(k)},\boldsymbol{h}^{(k)})\Delta\boldsymbol{x}^{(k)} = -F(\boldsymbol{x}^{(k)}) \tag{2.3-36}$$

即可。其他步骤与牛顿法相同。

如果取 $h_j^{(k)} = c_j\|F(\boldsymbol{x}^{(k)})\|$($c_j$ 为非零常数,$j = 1,2,\cdots,n$),那么,此时的牛顿法公式(2.3-35)称为牛顿—斯蒂芬森(Newton-Steffensen)方法。解非线性方程组中牛顿 – 斯蒂芬森法的收敛性与牛顿法的收敛性基本相同。

2.4　最优化与搜索法

实际生产中有许多优化问题,一般都是寻求使问题的某一项指标"最优"的方案,这个"最优"包括"最好"、"最大"、"最小"、"最高"、"最低"、"最多"、"最少"等,这类问题统称为最优化问题(或寻优问题),需要借助最优化这门数学学科求解。

最优化是被运筹学所包含的学科,广泛应用于各行工业、商业、国防、政府部分等许多方面,无所不在。本节对目前矿物加工建模所涉及的有关基础内容进行介绍。

在生产管理和经营活动中,如何合理利用有限的人力、物力(如设备、生产能力)、财力等资源(称为约束条件),得到最好的经济效益(称为目标函数),称作规划问题,相应的模型称作规划模型。按照其性质,规划分为静态规划、动态规划,静态规划包括线性规划、整数规划、目标规划、非线性规划等,都属于运筹学中的确定性模型,采用"最优化"数学工具。

搜索法,更多意义上,是一类采用计算机工具求解寻优问题的迭代方法。

可见,最优化是从问题描述角度(强调问题的目标是使某些参数达到最小或最大或极值),而搜索法是从问题求解角度。鉴于当今计算机这种数值求解工具的统治地位,两者密不可分,本节按最优化问题的分类为介绍顺序,而搜索法贯穿于非线性规划的介绍中。

2.4.1　线性规划及单纯形法

线性规划是运筹学的最基本部分,研究较早,数学理论成熟、丰富,有通用而简单的解法(即著名的单纯形法),应用极其广泛。在计算机能处理大规模的线性规划问题之后,线性规划的适用领域就更为广泛了。

2.4.1.1 线性规划的标准型

规划问题中，若目标函数和约束条件都是线性的，则称该规划问题为线性规划问题，相应的模型称为线性规划模型。线性规划的特点如下：

（1）每个问题都用一组决策变量 x_i（$i=1, 2, \cdots, n$）表示某种方案，即一组决策变量的值代表一个方案。一般地，x_i 非负。

（2）存在一定的约束条件，即资源是有限的，用一组有关决策变量的线性等式表示。

（3）都有一个要达到的目标。用决策变量的线性函数表示，即目标函数。

实际问题的线性规划模型是多种多样的，为进行统一描述和处理，规定一种标准型。使用时具体的线性规划模型再按一定方法化为标准型。

有 n 个变量、m 个约束条件的线性规划模型，标准型的繁写形式为：

$$
\left.
\begin{aligned}
\min z = c_1 x_1 &+ c_2 x_2 + \cdots + c_n x_n \\
a_{11} x_1 + a_{12} x_2 &+ \cdots + a_{1n} x_n = b_1 \\
a_{21} x_1 + a_{22} x_2 &+ \cdots + a_{2n} x_n = b_2 \\
&\vdots \\
a_{m1} x_1 + a_{m2} x_2 &+ \cdots + a_{mn} x_n = b_m \\
x_1, x_2, \cdots, x_n &\geqslant 0
\end{aligned}
\right\}
\tag{2.4-1}
$$

令
$$
\boldsymbol{P}_j = \begin{bmatrix} a_{1j} \\ a_{2j} \\ \vdots \\ a_{mj} \end{bmatrix},
\boldsymbol{A} = \begin{bmatrix} a_{11} & a_{12} & \cdots & a_{1n} \\ a_{21} & a_{22} & \cdots & a_{2n} \\ \vdots & \vdots & & \vdots \\ a_{m1} & a_{m2} & \cdots & a_{mn} \end{bmatrix} = \begin{bmatrix} \boldsymbol{P}_1, & \boldsymbol{P}_2, & \cdots, & \boldsymbol{P}_n \end{bmatrix},
$$

$$
\boldsymbol{b} = \begin{bmatrix} b_1 \\ b_2 \\ \vdots \\ b_m \end{bmatrix},
\boldsymbol{C} = (c_1, c_2, \cdots, c_n),
\boldsymbol{X} = \begin{bmatrix} x_1 \\ x_2 \\ \vdots \\ x_m \end{bmatrix}
$$

即，$\boldsymbol{P}_j$ 为约束条件的系数列向量；$\boldsymbol{A}$ 为约束条件的 $m \times n$ 系数矩阵，$m>0$，$n>0$，一般 $n>m$；$\boldsymbol{b}$ 为限定向量，在标准型中假设 $b_j>0$，否则，等式两端同乘以"-1"；$\boldsymbol{C}$ 为价值向量；$\boldsymbol{X}$ 为决策变量向量，在标准型中 $\boldsymbol{X} \geqslant 0$。

通常，$\boldsymbol{A}$、$\boldsymbol{b}$、$\boldsymbol{C}$ 为已知，$\boldsymbol{X}$ 为未知。还要注意，标准型中目标函数的定义为：

$$
z = c_1 x_1 + c_2 x_2 + \cdots + c_n x_n
\tag{2.4-2}
$$

线性规划问题是求"min z"，即 $\min(c_1 x_1 + c_2 x_2 + \cdots + c_n x_n)$。

因此，线性规划模型标准型的矩阵形式为：

$$
\begin{cases}
\min z = \boldsymbol{CX} \\
\boldsymbol{AX} = \boldsymbol{b} \\
\boldsymbol{X} \geqslant 0
\end{cases}
\tag{2.4-3}
$$

任一模型化为标准型的方法如下：

（1）若原始模型要求目标函数是实现最大化，则通过如下方法将其化为最小化问题：原始模型目标函数式中的各项反号。即：

$$
\max(\boldsymbol{CX}) = -\left[\min(-\boldsymbol{CX})\right]
$$

（2）若原始模型中的约束条件不为等式，则采用加入附加变量即增加维数方法，使原始模型中的约束不等式变为等式。

1）若原始约束不等式左端≥右端，则化为：

$$左端 - 剩余变量 = 右端　　　　（剩余变量≥0）$$

2）若原始约束不等式左端≤右端，则化为：

$$左端 + 松弛变量 = 右端　　　　（松弛变量≥0）$$

上述剩余变量和松弛变量通称为附加变量。这两种变化中，约束条件进行的是恒等变换，故目标函数不发生改变，意即目标函数中附加变量的系数为零。

（3）若原始模型中变量 x_k 是自由变量，则通过令

$$x_k = x_k' - x_k''$$

化为非负变量。其中 $x_k' \geq 0$，$x_k'' \geq 0$。用 $x_k' - x_k''$ 代替 x_k，也是通过增加维数，将原始模型化为标准型。

（4）若原始模型中变量 x_j 有上下界，即：

1）若 $x_j \geq u_j$，则令 $x_j' = x_j - u_j$，有 $x_j' \geq 0$，用 $(x_j' + u_j)$ 代替 x_j 即可。

2）若 $x_j \leq t_j$，则令 $x_j'' = t_j - x_j$，有 $x_j'' \geq 0$，用 $(t_j - x_j'')$ 代替 x_j 即可。

2.4.1.2　线性规划的图解法

图解法简单直观，且有助于理解线性规划问题的一些概念。

图解法求解线性规划问题时，不必把数学模型化为标准型。

当只有两个决策变量时，图解法即是在平面坐标中作图求解。图解法具体方法为：在一个图上画出所有的约束条件，它们相交的阴影部分称为可行域；再给定某个目标函数值，得到与可行域相交的一条直线；平移这条目标函数线，得到一系列平行线，其中与可行域最后相交的点（一般是可行域的一个顶点）就是所求的最优点。

【例 2.4-1】　图解法求解如下以 x_1、x_2 为决策变量的线性规划问题

$$\max z = 2x_1 + 3x_2$$

$$x_1 + 2x_2 \leq 8 \tag{2.4-4}$$

$$4x_1 \leq 16 \tag{2.4-5}$$

$$x_1 \geq 0 \tag{2.4-6}$$

$$x_2 \geq 0 \tag{2.4-7}$$

解：其图解法分三步：

（1）由全部约束条件作图画出可行域，约束条件式（2.4-4）取等号，得直线 $x_1 + 2x_2 = 8$，该直线与其他 3 个约束条件的直线围成的阴影区域即为该规划模型的可行域（如图 2.4-1 所示），意即，阴影区域内的任一点都满足该模型的约束条件。

（2）做一条目标函数的等值线。不妨取 $2x_1 + 3x_2 = 6$，画出该直线，其上任意一点的目标函数值都等于 6，是目标函数的等值线。目标函数 $z = 2x_1 + 3x_2$ 的图形是与该等值线平行的一族直线。再确定这条等值线沿哪个方向平移，可以使 z 值增大，如图 2.4-1 所示。

（3）平移该等值线，交可行域的边界，得最优点，为点 Q（4，2）。将 $x_1 = 4$、$x_2 = 2$ 代入目标函数，算出最优值为 14。

从图解法方便看出线性规划模型解的几种情况：

（1）有唯一最优解。属一般情况，如图 2.4-1 中的 Q 点。

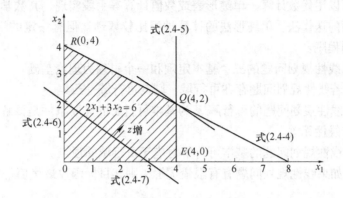

图 2.4-1 线性规划的图解法——有唯一最优解

（2）有无穷多组最优解。若目标函数为 $z = 2x_1 + 4x_2$，则目标函数等值线恰好与约束条件式（2.4-4）平行，位于图 2.4-1 线段 RQ 上的点，都是最优值点，且取同一个最优值。

（3）无可行解。若另有一个约束条件 $x_2 \geq 5$，则可行域为空集，该线性规划模型无可行解。一般地，出现无可行解的规划模型，表明数学模型中包含着存在矛盾的约束条件。

（4）无有限最优解（无界解）。若像如下线性规划模型

$$\max z = x_1 + x_2$$

$$x_1 - 2x_2 \leq 4 \qquad (2.4\text{-}8)$$

$$-x_1 + x_2 \leq 2 \qquad (2.4\text{-}9)$$

$$x_1 \geq 0 \qquad (2.4\text{-}10)$$

$$x_2 \geq 0 \qquad (2.4\text{-}11)$$

其全部约束条件构成的可行域是无界的（如图 2.4-2 所示），则会出现无有限最优解的情况。一般地，无有限最优解的规划模型，表明数学模型中缺少必要的约束条件。

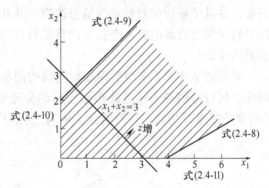

图 2.4-2 线性规划的图解法——有无界解

从线性规划的图解法可以得出两个直观结论：其一，线性规划问题的可行域为凸集，特殊情况下为无界解（但有有限个顶点）或空集；其二，线性规划问题若有最优解，一定可以在其可行域的顶点上得到。

图解法虽然直观，但当变量个数多于三个时，它就无能为力了。

2.4.1.3 线性规划的单纯形法

单纯形法是应用最广泛的线性规划模型解法，于 1947 年由美国数学家丹捷格（G. B. Dantzig）提出，后来又进行了一些改进。实践表明，单纯形法确实是一种使用方便、行之有效、具有权威性的算法。

单纯形法求出的是线性规划模型的精确全局最优解。使用时，需要把原始线性规划问题转化为式（2.4-1）或式（2.4-3）形式的标准型。

单纯形法可以用代数计算、单纯形表或数值计算等手段实现，其数学基础是线性代数解联立方程所用的迭代法。单纯形法的计算过程比较繁琐，但有一定的规则与步骤可循，便于计算机编制程序。

单纯形法以线性规划问题的三个基本定理和一个引理为理论基础。

定理 2-4　若线性规划问题存在可行域，则其可行域是凸集。

引理 2-1　　线性规划问题的可行解 X 为基本可行解的充要条件是该解向量的正分量对应的系数列向量线性无关。

定理 2-5　线性规划问题的基本可行解对应于可行域的顶点。

定理 2-6　如果线性规划问题有有限最优解，则其目标函数最优值一定可以在可行域的顶点上达到。

由这三个定理可知，欲求最优解，只要在可行域的顶点中寻找即可，而顶点对应的就是基本可行解，故只需在有限个基本可行解中寻找最优基本可行解。要得到一个基本可行解，关键是找到一个基（m 个线性无关的系数列向量）；得到基本可行解后，要能够判断它是否是最优解。若是最优解，则停止迭代；否则，必须由该基本可行解换到另一个基本可行解，其实质是换基，且保证基本可行解的目标函数值比原来的更优（称为有改进）。式（2.4-3）的约束条件构成单纯形法迭代的起始方程组。

所以，单纯形法的基本思想为：从某一基本可行解开始，转换到另一个相邻的基本可行解，并且使相应的目标函数值有改进。从几何图形上看，是从可行域的一个顶点沿约束边界转换到可行域的另一个相邻的且使目标函数有改进的点，直到目标函数到达最优时的顶点为止。

不妨以 2.4.1.2 节中所用规划问题的图示为例，图说单纯形法的步骤。该线性规划问题中，可行域的各个顶点及相邻顶点的分布如图 2.4-3 所示。一般从可行域的一个顶点（通常是原点）出发，进行迭代。求解过程如下：

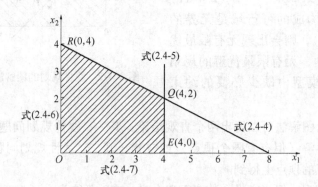

图 2.4-3　单纯形法的几何意义——可行域顶点及相邻顶点分布

（1）从原点出发，由于原点 O 的相邻顶点 R、E 对应的目标函数值均优于原点，所以按需找出一个目标值更好的顶点。

（2）由 $O(0,0)$ 出发，有两条边界约束 $x_1 = 0$（x_2 轴）和 $x_2 = 0$（x_1 轴）。目标函数中 x_2 的系数（为 3）大于 x_1 的系数（为 2），所以沿 x_2 轴移动，直到遇到新的边界约束 $x_1 + 2x_2 = 8$ 到达 $R(4,0)$ 点（解约束方程 $x_1 + 2x_2 = 8$ 和 $x_2 = 0$ 得到 R 点坐标）。

（3）之后，仍然希望在 R 的相邻顶点中找出目标函数值更好的顶点，所以由 R 点沿边界约束 $x_1 + 2x_2 = 8$ 向使 z 值增大的方向移动使目标函数值增加（因为沿边界约束 $x_1 = 0$ 向下移动使目标函数值下降，所以不能沿边界约束 $x_1 = 0$ 移动），直到新的边界约束 $4x_1 = 16$，到达点 $Q(4,2)$（解约束方程 $x_1 + 2x_2 = 8$ 和 $4x_1 = 16$ 构成的联立方程组可得到 Q 点坐标）。

（4）此时，Q 点的相邻顶点 R 和 E 中没有比 Q 点目标函数值更好的顶点，可以验证 Q 点是最优解。

所以，判断一个可行域的顶点 X 是否为线性规划最优解的条件是其相邻顶点中是否有目标函数值比 X 的目标值更好的点。

单纯形法的详细步骤以如下十个线性规划基本概念为基础。

（1）可行解。满足线性规划式（2.4-3）约束条件的解，叫可行解。

（2）基。已知 A 是约束条件的 $m \times n$ 系数矩阵，其秩为 m。若 B 是 A 中 $m \times m$ 非奇异子矩阵（即可逆矩阵，有 $|B| \neq 0$），则称 B 是线性规划问题的一个基，B 是由 A 中 m 个线性无关的系数列向量组成的。

（3）基向量。基 B 中的一列（例如 P_i）即为一个基向量。基 B 中共有 m 个基向量。

（4）非基向量。基 B 之外（矩阵 A 之中）的一列（例如 P_j）即为一个非基向量。A 中共有 $(n-m)$ 个非基向量（假设 $n > m$）。

（5）基变量。与基向量 P_i 相应的变量 x_i，称基变量，基变量共有 m 个。

（6）非基变量。与非基向量 P_j 相应的变量 x_j，称非基变量，非基变量共有 $(n-m)$ 个。

（7）基本解。令所有非基变量为 0，求出满足约束条件 $AX = b$ 的解称基本解。

（8）基本可行解。满足约束条件 $X \geq 0$ 的基本解，称基本可行解。不能满足约束条件 $X \geq 0$ 的基本解就是不可行解。

（9）最优基本可行解。满足 $\min z = CX$ 的基本可行解称最优基本可行解。

（10）退化的基本解。若基本解中有基本量为 0 者，称之为退化的基本解。类似地，有退化的基本可行解和退化的最优基本可行解。

一般情况下，假设不出现"退化"。

单纯形法的完整计算步骤归纳如下：

（1）引入附加变量，将原始数学模型变换为标准型式。根据变换需要，逐一检查决策变量、约束条件、目标函数是否符合线性规划模型标准型式（2.4-1）的要求。若不满足，则需要增加附加变量（包括剩余变量和松弛变量）、人工变量，使原始约束条件变为约束等式 $AX = b$ 以及 $X \geq 0$，且目标函数为最小化问题 $\min z = CX$。

标准化过程总结成表 2.4-1。

表 2.4-1　线性规划中从任一模型到标准型的变换方法

变量	$x_j \geq 0$		不需要处理
	$x_j < 0$		令 $x_j' = -x_j$；$x_j' \geq 0$
	x_j 无约束		令 $x_j = x_j' - x_j''$；x_j'，$x_j'' \geq 0$
约束条件	$b \geq 0$		不需要处理
	$b < 0$		约束条件两端同乘 -1
	$\leq$		加松弛变量 x_{si}
	$=$		加人工变量 x_{ai}
	$\geq$		减去剩余（松弛）变量 x_{si}，加入人工变量 x_{ai}

目标函数		$\min z$ $\max z$	不需要处理 令 $z' = -z$，求 $\min z'$
	加入变量的系数	松弛变量 x_{si} 人工变量 x_{ai}	0 $-M$（注：人工变量及 M 取法见例2.4-2）

将变换的结果重新整理和编号，得到以下方程组

$$\begin{cases} x_1 + a_{1,m+1}x_{m+1} + \cdots + a_{1n}x_n = b_1 \\ x_2 + a_{2,m+1}x_{m+1} + \cdots + a_{2n}x_n = b_2 \\ \qquad\qquad\qquad\vdots \\ x_m + a_{m,m+1}x_{m+1} + \cdots + a_{mn}x_n = b_m \\ \qquad x_j \geq 0, j = 1,2,\cdots,n \end{cases} \tag{2.4-12}$$

（2）找出初始可行基，确定初始基可行解，建立初始单纯形表。显然，式（2.4-12）中包含一个 $m \times m$ 单位矩阵

$$\boldsymbol{B} = (\boldsymbol{P}_1, \boldsymbol{P}_2, \cdots, \boldsymbol{P}_m) = \begin{bmatrix} 1 & 0 & \cdots & 0 \\ 0 & 1 & \cdots & 0 \\ \vdots & \vdots & & \vdots \\ 0 & 0 & \cdots & 1 \end{bmatrix}$$

以 $\boldsymbol{B}$ 作为可行基。

将式（2.4-12）中每个等式移项得

$$\begin{cases} x_1 = b_1 - a_{1,m+1}x_{m+1} - \cdots - a_{1n}x_n \\ x_2 = b_2 - a_{2,m+1}x_{m+1} - \cdots - a_{2n}x_n \\ \qquad\qquad\qquad\vdots \\ x_m = b_m - a_{m,m+1}x_{m+1} - \cdots - a_{mn}x_n \end{cases} \tag{2.4-13}$$

令 $x_{m+1} = x_{m+2} = \cdots = x_n = 0$，由式（2.4-13）可得：

$$x_i = b_i \quad (i = 1,2,\cdots,m)$$

又因 $b_i \geq 0$，所以得到一个初始基可行解

$$\boldsymbol{X} = (x_1, x_2, \cdots, x_m, \underbrace{0,\cdots,0}_{n-m个})^{\mathrm{T}}$$
$$= (b_1, b_2, \cdots, b_m, \underbrace{0,\cdots,0}_{n-m个})^{\mathrm{T}}$$

将式（2.4-13）与目标函数组成 $n+1$ 个变量、$m+1$ 个方程的方程组。

$$x_1 + a_{1,m+1}x_{m+1} + \cdots + a_{1n}x_n = b_1$$
$$x_2 + a_{2,m+1}x_{m+1} + \cdots + a_{2n}x_n = b_2$$
$$\vdots$$
$$x_m + a_{m,m+1}x_{m+1} + \cdots + a_{mn}x_n = b_m$$
$$-z + c_1x_1 + c_2x_2 + \cdots + c_mx_m + c_{m+1}x_{m+1} + \cdots + c_nx_n = 0$$

为方便，将上述方程组写成增广矩阵

$$\begin{array}{c}
\begin{array}{ccccccccc} -z & x_1 & x_2 & \cdots & x_m & x_{m+1} & \cdots & x_n & b \end{array} \\
\left[\begin{array}{ccccc|ccc|c}
0 & 1 & 0 & \cdots & 0 & a_{1,m+1} & \cdots & a_{1n} & b_1 \\
0 & 0 & 1 & \cdots & 0 & a_{2,m+1} & \cdots & a_{2n} & b_2 \\
\vdots & \vdots & \vdots & \vdots & \vdots & & \vdots & \vdots & \vdots \\
0 & 0 & 0 & \cdots & 1 & a_{m,m+1} & \cdots & a_{mn} & b_m \\
1 & c_1 & c_2 & \cdots & c_m & c_{m+1} & \cdots & c_n & 0
\end{array}\right]
\end{array}$$

若将 z 看作不参与基变换的基变量，它与 x_1，x_2，$\cdots$，x_m 的系数构成一个基，则可采用行初等变换将 c_1，c_2，$\cdots$，c_m 变换为零，使其对应的系数矩阵为单位矩阵，得到

$$\begin{array}{c}
\begin{array}{ccccccccc} -z & x_1 & x_2 & \cdots & x_m & x_{m+1} & \cdots & x_n & b \end{array} \\
\left[\begin{array}{ccccc|ccc|c}
0 & 1 & 0 & \cdots & 0 & a_{1,m+1} & \cdots & a_{1n} & b_1 \\
0 & 0 & 1 & \cdots & 0 & a_{2,m+1} & \cdots & a_{2n} & b_2 \\
\vdots & \vdots & \vdots & \vdots & \vdots & & \vdots & \vdots & \vdots \\
0 & 0 & 0 & \cdots & 1 & a_{m,m+1} & \cdots & a_{mn} & b_m \\
1 & 0 & 0 & \cdots & 0 & c_{m+1}-\sum\limits_{i=1}^{m}c_i a_{i,m+1} & \cdots & c_n-\sum\limits_{i=1}^{m}c_i a_{i,n} & -\sum\limits_{i=1}^{m}c_i b_i
\end{array}\right]
\end{array}$$

根据该增广矩阵设计如表 2.4-2 形式的表格，称为单纯形表。单纯形法的每次迭代都会构造一个这种形式的新单纯形表。表 2.4-2 中填写的是迭代运算的起始数据，称作初始单纯形表。

表 2.4-2　初始单纯形表

	$c_i \rightarrow$		c_1	$\cdots$	c_m	c_{m+1}	$\cdots$	c_n	θ_i
C_B	X_B	b	x	$\cdots$	x_m	x_{m+1}	$\cdots$	x_n	
c_1	x_1	b_1	1	$\cdots$	0	$a_{1,m+1}$	$\cdots$	a_{1n}	θ_1
c_2	x_2	b_2	0	$\cdots$	0	$a_{2,m+1}$	$\cdots$	a_{2n}	θ_2
$\vdots$	$\vdots$	$\vdots$	$\vdots$		$\vdots$	$\vdots$		$\vdots$	$\vdots$
c_m	x_m	b_m	0	$\cdots$	1	$a_{m,m+1}$	$\cdots$	a_{mn}	θ_m
	$c_j - z_j$		0	$\cdots$	0	$c_{m+1}-\sum\limits_{i=1}^{m}c_i a_{i,m+1}$	$\cdots$	$c_n-\sum\limits_{i=1}^{m}c_i a_{i,n}$	

单纯形表中，X_B 列中填入基变量；C_B 列中填入基变量的系数；b 列中填入约束方程组右端的常数；c_i 行填入基变量的系数 c_1，c_2，$\cdots$，c_n；θ_i 列的数值在确定换入变量后，按 θ 规则计算后填入；最后一行称为检验数行，对应各非基变量 x_j 的检验数。

检验数用于判定某次迭代中基本可行解是否是最优解。一般地，经过迭代后，式（2.4-13）变成

$$x_i = b_i' - \sum_{j=m+1}^{n} a_{ij}' x_j \qquad (i = 1,2,\cdots m) \tag{2.4-14}$$

将式（2.4-14）代入目标函数 $\min z = c_1 x_1 + c_2 x_2 + \cdots + c_n x_n$，整理后得

$$z = \sum_{i=1}^{m} c_i b_i' + \sum_{j=m+1}^{n}\left(c_j - \sum_{i=1}^{m} c_i a_{ij}'\right) x_j \tag{2.4-15}$$

令
$$z_0 = \sum_{i=1}^{m} c_i b_i', \qquad z_j = \sum_{i=1}^{m} c_i a_{ij}' \quad (j = m+1, m+2, \cdots, n)$$

于是
$$z = z_0 + \sum_{j=m+1}^{n} (c_j - z_j) x_j \tag{2.4-16}$$

再令
$$\sigma_j = c_j - z_j \quad (j = m+1, m+2, \cdots, n)$$

则
$$z = z_0 + \sum_{j=m+1}^{n} \sigma_j x_j \tag{2.4-17}$$

式中的 σ_j 称为检验数，计算公式为：

$$\sigma_j = c_j - \sum_{i=1}^{m} c_i a_{ij} \tag{2.4-18}$$

（3）检验各非基变量 x_j 的检验数 σ_j。按式（2.4-18）计算 σ_j，若 $\sigma_j \geqslant 0$（$j = m+1$，$m+2, \cdots, n$），则已经找到最优解，可停止计算；否则转下一步。

（4）在 $\sigma_j < 0$（$j = m+1$，$m+2$，$\cdots$，n）中，若有某个 σ_k 对应 x_k 的系数列向量 $\boldsymbol{P}_k \leqslant 0$，则此问题无界（即无最优解），停止计算；否则，转下一步。

（5）确定基变换的换入变量和换出变量。若初始可行解不是最优解或不能判定无界时，需要从原可行解基中换一个列向量（当然要保证线性独立），得到一个新的可行基，这个过程称为基变换。为了换基，先要确定换入变量，再确定换出变量，让它们相应的系数列向量进行对换，即得一个新的基可行解。基变换的几何意义是从可行域的一个顶点转向另一个顶点。

根据 $\min(\sigma_j < 0) = \sigma_k$，确定 σ_k 对应 x_k 为换入变量，按最小非负比值规则（常简称 θ 规则）计算

$$\theta = \min_i \left(\frac{b_i}{a_{ik}} \,\middle|\, a_{ik} > 0 \right) = \frac{b_l}{a_{lk}} \tag{2.4-19}$$

可确定 x_l 为换出变量，转入下一步。

式（2.4-19）为首次迭代的表达式；迭代过程中，式（2.4-19）的通式为：

$$\theta = \min_i \left(\frac{b_i'}{a_{ik}'} \,\middle|\, a_{ik}' > 0 \right) = \frac{b_l'}{a_{lk}'}$$

（6）进行基变换，找到一个新的基可行解。以 a_{lk} 为主元素进行迭代（即用高斯消去法，或称旋转运算）把 x_k 对应的列向量

$$\boldsymbol{P}_k = \begin{bmatrix} a_{1k} \\ a_{2k} \\ \vdots \\ a_{lk} \\ \vdots \\ a_{mk} \end{bmatrix} \xrightarrow{\text{变换为}} \begin{bmatrix} 0 \\ 0 \\ \vdots \\ 1 \\ \vdots \\ 0 \end{bmatrix} \text{第 } l \text{ 行}$$

将 $\boldsymbol{X}_B$ 列中的 x_l 换为 x_k，用 a_{ij}' 表示变换后的新元素，变换公式为：

$$a_{ij}' = \begin{cases} a_{ij} - \dfrac{a_{lj}}{a_{lk}} \cdot a_{ik} & (i \neq l) \\[2ex] \dfrac{a_{lj}}{a_{lk}} & (i = l) \end{cases} \qquad b_i' = \begin{cases} b_i - \dfrac{a_{ik}}{a_{lk}} \cdot b_l & (i \neq l) \\[2ex] \dfrac{b_l}{a_{lk}} & (i = l) \end{cases} \tag{2.4-20}$$

填入后得到新的单纯形表。重复步骤（3）~步骤（6），直到终止。

采用计算机计算时，也可以采用改进单纯形法，每次迭代只计算换入列、常数列和检验数行，可以大大减少算法所需计算机存储量，提高计算效率。

为建立线性规划原始模型标准化和其单纯形法求解的直观概念，下面举例演示。

【例 2.4-2】 求解如下线性规划模型。

$$\min z = 4x_1 + 3x_2 + 8x_3$$
$$x_1 + x_3 \geq 2$$
$$x_2 + 2x_3 \geq 5$$
$$x_j \geq 0 \quad (j = 1, 2, 3)$$

解：

（1）化为标准型。

1）检查向量 b，满足 $b > 0$，故不需变换。

2）检查约束条件，有两处"$\geq$"号，直接引入附加变量（此处具体为引入剩余变量），则原模型变为：

$$x_1 + x_3 - x_4 = 2$$
$$x_2 + 2x_3 - x_5 = 5$$
$$x_j \geq 0 \quad (j = 1, 2, 3)$$
$$附加变量 \quad x_4 \geq 0, \ x_5 \geq 0$$
$$\min z = 4x_1 + 3x_2 + 8x_3 + 0x_4 + 0x_5$$

因为引入附加变量后，约束条件的变换是等价变换，故目标函数不应改变。

3）检查附加变量的系数是 -1（或约束条件为等式）时，必须引入人工变量 x_6，x_7，以构成初始可行基，即

$$x_1 + x_3 - x_4 + x_6 = 2 \tag{2.4-21}$$
$$x_2 + 2x_3 - x_5 + x_7 = 5 \tag{2.4-22}$$
$$x_j \geq 0 \quad (j = 1, 2, 3, 4, 5)$$
$$人工变量 \quad x_6 \geq 0, \ x_7 \geq 0$$

这样，初始可行基（P_6，P_7）已经构成，即约束条件（2.4-21）的基变量是 x_6，约束条件式（2.4-22）的基变量是 x_7。

引入人工变量后，目标函数必须改变。原因是，引入人工变量前，约束条件已经变成标准型等式；再在等式左边加入人工变量（≥ 0）后，仍取等式，也就是说，人工变量不为 0，现在的等式（2.4-21）和原始的不等价。但不引入人工变量，在标准型不具备可行基时，又不能开始单纯形法的起始步，也就无从求解这个规划问题。因此，只能引入人工变量同时修改目标函数，规定人工变量在目标函数中的系数为 M（很大的正数）。这样，只要人工变量大于 0，所求的目标函数最小值就是一个很大的数，这也算是对"篡改"约束条件的一种惩罚，所以把 M 叫做罚因子，这时的单纯形法也就是大 M 法，也叫罚函数法。改变后的目标函数为：

$$\min z = 4x_1 + 3x_2 + 8x_3 + 0x_4 + 0x_5 + Mx_6 + Mx_7 \tag{2.4-23}$$

综上，式（2.4-21）~式（2.4-23）一起就构成了变换原始模型后得到的标准型。

（2）求出一个基本可行解，作为初始基可行解；并填写建立初始单纯形表。为理解，

先给出包含过程的详细计算过程，分 3 小步。

1）用非基变量表示基变量和目标函数。

由式（2.4-21）移项得：　　　$x_6 = 2 - x_1 - x_3 + x_4$　　　　　　　　　　　（2.4-24）

由式（2.4-22）移项得：　　　$x_7 = 5 - x_2 - 2x_3 + x_5$　　　　　　　　　　（2.4-25）

再将式（2.4-24）和式（2.4-25）代入目标函数式（2.4-23），整理得：

$$z = (4 - M)x_1 + (3 - M)x_2 + (8 - 3M)x_3 + Mx_4 + Mx_5 + 7M \qquad (2.4\text{-}26)$$

可见，目标函数式等于各非基变量乘以相应系数所得各项与一个常数的和。

2）求出一个基本可行解及相应的目标函数值 z。令各非基变量 $x_i = 0$（$i = 1$，2，3，4，5），由式（2.4-23）～式（2.4-25）可得：

$$x_6 = 2, \quad x_7 = 5, \quad z = 7M$$

3）填写初始单纯形表，得表 2.4-3。

以上这 3 小步，按通用公式（用向量计算）直接填表的方法为：根据式（2.4-23）填入表 2.4-3 前 2 行（这两行相当于表头，之后的新单纯形表中，不变），根据式（2.4-21）、（2.4-22）填入表 2.4-3 第 3 行、第 4 行，计算检验数（根据填好的第 1、3、4 行按式（2.4-18）进行计算）填入表 2.4-3 的末行。注意目标函数中 $-z = -\sum\limits_{i=1}^{m} c_i b_i = -7M$，填入表中 b 列末行，其值符号取反后即为初始基本可行解的函数值 $z = 7M$。

为叙述方便，将表 2.4-3 中的后三行，分别标记为行①⁰、行②⁰、行③⁰。

表 2.4-3　初始单纯形表举例（第 0 次迭代）

	$c_i \rightarrow$		4	3	8	0	0	M	M	θ_i	
C_B	X_B	b	x_1	x_2	x_3	x_4	x_5	x_6	x_7		
M	x_6	2	1	0	1^*	-1	0	1	0	2	行①⁰
M	x_7	5	0	1	2	0	-1	0	1	5/2	行②⁰
$\sigma_j = c_j - z_j$		$-7M$	$4-M$	$3-M$	$8-3M$	M	M	0	0		行③⁰

（3）检验各非基变量 x_j（$j = 4$，5，6，7）的检验数 σ_j，判断 $\sigma_j \geqslant 0$ 的结果为否，所以转下一步。

（4）经判断，所有 $x_j \geqslant 0$（$j = 4$，5，6，7），此规划问题不属"无界"情况，所以转下一步。

（5）确定换入变量和换出变量。

1）$\sigma_3 = 8 - 3M$ 是负检验数中最小的一个，故选 x_3 为换入变量。

2）按式（2.4-19）计算各 θ_i，按最小非负比值规则，选 x_6 作为换出变量。

3）新的基变量为 x_3 和 x_7，转入下一步。

（6）进行基变换，找到一个新的基可行解。

1）首先确定主元素。以换入变量所在列（这里起始换入变量在 $k = 3$ 列）和换出变量所在行（x_6 位于第 1 行，故 $l = 1$）的交点处的元素为主元素，在表 2.4-3 中用 * 上标表示。

2）以 a_{lk}（起始迭代时，k 取 3，l 取 1）为主元素进行迭代（即用高斯消去法，或称旋转运算）把 x_k 对应的列向量

$$P_3 = \begin{bmatrix} 1 \\ 2 \end{bmatrix} \xrightarrow{\text{变换为}} \begin{bmatrix} 1 \\ 0 \end{bmatrix} \leftarrow \text{第 } l = 1 \text{ 行} \qquad (2.4\text{-}27)$$

意即主元素所在列中，$1 \Rightarrow a_{lk}$、$0 \Rightarrow$ 其他元素。将单纯形表 X_B 列中的 x_l 换为 x_k（第 1 次迭代时是 x_6 换为 x_3），相应地，更换 C_B 列（第 1 次迭代时，"M"换成"8"）。为实现式（2.4-27）中从非单位列向量到单位列向量的变换，需要进行如下计算，从而得到新的单纯形表（见表 2.4-4）。注意到，因基变量相应的检验数为 0，故可以把换入向量及其检验数看成统一的列向量来变换，即 P_3 由式（2.4-27）中的 $P_3 = \begin{bmatrix} 1 & 2 \end{bmatrix}^{\mathrm{T}}$ 表示为 $P_3 = \begin{bmatrix} 1 & 2 & (8-3M) \end{bmatrix}^{\mathrm{T}}$，相应地，变换后的单位向量就成为 $\begin{bmatrix} 1 & 0 & 0 \end{bmatrix}^{\mathrm{T}}$。也就是说，在本小步中，要据表 2.4-3 中的行①^0、行②^0、行③^0 经计算变换到表 2.4-4 中的行①^1、行②^1、行③^1，直观计算方法为：

行①^1 = 行①^0/主元素　　（实现，将换入列的主元素变为 1）

行②^1 = 行②^0 - 2 × 行①^1

行③^1 = 行③^0 - $(8 - 3M)$ × 行①^1　　（实现，将换入列的其他元素变为 0）

用通用公式表达，即式（2.4-20）。

3）重复步骤（3）～步骤（6），直到终止。

表 2.4-4　单纯形表举例（第 1 次迭代）

C_B	X_B	b	$c_i \rightarrow$ 4 x_1	3 x_2	8 x_3	0 x_4	0 x_5	M x_6	M x_7	θ_i
8	x_3	2	1	0	1	-1	0	1	0	行①^1
M	x_7	1	-2	1	0	2*	-1	-2	1	行②^1
$\sigma_j = c_j - z_j$		$-M-16$	$2M-4$	$3-M$	0	$8-2M$	M	$3M-8$	0	行③^1

从该例的求解计算可以看出，单纯形法计算繁琐，但计算公式完备、含循环过程，适合用计算机程序实现，称作单纯形法的数值求解。需要时可参阅有关算法程序。

2.4.2　非线性规划

若目标函数和（或）约束条件中含有非线性函数，称这种规划问题为非线性规划。非线性规划是运筹学的重要分支之一，在许多方面得到越来越广泛的应用，其典型应用领域有预报、生产流程安排、科学管理、库存控制、质量控制、系统控制、保养和维修、最优设计、会计过程以及资金预算等。

非线性规划不像线性规划那样有统一的数学模型且又有单纯形法这种通用解法。非线性规范目前还没有适于各种问题的一般算法，各个方法都有特定的适用范围，都有一定的局限性。另外，线性规划问题的最优解，必然在可行域的顶点（或边界）上得到；而非线性规划问题的最优解却可能是可行域的任何一点。因此，线性规划中单纯形法求出的是全局最优解，而一般非法性规划方法求出的只是局部最优解。

非线性规划数学模型的一般形式为：

$$\min f(\boldsymbol{X}) \qquad (2.4\text{-}28)$$

$$h_i(\boldsymbol{X}) = 0 \quad (i = 1, 2, \cdots, m) \qquad (2.4\text{-}29)$$

$$g_i(\boldsymbol{X}) \geqslant 0 \quad (j = 1, 2, \cdots, l) \qquad (2.4\text{-}30)$$

式中，$X = (x_1, x_2, \cdots, x_n)^T$ 是 n 维欧氏空间 E^n 中的点。

对无约束问题的非线性规划问题，可采用以下方法求解：（1）找到驻点；（2）借助驻点处的海赛矩阵判断驻点的性质进而从驻点中选定极值点。海赛矩阵是以 n 元目标函数 $f(X)$ 的二阶偏导数 $\nabla^2 f(X)$ 为元素的 $n \times n$ 矩阵，亦即 $f(X)$ 的梯度 $\nabla f(X)$（指以 $f(X)$ 对 x_i 的偏导数为元素的 n 维列向量）对 X 的一阶导数。满足 $\nabla f(X^*) = 0$ 的点 X^* 称为驻点，在所考察的区域内部，极值点必为驻点，但驻点不一定是极值点。其中的"判定"通过判定海赛矩阵的正定、负定等性质进行。

必须指出，矿物加工实际中的绝大多数非线性规划问题，都是有约束条件的问题。对约束极小化问题来说，除了要使目标函数在每次迭代时有所下降之外，还要时刻注意解的可行性问题，因此，求解约束极值问题要比求解无约束极值问题困难得多。求解带有约束条件的非线性规划问题的常见方法是：将约束问题化为无约束问题，将非线性规划化为线性规划问题，以及将复杂问题变换为较简单问题的其他解法。

本书只介绍无约束条件非线性规划问题的基础解法及与矿物加工建模有关的几种解法。

2.4.2.1　下降迭代法

理论上讲，利用无约束问题的这种极值条件（指 $\nabla f(X^*) = 0$）能求出相应的非线性规划的最优解。但实际上，对一般的 n 元函数 $f(X)$ 来说，从 $\nabla f(X) = 0$ 得到的常常是一个非线性方程组，求解起来相当困难。而且，很多实际问题往往很难求出或根本求不出目标函数对各自变量的偏导数，从而使该方法难以应用。所以，求解非线性规划问题一般采取数值计算方法，最常用的是下降迭代算法。

下降迭代法是指一类方法，这类方法的核心思想是：

（1）包含系列重复过程，从已知点 $X^{(k)}$（初始时，代表重复次数的序号 $k = 1$；具体编程语言中，也有采用初始 $k = 0$）出发，按照某种规则（即迭代算法）求出后继点 $X^{(k+1)}$，重复该过程，生成点列 $\{X^{(k)}\}$（$k = 1, 2, \cdots$）。

（2）每次重复都要使后继点处的函数值有所下降，这样就可保证点列收敛于原问题的解。

下降迭代法的关键是找到确保"下降"的迭代算法。不妨从几何意义理解，具体包括：（1）确定一个有利的搜索方向 $d^{(k)}$，沿此方向应能找到使目标函数值下降的点，且对相应的规划问题，该点是可行点；（2）确定最优步长（或称最优步长因子）λ_k，该 λ_k 能保证从 $X^{(k)}$ 出发，沿 $d^{(k)}$ 方向的后继点 $(X^{(k)} + \lambda_k d^{(k)})$，是关于步长变量 λ 的一元函数 $f(X^{(k)} + \lambda d^{(k)})$ 的极小点，即

$$f(X^{(k)} + \lambda_k d^{(k)}) = \min_\lambda f(X^{(k)} + \lambda d^{(k)}) \tag{2.4-31}$$

这样，就能计算出后继点 $X^{(k+1)} = (X^{(k)} + \lambda_k d^{(k)})$，再判断 $X^{(k+1)}$ 是否为极小点，若是极小点则停止迭代；否则令 $k = k + 1$，进入下次迭代。

下降迭代法中终止迭代计算的准则有多种，常用的终止条件有：

（1）当自变量的改变量已经充分小时，即相继两次迭代的绝对误差

$$\| X^{(k+1)} - X^{(k)} \| < \varepsilon_1 \tag{2.4-32}$$

或相继两次迭代的相对误差

$$\frac{\| \boldsymbol{X}^{(k+1)} - \boldsymbol{X}^{(k)} \|}{\| \boldsymbol{X}^{(k)} \|} < \varepsilon_2 \tag{2.4-33}$$

时，停止计算。

（2）当函数值的下降量充分小时，即相继两次迭代的绝对误差

$$f(\boldsymbol{X}^{(k)}) - f(\boldsymbol{X}^{(k+1)}) < \varepsilon_3 \tag{2.4-34}$$

或相继两次迭代的相对误差

$$\frac{f(\boldsymbol{X}^{(k)}) - f(\boldsymbol{X}^{(k+1)})}{|f(\boldsymbol{X}^{(k)})|} < \varepsilon_4 \tag{2.4-35}$$

时，停止计算。

（3）在无约束最优化中，当函数梯度的模充分小时，即

$$\| \nabla f(\boldsymbol{X}^{(k+1)}) \| < \varepsilon_5 \tag{2.4-36}$$

时，停止计算。

上述确定最优步长 λ_k 的过程称为一维搜索或线搜索。单变量函数寻优即属一维搜索（或线搜索）问题，而多变量函数的寻优则属多维搜索，意即从多个变量角度考量并确定能使目标函数值下降且尽快下降的后继点。所有的最优化方法都可以从这种"下降迭代"角度理解和分析；如果是目标函数取最大值的问题，则迭代算法的核心变为使目标函数值"上升且尽快上升"。

一维搜索方法具体包括黄金分割法、牛顿法、抛物线逼近法、外推内插法等。非线性规划问题或优化问题最终都是通过执行一系列一维搜索来求解的。

2.4.2.2 单变量函数寻优的黄金分割法

黄金分割法（0.618 法）属于区间消去法，通过对试点的比较计算，使得包含极小点的区间不断缩短，当区间长度小到精度范围之内时，可以粗略地认为区间上各点的函数值均接近极小值，各点均可作为极小点的近似。

黄金分割法适用于单峰函数。

A 区间消去法

设单变量函数 $f(x)$ 是区间 $[a_0, b_0]$ 上的下单峰函数，区间内其唯一极小点位于 x^*，且 $f(x)$ 是在 x^* 点左侧严格下降、在 x^* 点右侧严格上升。若在此区间内任取两点 x_1 和 x_2，且 $x_1 < x_2$，计算这两点的函数值 $f(x_1)$ 和 $f(x_2)$，则可能出现三种情形（如图 2.4-4 所示）：

（1）若 $f(x_1) < f(x_2)$，如图 2.4-4a、图 2.4-4b 所示，则 x^* 在 $[a_0, x_2]$ 内，应去掉 $[x_2, b_0]$。

（2）若 $f(x_1) > f(x_2)$，如图 2.4-4c 所示，则 x^* 在 $[x_1, b_0]$ 内，应去掉 $[a_0, x_1]$。

（3）若 $f(x_1) = f(x_2)$，如图 2.4-4d 所示，则 x^* 必在 $[x_1, x_2]$ 内，应去掉 $[a_0, x_1]$ 和 $[x_2, b_0]$。

寻找函数 $f(x)$ 的这个极小点的近似值就是单变量函数寻优（此处是函数极小值）问题，精度要求为：缩短后剩余区间长度与原始长度 $(b_0 - a_0)$ 之比小于一个很小的正数 δ。

B 黄金分割法

区间消去法中，选 x_1，x_2 点的方案很多，为提高收敛速度、减少计算工作量，考虑：

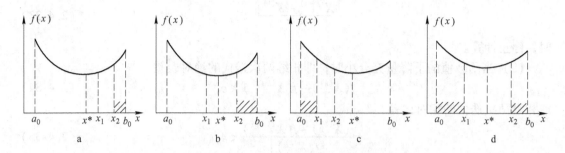

图 2.4-4 极值点所在区间的迭代方法

a—情形 1；b—情形 2；c—情形 3；d—情形 4

（1）为减少计算函数值的次数，希望消去后新搜索区间能够保留上次搜索区间的一个端点，这样每次迭代可以少计算一次函数值。

（2）每步消去时，事先无法预知 $f(x_1)$，$f(x_2)$ 的关系，消去区间也无法预知，所以希望上述各种情形下消去区间一样长，即把 x_1，x_2 放在 $[a_0, b_0]$ 对称的位置上。

为简化问题，不妨把 $f(x_1) = f(x_2)$ 情形（一次消去两段区间）与 $f(x_1) < f(x_2)$ 情形合并，构成 $f(x_1) \leqslant f(x_2)$ 情形。

那么，怎样取点能满足这两条要求呢？将原始区间长度记为 l。先在距离原始起点 a_0 距离为 m 的位置取点 x_2，则原始区间的剩余长度为 $l - m$，如图 2.4-5 所示，要求 x_2 满足

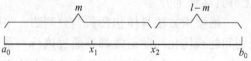

图 2.4-5 试点 x_2 的取法

$$\frac{l - m}{m} = \frac{m}{l} \qquad (2.4-37)$$

即

$$m^2 + ml - l^2 = 0$$

也就是

$$\left(\frac{m}{l}\right)^2 + \left(\frac{m}{l}\right) - 1 = 0$$

解这个一元二次方程，舍去负根，得

$$\frac{m}{l} = \frac{-1 + \sqrt{5}}{2} = 0.618$$

即

$$m = 0.618l$$

称点 x_2 为原始区间的黄金分割点。

再考虑 x_1 的取法。按前述第（2）条的对称考虑，取 x_1 到原始区间终点 b_0 的距离为 m，可保证所取两点在 $[a_0, b_0]$ 上对称。

更重要的，这种黄金分割取点法在消去某段区间后，保留点仍位于剩余区间的黄金分割处。意即下次迭代时只需新取一个试点即可。这样可以保证前述第（1）条中考虑"少计算一次函数值"的要求。

综上，当取

$$\begin{cases} x_1 = b_0 - 0.618(b_0 - a_0) \\ x_2 = a_0 + 0.618(b_0 - a_0) \end{cases} \qquad (2.4-38)$$

时，可以满足对称取点并且本次迭代保留上次迭代区间某一端点的要求，称为黄金分割法。

图 2.4-6 所示为黄金分割法的第 1 次迭代过程,迭代的起始范围为 $[a_0, b_0]$,试点 x_1 和 x_2 的函数值分别记为 f_{x1} 和 f_{x2}。图 2.4-6a 为原始区间,图 2.4-6b 对应 $f(x_1) \leqslant f(x_2)$ 情形而图 2.4-6c 对应 $f(x_1) > f(x_2)$ 情形。

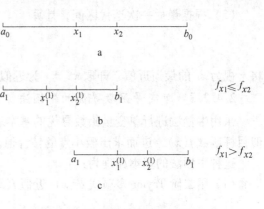

图 2.4-6　黄金分割法的迭代方法
a—原始区间;b—情形 1;c—情形 2

黄金分割法具体步骤归纳如下:

(1) 按式 (2.4-38) 选取两点 x_1 和 x_2,计算对应的函数值 $f_{x1} = f(x_1)$ 和 $f_{x2} = f(x_2)$。为方便描述,令 $x_1^{(0)} = x_1$ 和 $x_2^{(0)} = x_2$。一般地,第 k 次取点,记为 $x_1^{(k)}$ 和 $x_2^{(k)}$,对应的区间为 $[a_k, b_k]$,此处 $k = 0$。

(2) 比较 f_{x1} 和 f_{x2}。

第一种情况:当 $f_{x1} \leqslant f_{x2}$ 时,相当于图 2.4-6b 情形,应去掉 $[x_2^{(k)}, b_k]$,原区间缩短为 $[a_k, x_2^{(k)}]$。

1) 区间端点置换。令 $a_{k+1} = a_k$,$b_{k+1} = x_2^{(k)}$,即新搜索区间为 $[a_{k+1}, b_{k+1}]$。

2) 判断精度,即判断

$$\frac{b_k - a_k}{b_0 - a_0} < \delta \tag{2.4-39}$$

是否成立。若成立,则停止迭代计算,去往第 (3) 步。否则,进行新区间内保留点的置换,并计算函数值,即:

$$x_2^{(k+1)} = x_1^{(k)}$$
$$f_{x2} = f_{x1}$$

3) 找新区间内保留点的对称点,并计算对应函数值,即:

$$x_1^{(k+1)} = b_{k+1} - 0.618(b_{k+1} - a_{k+1}) \tag{2.4-40}$$
$$f_{x1} = f(x_1^{(k+1)})$$

令 $k = k + 1$,返回第 (2) 步开始处。

第二种情况:当 $f_{x1} > f_{x2}$ 时,相当于图 2.4-6c 情形,应去掉 $[a_k, x_1^{(k)}]$,原区间缩短为 $[x_1^{(k)}, b_k]$。

1) 区间端点置换。令 $a_{k+1} = x_1^{(k)}$,$b_{k+1} = b_k$,即新搜索区间同样为 $[a_{k+1}, b_{k+1}]$。

2) 判断精度,即判断式 (2.4-39) 是否成立。若成立,则停止迭代计算,去往第 (3) 步。否则,进行新区间内保留点的置换,并置换函数值,即:

$$x_1^{(k+1)} = x_2^{(k)}$$
$$f_{x1} = f_{x2}$$

3) 找新区间内保留点的对称点,并计算对应函数值,即:

$$x_2^{(k+1)} = a_{k+1} + 0.618(b_{k+1} - a_{k+1}) \tag{2.4-41}$$
$$f_{x2} = f(x_2^{(k+1)})$$

令 $k = k + 1$,返回第 (2) 步开始处。

（3）根据最后一次迭代区间，计算

$$x = \frac{b_k + a_k}{2} \tag{2.4-42}$$

将 x 视为 x^* 的最逼近值，即取 $x^* = x$ 为近似极小点，以 $f(x^*)$ 为近似极小值。

2.4.2.3　单变量函数寻优的牛顿法

采用牛顿法进行单变量函数寻优的基本思想是，在极小点附近用二阶 Taylor 多项式近似目标函数 $f(x)$，进而求出极小点的估计值。

这种牛顿法的基本原理为：

（1）用二阶 Taylor 多项式 $\varphi(x)$ 近似 $f(x)$，即：

$$\varphi(x) = f(x_k) + f'(x_k)(x - x_k) + \frac{1}{2}f''(x_k)(x - x_k)^2 \approx f(x)$$

式中，$\varphi(x)$ 在点 x_k 处的 $\varphi(x_k), \varphi'(x_k), \varphi''(x_k)$ 分别与 $f(x)$ 在点 x_k 处的 $f(x_k), f'(x_k), f''(x_k)$ 相等。

（2）用 $\varphi(x)$ 的极小点近似 $f(x)$ 的极小点，令：

$$\varphi'(x) = f'(x_k) + f''(x_k)(x - x_k) = 0$$

得到 $\varphi(x)$ 的驻点 x_{k+1}：

$$x_{k+1} = x_k - \frac{f'(x_k)}{f''(x_k)} \tag{2.4-43}$$

因在点 x_k 附近，$\varphi(x) \approx f(x)$，故可用 $\varphi(x)$ 的极小点作为 $f(x)$ 极小点的估计值。当 x_k 是 $f(x)$ 的极小点的一个估计值，则利用递推式（2.4-43）可以得到极小点 x_k 的一个进一步估计值 x_{k+1}。

（3）判断精度。若 x_{k+1} 满足允许精度，则停止计算。否则，再返回第（2）步，再计算递推式（2.4-43），……，一直迭代下去，可得到一个点列。在一定条件下，这个点列收敛于 $f(x)$ 的极小点。

牛顿法的几何意义是用切线 $\varphi'(x)$ 与 x 轴的交点来近似曲线 $f'(x_k)$ 与 x 轴的交点。所以，此处牛顿法又称切线法。需要注意，应用牛顿法时，必须选好初始点，否则可能不收敛于极小点。

2.4.2.4　寻找单变量函数的极值点区间

外推内插法能够寻找单变量函数的极值点存在区间，同时给出满足以下规定的三个初始点

$$x_1 < x_2 < x_3 \tag{2.4-44}$$
$$f(x_1) > f(x_2), \quad f(x_2) < f(x_3) \tag{2.4-45}$$

外推内插法的步骤包括以下 3 步：

（1）给定初始区间、初始点 x_1 及初始步长 $h_0 > 0$。

（2）用加倍步长的外推法迅速缩短初始区间。

由初始点 x_1 向前迈一步，步长为 h_0，得 $x_2 = x_1 + h_0$，计算并比较 $f(x_1)$、$f(x_2)$。可能出现两种情形：

1）$f(x_2) < f(x_1)$ 情形。若 $f(x_2) < f(x_1)$，则步长加倍，得 $x_3 = x_2 + 2h_0$；若仍有 $f(x_3) < f(x_2)$，则步长再加倍，得 $x_4 = x_3 + 4h_0$，……，直到点 x_k 的函数值刚刚变为增加为止。

这样得到三个点 $\qquad x_{k-2} < x_{k-1} < x_k$

并且其函数值满足两头大、中间小，即：

$$f(x_{k-2}) > f(x_{k-1}), f(x_{k-1}) < f(x_k)$$

所以，极小点在区间$[x_{k-2}, x_k]$上，可舍弃初始区间的其他部分（如图 2.4-7a 所示）。

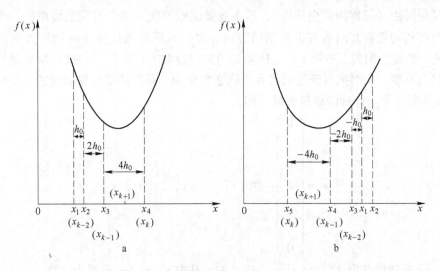

图 2.4-7 外推内插法示意图

a—情形 1；b—情形 2

2）$f(x_2) > f(x_1)$情形。若$f(x_2) > f(x_1)$，表明由初始点x_1迈步方向不对，则退回到x_1，改向相反方向迈一步，得$x_3 = x_1 - h_0$；若有$f(x_3) < f(x_1)$，则步长加倍，得$x_4 = x_3 - 2h_0$；若仍有$f(x_4) < f(x_3)$，则步长再加倍……直到点x_k的函数值刚刚变为增加为止。

这样得到三个点 $\qquad x_k < x_{k-1} < x_{k-2}$

并且其函数值满足两头大、中间小，即：

$$f(x_k) > f(x_{k-1}), f(x_{k-1}) < f(x_{k-2})$$

所以，极小点在区间$[x_k, x_{k-2}]$上，可舍弃初始区间的其他部分（如图 2.4-7b 所示）。

（3）最后确定极值点区间。对第（2）步中找到的三点x_{k-2}、x_{k-1}、x_k，因步长是逐次加倍的（如图 2.4-7 所示），因此有：

$$x_k - x_{k-1} = 2(x_{k-1} - x_{k-2})$$

在x_{k-1}、x_k间内插一点x_{k+1}，令：

$$x_{k+1} = \frac{1}{2}(x_{k-1} + x_k)$$

得到等间距的 4 个点：x_{k-2}, x_{k-1}, x_{k+1}, x_k。

比较这 4 个点的函数值，令其中函数值最小的点为x_2，x_2前后邻点分别为x_1，x_3。至此，得到了符合式（2.4-44）和式（2.4-45）的尽可能小的极值点区间$[x_1, x_3]$。

2.4.2.5 多变量函数的寻优方法

无约束条件下多变量函数的寻优方法大致分成两类，一类在计算过程中要用到目标函数的导数；另一类则只用到目标函数值，不必计算导数。后一类方法通常也称为直接法或搜索法。各种寻优方法的根本区别在于选择的搜索方向不同。

前面已经介绍过求解非线性规划问题的常用数值计算方法——下降迭代法。这里再介绍作为无约束多变量函数寻优基本思想之一的变量轮换法和由单变量函数牛顿法推广来的多变量函数牛顿法。其他诸多方法及其优劣和选择,请参照运筹学和/或计算方法方面的书籍。

A 变量轮换法

变量轮换法(又称因素交替法),是多变量函数寻优方法中原理最简单的一个。这种方法认为有利的搜索方向是各坐标轴的方向,因而采用轮流按各坐标轴的方向搜索最优点。从某一给定点出发,按第 i 个坐标轴 x_i 的方向搜索时,其他 $(n-1)$ 维变量均保持给定点的状态不变,从而把多变量函数寻优问题转化为一系列的单变量函数的寻优问题。

设 e_i 为第 i 个坐标轴的单位矢量,即:

$$e_i = \begin{bmatrix} 0 \\ \vdots \\ 0 \\ 1 \\ 0 \\ \vdots \\ 0 \end{bmatrix} \leftarrow 第 i 行 \quad i = 1, 2, \cdots, n$$

(1)给定初始点为 $X^{(1)} = (a_1, a_2, \cdots, a_n)^T$,其中 $a_1, a_2, \cdots, a_n$ 都为常数。

(2)从 $X^{(1)}$ 出发,先沿第一个坐标轴方向 e_1 进行一维寻优,求出最优步长 λ_1,得新点 $X^{(2)}$,即:

$$f(X^{(2)}) = f(X^{(1)} + \lambda_1 e_1) = \min_\lambda f(X^{(1)} + \lambda e_1)$$
$$X^{(2)} = X^{(1)} + \lambda_1 e_1$$

式中,$f(X^{(1)} + \lambda e_1)$ 是步长 λ 的一维函数,$f(X^{(1)} + \lambda e_1)$ 的极小点 λ_1 就是 e_1 方向上的最优步长。初始点 $X^{(1)}$ 沿 e_1 方向前进 λ_1 步长,得到新点 $X^{(2)}$,即新点 $X^{(2)}$ 与初始点 $X^{(1)}$ 相比,只有 x_1 的坐标值不同。

类似地,以 $X^{(2)}$ 为起点,沿第二个坐标轴方向 e_2 进行一维寻优,求出最优步长 λ_2,得新点 $X^{(3)}$。即:

$$f(X^{(3)}) = f(X^{(2)} + \lambda_2 e_2) = \min_\lambda f(X^{(2)} + \lambda e_2)$$
$$X^{(3)} = X^{(2)} + \lambda_2 e_2$$

新点 $X^{(3)}$ 与初始点 $X^{(3)}$ 相比,只有 x_2 的坐标值不同。

这样,依次沿各坐标轴方向进行一维寻优,直到 n 个坐标轴方向全部优选完毕,得到好点 $X^{(n+1)}$,它满足

$$f(X^{(n+1)}) = f(X^{(n)} + \lambda_n e_n) = \min_\lambda f(X^{(n)} + \lambda e_n)$$
$$X^{(n+1)} = X^{(n)} + \lambda_n e_n$$

从初始点 $X^{(1)}$ 经过这 n 次一维搜索得到点 $X^{(n+1)}$,即完成了变量轮换法的一次迭代。

(3)令 $X^{(1)} = X^{(n+1)}$,返回第(2)步继续迭代,直到所得新点 $X^{(n+1)}$ 满足要求的精度为止。

变量轮换法依次沿各坐标轴寻优的思想,被不少优化方法所借鉴。对一般的目标函

数，变量轮换法的收敛速度较慢，搜索效率较差。

B 多变量函数牛顿法

将 2.4.2.3 节所介绍的单变量函数寻优牛顿法进行推广，即得多变量函数寻优的牛顿法。多变量函数的牛顿法基本原理包括两大步：先取目标函数泰勒级数展开的二阶近似，再用近似函数的极小点近似原始目标函数的极小点。其具体方法如下。

(1) 把 $f(X)$ 在点 $X^{(k)}$ 展开成泰勒级数，并取二阶近似。$X^{(k)}$ 是 $f(X)$ 的极小点的一个估计

$$\varphi(X) = f(X^{(k)}) + (\nabla f(X^{(k)}))^{\mathrm{T}} \cdot (X - X^{(k)}) + \frac{1}{2}(X - X^{(k)})^{\mathrm{T}} \cdot H(X^{(k)}) \cdot (X - X^{(k)})$$

$$\approx f(X)$$

式中，$\nabla f(X^{(k)})$ 是 $f(X)$ 在点 $X^{(k)}$ 的梯度；$H(X^{(k)})$ 即 $\nabla^2 f(X^{(k)})$，是 $f(X)$ 在点 $X^{(k)}$ 的海赛矩阵。

(2) 求 $\varphi(X)$ 的近似极小点 $X^{(k+1)}$。

令：
$$\nabla \varphi(X) = 0$$

即：
$$\nabla f(X^{(k)}) + H(X^{(k)}) \cdot (X - X^{(k)}) = 0$$

设 $H(X^{(k)})$ 可逆，则得多变量函数寻优牛顿法的迭代公式为：

$$X^{(k+1)} = X^{(k)} - (H(X^{(k)}))^{-1} \nabla f(X^{(k)}) \tag{2.4-46}$$

式中，$(H(X^{(k)}))^{-1}$ 是海赛矩阵 $H(X^{(k)})$ 的逆矩阵。

迭代公式 (2.4-46) 是牛顿法的纯形式，其在 $X^{(k)}$ 的搜索方向（也称牛顿方向）为 $-(H(X^{(k)}))^{-1} \nabla f(X^{(k)})$，步长是 1。

按式 (2.4-46) 纯形式迭代时，在极值点附近能保证收敛且收敛很快，但在远离极值点时，可能不收敛。为保证牛顿法在全局收敛，有必要对其纯形式进行修正。修正方法为增加沿牛顿方向的一维寻优，取最优步长 λ_k 来代替纯形式迭代公式中的步长 1。

修正后的牛顿法迭代公式

$$X^{(k+1)} = X^{(k)} + \lambda_k d^{(k)} \tag{2.4-47}$$

式中，$d^{(k)} = -(H(X^{(k)}))^{-1} \nabla f(X^{(k)})$，即纯形式中的牛顿方向。$\lambda_k$ 是一维搜索得到的最优步长，满足

$$f(X^{(k)} + \lambda_k d^{(k)}) = \min_{\lambda} f(X^{(k)} + \lambda d^{(k)})$$

修正后的牛顿法在适当条件下具有全局收敛性。

另外注意到，牛顿法的显著特点是收敛很快，但是，使用时需要计算二阶导数矩阵并求逆，而且目标函数的海赛矩阵可能非正定。为克服这些缺点，人们提出了拟牛顿法。拟牛顿法的基本思想是用一阶导数的数据去近似代替牛顿法中的海赛矩阵的逆矩阵。因为构造近似矩阵的方法不同，出现了不同的拟牛顿法，包括著名的变尺度法。拟牛顿法是无约束最优化方法中最有效的一类算法。

2.5 最小二乘法

最小二乘法在矿物加工数学建模中具有显著意义，是拟合模型及许多最值问题推证的理论根源。从高等数学角度，最小二乘法是微分法在多元函数极小值求解问题中的一种应用。

最小二乘法的前提是预想到一个确定类型的模型，且已经收集了数据并进行了分析。设预想模型类型为 $y = f(x)$，已知数据为 (x_i, y_i)，$(i = 1, 2, \cdots, n)$，通过要求

$$\sum_{i=1}^{n} (y_i - f(x_i))^2 = \text{Min} \tag{2.5-1}$$

来确定函数类型 $y = f(x)$ 的参数。式（2.5-1）称为最小二乘准则。这种求解模型参数的方法称为最小二乘法，意即根据已知值与拟合值之间偏差平方和为最小的条件来确定预想模型参数的方法。"二乘"就是平方。

最小二乘法的求解实质是寻找以模型参数为自变量、偏差平方和为因变量的多元函数取得极小值时其自变量的取值情况。预想模型的形式越复杂，其模型参数的个数就越多，其求解过程就越复杂。

2.5.1　最小二乘法的应用过程

预想模型的最简单形式为 $y = A + Bx$，即直线模型。下面以直线模型参数的最小二乘求解为例说明最小二乘法的应用过程。

用 $y = a + bx$ 记作 $y = A + Bx$ 的最小二乘估计；已知数据为 (x_i, y_i)，$(i = 1, 2, \cdots, n)$。则，运用最小二乘准则（2.5-1），即是要求极小化

$$S = \sum_{i=1}^{n} [y_i - f(x_i)]^2 = \sum_{i=1}^{n} (y_i - a - bx_i)^2 \tag{2.5-2}$$

式（2.5-2）是因变量 S 对两个自变量 a 和 b 的二元函数极小值问题，其必要条件为两个偏导数 $\partial S / \partial a$ 和 $\partial S / \partial b$ 等于零。得两方程

$$\frac{\partial S}{\partial a} = -2 \sum_{i=1}^{n} (y_i - a - bx_i) = 0$$

$$\frac{\partial S}{\partial b} = -2 \sum_{i=1}^{n} (y_i - a - bx_i)x_i = 0 \tag{2.5-3}$$

重写这些方程，并用 Σ 代替 $\sum_{i=1}^{n}$，得出方程组

$$\begin{cases} \sum a + (\sum x_i)b = \sum y_i \\ (\sum x_i)a + (\sum x_i^2)b = \sum x_i y_i \end{cases} \tag{2.5-4}$$

将 x_i 和 y_i 的全部值代入，可解出 a 和 b。方程组（2.5-4）称为正规方程组。用消去法容易得出正规方程组的解为：

$$\begin{cases} a = \dfrac{\sum x_i^2 \sum y_i - \sum x_i y_i \sum x_i}{n \sum x_i^2 - (\sum x_i)^2}, \text{截距} \\ b = \dfrac{n \sum x_i y_i - \sum x_i \sum y_i}{n \sum x_i^2 - (\sum x_i)^2}, \text{斜率} \end{cases} \tag{2.5-5}$$

实际计算时，也可以先计算出 b 值，再利用 b 计算 a 值，即：

$$\begin{cases} b = \dfrac{n \sum x_i y_i - \sum x_i \sum y_i}{n \sum x_i^2 - (\sum x_i)^2} \\ a = \dfrac{\sum y_i - b \sum x_i}{n} \end{cases} \tag{2.5-6}$$

所以，对于有明确预想模型形式的最小二乘法，应用时只需计算因变量（即偏差的平方和）对自变量（即模型各参数）的偏导数，并令这些偏导数为零，求解得到的方程组，就能得到预想模型。预想模型形式除直线模型（一元线性形式）外，还可以是一元非线性、多元线性、多元非线性等多种形式。

2.5.2 经变换的最小二乘

在理论上最小二乘准则很易应用，但在实践上可能是有困难的。例如，用最小二乘准则拟合模型 $y = Ae^{Bx}$。研究模型的最小二乘估计 $f(x) = ae^{bx}$，应该极小化

$$S = \sum_{i=1}^{n} \left[y_i - f(x_i) \right]^2 = \sum_{i=1}^{n} (y_i - ae^{bx_i})^2 \tag{2.5-7}$$

其必要条件是 $\partial S/\partial a = \partial S/\partial b = 0$。列出像式（2.5-3）性质的条件式，求解这个非线性方程组是不容易的。许多形式简单的模型会产生很复杂的求解过程，或者很难求解的方程组。这种情况下，不妨使用变换，得出近似的最小二乘模型。

如果找到一种方便的变换，使问题转化成因变量 Y 与自变量 X 间采用 $Y = A + BX$ 的形式，那么式（2.5-4）便可用来为变换后的变量拟合一条直线。

以已知数据为 $(x_i, y_i), (i = 1, 2, \cdots, m)$ 拟合幂曲线 $y = Ax^N$ 为例。用 $y = ax^n$ 作为最小二乘估计的模型，两边取对数得

$$\ln y = \ln a + n \ln x \tag{2.5-8}$$

则因变量 $\ln y$ 对自变量 $\ln x$ 构成直线关系，$\ln a$ 为截距、n 为直线斜率。用变换后的变量及已知数据点，仿照方程式（2.5-5）解出斜率 n 和截距 $\ln a$，有

$$\begin{cases} \ln a = \dfrac{\sum (\ln x_i)^2 \sum (\ln y_i) - \sum (\ln x_i \ln y_i) \sum \ln x_i}{m \sum (\ln x_i)^2 - (\sum \ln x_i)^2} \\[3mm] n = \dfrac{m \sum (\ln x_i \ln y_i) - (\sum \ln x_i)(\sum \ln y_i)}{m \sum (\ln x_i)^2 - (\sum \ln x_i)^2} \end{cases} \tag{2.5-9}$$

下面对比同一问题的两种最小二乘（直接最小二乘拟合与经变换的拟合）策略及结果。

【例 2.5-1】 针对表 2.5-1 已知数据，拟合预测模型 $y = Ax^N$（$N = 2$），并预测 $x = 2.25$ 时的值。

表 2.5-1 拟合 $y = Ax^N$ 的数据集

x	0.5	1.0	1.5	2.0	2.5
y	0.7	3.4	7.2	12.4	20.1

解法 1： 采用直接最小二乘。

当 N 为固定值时，容易直接应用最小二乘法。用 $f(x) = ax^n$ 作为 $y = Ax^N$ 的最小二乘法估计，应该要求极小化

$$S = \sum_{i=1}^{5} \left[y_i - f(x_i) \right]^2 = \sum_{i=1}^{5} (y_i - ax_i^n)^2 \tag{2.5-10}$$

其必要条件为：

$$\frac{\partial S}{\partial a} = -2\sum_{i=1}^{5} x_i^n(y_i - ax_i^n) = 0$$

其中的 n 固定，从中容易解出

$$a = \frac{\sum_{i=1}^{5} x_i^n y_i}{\sum_{i=1}^{5} x_i^{2n}} \qquad\qquad (2.5\text{-}11)$$

$n = 2$ 时，代入已知数据，得到最小二乘法的模型参数 a（取小数点后 4 位，以下同）为：

$$a = \frac{\sum_{i=1}^{5} x_i^2 y_i}{\sum_{i=1}^{5} x_i^4} = \frac{195.0}{61.1875} = 3.1869$$

因此，直接最小二乘模型为：

$$y = 3.1869x^2 \qquad\qquad (2.5\text{-}12)$$

当 $x = 2.25$ 时，代入式（2.5-12）得到的预测值 $y = 16.1337$。

解法 2：采用经变换的最小二乘。

将表 2.5-1 数据代入式（2.5-9），经计算得到 $n = 2.0628$，$\ln a = 1.1266$ 或 $a = 3.0852$。所以，经变换的最小二乘模型为

$$y = 3.0852x^{2.0628} \qquad\qquad (2.5\text{-}13)$$

当 $x = 2.25$ 时，代入式（2.5-13）得到的预测值 $y = 16.4348$。注意，这时的模型不是平方形式。

为对比，对 $y = Ax^2$ 求解经变换的最小二乘模型。用 $y = a_1 x^2$ 作为最小二乘估计的模型，两边取对数，得：

$$\ln y = \ln a_1 + 2\ln x \qquad\qquad (2.5\text{-}14)$$

这是因变量 $\ln y$ 对自变量 $\ln x$ 的直线方程，直线斜率为 2、截距为 $\ln a_1$。对它应用最小二乘法，得到关于截距 $\ln a_1$ 的方程为：

$$2\sum_{i=1}^{5} \ln x_i + 5\ln a_1 = \sum_{i=1}^{5} \ln y_i$$

代入表 2.5-1 数据后，计算得 $\ln a_1 = 1.1432$ 或 $a_1 = 3.1368$，

所以，按预想模型 $y = Ax^2$，求得经变换的最小二乘模型为：

$$y = 3.1368x^2 \qquad\qquad (2.5\text{-}15)$$

当 $x = 2.25$ 时，代入式（2.5-14）后得到的预测值 $y = 15.8801$。

对比结论：对比上述求解结果，可以说明两个事实。第一，如果一个非线性方程，在变换后的变量间呈线性关系，则利用直线模型的最小二乘法，可以求出变换后直线模型的斜率和截距，从而建立已知数据的近似模型。第二，变化后方程的最小二乘拟合与原非线性方程的最小二乘拟合不是同一个，起因是极小化问题的描述公式不同。对原始非线性方程，最小二乘拟合时，极小化原始数据的偏差的平方和；而对变换后的方程，极小化的是变换后变量的偏差平方和。

2.5.3 最小二乘法的通用定义

关于最小二乘法的一般描述是：对给定的一组数据 $(x_i, y_i)(i = 0, 1, \cdots, n)$，要求在

函数空间 $\varphi = span(\varphi_0, \varphi_1, \cdots, \varphi_n)$ 中找一个函数 $y = s^*(x)$，使误差平方和

$$\|\delta\|_2^2 = \sum_{i=0}^{n} \delta_i^2 = \sum_{i=0}^{n} (s^*(x_i) - y_i)^2$$

$$= \min_{s \in \varphi} \sum_{i=0}^{n} (s(x_i) - y_i)^2 \qquad (2.5\text{-}16)$$

式中 $\qquad s(x) = \alpha_0 \varphi_0(x) + \alpha_1 \varphi_1(x) + \cdots + \alpha_p \varphi_p(x) \qquad (p < n) \qquad (2.5\text{-}17)$

用几何的语言说，称为曲线拟合的最小二乘法。$\varphi_0(x), \varphi_1(x), \cdots, \varphi_p(x)$ 为 $s(x)$ 的基函数。

更一般地，可考虑不同数据点的权重，极小化加权平方和，即：

$$\sum_{i=0}^{n} \omega(x_i)(s^*(x_i) - y_i)^2 = \min_{s \in \varphi} \sum_{i=0}^{n} \omega(x_i)(s(x_i) - y_i)^2 \qquad (2.5\text{-}18)$$

式中，$\omega(x_i) \geq 0$ 是权函数，表示不同点 $(x_i, y_i)(i = 0, 1, \cdots, n)$ 处的数据权重不同。例如，$\omega(x_i)$ 可表示在点 (x_i, y_i) 处重复观察的次数。

最小二乘法问题可转化为多元函数

$$I(\alpha_0, \alpha_1, \cdots, \alpha_n) = \sum_{i=0}^{n} \omega(x_i)\left(\sum_{j=0}^{p} \alpha_j \varphi_j(x_i) - y_i\right)^2 \qquad (2.5\text{-}19)$$

的极小点 $I(\alpha_0^*, \alpha_1^*, \cdots, \alpha_n^*)$ 的问题。

要想得到最小二乘解，需要计算因变量 I（即偏差的加权平方和）对函数空间组合的各参数 $\alpha_k (k = 0, 1, \cdots, n)$ 的偏导数，并令这些偏导数为零，求解得到的方程组，即得给定数据集的最小二乘解

$$s^*(x) = \alpha_0^* \varphi_0(x) + \alpha_1^* \varphi_1(x) + \cdots + \alpha_p^* \varphi_p(x) \qquad (2.5\text{-}20)$$

对多项式形式模型的最小二乘求解，可以借助数值算法实现。

2.6 拉格朗日乘数法

拉格朗日乘数法（Lagrange Multiplier Method，也译为拉格朗日乘子法）是"等式约束条件下，目标函数寻优"问题的一种高等数学解法，于 1791 年由法国数学家拉格朗日（Joseph Lagrange）提出。

从数学角度看，拉格朗日乘数法是一种寻找变量受一个或多个条件所限制的多元函数极值的方法。

先以简单的二元函数给出拉格朗日乘数法的定义。设给定二元函数

$$z = f(x, y) \qquad (2.6\text{-}1)$$

其自变量受附加条件 $\qquad \varphi(x, y) = 0 \qquad (2.6\text{-}2)$

的约束，为寻找式（2.6-1）在附加条件式（2.6-2）下的极值点，将条件极值问题转化为函数

$$L(x, y) = f(x, y) + \lambda \varphi(x, y) \qquad (2.6\text{-}3)$$

的平稳点（也称临界点）问题，然后再根据所针对实际问题的特性判断出哪些平稳点是所求的极值的。式（2.6-3）称为拉格朗日函数（可简称 L 函数），其中的实数 λ 称为拉格朗日乘子。而称式（2.6-1）为目标函数、式（2.6-2）为约束等式（或约束条件）。

求 L 函数（2.6-3）分别对 x、y、λ 的偏导并令为零，得方程组

$$
\begin{cases}
\dfrac{\partial L}{\partial x} = 0 \\[2mm]
\dfrac{\partial L}{\partial y} = 0 \\[2mm]
\dfrac{\partial L}{\partial \lambda} = 0
\end{cases}
\tag{2.6-4}
$$

对实际问题，在某一区域内存在极值时，方程组（2.6-4）有唯一解，解此方程组即得极值所在点 $P(x,y,\lambda)$。

式（2.6-3）中，$\partial L / \partial \varphi = \lambda$，当 φ 增加或减少一个单位值时，L 会相应地变化 λ。所以，实际问题中，拉格朗日乘子 λ 可理解为"代表当约束条件变动时，目标函数极值的变化"。

需要说明，方程组（2.6-4）中的第三个方程在许多文献中，直接写成约束等式（2.6-2）；显然，$\partial L / \partial \lambda \equiv \varphi(x,y)$。另外，若约束等式右边不是零，而是

$$
\varphi(x,y) = m
\tag{2.6-5}
$$

时，拉格朗日函数应写成

$$
L(x,y) = f(x,y) + \lambda\big(\varphi(x,y) - m\big)
\tag{2.6-6}
$$

最后，给出拉格朗日乘数法的更普遍形式。以函数

$$
z = f(x_1, x_2, \cdots, x_n)
\tag{2.6-7}
$$

为目标函数，以等式

$$
\varphi_k(x_1, x_2, \cdots, x_n) = 0, \qquad k = 1, 2, \cdots, m, (m < n)
\tag{2.6-8}
$$

为约束等式的极值问题，可转化为求以下拉格朗日函数

$$
L(x_1, x_2, \cdots, x_n; \lambda_1, \lambda_2, \cdots, \lambda_n) = f(x_1, x_2, \cdots, x_n) + \sum_{k=1}^{m} \lambda_k \varphi_k(x_1, x_2, \cdots, x_n)
\tag{2.6-9}
$$

的平稳点问题。之后再分别对各 x_i 及 λ 求 L 函数的偏导并令为零，求解所得方程组，从而找到极值所在位置 $P(x_i, \lambda)$，$i = 1, 2, \cdots, n$。

矿物加工的数学建模与某些特有处理方法的推导中，会用到拉格朗日乘数法。例如，选煤最高产率原则的证明，二产物作业或三产物作业原始数据调整的计算公式推导。

3 拟 合 模 型

拟合模型是经验模型的主要形式，旨在找出被研究对象输出量与输入量之间的数学关系，不考虑矿物加工过程中从输入到输出的内在物理化学机理。建立步骤包括：参照已知数据确定模型形式，利用数学工具估计模型参数，检验并评价模型的可用性等。本章讨论矿物加工数学建模中常涉及的拟合模型的建立方法。

3.1 原始数据准备

原始数据资料在数学模型，尤其是经验模型的建立中至关重要。原始数据是模型与实际问题接轨的重要途径和手段，是建模的重要依据和检验模型的标准。矿物加工工程系统研究的最低要求是具备可观察性，意即能得到被研究系统的可测量的因变量和参数。所以，输入—输出数据是研究矿物加工系统数学建模的基础。

这些数据资料在建立经验模型中的作用表现在三方面。建模初期，数据对构建模型形式给出决定性的提示，是经验模型建立的基础和依据；参数估计时，根据已知数据采用某种方法确定拟合模型中的参数；模型建立后检验模型效果时，可以通过在模型中代入已知自变量，再对比模型计算值与实际观测值的方法检验模型，也可以根据数据在所建立的多个模型中选择最佳模型。

原始数据主要有两种来源。一类是生产实际观测或测量数据。由于实际生产的限制，不能有意识地安排实验，只能收集常规生产记录作为原始数据，称为不可控实验法。这样得到的数据是自然生产过程的反映，其特点是数据真实但不一定完全满足建模需要。另一类是通过主动实验得到的数据。根据建模需要，在实验设计的基础上有意识地进行实验并获取数据，称为可控实验法。以建立模型为目的来安排实验，数据可用性强，其特点是能够通过设计以少量实验获取足够数据，并能简化建模过程，但所建模型不一定能完全适应实际生产的需要。

据有原始数据后，为保证模型的准确性，要对数据进行整理，即对收集来的数据进行检查和判别，舍弃、修正补偿或保留，最大限度保证数据的真实性和精密度、正确度、准确度。对由于粗心、操作失误等过失误差造成的过失数据（坏值），必须剔除。对呈某种规律性变化的系统误差，应通过修正补偿等办法消除或尽可能减小。对随机误差，则要根据误差理论进行判别，舍掉其中的可疑数据，尽量减少。

一般地，测量数据的随机误差服从正态分布，一个实验数据的随机误差出现在 $\pm 3\sigma$ 范围以内的可能性为 99.7%，出现在 $\pm 3\sigma$ 范围以外的概率只有 0.3%。所以可以认为，远于 3σ 的观测值不属于随机误差。采用误差理论判别可疑数据的思路是：在一定的置信概率下，规定一个置信限，若某已知数据的误差超过该限，则认为该数据的误差已经超出随机误差的范围，视为可疑数据，应予以舍弃。常用的判别方法有两种，如拉依达准则

（3σ 准则）、肖维勒准则、t 检验判据、格拉布斯（Grubbs）判据等。

设有 n 个观测数据 $y_i(i=1,2,\cdots,n)$，$\bar{y}$ 是 y_i 的平均值，即：

$$\bar{y} = \frac{1}{N}\sum_{i=1}^{n} y_i \tag{3.1-1}$$

标准差为：

$$\sigma \approx s = \sqrt{\frac{1}{f}\sum_{i=1}^{n}(y_i - \bar{y})^2}$$

式中，自由度

$$f = \begin{cases} n-1 & n \leqslant 20\sim30 \\ n & n > 30 \end{cases} \tag{3.1-2}$$

剩余误差为：

$$g_i = y_i - \bar{y} \tag{3.1-3}$$

采用 3σ 准则，当 $|g_i| > 3\sigma$ 时，y_i 为可疑数据，应该舍掉。注意，剩下的数据应该重新判定，直到 g_i 均小于 3σ 为止。n 值越大，3σ 准则的"弃真"错误概率越低。

t 检验判据为：

$$|g_i| \geqslant K(\alpha,n)s \tag{3.1-4}$$

式中，系数 $K(\alpha,n)$ 的取值可查 t 分布表后按式（3.1-5）计算，注意样本参数 $\bar{y}$ 和 s 计算中不包括可疑数据在内。$n < 30$ 时的取值参见表 3.1-1。

$$K(\alpha,n) = t_{\frac{\alpha}{2}}\sqrt{\frac{n}{n-1}} \tag{3.1-5}$$

表 3.1-1　t 检验判据中系数 $K(\alpha,n)$ 取值

n ＼ α	0.01	0.05	n ＼ α	0.01	0.05	n ＼ α	0.01	0.05
4	11.46	4.97	13	3.23	2.29	22	2.91	2.14
5	6.53	3.56	14	3.17	2.26	23	2.90	2.13
6	5.04	3.04	15	3.12	2.24	24	2.88	2.12
7	4.36	2.78	16	3.08	2.22	25	2.86	2.11
8	3.96	2.62	17	3.04	2.20	26	2.85	2.10
9	3.71	2.51	18	3.01	2.18	27	2.84	2.10
10	3.54	2.43	19	3.00	2.17	28	2.83	2.09
11	3.41	2.37	20	2.95	2.16	29	2.82	2.09
12	3.31	2.33	21	2.93	2.15	30	2.81	2.08

格拉布斯检验的判据为：

$$|g_i| \geqslant \lambda(\alpha,n)s \tag{3.1-6}$$

式中，系数 $\lambda(\alpha,n)$ 的取值参见表 3.1-2。注意样本参数 $\bar{y}$ 和 s 计算中包括可疑数据在内。

实验数据离群值判断的详细规则可参见 GB/T 4883—2008。

需要注意，无论采用哪种方法对可疑数据进行检验，都应该重复进行，直到剩下的全部数据都属正常为止。还要注意，各检验方法的结果不会完全一致，最好同时用几种方法检验。

数学建模中，原始数据的全体也常被称为数据集，是建模的已知条件，一般按自变量的升序进行罗列。

表 3.1-2 格拉布斯判据中的系数 $\lambda(\alpha, n)$ 取值

n \ α	0.01	0.05	n \ α	0.01	0.05	n \ α	0.01	0.05
3	1.15	1.15	12	2.55	2.29	21	2.91	2.58
4	1.49	1.46	13	2.61	2.33	22	2.94	2.60
5	1.75	1.67	14	2.66	2.37	23	2.96	2.62
6	1.94	1.82	15	2.70	2.41	24	2.99	2.64
7	2.10	1.94	16	2.74	2.44	25	3.01	2.66
8	2.22	2.03	17	2.78	2.47	30	3.10	2.74
9	2.32	2.11	18	2.82	2.50	35	3.18	2.81
10	2.41	2.18	19	2.85	2.53	40	3.24	2.87
11	2.48	2.24	20	2.88	2.56	50	3.34	2.96

3.2 模型形式的确定

确定拟合模型的形式，意即明确待建数学模型表达式中因变量与自变量之间的关系式。从建立模型和求解模型的方便性看，希望模型形式简单些，所含参数不要太多；从模型使用的实用性看，希望模型尽可能地反映变量间的真实关系，可能需要选配形式较复杂的表达式来减小拟合误差。所以，确定模型形式的原则为，尽量平衡模型的简单程度与模型的准确度，在保证准确性的前提下，可以选用简单形式的模型；当二者不能兼顾时，要以准确度优先。

3.2.1 确定模型形式的方法

矿物加工中的数学模型，其函数形式往往比较复杂。常见的是一个自变量、一个因变量的一元函数模型，但多数是非线性的。自然也有两个以上自变量的多元函数模型，也基本都是非线性的。确定模型形式时，一般首先调研前人文献，以期从中获得待建模型形式的启发。当然，最重要的，是对建模原始数据的充分而细致的分析。

对于一元函数，按照由简到繁的原则，首先选择一元线性形式的拟合模型；如果不呈线性，则选择可转化为线性关系的一元非线性函数模型；最后选择一元多项式模型形式。对多元函数，同样的，优先选用比较简单的多元线性模型；不满足要求时再选用多元非线性模型形式。

对于两变量间的函数关系，可以按照以下步骤确定模型的形式：

（1）在普通直角坐标上，把准备好的数据集 $(x_i, y_i)(i = 1, 2, \cdots, n)$ 描出来，构成散点图。根据其变化趋势，选择一定形式的拟合模型。如果散点构成的曲线大致呈线性，则选择一元线性函数作为模型形式。

（2）如果非线性明显，则对比常用的一元初等函数，初步选定某种"可转化为线性关系"的一元非线性函数作为拟合模型。再按所选函数形式，对原始数据进行线性化坐标变换，再描出散点图。如果近似于直线，则说明可以采用该种形式的非线性模型。

（3）如果找不到合适的一元初等函数，可以选用一元多项式函数形式的模型。任意平面曲线都可以近似地用一元多项式函数表示，关键是如何确定多项式的次数。在本章3.2.3节会介绍多项式次数的估算方法。

（4）对于一组数据集，可供选择的模型形式往往有多种，这时可以分别建立这些模型，再比较它们的拟合精度，从中筛选出比较满意的模型形式。

3.2.2　常用的一元初等函数模型

为叙述方便，下面列举几种建模常用的一元初等函数，并给出其图形及线性化转换公式。这些非线性初等函数经过简单坐标变换后，能转换为线性函数。之后就可以借助线性形式间接计算模型参数，简化建模过程。

（1）指数函数。

1）第一种形式：$y = ae^{bx}$，其变化趋势如图3.2-1所示。变换过程如下：

首先两边取对数，得：

$$\ln y = \ln a + bx$$

令　　　　　　　$V = \ln y, \quad U = x, \quad C = b, \quad D = \ln a$

则　　　　　　　　　　　　$V = D + CU$

2）第二种形式：$y = ae^{\frac{b}{x}}$，其变化趋势如图3.2-2所示。变换过程如下：

首先两边取对数，得：

$$\ln y = \ln a + b/x$$

令　　　　　　$V = \ln y, \quad U = 1/x, \quad C = b, \quad D = \ln a$

则　　　　　　　　　　　　$V = D + CU$

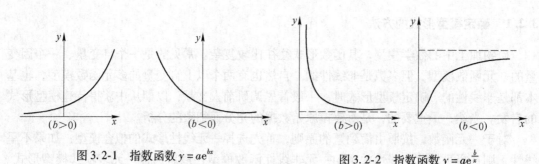

图3.2-1　指数函数 $y = ae^{bx}$　　　　　　　图3.2-2　指数函数 $y = ae^{\frac{b}{x}}$

3）第三种形式：$y = 100e^{-ax^b}$，即粒度特性的洛辛－拉姆勒公式。其变化趋势如图3.2-3所示。变换过程如下：

等式两边除100后取对数，得：　　　$\ln \dfrac{100}{y} = ax^b$

再取对数，得：　　　　　　　　$\ln\ln \dfrac{100}{y} = \ln a + b\ln x$

令　　　　　　$V = \ln\ln \dfrac{100}{y}, \quad U = \ln x, \quad C = b, \quad D = \ln a$

则　　　　　　　　　　　　$V = D + CU$

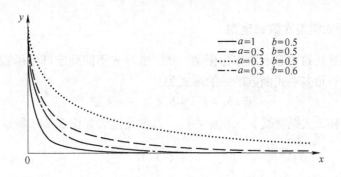

图 3.2-3　指数函数 $y = 100\mathrm{e}^{-ax^b}$ （$a > 0$）

（2）幂函数。函数形式为 $y = ax^b$，变化趋势如图 3.2-4 所示。变换过程如下：

首先两边取对数，得：

$$\ln y = \ln a + b\ln x$$

令　　　　　　　　$V = \ln y, \quad U = \ln x, \quad C = b, \quad D = \ln a$

则　　　　　　　　$V = D + CU$

（3）半对数函数。函数形式为 $y = a + b\lg x$，变化趋势如图 3.2-5 所示。变换过程如下：

令　　　　　　　　$V = y, \quad U = \lg x, \quad C = b, \quad D = a$

则　　　　　　　　$V = D + CU$

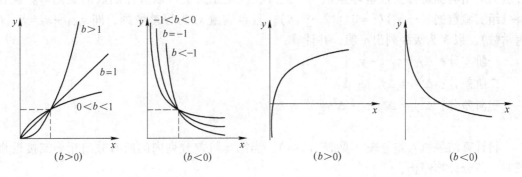

　　　　　　（$b > 0$）　　　　　　（$b < 0$）　　　　　　（$b > 0$）　　　　　　（$b < 0$）

图 3.2-4　幂函数 $y = ax^b$　　　　　　图 3.2-5　半对数函数 $y = a + b\lg x$

（4）S 型函数。函数形式为 $y = \dfrac{1}{a + b\mathrm{e}^{-x}}$，变

化趋势如图 3.2-6 所示。变换过程如下：

首先，化成　$\dfrac{1}{y} = a + b\mathrm{e}^{-x}$

令　$V = 1/y, \quad U = \mathrm{e}^{-x}, \quad C = b, \quad D = a$

则　　　　$V = D + CU$

此外，正切函数、双曲正切等三角函数与双曲函数及其反函数都是 S 型函数，但作为拟合模型时，要进行坐标平移等更复杂的变换，所以没有归在此处。

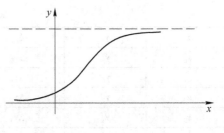

图 3.2-6　S 型函数 $y = \dfrac{1}{a + b\mathrm{e}^{-x}}$

3.2.3　一元多项式模型次数的确定

若无法找到满意的初等函数作为模型形式，或事先不能确定模型函数的类型，可以采用多项式函数。一元多项式函数的一般形式为：

$$y = b_0 + b_1 x + b_2 x^2 + \cdots + b_p x^p \tag{3.2-1}$$

其中常用的有二次抛物线、三次抛物线，其变化趋势如图 3.2-7 所示。

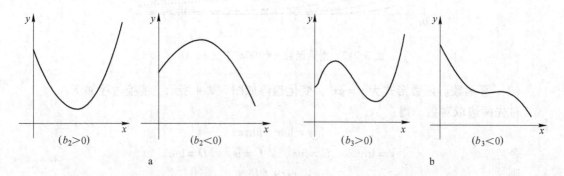

图 3.2-7　一元二次多项式与一元三次多项式函数的曲线趋势

a—函数式 $y = b_0 + b_1 x + b_2 x^2$；b—函数式 $y = b_0 + b_1 x + b_2 x^2 + b_3 x^3$

多项式的次数 P（即多项式中各项的最高次数）可用差分判别法判定。但要注意差分法的适用前提是自变量呈等差数列。差分在一定意义上可以看作函数的变化率。设有 $n+1$ 组实验数据 $(x_i, y_i)(i = 0, 1, 2, \cdots, n)$，且自变量 x_i 为等差数列，即 $x_{i+1} - x_i = h$（h 为常数）。以 h 为级距列出 y 值，并计算：

一阶差分：$\Delta y_i = y_{i+1} - y_i$

二阶差分：$\Delta^2 y_i = \Delta y_{i+1} - \Delta y_i$

三阶差分：$\Delta^3 y_i = \Delta^2 y_{i+1} - \Delta^2 y_i$

$$\vdots$$

将计算结果填入差分表（见表 3.2-1）。当第 n 阶差分列内的所有数值相等或接近相等时，差分计算停止。

差分判别的原则为：当 n 阶差分为常数、$n+1$ 阶差分为零时，可以确定多项式的次数为 n。

表 3.2-1　差分表

x_i	y_i	Δy_i	$\Delta^2 y_i$	$\Delta^3 y_i$	$\cdots$
x_0	y_0	Δy_0	$\Delta^2 y_0$	$\Delta^3 y_0$	$\vdots$
x_1	y_1	Δy_1	$\Delta^2 y_1$	$\Delta^3 y_1$	$\vdots$
x_2	y_2	Δy_2	$\Delta^2 y_2$	$\Delta^3 y_2$	$\vdots$
x_3	y_3	Δy_3	$\Delta^2 y_3$	$\vdots$	$\vdots$
x_4	y_4	Δy_4	$\vdots$	$\vdots$	$\vdots$
x_5	y_5	$\vdots$	$\vdots$	$\vdots$	$\vdots$
$\vdots$	$\vdots$	$\vdots$	$\vdots$		

若原始数据中 x_i 不是等差数列，则可以用插值法或手工作图法（把原始数据连成光滑曲线再等间距估算取点）得到满足差分判别法使用条件的数据。

注意，在进行差分判别前需要特别注意原始数据的准确性。从上述差分判别计算过程可以看出，某个 y 值的误差会一步步传递到下轮差分计算中，使准确性越来越差。

【例 3.2-1】 某选煤厂精煤灰分与吨原煤产值数据见表 3.2-2，试求多项式拟合模型的次数。

表 3.2-2 某厂精煤灰分与吨原煤产值

精煤灰分 /%	9.00	9.50	10.00	10.50	11.00	11.50	12.00
吨原煤产值/元·吨$^{-1}$	33.5	34.8	35.7	36.1	36.1	35.6	34.5

解： 计算上述原始数据的一阶差分、二阶差分、三阶差分，结果填入表 3.2-3。

表 3.2-3 差分计算结果

精煤灰分 A	产值 C	ΔC	$\Delta^2 C$	$\Delta^3 C$
9.00	33.5	1.3	−0.4	−0.1
9.50	34.8	0.9	−0.5	+0.1
10.00	35.7	0.4	−0.4	−0.1
10.50	36.1	0.0	−0.4	+0.1
11.00	36.1	−0.5	−0.4	
11.50	35.6	−0.9		
12.00	34.5			

从表 3.2-3 可知，二阶差分接近相等，三阶差分趋近于 0，所以可以确定拟合公式的次数为 2，即选用二次多项式拟合模型 $C = b_0 + b_1 A + b_2 A^2$。

3.2.4 多元模型的确定

当一项指标受两种以上因素影响时，要用多元函数表达变量之间的关系，所建模型称为多元模型。

因变量 y 与多个自变量 x_i（$i = 1, 2, \cdots, p$）之间呈比例关系，可选择多元线性函数作为模型，称为多元线性模型。多元线性模型一般形式为：

$$y = b_0 + b_1 x_1 + b_2 x_2 + \cdots + b_p x_p \tag{3.2-2}$$

式中，b_0，b_1，$\cdots$，b_p 为模型参数。

多元线性模型中自变量的个数由影响因素个数决定，同时可以通过各自变量系数的大小判断该因素对因变量的影响程度。

因变量 y 与多个自变量 x_i（$i = 1, 2, \cdots, p$）之间呈非线性关系，可选择多元非线性函数作为模型，称为多元非线性模型。其中常用多元二次函数与多元三次函数，更高次数的函数很少使用。二元二次模型的一般形式为：

$$y = b_0 + b_1 x_1 + b_2 x_2 + b_3 x_1^2 + b_4 x_1 x_2 + b_5 x_2^2 \tag{3.2-3}$$

多元非线性模型可以转化为多元线性模型（逐项变量代换），之后再利用逐步增元或逐步降元等方法求解，最终确定自变量的最高次数。也可根据经验指定一个较高的次数，直接用非线性回归方法求解。

3.2.5　矿物加工中常用曲线的拟合模型

矿物加工过程中，有四类最常使用的曲线，即：

（1）粒度特性曲线和可选性曲线。曲线趋势为单调下降，一般可以选配幂函数或指数函数等形式。

（2）分配曲线。形状近似于 S 型曲线，可以选用 S 型函数。

（3）速率方程。如浮选速率、筛分速率，曲线趋势为单调上升，并逐渐趋向于某一数值，可选配指数函数或对数函数。

（4）效率曲线。例如，精煤灰分、吨煤（或某生产部门的）利润曲线，曲线特点为一般都有一个极值，可以选配二次抛物线函数。

一个模型往往可以选配几种函数形式，这时，可以通过计算，进行比较，选择一个最逼近的函数形式。例如，选煤分配曲线，可以采用下列多种 S 型函数作为模型形式

$$y = \frac{100}{a + be^{-x}} \tag{3.2-4}$$

$$y = \frac{100}{1 + e^{-a(x-b)}} \quad （\text{Logistic 函数}） \tag{3.2-5}$$

$$y = \frac{100}{1 + e^{-a(x-b)}} + c \quad （\text{改进的 Logistic 函数}） \tag{3.2-6}$$

式中，a，b，c 为模型参数。

通过一定的数值方法，利用程序/算法求解模型参数，由计算机程序实施计算，建模过程的主要任务不再是繁复的计算工作，在短时间内可以完成很大的计算工作量，所以有可能选用参数个数多且拟合效果好的函数形式作为拟合模型。譬如，矿物加工建模实际中，通过在前述"由散点图比对预设函数曲线走势来确定模型形式"的基础上，设置更多参数（及其多种取值）来调整预设函数的曲线形状，使其更贴合实验数据的散点图形，从而得到更好拟合效果的模型。例如，选煤分配曲线有多种复杂形式的拟合模型形式，即是得益于数值建模方法。

3.3　用回归分析做模型参数估计

同人类社会生活和一切生产活动一样，矿物加工中同样存在两类不同的变量关系。一类是确定性关系。例如，药剂浓度，一定量的矿浆中按比例加入某固定量药剂（如起泡剂），只要矿浆体积 V 与药剂体积 v 的测量满足精度，便能得到确定体积浓度 c 的含药剂矿浆，这时，$c = v/V$，v、V 与 c 之间是完全确定的定量关系。另一类是非确定性关系，又称相关关系，表现为在自变量的一种规定取值条件下，对应的因变量的取值并非完全确定，用普通的函数关系无法表达，即因变量与自变量有关系，但又在一定的范围内波动，服从某种统计规律，是一个随机变量。例如，煤的密度与灰分间存在着相关关系，密度增加则灰分增加，但相同密度的煤其灰分值一般不同。

变量之间为什么存在相关关系呢？首先，实际事务必然是复杂的，影响因素很多，由

于人类认识的限制，有时只是抓住了几个影响因素，而其他有影响的因素还没有认识到或还不能控制，或者认为这些因素影响较小而被忽视。在这种情况下，目前认识的因素（自变量）与因变量之间就表现为非确定性的相关关系。例如，煤密度和灰分的关系，密度在很大程度上影响煤的灰分，但还有一些目前无法认识的因素也在影响着灰分，目前技术又无法/无从识别，无奈只能按相关关系看待。又如，矿物的分选，进入分选机的散状物料，目前还没有足够理论和技术去分辨单个矿物颗粒在分选流场中的完整行为，哪些颗粒去往精矿，哪些颗粒去往尾矿，无法逐颗粒分析，只能结合概率论来分析和预测整体矿流的分选去向。其次，变量之间本来存在着确定性关系，但是由于测量误差或周围环境因素的干扰，人类测得的数据之间就不会有完全的确定关系。例如，矿物加工中所有物理量的测量值都会包含随机误差，通过提高测量仪器的精度使测量过程尽可能地客观化，对实验所得数据进行细致科学地整理和处理，才能最大限度地减小这种测量数据的随机误差，但却永远不能消除这种随机误差。

回归分析是一种处理变量间相关关系的数理统计方法，有助于人们从自变量取得的值去估计因变量的取值（称为预报），或寻找取得某因变量的自变量取值范围（称为控制）。回归分析的理论基础是随机变量的分布规律，即概率论，本书2.1节有基本介绍。

回归分析中，可能有两类相关关系：一类情况是自变量与因变量都是随机变量；另一类情况是既含有随机变量也含有确定性变量。从矿物加工实际应用出发，本书限定于讨论"自变量为确定变量，因变量为随机变量"的相关关系。

回归分析在数据处理、曲线拟合、建立经验公式以及各种预报问题中都有广泛的应用。但随着其应用领域的不同，计算重点也不同。回归分析主要解决以下几方面的问题：

（1）确定几个变量之间是否存在相关关系；如果存在，找出其定量关系式并且确定关系式中的参数。建立经验公式、曲线拟合就是这样，分析重点是关系式及其参数。

（2）对关系式的可信程度进行统计检验。

（3）进行因素分析，分析在影响因变量的多个自变量中，哪些是影响显著的因素（主要因素），并在一定条件下剔除影响不显著因素。

（4）根据一个或几个变量的值，预报（预测）或控制另一个变量的值，并且要分析这种预报或控制所能达到的精度。数据处理一般不进行这种角度的分析。

矿物加工过程中研究的许多量都有多个影响因素，其中的关系或非常复杂或受实验误差、测量误差影响，变量间呈相关关系，很适合采用回归分析方法。用回归分析方法建立的模型也称为回归模型（或回归方程）。建立过程可以分为以下几步：

（1）确定模型关系式。根据实验数据，确定相关关系，找出初步的模型关系式（包括确定模型参数）。

（2）检验模型的显著性。通过统计检验，分析所拟定相关关系的可信程度。

（3）分析模型的预报精度。建立数学模型的目的是为了预测实验测量点外自变量的其他取值（称为未测点）对应的因变量的取值情况，因此需要借助数理统计分析所建回归模型的预报精度。另外，若建立了多种形式的模型，则可以通过估计回归方程的精度，选择最逼近实测数据的模型。

（4）多元模型中不同自变量的显著性检验。对于一项指标（因变量），若存在多个影响因素，则需要判断各因素的显著性，剔除影响不显著的自变量，以简化所建回归模型。

本节讨论一元线性回归、一元非线性回归及多元线性回归。

3.3.1　一元线性回归模型

一元线性回归是处理两个变量间线性相关关系的数理统计方法。

设变量 x 与 y 之间线性相关，对 x 与 y 进行了 n 次试验，得到数据集 (x_i, y_i)，$i = 1$，$2, \cdots, n$，两变量之间的线性关系表示为：

$$y_i = a + bx_i + \varepsilon_i \tag{3.3-1}$$

式中，a 与 b 为未知参数；ε 为零均值的随机变量；x 为普通自变量（确定量），如有随机性，则归入 ε，y 为随机变量。

若通过回归分析得到 a，b 的估计为 $\hat{a}$，$\hat{b}$，则对于给定的 x，$a + bx$ 的估计为 $\hat{a} + \hat{b}x$，记做 $\hat{y}$。方程

$$\hat{y} = \hat{a} + \hat{b}x \tag{3.3-2}$$

称为 y 对 x 的线性回归方程，$\hat{b}$ 称为回归系数，$\hat{a}$ 为常数项，$\hat{y}$ 称为回归值。线性回归方程的图形称为回归直线。

前面已经介绍回归模型的建立过程，而一元模型不需要进行自变量的显著性检验。下面依照回归模型建立的头三个步骤的顺序进行讨论。

3.3.1.1　回归系数的确定

估计回归方程式（3.3-2）中的 $\hat{a}$ 和 $\hat{b}$，数理统计中采用的是最大似然估计法。也可以采用本书 2.5 节介绍的最小二乘法，两种方法导出的计算公式相同（都是式（3.3-10））。这里结合 2.5 节介绍的最小二乘法展开讨论。

采用最小二乘法推导 $\hat{a}$ 和 $\hat{b}$ 的计算公式，需要令

$$Q(\hat{a}, \hat{b}) = \sum_{i=1}^{n} \varepsilon_i^2 = \sum_{i=1}^{n} (y_i - \hat{y}_i)^2 = \sum_{i=1}^{n} (y_i - (\hat{a} + \hat{b}x_i))^2 = \text{Min} \tag{3.3-3}$$

该 Q 函数可以描述全部试验值与回归直线的偏离程度。最小二乘法得到的回归直线和试验点的偏差是一切直线中最小的。

按照本书 2.5.1 节所介绍最小二乘法的应用过程，容易得到以 $\hat{a}$ 和 $\hat{b}$ 为未知数的方程组

$$\begin{cases} \sum \hat{a} + (\sum x_i)\hat{b} = \sum y_i \\ (\sum x_i)\hat{a} + (\sum x_i^2)\hat{b} = \sum x_i y_i \end{cases} \quad (\sum \text{代表对 } i \text{ 从 1 到 } n \text{ 的求和}) \tag{3.3-4}$$

由于 x_i 不全相同，其系数行列式不等于零，该正规方程组有唯一的一组解。可采用消元法或克莱默（Cramer）法则求解。

记

$$\bar{x} = \frac{1}{n} \sum x_i \tag{3.3-5}$$

$$\bar{y} = \frac{1}{n} \sum y_i \tag{3.3-6}$$

$$l_{xx} = \sum (x_i - \bar{x})^2 = \sum x_i^2 - n\bar{x}^2 \tag{3.3-7}$$

$$l_{xy} = \sum (x_i - \bar{x})(y_i - \bar{y}) = \sum x_i y_i - n\bar{x}\,\bar{y} \tag{3.3-8}$$

$$l_{yy} = \sum (y_i - \bar{y})^2 = \sum y_i^2 - n\bar{y}^2 \tag{3.3-9}$$

则，方程组（3.3-4）的解为：

$$\begin{cases} \hat{a} = \overline{y} - \hat{b}\overline{x} \\ \hat{b} = \dfrac{\sum x_i y_i - n\overline{x}\,\overline{y}}{\sum x_i^2 - n\overline{x}^2} = \dfrac{l_{xy}}{l_{xx}} \end{cases} \tag{3.3-10}$$

3.3.1.2　线性假设的显著性检验

对任意一组已知数据，形式上都可以按上述方法得到一个线性回归方程。但是，这样建立的回归方程是否有意义，x 对 y 是否有影响、并且呈线性，还需要进行统计检验。意即对假设 H_0：$b = 0$ 进行显著性检验。常数项 $\hat{a}$ 取什么值，是无关紧要的。

这里用方差分析的方法进行检验。意即，通过方差分析，研究 x 因素对 y 结果的影响是否显著（其他因素不变或控制在一定范围内）。

因变量 y_i 间差异的产生，有两方面原因：一是自变量 x 取值的不同；二是除去 x 对 y 的线性影响之外的其他各种原因，包括 x 对 y 的非线性影响、实验误差及未加观测的其他因素。为对数据集 (x_i, y_i) 的线性回归进行检验，必须将上述两方面原因造成的结果分离开来。变量 y 的 n 个观测值 y_l 与其算术平均值 $\overline{y}$ 的偏差和，反映了 n 次实验值之间的差异，称为总的偏差平方和，即

$$\sum\nolimits_{\text{总}} = l_{yy} = \sum (y_i - \overline{y})^2 \tag{3.3-11}$$

变形，得

$$\sum\nolimits_{\text{总}} = \sum (y_i - \overline{y})^2 = \sum ((y_i - \hat{y}_i) + (\hat{y}_i - \overline{y}))^2$$

$$= \sum (y_i - \hat{y}_i)^2 + \sum (\hat{y}_i - \overline{y})^2 + 2\sum ((y_i - \hat{y}_i)(\hat{y}_i - \overline{y}))$$

对于其中的交叉项，有

$$\sum ((y_i - \hat{y}_i)(\hat{y}_i - \overline{y}))$$

$$= \sum ((y_i - \hat{y}_i)(\hat{a} + \hat{b}x_i - \overline{y}))$$

$$= (\hat{a} - \overline{y})\sum (y_i - \hat{y}_i) + \hat{b}\sum ((y_i - \hat{y}_i)x_i)$$

$$= 0$$

其和为 0 的原因是由式(3.3-3)列出 Q 对 $\hat{a}$、$\hat{b}$ 的偏导数并令等于零(类似式(2.5-3))可得：

$$\sum_{i=1}^{n} (y_i - \hat{y}) = 0, \quad \sum_{i=1}^{n} (y_i - \hat{y})x_i = 0$$

所以

$$\sum\nolimits_{\text{总}} = \sum (y_i - \hat{y}_i)^2 + \sum (\hat{y}_i - \overline{y})^2 = l_{yy} \tag{3.3-12}$$

式 (3.3-12) 中，第 2 项 $\sum (\hat{y}_i - \overline{y})^2$ 表示由变量 x 的不同取值引起的回归偏差的平方和，记为 $\sum\nolimits_{\text{回}}$；第 1 项 $\sum (y_i - \hat{y}_i)^2$ 即最小二乘中的 $Q(\hat{a}, \hat{b})$，由随机项 ε 引起，即除了 x 对 y 的线性影响之外的其他剩余因素造成的偏差的平方和，记为 $\sum\nolimits_{\text{剩}}$。

因此有

$$\sum\nolimits_{\text{总}} = \sum (y_i - \hat{y}_i)^2 + \sum (\hat{y}_i - \overline{y})^2 = \sum\nolimits_{\text{剩}} + \sum\nolimits_{\text{回}} \tag{3.3-13}$$

这样，把总偏差平方和 $\sum\nolimits_{\text{总}}$ 分解为 $\sum\nolimits_{\text{剩}}$ 和 $\sum\nolimits_{\text{回}}$ 两部分。$\sum\nolimits_{\text{回}}$ 表示了在 y 的总的偏差中因 x 和 y 的线性关系而引起的 y 变化的大小。$\sum\nolimits_{\text{剩}}$ 表示了在 y 的总的偏差中除了 x 对 y 线性影响之外的其他因素引起的 y 变化的大小。回归分析的要求是使 $\sum\nolimits_{\text{剩}}$ 最小。

显然，在 $\sum\nolimits_{\text{总}}$ 一定的条件下，$\sum\nolimits_{\text{剩}}$ 越小，$\sum\nolimits_{\text{回}}$ 越大，变量 x 与 y 之间的线性关系越密切。$\sum\nolimits_{\text{剩}}$ 越小，$\sum\nolimits_{\text{回}}$ 越接近 $\sum\nolimits_{\text{总}}$，$\sum\nolimits_{\text{回}}$ 与 $\sum\nolimits_{\text{总}}$ 的比值越接近于 1。反之，$\sum\nolimits_{\text{剩}}$ 越大，$\sum\nolimits_{\text{回}}$ 与 $\sum\nolimits_{\text{总}}$ 的比值越小，甚至接近零。所以，可以构造统计量 $\sum\nolimits_{\text{回}}/\sum\nolimits_{\text{总}}$ 来检验变量 x 与 y 间的线性关系。令

$$R^2 = \frac{\sum\nolimits_{\text{回}}}{\sum\nolimits_{\text{总}}} \tag{3.3-14}$$

由于

$$\sum_{回} = \sum (\hat{y}_i - \overline{y})^2$$
$$= \sum ((\hat{a} + \hat{b}x_i) - (\hat{a} + \hat{b}\overline{x}))^2$$
$$= \hat{b}^2 \sum (x_i - \overline{x})^2 \text{（因由式（3.3-14）可得 } l_{xy} = \hat{b}l_{xx}\text{）}$$
$$= \hat{b}^2 l_{xx}$$
$$= \hat{b}l_{xy}$$

所以

$$R^2 = \frac{\hat{b} \cdot l_{xy}}{\sum_{总}} = \frac{l_{xy}}{l_{xx}} \cdot \frac{l_{xy}}{\sum_{总}} = \frac{l_{xy}}{l_{xx}} \cdot \frac{l_{xy}}{l_{yy}} = \frac{l_{xy}^2}{l_{xx} \cdot l_{yy}}$$

或

$$R = \frac{l_{xy}}{\sqrt{l_{xx} \cdot l_{yy}}} \qquad (3.3\text{-}15)$$

R 称为线性回归方程的相关系数。显然，R 的正负由 l_{xy} 决定，而 l_{xy} 与 $\hat{b}$ 同号。所以，当 $R > 0$，则 $\hat{b} > 0$，y 随 x 增加而增加，称为正相关；当 $R < 0$，y 随 x 增加而减小，称为负相关。

根据 R 判断 x 与 y 之间线性关系的方法为：$|R|$ 接近 1，表明 x 与 y 之间的线性关系密切；$|R| = 1$，表明 x 与 y 之间有确定性的线性关系；$|R| = 0$，表明 x 与 y 之间无线性关系，这时，有三种可能：没有关系或有非线性关系或还有另外的影响因素。

用相关系数进行回归方程显著性检验的具体方法为：给定置信水平 α，如 $\alpha = 0.05$，查 R 检验表。查表时，对一元回归方程，变量个数取 2，自由度取"数据组数减变量个数"（如数据组数为 10，则自由度为 8）。查表得到相关系数的起码值 R_α，只有按式（3.3-15）求出的 R 大于 R_α 时，才能拒绝前述假设 H_0：$b = 0$，意即线性回归方程有意义。否则，求得的线性回归方程没有实际意义。

相关系数 R 表见附录 4。

当然，回归方程的显著性检验也可采用 F 检验法，同样可以比较 $\sum_{回}$ 与 $\sum_{剩}$。此时，需构造统计量

$$F = \frac{\sum_{回}/n_{回}}{\sum_{剩}/n_{剩}} \qquad (3.3\text{-}16)$$

式中，$n_{回}$ 为回归平方和的自由度，此处，$n_{回} = 1$；$n_{剩}$ 为剩余平方和的自由度，$n_{剩} = n_{总} - n_{回}$，而总平方和的自由度 $n_{总} = n - 1$（n 为实验数据组数），所以，$n_{剩} = (n - 1) - 1 = n - 2$。将自由度取值代入式（3.3-16），得：

$$F = \frac{\sum_{回}}{\sum_{剩}/(n - 2)} \qquad (3.3\text{-}17)$$

同样，给定显著性水平 α，查表得 F_α，若计算值 $F > F_\alpha$，则拒绝假设 H_0，x 与 y 之间存在线性关系，回归方程有意义。否则无意义，此时，存在三种可能：x 对 y 无任何影响；有影响但不是线性的；除 x 之外，还有另外的因素对 y 有影响，数据集的模型需要进一步研究。

3.3.1.3　回归模型的精度

当回归方程显著时，就可利用该方程进行预报和控制。对一元线性回归问题，预报具体指给定未测点 $x = x_0$，通过回归方程求得回归值 $\hat{y}_0$，作为对真实值 y_0（用实测值代表）的一种预言，$\hat{y}_0$ 的偏差在怎样小的范围内（如图 3.3-1a 所示）。控制是预报的反问题，

即给定因变量的值 y_0（因为是随机量，不妨用范围 $[y_1, y_2]$ 表示），求 x 应取何值（在何种范围内取值）代入回归方程计算出的 $\hat{y}$ 才能限于 y_0 的这个范围（如图 3.3-1b 所示）。预报与控制都由回归方程的精度决定，所以要对回归方程进行精度检验。

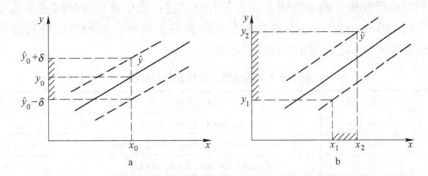

图 3.3-1 回归模型中预报与控制的含义
a—预报的区间估计；b—控制的区间估计

根据前面的假设，x 为确定量，y 与回归值 $\hat{y}$ 均为服从正态分布的随机量，剩余偏差平方和 $\sum_{剩}$ 反映了 x 之外的其他因素所造成的偏差。而对一元线性回归，$\sum_{剩}$ 的自由度为 $(n-2)$，所以构造统计量 S 来估计 $\hat{y}$ 随机波动的大小。S 的计算公式为：

$$S = \sqrt{\frac{\sum_{剩}}{n-2}} = \sqrt{\frac{\sum(y_i - \hat{y}_i)^2}{n-2}} \tag{3.3-18}$$

式中，$\sum_{剩}/(n-2)$ 项正好是 F 的分母，称为剩余方差，即 S^2。S 称为剩余标准差，与 y 的单位相同，可作为回归值 $\hat{y}$ 正态分布的标准差 σ 的估计值，即：

$$\hat{\sigma} = S$$

对确定的 x_0，y_0 以 $\hat{y}_0$ 为中心按正态分布规律波动，即 $y_0 - \hat{y}_0 \sim N(0, \sigma^2)$。用 S 来估计正态分布参数 σ。y_0 与 σ 之间即 y_0 与 S 之间，有如下关系：

观察值 y_0 落在 $\hat{y}_0 \pm 0.5S$ 区间的概率为 0.38；

观察值 y_0 落在 $\hat{y}_0 \pm S$ 区间的概率为 0.6827；

观察值 y_0 落在 $\hat{y}_0 \pm 2S$ 区间的概率为 0.9545；

观察值 y_0 落在 $\hat{y}_0 \pm 3S$ 区间的概率为 0.9973；

所以 S 值越小，回归模型预报的 $\hat{y}$ 值越接近实测值，预报就越精确。剩余标准差 S 可以作为回归方程预报精度的标志。

必须指出，回归模型预报的适用范围一般仅局限于实验数据集的范围，不能随意外推，因为回归模型仅能反映在实验范围内的统计规律，不见得在其他范围内也能适用。在必须外推应用的情况中，应十分谨慎，并需由实践来检验其预报结果的合理性。

3.3.2 可线性化的一元非线性模型的参数估计

若两个变量之间的回归关系不是线性的，便称为非线性的。矿物加工工程中的两变量关系几乎都是非线性的。这时，为简化模型参数估计的计算，可选用可线性化的非线性模型，利用线性回归方法间接求解非线性模型，称为非线性问题的线性化处理。

结合 3.2.2 节所列一元初等函数，介绍可线性化的非线性模型的参数估计及其检验和预报精度的计算。

为方便，将一元线性模型及 3.2.2 节所列初等函数模型编号，将其线性化和反线性化变换（以下简称反变换）的方法列入表 3.3-1 中（注：表中模型参数略去了表示估计值的头标"^"）。实际使用中，可以根据变量间的关系，选择合适的非线性模型形式；当然，也可选用表 3.3-1 之外的非线性模型形式。

表 3.3-1 函数的线性化及其反变换

模型号 Z	模型公式	线性化变换	反线性化变换
1	$y = a + bx$	$V = y,\ U = x,\ C = b,\ D = a$	$a = D,\ b = C$
2	$y = 100e^{-ax^b}$	$V = \ln\ln(100/y),\ U = \ln x,\ C = b,\ D = \ln a$	$a = e^D,\ b = C$
3	$y = ax^b$	$V = \ln y,\ U = \ln x,\ C = b,\ D = \ln a$	$a = e^D,\ b = C$
4	$y = ae^{bx}$	$V = \ln y,\ U = x,\ C = b,\ D = \ln a$	$a = e^D,\ b = C$
5	$y = ae^{\frac{b}{x}}$	$V = \ln y,\ U = 1/x,\ C = b,\ D = \ln a$	$a = e^D,\ b = C$
6	$y = a + b\lg x$	$V = y,\ U = \lg x,\ C = b,\ D = a$	$a = D,\ b = C$
7	$y = \dfrac{1}{a + be^{-x}}$	$V = 1/y,\ U = e^{-x},\ C = b,\ D = a$	$a = D,\ b = C$
8	$y = ab^x$	$V = \ln y,\ U = x,\ C = \ln b,\ D = \ln a$	$a = e^D,\ b = e^C$

对可线性化的一元非线性模型，其回归参数估计及回归模型的检验方法如下：

（1）根据所选模型函数，进行变量的坐标变换（见表 3.3-1 第 3 列），将非线性方程转换成线性方程。

（2）用线性回归分析方法计算转换后的线性回归方程的回归系数。

（3）进行反变换（见表 3.3-1 第 4 列），将线性回归方程的回归系数转换成非线性方程的回归系数。

（4）计算相关系数（或 F）、剩余平方和及剩余标准差，以评价相关程度和预报精度。

必须注意，用式（3.3-15）计算相关系数（或用式（3.3-17）计算 F 值）时，要分别用 U 与 V 代替变量 x 与 y，这样才能检验线性化后回归方程的显著性。计算 $\sum_{剩}$ 与 S 时，应该用原非线性模型的实验数据（即非线性方程的变量 x 与 y），才能分析原始非线性回归方程的预报精度。

还要注意，线性回归分析是通过"使因变量的剩余偏差平方和最小"的准则来推导参数估计值计算公式的，所以得到的回归方程是原始数据的最优拟合模型。但对于可线性化的非线性回归分析，变量经过了坐标变换，所得模型对按坐标变换后的因变量来说，其剩余偏差平方和最小，例如幂函数模型，是使 $\sum(\ln y_i - \ln\hat{y}_i)^2$ 最小。但对原始非线性模型，不能称为"最优拟合"。所以如果允许，最好选配多个类型的模型并确定参数，然后从中选优，比较 $\sum_{剩}$、S、R，对 $\sum_{剩}$ 和 S，值小者优；对 R，$|R|$ 接近 1 者优。

对非线性模型进行的直接回归计算与对非线性模型线性化后的间接回归计算的结果的对比和分析，可参见本书例 2.5-1。

可以编制通用程序实现可线性化的一元非线性模型的线性回归（作为特例，一元线性回归模型也含在内），程序的粗略流程图如图 3.3-2 所示（注："按 Z 值"代表"根据模型号 Z 的取值"的 8 分支循环，为集中篇幅，有多处略画，请读者自行展开补充），其程序主要部分见附录 1.1，该程序可以对表 3.3-1 中的 8 个模型进行回归计算，其中 1 号模型即为 3.3.1 节介绍的一元线性回归模型。

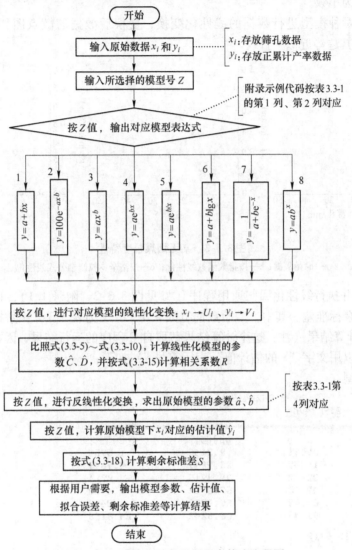

图 3.3-2　线性化回归通用程序简略流程图

【例 3.3-1】　试用线性化回归分析建立某无烟煤的粒度模型。其粒度实验结果见表 3.3-2。

表 3.3-2　某无烟煤的粒度特性

筛孔/mm	50	25	13	6	3	0.5
正累计产率 /%	9.91	18.82	32.32	47.38	63.02	91.44

解：（1）首先描出给定粒度数据的散点图，如图 3.3-3a 所示。其变化趋势呈非线性。

（2）根据散点图的曲线趋势及粒度特性理论知识，选择两种模型形式，即

指数函数 $\qquad y = ae^{bx}$

及洛辛-拉姆勒公式 $\qquad y = 100e^{ax^b}$ （$a < 0$）

式中，x 为筛孔，mm；y 为正累计产率。指数模型的计算结果为百分数，洛辛-拉姆勒公式的计算结果为小数。

分别按这两种模型进行数据的线性化变换，变换后数据的散点图如图 3.3-3b 和图 3.3-3c 所示，其趋势近似于直线。

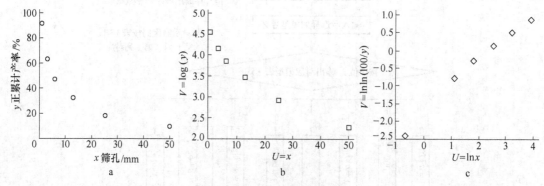

图 3.3-3　某无烟煤粒度特性

a—原始数据；b—按指数函数线性化；c—按洛辛-拉姆勒公式线性化

（3）编写并执行线性化回归通用程序（参见图 3.3-2、附录 1.1），计算模型参数及相关系数与剩余标准差。其中，原始数据组数取 5，x，y 为表 3.3-2 中数据，模型号 Z 分别取 4 和 2。计算结果（注：这个计算结果截取自 C 程序的运行结果，因在 C 程序中，无法用上标，所以用文字"y 的估计值"表示符号 $\hat{y}$）如下：

对 4 号模型

```
a=68.0395        b=-0.0420415
相关系数R=-0.963494
********************************************************
    x             y            y的估计        y-<y的估计>
   50           9.91           8.3146          1.5954
   25          18.82          23.7849         -4.9649
   13          32.32          39.3915         -7.0714
    6          47.38          52.8702         -5.4902
    3          63.02          59.9772          3.0428
  0.5          91.44          66.6242         24.8158
```

标准差为：13.5317

对 2 号模型

```
a=-0.178206        b=0.701533
相关系数R=0.989638
********************************************************
    x             y            y的估计        y-<y的估计>
   50           9.91           6.2531          3.65684
   25          18.82          18.1844          0.63557
   13          32.32          34.0468         -1.72681
    6          47.38          53.4536         -6.07361
    3          63.02          68.0343         -5.01433
  0.5          91.44          89.6209          1.81914
```

标准差为：4.53045

（4）拟合结果分析。本例中数据组数为 6，变量数为 2，自由度应取 4；取 $\alpha = 0.05$，查附录 4 所列相关系数 R 表，得 $R_{0.05} = 0.811$。从计算结果看，所选模型 $|R| > R_{0.05}$ 均成立，表明采用的线性化回归方程有意义。2 号模型比 4 号模型的相关系数更接近于 1 且剩余标准差更小。所以，可以认为对该无烟煤粒度数据，采用洛辛－拉姆勒公式的拟合效果比采用指数函数的拟合效果要好。

对于各种粒度特性的实验数据，读者不妨试算表 3.3-1 所列其他模型。也可试试表 3.3-1 未列出的如下高登－安德列夫粒度特性方程的回归建模

$$100 - y = ax^k$$

式中，x 表示筛孔直径，mm；y 表示筛上产物的累计产率，%；a 和 k 均为模型参数。

3.3.3 一元多项式回归模型

当初等函数中找不到满意的可线性化的非线性函数时，或事先无法确定一元关系的函数形式时，均可以采用多项式函数作为模型形式。而当因变量存在极值，曲线为抛物线形态时，必须用多项式函数来描述变量间的关系。

设针对某一元关系得到 n 组实验数据 $(x_i, y_i), i = 1, 2, \cdots, n$，选用 $p(p < n)$ 次多项式作为拟合模型，即：

$$\hat{y} = \hat{b}_0 + \hat{b}_1 x + \hat{b}_2 x^2 + \cdots + \hat{b}_p x^p \tag{3.3-19}$$

称为一元多项式回归方程（回归模型）。$\hat{b}_0$ 为常数项，$\hat{b}_1$，$\hat{b}_2$，$\cdots$，$\hat{b}_p$ 为回归系数，常数项和回归系数都是回归方程的模型参数。

同样，采用最小二乘法计算其模型参数。模型参数的估计值须使实测值 y_i 与回归值 $\hat{y}_i$ 之间的偏差平方和最小，即：

$$Q(\hat{b}_i) = \sum_{i=1}^{n} (y_i - \hat{y}_i)^2$$

$$= \sum_{i=1}^{n} (y_i - (\hat{b}_0 + \hat{b}_1 x_i + \hat{b}_2 x_i^2 + \cdots + \hat{b}_p x_i^p))^2 = \text{Min} \tag{3.3-20}$$

令 $\partial Q / \partial \hat{b}_j = 0, (j = 0, 1, 2, \cdots, p)$，得到包含 $p + 1$ 个方程的正规方程组

$$\begin{cases} \hat{b}_0 n + \hat{b}_1 \sum x_i + \hat{b}_2 \sum x_i^2 + \cdots + \hat{b}_p \sum x_i^n = \sum y_i \\ \hat{b}_0 \sum x_i + \hat{b}_1 \sum x_i^2 + \hat{b}_2 \sum x_i^3 + \cdots + \hat{b}_p \sum x_i^{n+1} = \sum y_i x_i \\ \vdots \\ \hat{b}_0 \sum x_i^p + \hat{b}_1 \sum x_i^{p+1} + \hat{b}_2 \sum x_i^{p+2} + \cdots + \hat{b}_p \sum x_i^{n+p} = \sum y_i x_i^p \end{cases} \tag{3.3-21}$$

解该方程组即得一元多项式回归模型的参数。

采用矩阵形式表示该正规方程组会更方便。令

$$A = \begin{bmatrix} n & \sum x_i & \sum x_i^2 & \cdots & \sum x_i^n \\ \sum x_i & \sum x_i^2 & \sum x_i^3 & \cdots & \sum x_i^{n+1} \\ \vdots & \vdots & \vdots & & \vdots \\ \sum x_i^p & \sum x_i^{p+1} & \sum x_i^{p+2} & \cdots & \sum x_i^{p+n} \end{bmatrix} \tag{3.3-22}$$

$$b = \begin{bmatrix} \hat{b}_0 \\ \hat{b}_1 \\ \vdots \\ \hat{b}_p \end{bmatrix} \qquad d = \begin{bmatrix} \sum y_i \\ \sum y_i x_i \\ \vdots \\ \sum y_i x_i^p \end{bmatrix} \tag{3.3-23}$$

则，方程组（3.3-21）可写成

$$Ab = d \tag{3.3-24}$$

求解线性方程组的数值方法有两大类：直接法和迭代法。直接法的特点是经过有限次运算就能求出方程组的精确解（注意要满足计算过程没有舍入误差）。直接解法包括顺序高斯消去法、列主元高斯消去法等，参见本书 2.3 节。注意到，该方程组中 A 为对称矩阵，所以也可采用针对对称方程组的数值解法。

自然，方程组（3.3-24）也可以使用逆矩阵求解，即 $b = A^{-1}d$（A^{-1} 指 A 的逆矩阵），这时，矩阵求逆和方程组求解计算均可借助数值算法或数学工具软件（如 MATLAB）。

一元多项式回归模型的统计检验，在 3.3.4 节多元回归模型中介绍。

多项式回归模型中多项式的次数 p 可以用差分判别法确定。若原始数据不满足差分判别法的条件，则可以发挥计算机运算速度快的优势，采用如下搜索算法：规定拟合误差允许值（用 ER 表示）和拟合多项式次数的最高可能值（用 MAX_N 表示，取决于原始数据组数），然后 p 依次取 1 到 MAX_N 进行多轮多项式拟合，寻找满足拟合误差（即 $\max\{|y_i - \hat{y}_i|\} < \text{ER}$ 作为判定条件）的多项式次数。如果找不到满足拟合误差的方程，则取拟合误差最小时的多项式次数作为结果。具体过程参见图 3.3-4，程序可采用具有良好数值稳定性的选主元高斯消去法求解线性方程组。

【例 3.3-2】　针对表 3.3-2 粒度特性数据，利用多项式回归方法建立拟合模型。

解：设，多项式模型允许的拟合误差 ER 为 0.5%，多项式次数的最高可能值 MAX_N 为 5，参照图 3.3-4 编写一元多项式回归程序。运行后，最终选用拟合误差最小时的 p 值 5，即采用一元五次多项式模型

$$y = 99.1935 - 16.4064x + 1.8528x^2 - 0.1097x^3 + 0.0029x^4 - 0.000028x^5$$

此时，最大拟合误差结果为 0.00，剩余标准差结果为 0.00。

其具体计算结果见表 3.3-3 和表 3.3-4，可知，一元四次多项式模型的拟合精度已经高于例 3.3-1 中的洛辛 - 拉姆勒公式和指数模型。从建模角度，模型形式越复杂，模型中的参数个数越多，与数据集诸散点的"贴合"程度就越好，拟合精度越高。

表 3.3-3　一元多项式回归建模过程中不同次数多项式模型的拟合结果

次数	拟　合　模　型	剩余标准差	最大拟合误差
1	$y = 65.9912 - 1.3554x$	18.49	26.13
2	$y = 80.8975 - 4.1937x + 0.0560x^2$	9.56	12.63
3	$y = 90.8455 - 8.3088x + 0.3057x^2 - 0.0034x^3$	4.75	5.38
4	$y = 97.5776 - 13.6764x + 1.0503x^2 - 0.0341x^3 + 0.0003x^4$	0.80	2.08

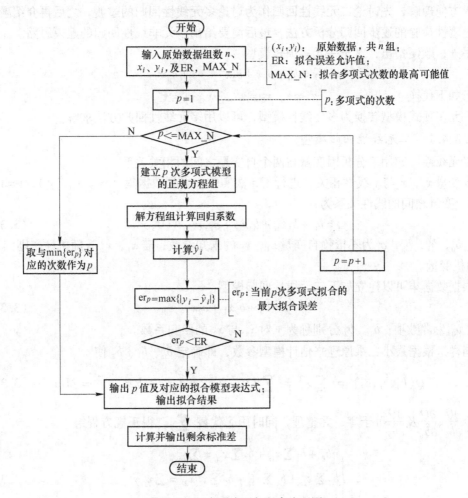

图 3.3-4 多项式回归程序流程图

表 3.3-4 一元四次多项式回归模型的拟合结果

x	y	$\hat{y}$	$|y-\hat{y}|$
50	9.91	9.91	0.00
25	18.82	18.79	0.03
13	32.32	32.55	0.23
6	47.38	46.42	0.96
3	63.02	65.10	2.08
0.5	91.44	90.99	0.44

3.3.4 多元回归模型

矿物加工工程中，一个指标（因变量）的影响因素往往不止一个。这时，寻找变量之间的关系，可以用多元线性回归方法。多元线性回归分析的基本原理与一元线性回归相同，但其推导过程和计算式要复杂得多。

　　为方便理解，先讨论二元线性回归作为讨论多元线性回归的过渡，之后再介绍融入自变量显著性检验的逐步回归分析方法，最后简要给出多元非线性回归的建模思路。

　　另外，顺便指出，对于一元多项式模型

$$\hat{y} = \hat{b}_0 + \hat{b}_1 x + \hat{b}_2 x^2 + \cdots + \hat{b}_p x^p$$

若进行如下代换　　　　　　$x_1 = x,\ x_2 = x^2,\ \cdots,\ x_p = x^p$

则，一元多项式模型转换为多元线性模型，可以用多元线性回归方法求解。

3.3.4.1　二元线性回归模型

　　二元线性回归用于分析因变量与两个自变量之间的相关关系。

　　设变量 x_1、x_2 与 y 线性相关，进行了 n 次实验，得到数据集 $(x_{1i},\ x_{2i},\ y_i)$，$i = 1, 2,$ $\cdots, n$，变量之间的线性关系为：

$$y_i = b_0 + b_1 x_{1i} + b_2 x_{2i} + \varepsilon_i, \varepsilon \sim N(0, \sigma^2) \tag{3.3-25}$$

式中，b_0、b_1、b_2、σ 为不依赖自变量 x_1、x_2 的未知参数；若 x_1、x_2 有随机性，则归入 ε；y 为随机变量。

　　根据数据集可以建立如下二元线性回归模型

$$\hat{y} = \hat{b}_0 + \hat{b}_1 x_1 + \hat{b}_2 x_2 \tag{3.3-26}$$

式中，$\hat{b}_0$ 为常数项；$\hat{b}_1$、$\hat{b}_2$ 分别称为 y 对 x_1 与 x_2 的回归系数。

　　同样，根据最小二乘原理来估计模型参数，即确定 $\hat{b}_0$、$\hat{b}_1$、$\hat{b}_2$ 使

$$Q(\hat{b}_0, \hat{b}_1, \hat{b}_2) = \sum_{i=1}^{n} \varepsilon_i^2 = \sum_{i=1}^{n} (y_i - (\hat{b}_0 + \hat{b}_1 x_{1i} + \hat{b}_2 x_{2i}))^2 = \mathrm{Min} \tag{3.3-27}$$

令 $\dfrac{\partial Q}{\partial \hat{b}_0}$、$\dfrac{\partial Q}{\partial \hat{b}_1}$ 及 $\dfrac{\partial Q}{\partial \hat{b}_2}$ 等于零，并整理，同时用 $\sum$ 代替 $\displaystyle\sum_{i=1}^{n}$，得正规方程组

$$\begin{cases} n\hat{b}_0 + \hat{b}_1 \sum x_{1i} + \hat{b}_2 \sum x_{2i} = \sum y_i \\ \hat{b}_0 \sum x_{1i} + \hat{b}_1 \sum x_{1i}^2 + \hat{b}_2 \sum x_{1i} x_{2i} = \sum x_{1i} y_i \\ \hat{b}_0 \sum x_{2i} + \hat{b}_1 \sum x_{1i} x_{2i} + \hat{b}_2 \sum x_{2i}^2 = \sum x_{2i} y_i \end{cases} \tag{3.3-28}$$

则，从方程组（3.3-28）的第一式得：

$$\hat{b}_0 = \bar{y} - \hat{b}_1 \bar{x}_1 - \hat{b}_2 \bar{x}_2 \tag{3.3-29}$$

式中　　　　　$\bar{y} = \dfrac{1}{n} \sum y_i,\quad \bar{x}_1 = \dfrac{1}{n} \sum x_{1i},\quad \bar{x}_2 = \dfrac{1}{n} \sum x_{2i}$

将式（3.3-29）代入方程组（3.3-28）的后两式，得：

$$\begin{cases} \hat{b}_1 \sum x_{1i}(x_{1i} - \bar{x}_1) + \hat{b}_2 \sum x_{1i}(x_{2i} - \bar{x}_2) = \sum x_{1i}(y_i - \bar{y}) \\ \hat{b}_1 \sum x_{2i}(x_{1i} - \bar{x}_1) + \hat{b}_2 \sum x_{2i}(x_{2i} - \bar{x}_2) = \sum x_{2i}(y_i - \bar{y}) \end{cases} \tag{3.3-30}$$

引入记号

$$\begin{cases} l_{11} = \sum (x_{1i} - \bar{x}_1)^2 \\ l_{22} = \sum (x_{2i} - \bar{x}_2)^2 \\ l_{12} = \sum (x_{1i} - \bar{x}_1)(x_{2i} - \bar{x}_2) \\ l_{21} = l_{12} \\ l_{10} = \sum (x_{1i} - \bar{x}_1)(y_i - \bar{y}) \\ l_{20} = \sum (x_{2i} - \bar{x}_2)(y_i - \bar{y}) \end{cases} \tag{3.3-31}$$

容易推导

$$\sum x_{1i}(x_{1i} - \bar{x}_1) = \sum(x_{1i}^2 - x_{1i}\bar{x}_1) = \sum x_{1i}^2 - \sum x_{1i}\bar{x}_1 = \sum x_{1i}^2 - n(\bar{x}_1)^2$$
$$= \sum x_{1i}^2 - 2n(\bar{x}_1)^2 + n(\bar{x}_1)^2$$
$$= \sum x_{1i}^2 - 2\bar{x}_1 \sum x_{1i} + \sum(\bar{x}_1)^2$$
$$= \sum(x_{1i}^2 - 2x_{1i}\bar{x} + (\bar{x}_1)^2)$$
$$= \sum(x_{1i} - \bar{x}_1)^2$$
$$= l_{11}$$

以及

$$\sum x_{1i}(x_{2i} - \bar{x}_2) = \sum(x_{1i} - \bar{x}_1)(x_{2i} - \bar{x}_2) = l_{12}$$
$$\sum x_{1i}(y_i - \bar{y}) = \sum(x_{1i} - \bar{x}_1)(y_i - \bar{y}) = l_{10}$$
$$\sum x_{2i}(x_{1i} - \bar{x}_1) = \sum(x_{1i} - \bar{x}_1)(x_{2i} - \bar{x}_2) = l_{12} = l_{21}$$
$$\sum x_{2i}(x_{2i} - \bar{x}_2) = \sum(x_{2i} - \bar{x}_2)^2 = l_{22}$$
$$\sum x_{2i}(y_i - \bar{y}) = \sum(x_{2i} - \bar{x}_2)(y_i - \bar{y}) = l_{20}$$

所以,方程组(3.3-30)能改写为对称形式

$$\begin{cases} \hat{b}_1 l_{11} + \hat{b}_2 l_{12} = l_{10} \\ \hat{b}_1 l_{21} + \hat{b}_2 l_{22} = l_{20} \end{cases} \tag{3.3-32}$$

当其系数行列式不为零, 可解得:

$$\begin{cases} \hat{b}_1 = \dfrac{l_{10}l_{22} - l_{20}l_{12}}{l_{11}l_{22} - l_{12}l_{21}} \\ \hat{b}_2 = \dfrac{l_{20}l_{11} - l_{10}l_{21}}{l_{11}l_{22} - l_{12}l_{21}} \end{cases} \tag{3.3-33}$$

再回代入式 (3.3-29), 可求出 b_0。

回归模型的显著性检验采用 F 检验法, 作统计量

$$F = \frac{\sum_{\text{回}}/2}{\sum_{\text{剩}}/(n-3)} \tag{3.3-34}$$

查 F 检验表得置信限 $F_\alpha(2, n-3)$, 通过比较 F 与 F_α, 判断回归方程线性假设的显著性。
式中

$$\sum_{\text{回}} = \sum(\hat{y}_i - \bar{y})^2 = \hat{b}_1 l_{10} + \hat{b}_2 l_{20} \tag{3.3-35}$$

$$\sum_{\text{剩}} = \sum(y_i - \hat{y}_i)^2 \tag{3.3-36}$$

$$\sum_{\text{总}} = \sum(y_i - \bar{y})^2 \tag{3.3-37}$$

3.3.4.2 多元线性回归模型

设随机变量 y 与自变量 $x_j(j = 1, 2, \cdots, p)$ 之间线性相关, 相应的回归方程为:

$$\hat{y} = \hat{b}_0 + \hat{b}_1 x_1 + \hat{b}_2 x_2 + \cdots + \hat{b}_p x_p \tag{3.3-38}$$

式中, $\hat{b}_0$ 为常数项, $\hat{b}_1$、$\hat{b}_2$、$\cdots$、$\hat{b}_p$ 分别称为 y 对 x_1、x_2、$\cdots$、x_p 的回归系数。

仍然采用最小二乘原理计算模型参数, 在 n 组原始数据 $(x_{ji}, y_i)(i = 1, 2, \cdots, n)$ 基础上求解模型参数。即, 满足

$$Q(\hat{b}_0, \hat{b}_j) = \sum_{i=1}^{n}(y_i - (\hat{b}_0 + \hat{b}_1 x_{1i} + \hat{b}_2 x_{2i} + \cdots + \hat{b}_p x_{pi}))^2 = \text{Min} \tag{3.3-39}$$

令 $\dfrac{\partial Q}{\partial \hat{b}_0}$、$\dfrac{\partial Q}{\partial \hat{b}_j}(j=1,2,\cdots,p)$ 等于零，并整理，同时用 $\sum$ 代替 $\displaystyle\sum_{i=1}^{n}$，得正规方程组

$$
\begin{cases}
n\hat{b}_0 + \hat{b}_1\sum x_{1i} + \hat{b}_2\sum x_{2i} + \cdots + \hat{b}_p\sum x_{pi} = \sum y_i \\
\hat{b}_0\sum x_{1i} + \hat{b}_1\sum x_{1i}^2 + \hat{b}_2\sum x_{1i}x_{2i} + \cdots + \hat{b}_p\sum x_{1i}x_{pi} = \sum x_{1i}y_i \\
\quad\vdots \\
\hat{b}_0\sum x_{pi} + \hat{b}_1\sum x_{pi}x_{1i} + \hat{b}_2\sum x_{pi}x_{2i} + \cdots + \hat{b}_p\sum x_{pi}^2 = \sum x_{pi}y_i
\end{cases}
\tag{3.3-40}
$$

与二元线性回归方程的推导方法类似，变换上述方程组的第一式，将 $\hat{b}_0$ 代入其余方程，同时，引入记号

$$
\left.
\begin{aligned}
\bar{y} &= \frac{1}{n}\sum y_i \\
\bar{x}_j &= \frac{1}{n}\sum x_{ji} \\
l_{jk} &= \sum (x_{ji}-\bar{x}_j)(x_{ki}-\bar{x}_k) \\
l_{jy} &= \sum (x_{ji}-\bar{x}_j)(y_i-\bar{y})
\end{aligned}
\right\} \quad (j,k=1,2,\cdots,p)
\tag{3.3-41}
$$

得关于 $\hat{b}_j$ 的方程组

$$
\begin{cases}
l_{11}\hat{b}_1 + l_{12}\hat{b}_2 + \cdots + l_{1p}\hat{b}_p = l_{1y} \\
l_{21}\hat{b}_1 + l_{22}\hat{b}_2 + \cdots + l_{2p}\hat{b}_p = l_{2y} \\
\quad\vdots \\
l_{p1}\hat{b}_1 + l_{p2}\hat{b}_2 + \cdots + l_{pp}\hat{b}_p = l_{py}
\end{cases}
\tag{3.3-42}
$$

注意，上述方程组也可由以下方法推出。由 $\dfrac{\partial Q}{\partial \hat{b}_0}=0$ 得：

$$
\hat{b}_0 = \bar{y} - \hat{b}_1\bar{x}_1 - \hat{b}_2\bar{x}_2 - \cdots - \hat{b}_p\bar{x}_p
\tag{3.3-43}
$$

代入式（3.3-39），再令 $\dfrac{\partial Q}{\partial \hat{b}_j}=0(j=1,2,\cdots,p)$，整理并采用式（3.3-41）记号即得方程组（3.3-42）。

用系数矩阵求逆的办法解方程组（3.3-42）。若

$$
\boldsymbol{L} = \begin{bmatrix}
l_{11} & l_{12} & \cdots & l_{1p} \\
l_{21} & l_{22} & \cdots & l_{2p} \\
\vdots & \vdots & & \vdots \\
l_{p1} & l_{p2} & \cdots & l_{pp}
\end{bmatrix}
\quad
\hat{\boldsymbol{b}} = \begin{bmatrix}
\hat{b}_1 \\ \hat{b}_2 \\ \vdots \\ \hat{b}_p
\end{bmatrix}
\quad
\boldsymbol{f} = \begin{bmatrix}
l_{1y} \\ l_{2y} \\ \vdots \\ l_{py}
\end{bmatrix}
\tag{3.3-44}
$$

则方程组可记为：
$$
\boldsymbol{L}\hat{\boldsymbol{b}} = \boldsymbol{f}
\tag{3.3-45}
$$
则
$$
\hat{\boldsymbol{b}} = \boldsymbol{L}^{-1}\boldsymbol{f}
\tag{3.3-46}
$$
式中，$\boldsymbol{L}^{-1}$ 与 $\boldsymbol{f}$ 可根据原始数据计算得到。

若将 $\boldsymbol{L}^{-1}$ 的各元素记为 $C_{jk}(j,k=1,2,\cdots,p)$，则回归系数可按下式计算

$$
\hat{b}_j = \sum_{k=1}^{p} C_{jk}l_{ky}
\tag{3.3-47}
$$

多元线性回归模型的显著性检验常采用 F 检验法。构造统计量

$$F = \frac{\sum_{回}/p}{\sum_{剩}/(n-p-1)} \qquad (3.3\text{-}48)$$

服从第一自由度为 p、第二自由度为 $(n-p-1)$ 的 F 分布。对于给定的 α，查 F 分布表得置信限 $F_\alpha(p, n-p-1)$，若

$$F > F_\alpha$$

则否定 y 与自变量 $x_j(j=1,2,\cdots,p)$ 之间无线性关系的假设，认为回归模型有实际意义。反之，则认为 y 与自变量 x_j 之间无线性相关，所得回归模型无意义，建模失败。式中，

$$\sum_{回} = \sum(\hat{y}_i - \bar{y})^2 = \sum_{j=1}^{p} \hat{b}_j \cdot l_{jy} \qquad (3.3\text{-}49)$$

$$\sum_{剩} = \sum(y_i - \hat{y}_i)^2 \qquad (3.3\text{-}50)$$

若采用复相关系数法检验回归方程的显著性，则：

$$\sum_{总} = \sum(y_i - \bar{y}_i)^2 \qquad (3.3\text{-}51)$$

$$\sum_{总} = \sum_{剩} + \sum_{回} \qquad (3.3\text{-}52)$$

总偏差平方和 $\sum_{总}$ 的大小反映了因变量的总波动，自由度为 $n-1$；回归平方和 $\sum_{回}$ 的大小反映了变量 x_j 对 y 线性影响的程度，自由度为 p；剩余平方和 $\sum_{剩}$ 的大小反映了除 x_j 外的其他因素给 y 带来的波动，自由度为 $(n-p-1)$。$\sum_{回}$ 在总波动中所占的比值越大，回归效果越好。因此导出

$$R = \sqrt{\frac{\sum_{回}}{\sum_{总}}} = \sqrt{1 - \frac{\sum_{剩}}{\sum_{总}}} \qquad (3.3\text{-}53)$$

称为复相关系数，代表因变量 y 与诸 x_j $(j=1, 2, \cdots, p)$ 之间的相关程度。R 越接近 1，说明 y 与 x_j 之间线性关系越密切；R 接近 0，说明 y 与 x_j 之间线性关系不密切，甚至不是线性关系或没有关系。

回归方程的预报精度用剩余标准差估计，公式为：

$$S = \sqrt{\frac{\sum_{剩}}{n-p-1}} \qquad (3.3\text{-}54)$$

实际应用时，往往还要进行回归系数的显著性检验，即在回归模型显著性满足要求时，分析各 x_j $(j=1, 2, \cdots, p)$ 对 y 的显著程度，剔除不显著的次要自变量，使建立的模型在保证准确性基础上更加简单。

与 3.3.1 节中对偏差平方和的分析一样，对于给定数据集，总的偏差平方和 $\sum_{总}$ 是确定的，$\sum_{回}$ 越大，则 $\sum_{剩}$ 越小。$\sum_{回}$ 表示各 x_j 对 y 变化的总影响，若剔除一个自变量 x_k，新的回归平方和必然减少；新 $\sum_{回}$ 减少的越多，说明 x_k 对 y 影响越大，即 x_k 越重要。所以可以用回归平方和的减少量（记为 p_k）作为回归模型自变量 x_k $(k=1, 2, \cdots, p)$ 对 y 影响程度的衡量指标，称为偏回归平方和。换言之，p_k 是自变量 x_k 对 $\sum_{总}$ 的单独贡献。可以证明

$$p_k = \frac{\hat{b}_k^2}{c_{kk}} \qquad (3.3\text{-}55)$$

式中，$\hat{b}_k$ 为 x_k 对应的回归系数；c_{kk} 为上述 $\boldsymbol{L}^{-1}$ 矩阵中的主对角线元素。

p_k 越大，对应的 x_k 越显著，其显著性仍然用 F 检验法来估计。引入统计量

$$F_k = \frac{p_k/1}{\sum_{剩}/(n-p-1)} \qquad (3.3\text{-}56)$$

查 F 检验表得置信限 $F_\alpha(1, n-p-1)$，比较 F_k 与 F_α，判断显著性。不显著的变量可以从回归模型中剔除。

必须说明，3.3.3 节的多项式回归模型中多项式各项系数的显著性检验也采用这种由偏回归平方和构造统计量的 F 检验法。

【例 3.3-3】 碳、氢、氧是煤燃烧时产生热量的主要元素。从某矿区原煤中，取出 12 块煤样，化验后得其发热量及其碳、氢、氧元素含量，列于表 3.3-5，试建立碳、氢、氧含量对发热量的多元线性回归方程。

表 3.3-5 某矿区原煤发热量及其碳、氢、氧含量

煤样序号	发热量 $Q/\text{kcal} \cdot \text{g}^{-1}$	碳含量 C/%	氢含量 H/%	氧含量 O/%
1	6.5	65	5.0	15
2	7.0	70	6.0	20
3	7.2	75	6.5	25
4	7.5	75	5.0	10
5	7.7	78	5.5	15
6	8.0	80	5.2	4.0
7	8.4	85	6.0	6.0
8	8.5	88	4.5	3.0
9	8.8	90	5.0	5.0
10	8.8	90	0.8	2.5
11	8.5	92	2.2	3.0
12	8.7	95	3.5	3.5

注：1kcal = 4.18kJ。

解： 令 $y = Q$，$x_1 = C$，$x_2 = H$，$x_3 = O$

则需要建立的回归模型为 $\hat{y} = \hat{b}_0 + \hat{b}_1 x_1 + \hat{b}_2 x_2 + \hat{b}_3 x_3$

（1）计算模型参数。依次计算 $\bar{y}$、$\bar{x}_1$、$\bar{x}_2$、$\bar{x}_3$、l_{jk} 及 $l_{jy}(j, k = 1, 2, 3)$，建立正规方程组，得

$$\begin{cases} 1102.66\hat{b}_1 - 109.66\hat{b}_2 - 644.16\hat{b}_3 = 76.60 \\ -109.66\hat{b}_1 + 31.59\hat{b}_2 + 92.21\hat{b}_3 = -5.25 \\ -644.16\hat{b}_1 + 92.21\hat{b}_2 + 643.16\hat{b}_3 = -48.95 \end{cases}$$

解得 $\qquad \hat{b}_1 = 0.066 \qquad \hat{b}_2 = 0.159 \qquad \hat{b}_3 = -0.032$

代入 $\qquad\qquad \hat{b}_0 = \bar{y} - \hat{b}_1 \bar{x}_1 - \hat{b}_2 \bar{x}_2 - \hat{b}_3 \bar{x}_3$

得 $\qquad\qquad\qquad \hat{b}_0 = 2.064$

所以，建立模型为：$\qquad \hat{y} = 2.064 + 0.066x_1 + 0.159x_2 - 0.032x_3$

即 $\qquad\qquad\qquad \hat{Q} = 2.064 + 0.066C + 0.159H - 0.032O$

（2）显著性检验：

$$\sum_{总} = \sum_{i=1}^{12} (y_i - \bar{y}_i)^2 = 5.9 \qquad \sum_{回} = \sum_{j=1}^{3} b_j \cdot l_{jy} = 5.79$$

$$\sum_{剩} = \sum_{总} - \sum_{回} = 0.11 \qquad F = \frac{\sum_{回}/3}{\sum_{剩}/(12-3-1)} = 140.36$$

给定 $\alpha = 0.01$，查 F 分布表得

$$F_{0.01}(3,8) = 7.59 < F$$

所以，回归方程有实际意义。

(3) 回归方程的预报精度。

$$S = \sqrt{\frac{\sum_{剩}}{12-3-1}} = 0.117$$

3.3.4.3 逐步回归分析

实际问题中，一项指标的影响因素有很多时，若将它们都取作自变量，必然导致所建回归模型很庞大。如果在建模过程中考虑各个自变量对因变量的影响程度，剔除对因变量影响很小的那些自变量，使所建回归模型既不遗漏那些有显著影响的因素，又不包括那些对因变量本来并没有多大影响的因素，则可以使回归模型精度高同时自变量又少。这不仅简洁而且方便应用，有利于人们对研究对象建立清晰而准确的认识，而且在保证剩余平方和为最小值的同时，确保回归方程中所含因子均显著，这样的多元回归模型称为"最优"回归方程。

逐步回归分析就是根据原始数据建立多元"最优"回归方程的一种方法，即经过多次回归计算，最终选定只包含那些"一定显著性水平下对 y 影响显著的"重要因素的自变量的回归方程。其主要计算包括求解方程组、对每个过渡回归方程用偏回归平方和进行方差分析和 F 显著性检验。逐步回归分析分为逐步增元与逐步降元两种。

逐步增元回归分析的基本思想为：从众多自变量中，按照各 $x_j(j=1, 2, \cdots, p)$ 对 y 作用的大小，逐个地引入回归方程。引入过程中，当先引入的变量，由于新变量的引入变得不显著时，则从回归方程中剔除，直到既不能引入又不能剔除自变量时为止，从而得到最优的回归方程。实际问题中，当存在较多的对 y 影响小的自变量时，逐步增元回归分析可以减小计算工作量。这种方法的缺点是若某些自变量之间具有相关性，则容易漏掉一些有希望引入的因素。

逐步降元回归分析的基本思想为：首先建立一个包含全部影响因素的回归方程，对其中每个自变量进行显著性检验，剔除其中最不显著的自变量，然后重新建立余下因素的回归方程，对其中的各个自变量进行显著性检验，直到所有自变量都显著为止。逐步降元回归分析一开始就建立包括所有自变量的回归方程，因而计算工作量大，但这样不容易漏掉有显著影响的因素，比较稳妥。矿物加工过程中，所研究模型的自变量数目一般不会太多，计算工作量不会太大，适宜采用逐步降元回归分析。如果再编写计算程序，就能"一劳永逸"，克服计算量大的缺点。

逐步降元回归建模需要多次建立"多元线性回归模型"，具体公式在 3.3.4.2 节中已经介绍，现将计算步骤总结如下：

(1) 用多元线性回归分析方法建立一个包括全部自变量的回归模型。

(2) 用式 (3.3-55) 计算 p_k，用式 (3.3-56) 计算 F_k，检验各回归系数的显著性，排序 F_k，如果最小的 F_k 显著，则计算结束。否则，转 (3)。

(3) 剔除不显著因素中最小 F_k 值对应的自变量，重新建立多元线性回归模型，转

（2）。

【例 3.3-4】 煤的发热量与灰分和水分有关，经实验测定得到表 3.3-6 所列原始数据，试根据该数据集建立该煤发热量模型。

表 3.3-6 影响煤发热量的主要因素

灰分/%	水分/%	发热量/kcal	灰分/%	水分/%	发热量/kcal
12.70	14.01	5279	9.40	25.24	5733
12.13	24.50	4392	8.48	28.53	4853
10.30	10.58	5758	10.41	14.09	5766
11.55	11.19	5813	11.42	34.85	3717
10.79	10.78	5708	10.64	34.38	3820

注：1kcal = 4.18kJ。

解： 编写逐步降元多元线性回归分析程序，然后运行。

分别用 x_1、x_2 表示灰分因素和水分因素，y 表示发热量，得回归模型为：

$$\hat{y} = 8.0697E03 - 1.2435E02 \cdot x_1 - 8.5133E01 \cdot x_2$$

显著性检验 $F = \dfrac{\sum_{回}/2}{\sum_{剩}/(10-2-1)} = 2.3130E02 > F_{0.01}$ 查表 $F_{0.01}(2,7) = 12.2$

或 $R = \sqrt{\dfrac{\sum_{回}}{\sum_{总}}} = 9.9251E-01$ 非常接近1

可见，回归模型的线性关系显著。

$F_k(k=1, 2)$ 为 $F_1 = 1.608E02$ $F_2 = 4.618E02$

取 $\alpha = 0.05$，查得 $F_{0.05}(1,7) = 5.59$。可见灰分、水分两因素对发热量的影响均显著。

3.3.4.4 多元非线性回归分析

多元非线性回归分析的建模思路为，将多元的非线性多项式回归问题转化为多元线性回归问题，用多元线性回归模型的建模方法计算代换后方程的回归系数，然后再反代换回去，即得原始非线性回归方程的回归系数。

例如，对于二元三次多项式回归方程

$$\hat{y} = \hat{b}_0 + \hat{b}_1 x_1 + \hat{b}_2 x_2 + \hat{b}_3 x_1^2 + \hat{b}_4 x_1 x_2 + \hat{b}_5 x_2^2 + \hat{b}_6 x_1^3 + \hat{b}_7 x_1^2 x_2 + \hat{b}_8 x_1 x_2^2 + \hat{b}_9 x_2^3$$

令 $z_1 = x_1$, $z_2 = x_2$, $z_3 = x_1^2$, $z_4 = x_1 x_2$, $z_5 = x_2^2$,

$$z_6 = x_1^3, \quad z_7 = x_1^2 x_2, \quad z_8 = x_1 x_2^2, \quad z_9 = x_2^3$$

则，回归方程可化为如下九元线性回归方程

$$\hat{y} = \hat{b}_0 + \hat{b}_1 z_1 + \hat{b}_2 z_2 + \hat{b}_3 z_3 + \hat{b}_4 z_4 + \hat{b}_5 z_5 + \hat{b}_6 z_6 + \hat{b}_7 z_7 + \hat{b}_8 z_8 + \hat{b}_9 z_9$$

3.4 用迭代法做模型参数估计

回归分析的思路是根据最小二乘法得到总偏差平方和关于模型参数的函数，令该函数对各模型参数的偏导数为零，得到以模型参数为未知数的方程组，然后解方程组求得模型参数的估计值，最后再进行统计属性分析。如果得到的方程组是非线性方程组，则无法通过有限的计算步骤直接求解，拟合建模将最终无法完成。这时，可以用迭代法进行模型参数估计。

迭代法属于数值方法，是对问题解析解的近似计算，在计算机出现后，被广泛应用。在运筹学中，迭代法也是解决各种寻优问题（如极值问题）的常用方法。

本书2.4节已经介绍了最优化与搜索法的理论和技术。在建立拟合模型的步骤中，当某个矿物加工问题的模型形式确定后，可以将原始模型按最小二乘法转化为"实验值与模型计算值之间的偏差的平方和最小"的问题（如式（3.3-3）、式（3.3-20）、式（3.3-39）等），也就是一个极小值问题。这时，自然可以采用运筹学和/或数值计算中的最优化技术进行处理。

迭代法的思路为，按照一定的迭代方法，以某已知点（可以是标量，也可以是矢量）为基础进行计算，得到一个逼近真实解的解序列（此计算过程称为迭代过程）；当解"足够接近"时，迭代过程结束，解序列的最后一项（或最后状态的某种运算）作为真实解的近似解。原则上，要使迭代法得到精确解，需要无限次数的迭代，所以凡迭代法都存在收敛性与精度控制问题，以便"及时"结束迭代循环。迭代法实现的前提是针对具体问题确定一定的迭代方法（也称为迭代公式）与首次迭代的已知点取值（也称为迭代初值）。

矿物加工数学建模中，预想的模型大多数较复杂，有时不容易或不可能求取其一阶或二阶导数，因此那些涉及海赛矩阵等导数的方法，往往较难被采用。而非线性规划问题的迭代法（或搜索法）作为数值方法，在计算资源丰富的当今，容易实现，因而在矿物加工工程这样的工业实践行业，比较容易被采用，其应用实例也较多见。

矿物加工拟合模型中，将建模问题转化为最小值问题后，对非线性单参数模型，可以选用一维搜索方法（如黄金分割法、牛顿法等）；对非线性多参数模型，可以选用无约束多变量寻优方法（如牛顿法等），这两类方法都是迭代法。而由"（总）偏差平方和对各模型参数求偏导再令各偏导数为零"得到的非线性方程组，则可以选用本书2.3介绍的非线性方程组的迭代解法。

本节介绍如何用黄金分割法与阻尼最小二乘法计算非线性拟合模型参数的近似值。当非线性模型的待定参数只有一个时，选用黄金分割法；而当有多个待定参数时，可用阻尼最小二乘法。

3.4.1　黄金分割法用于模型参数估计

黄金分割法，又称0.618法，是运筹学"单变量函数寻优"问题的一种迭代解法。即对于一定范围内只有一个极值的单变量函数，通过迭代寻找极值点，具体方法见本书2.4节。

由3.2～3.3节的讨论可知，如果矿物加工拟合模型本身只有一个模型参数，则按最小二乘法转化成极小值问题后，极值目标函数仍然是单参数的。所以，只要是单参数形式的拟合模型（如本书第1章出现的筛分过程动力学公式），理论上都可以采用黄金分割法求取模型参数。

下面结合分批浮选速率公式（模型）参数的求取，讨论黄金分割法在模型参数估计中的应用。

据浮选动力学，分批浮选速率公式为：

$$R = R_\infty (1 - e^{-kt})$$

式中，t 为累计浮选时间，$\min$；R 为经过 t 时间后的浮选回收率，%；R_∞ 为最大回收率，%；k 为浮选速率常数。

若 R_∞ 已知（取 95%），则该模型只有浮选速率常数 k 这一个模型参数。可以采用黄金分割法求解。

（1）转化为最小值问题。根据最小二乘原理，k 应使浮选速率公式的实测值与计算值的偏差平方和最小，即

$$f(k) = \sum_{i=1}^{n} (R_i - R_\infty (1 - e^{-kt_i}))^2 = \text{Min}$$

式中，t_i，R_i 取表 3.4-1 中数据。表 3.4-1 为实验室浮选实验得出的不同浮选时间时的回收率数据。这样，得到了以 k 为自变量的单变量函数 $f(k)$。

表 3.4-1　实验室浮选实验结果

累计浮选时间 t/min	1	2	3	4.5	6.5	8.5
累计回收率 R/%	60.63	75.95	82.43	85.96	87.57	89.15

（2）编写迭代程序。以 $f(k)$ 为目标函数，k 为自变量，编写黄金分割法程序，黄金分割法程序见附录 1.2。程序框图如图 3.4-1 所示，该流程图按本书 2.4 节介绍的步骤绘制，读者可以对其进行优化。

（3）运行黄金分割法程序，计算 k 的近似值。根据经验，给定变量 k 的搜索区间为 $[0,5]$，迭代收敛判定值 $\delta = 0.01$，运行黄金分割法程序，按提示输入给定条件及数据集数据，记录程序输出结果。迭代结束后，最后的 $f(k)$ 即为拟合的偏差平方和。表 3.4-1 实验室浮选实验数据的建模结果为：

浮选速率常数：$k = 0.8157$；

偏差平方和：203.056；

标准差：5.643。

3.4.2　阻尼最小二乘法

本书 2.3 节中介绍了求解非线性方程的牛顿法和阻尼牛顿法、求解非线性方程组的牛顿法以及单变量函数寻优的牛顿法，可以理解牛顿法迭代处理非线性问题的两大思想：推导迭代公式过程中用泰勒（Taylor）级数近似表示非线性函数并舍去 2 次以上的项；推导得出的迭代公式通过一阶导数代表的切线逐次逼近目标位置（或目标值）。另外，2.3 节中还简要讨论了每种迭代法的收敛性，为保证牛顿法在"不好"的迭代初值下仍能收敛提出了加阻尼的牛顿法（即阻尼牛顿法解非线性方程）。再加上本书没有介绍到的不同问题的众多牛顿法及其衍生和改进方法，构成了声名显赫的数值方法—牛顿迭代法"家族"。牛顿法"家族"的这些思想，更加上最小二乘法（见 2.5 节）这个能把拟合模型转化为最值问题的利器，促成了高斯牛顿法以至阻尼最小二乘法的提出。阻尼最小二乘法成为矿物加工数学建模（尤其选煤中可行性曲线的拟合、分配曲线的拟合）中极具实战性的被成功应用的技术和方法。

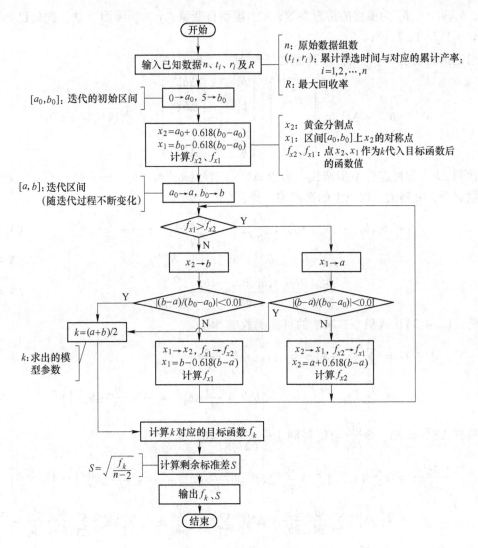

图 3.4-1　黄金分割法计算流程图

3.4.2.1　高斯 – 牛顿法

高斯 – 牛顿法是用最优化方法进行模型参数估计的一种方法，自然也是一种迭代法。将求解非线性方程组的牛顿法应用到非线性模型参数估计的最小二乘法中，得到一种非线性最小二乘法，称为高斯 – 牛顿法（或高斯 – 牛顿最小二乘法）。其基本思想是把非线性模型函数在某初始猜测解内进行泰勒级数展开，作为原函数的线性近似，然后将这个线性近似式代入总偏差平方和函数 Q 的表达式中（如式（3.3-3）、式（3.3-20）、式（3.3-39）等），将对模型参数的非线性最小二乘转换为对模型参数的线性最小二乘，求解后得到猜测值与真实解的差距 Δ，Δ 与初始猜测解相加作为下一次线性近似的出发点（即新的猜测解），继续迭代（逐次逼近）直到 Δ 足够小为止。

设有非线性模型函数

$$y = f(x, \ b_1, \ b_2, \ \cdots, \ b_m) \tag{3.4-1}$$

式中，$b_1, b_2, \cdots, b_m$ 为模型的待定参数；x 为模型自变量；y 为模型因变量。此处已知数据集 $(x_j, y_j), j = 1, 2, \cdots, n$。

给定猜测初值 $b^{(0)}$，初值与真值之差为 $\Delta b^{(0)}$，即

$$
b^{k+1} = b^{(k)} + \Delta b^{(k)} \Leftrightarrow
\begin{bmatrix} b_1^{(k+1)} \\ b_2^{(k+1)} \\ \vdots \\ b_m^{(k+1)} \end{bmatrix}
=
\begin{bmatrix} b_1^{(k)} \\ b_2^{(k)} \\ \vdots \\ b_m^{(k)} \end{bmatrix}
+
\begin{bmatrix} \Delta b_1^{(k)} \\ \Delta b_2^{(k)} \\ \vdots \\ \Delta b_m^{(k)} \end{bmatrix}
\qquad 首次迭代时 \ k = 0
$$

只要找到 $\Delta b^{(0)}$ 即可进行下步迭代。为求 $\Delta b^{(0)}$，对 $f(x_j, b_1, b_2, \cdots, b_m)$ 在 $b^{(0)}$ 处按泰勒级数展开，并略去二次以上的高次项，得：

$$
f(x_j, b_1, b_2, \cdots, b_m) \approx f_{j0} + \frac{\partial f_{j0}}{\partial b_1} \Delta b_1^{(0)} + \frac{\partial f_{j0}}{\partial b_2} \Delta b_2^{(0)} + \cdots + \frac{\partial f_{j0}}{\partial b_m} \Delta b_m^{(0)} \tag{3.4-2}
$$

式中

$$
f_{j0} = f(x_j, b_1^{(0)}, b_2^{(0)}, \cdots, b_m^{(0)}) \tag{3.4-3}
$$

$$
\frac{\partial f_{j0}}{\partial b_i} = \frac{\partial f(x, b_1, b_2, \cdots, b_m)}{\partial b_i} \bigg|_{\substack{x = x_j \\ b_i = b_i^{(0)}}} \tag{3.4-4}
$$

将式 (3.4-2) 代入最小二乘法的目标函数中，得：

$$
\begin{aligned}
Q &= \sum_{j=1}^{n} (y_j - f(x_j, b_1, b_2, \cdots, b_m))^2 \\
&\approx \sum_{j=1}^{n} \left(y_j - \left(f_{j0} + \frac{\partial f_{j0}}{\partial b_1} \Delta b_1^{(0)} + \frac{\partial f_{j0}}{\partial b_2} \Delta b_2^{(0)} + \cdots + \frac{\partial f_{j0}}{\partial b_m} \Delta b_m^{(0)} \right) \right)^2
\end{aligned}
$$

式中只有 $\Delta b_i^{(0)}$ 未知。令 $\dfrac{\partial Q}{\partial b_i} = 0$，等同于令 $\dfrac{\partial Q}{\partial \Delta b_i^{(0)}} = 0$，即：

$$
\begin{aligned}
\frac{\partial Q}{\partial \Delta b_i^{(0)}} &= 2 \sum_{j=1}^{n} \left(y_j - \left(f_{j0} + \frac{\partial f_{j0}}{\partial b_1} \Delta b_1^{(0)} + \frac{\partial f_{j0}}{\partial b_2} \Delta b_2^{(0)} + \cdots + \frac{\partial f_{j0}}{\partial b_m} \Delta b_m^{(0)} \right) \right) \cdot \left(-\frac{\partial f_{j0}}{\partial b_i} \right) \\
&= 2 \left(\Delta b_1^{(0)} \sum_{j=1}^{n} \frac{\partial f_{j0}}{\partial b_1} \frac{\partial f_{j0}}{\partial b_i} + \Delta b_2^{(0)} \sum_{j=1}^{n} \frac{\partial f_{j0}}{\partial b_2} \frac{\partial f_{j0}}{\partial b_i} + \cdots + \Delta b_m^{(0)} \sum_{j=1}^{n} \frac{\partial f_{j0}}{\partial b_m} \frac{\partial f_{j0}}{\partial b_i} - \right. \\
&\qquad \left. \sum_{i=1}^{n} \frac{\partial f_{j0}}{\partial b_i} (y_i - f_{j0}) \right) \\
&= 0
\end{aligned}
$$

可得方程组

$$
\begin{cases}
a_{11} \Delta b_1^{(k)} + a_{12} \Delta b_2^{(k)} + \cdots + a_{1m} \Delta b_m^{(k)} = a_{1y} \\
a_{21} \Delta b_1^{(k)} + a_{22} \Delta b_2^{(k)} + \cdots + a_{2m} \Delta b_m^{(k)} = a_{2y} \\
\qquad\qquad\qquad \vdots \\
a_{m1} \Delta b_1^{(k)} + a_{m2} \Delta b_2^{(k)} + \cdots + a_{mm} \Delta b_m^{(k)} = a_{my}
\end{cases}
\qquad 首次迭代时 \ k = 0 \tag{3.4-5}
$$

式中

$$
\begin{cases}
a_{iq} = \displaystyle\sum_{j=1}^{n} \frac{\partial f_{j0}}{\partial b_i} \cdot \frac{\partial f_{j0}}{\partial b_q} & (i, q = 1, 2, \cdots, m) \\[3mm]
a_{iy} = \displaystyle\sum_{j=1}^{n} \frac{\partial f_{j0}}{\partial b_i} \cdot (y_i - f_{j0}) & (i = 1, 2, \cdots, m)
\end{cases}
\tag{3.4-6}
$$

解方程组（3.4-5）可得 $\Delta b_i^{(k)}$（第一次迭代时，$k=0$）。

经过多次迭代后，当 $|\Delta b_i^{(k)}|$ 足够小时，迭代结束。取 $b_i^{(k+1)} = b_i^{(k)} + \Delta b_i^{(k)}$ 为模型参数的近似解。

高斯－牛顿法估计非线性模型参数的计算步骤归纳如下：

（1）给出初值 $b_i^{(0)}$，记 $b_i^{(1)} = b_i^{(0)} + \Delta b_i^{(0)}$，把求解 b_i 的问题转换为求解 $\Delta b_i^{(0)}$。

（2）利用泰勒展开，将非线性模型函数线性化，构造方程组（3.4-5），从中解出 $\Delta b_i^{(0)}$。

（3）用 $\Delta b_i^{(0)}$ 修正 $b_i^{(0)}$，得 $b_i^{(1)}$；以 $b_i^{(1)}$ 作为新初值，记 $b_i^{(2)} = b_i^{(1)} + \Delta b_i^{(1)}$，重新构造方程组，求解 $\Delta b_i^{(1)}$。重复迭代，直到

$$\max_{1 \leq i \leq m} |\Delta b_i^{(k)}| \leq \varepsilon \tag{3.4-7}$$

式中，ε 为允许误差。

高斯－牛顿最小二乘法的计算过程之所以要经过反复迭代修正，是因为泰勒级数展开时忽略了二次以上的高次项，若 $|\Delta b_i^{(k)}|$ 较大，则"忽略"不能成立；但一般地，修正后的 $b_i^{(k+1)}$ 比 $b_i^{(k)}$ 更接近真实值。多次迭代后，$|\Delta b_i^{(k)}|$ 逐次缩小，直到"忽略"成立，迭代收敛。

当迭代过程中 $|\Delta b_i^{(k)}|$ 没有逐次缩小，修正后的 $b_i^{(k+1)}$ 比 $b_i^{(k)}$ 更远离真实值时，称为迭代发散。迭代的收敛与发散关键在于初值 $b_i^{(0)}$ 的选取。高斯－牛顿最小二乘法的难点不在于计算工作量大，而在于选择初值。为方便初值选取，使在"不好"的初值下也能收敛，可以对高斯－牛顿最小二乘法进行改进。

3.4.2.2 阻尼最小二乘法

阻尼最小二乘法是高斯－牛顿法的改进。对构成迭代序列的公式

$$\boldsymbol{b}^{(k+1)} = \boldsymbol{b}^{(k)} + \Delta \boldsymbol{b}^{(k)}$$

进行改进，增加沿原牛顿迭代方向的一维寻优，类似于梯度法（又称最速下降法，是求解非线性方程组的另外一种方法），使迭代公式为：

$$\boldsymbol{b}^{(k+1)} = \boldsymbol{b}^{(k)} + \lambda_k \Delta \boldsymbol{b}^{(k)} \tag{3.4-8}$$

式中，λ_k 为一维搜索得到的最优步长，与 $\boldsymbol{b}^{(k)}$ 点的梯度有关，满足

$$f(\boldsymbol{b}^{(k)} + \lambda_k \Delta \boldsymbol{b}^{(k)}) = \min_{\lambda > 0} f(\boldsymbol{b}^{(k)} + \lambda \Delta \boldsymbol{b}^{(k)})$$

这种思想也可以参考本书 2.4 节介绍的求解无约束非线性规划问题的下降迭代法和多变量函数寻优的牛顿法的改进。这相当于在方程组（3.4-5）的主对角线上加入阻尼因子 λ_k，变为

$$\begin{cases} (a_{11} + \lambda_k) \Delta b_1^{(k)} + a_{12} \Delta b_2^{(k)} + \cdots + a_{1m} \Delta b_m^{(k)} = a_{1y} \\ a_{21} \Delta b_1^{(k)} + (a_{22} + \lambda_k) \Delta b_2^{(k)} + \cdots + a_{2m} \Delta b_m^{(k)} = a_{2y} \\ \vdots \\ a_{m1} \Delta b_1^{(k)} + a_{m2} \Delta b_2^{(k)} + \cdots + (a_{mm} + \lambda_k) \Delta b_m^{(k)} = a_{my} \end{cases} \tag{3.4-9}$$

显然，当 $\lambda_k = 0$ 时，阻尼最小二乘法就还原为高斯－牛顿法。最优步长 λ_k 的选取原则为：λ_k 随迭代过程的进行而不断变化，收敛情况下，选较小的 λ_k，以减少迭代次数；在不能保证收敛时，选较大的 λ_k。可见，λ_k 随迭代过程而变化，即随迭代序次 k 的不同而取不同的值。

实践已证明，对某些 $b_i^{(0)}$ 来说，使用高斯－牛顿最小二乘法不能收敛时，经过阻尼，仍用原来的 $b_i^{(0)}$，则能收敛到真实解。所以阻尼最小二乘法放宽了对初值的要求，不过计算工作量增加了。高斯－牛顿法与阻尼最小二乘法对初值要求的比较举例见表 3.4-2。

表 3.4-2　高斯－牛顿最小二乘法与阻尼最小二乘法对初值要求的比较

高斯－牛顿	初值 $b^{(0)}$	0.02	0.03	0.04	0.05	0.1	0.2
最小二乘法	收敛时迭代次数	7	7	8	发 散	发 散	发 散
阻尼	初值 $b^{(0)}$	0.02	0.1	0.4	0.5	0.6	1.0
最小二乘法	收敛时迭代次数	6	18	9	发 散	发 散	发 散

【例 3.4-1】　实际分配曲线模型参数估计。某选煤机的实际分配率见表 3.4-3，拟采用反正切函数对其分配曲线进行拟合，函数形式为：

$$y = 100\frac{b_1 - \tan^{-1}(b_2(x - b_3))}{b_1 - b_4}$$

式中，$b_i(i=1,2,3,4)$ 为模型参数。试用阻尼最小二乘法计算模型参数。

表 3.4-3　某选煤机的实际分配率

密度/g·cm^{-3}	-1.3	1.3~1.4	1.4~1.5	1.5~1.6	1.6~1.8	+1.8
平均密度 x/g·cm^{-3}	1.25	1.35	1.45	1.55	1.70	2.00
分配率 y/%	0	1.8	5.2	14.3	44.9	91.1

解： 利用阻尼最小二乘法程序，以反正切模型为目标函数，并输入表 3.4-3 中的原始数据，迭代初值取

$$b_1 = 0.45,\quad b_2 = 12,\quad b_3 = 1.45,\quad b_4 = 3$$

运行后得模型参数的估计值如下：

$$b_1 = 0.47771,\quad b_2 = 8.35824,\quad b_3 = 1.70917,\quad b_4 = 3.20396$$

拟合曲线的标准差为：$\sigma = 1.19544$

3.5　正交回归建模

回顾 3.3 节中讨论的多项式回归与多元线性回归的建模过程，求解方程组的计算（如矩阵求逆等）都非常复杂，同时，回归系数的相关性也使计算量增大。如果在一定条件下使正规方程组式（3.3-21）的系数矩阵变为对角矩阵，就能很大程度上简化计算并消去回归系数的相关性，称为回归模型的"正交化"。满足了这种以对角阵为系数矩阵的回归，就是正交回归，相应的建模过程称为正交回归建模。

本章之前内容介绍的建模方法，只是被动地处理已有数据集，对实验的安排没有提出任何要求。但别忘了，本书第 1 章介绍的经验模型建立方法中是可以包括实验设计的，本章开始也介绍过建模原始数据来源的可控实验法。所以，条件许可时，不妨从建模需要出发去主动设计实验方案并获得建模所需原始数据。

正交实验法是一种被广泛使用的多因素组合实验方法，它通过有意识地实验安排，以部分实验来获得对全体因素中任意两个因素的带有等重复的全部实验，实验条件本身就符

合正交性。所以以正交实验获得的原始数据进行回归分析，可以构成正交回归，计算量减少进而提高建模的效率。这种综合了正交实验设计和回归分析优点的建模方法称为正交实验回归。正交实验回归能将实验安排、数据处理、回归分析等建模步骤统筹计划，能做到实验点少、计算简单，同时还能得到较高精度的模型，无疑是矿物加工数学建模中十分优越的方法。

另外，通过用正交多项式代替一元多项式模型中的各次幂，可以避免正规方程组 (3.3-21) p 较大时的病态（病态的方程组导致结果误差较大），把正规方程组的系数矩阵化为对角矩阵，从而简化计算和分析，称为正交多项式回归。

正交多项式回归与正交实验回归都属正交回归建模方法。

3.5.1 一次正交实验回归建模

正交实验回归建模通过正交表合理安排实验，并使获得的原始数据符合正交多项式对实验点等间距的要求，可以用较少的实验通过简单计算建立多元回归方程。按自变量的方次，可以分为一次正交实验回归和二次正交实验回归，高于二次的正交实验回归很少使用。

正交实验回归建模的大体步骤为：先对影响因素进行编码，再建立因变量对编码的回归方程，最后通过反编码，求出因变量对原始影响因素的回归方程。

下面介绍一次正交实验回归建模的计算过程。一次正交实验回归建模中，要使用二水平的正交表进行实验设计和计算。有关运用正交表安排正交实验的实验设计问题，可参阅其他相关书籍。

（1）确定因子的变化范围。回归模型中的影响因素（或自变量）在正交实验设计中称为因子。

设要研究 m 个因子 Z_1，Z_2，$\cdots$，Z_m 与某项指标 y 的关系，需要根据专业知识与建模要求确定各因子的变化范围。因子 $Z_j(j = 1，2，\cdots，m)$ 变化的下界和上界分别用 Z_{1j}、Z_{2j} 表示，实验在 Z_{1j} 与 Z_{2j} 水平上进行，称 Z_{1j}、Z_{2j} 分别为因子 Z_j 的下水平和上水平。Z_j 的零水平为：

$$Z_{0j} = \frac{Z_{1j} + Z_{2j}}{2} \tag{3.5-1}$$

因子的变化区间 Δ_j 为：

$$\Delta_j = \frac{Z_{2j} - Z_{1j}}{2} \tag{3.5-2}$$

（2）对各因子的水平进行编码。为安排正交实验与便于计算，对上述因子的各水平进行线性变换，使各因子的实验取值规范化，称为编码，如图 3.5-1 所示。

变换公式为：

$$x_j = \frac{Z_j - Z_{0j}}{\Delta_j} \tag{3.5-3}$$

则　　　　　　　　零水平：$x_{0j} = \dfrac{Z_{0j} - Z_{0j}}{\Delta_j} = 0 \tag{3.5-4}$

下水平：$x_{1j} = \dfrac{Z_{1j} - Z_{0j}}{\Delta_j} = -1 \tag{3.5-5}$

$$上水平：x_{2j} = \frac{Z_{2j} - Z_{0j}}{\Delta_j} = 1 \qquad (3.5\text{-}6)$$

可见，通过编码，因子 $Z_j \in [Z_{1j}, Z_{2j}]$ 对应为编码值 $x_j \in [-1, 1]$，y 对 Z_j 的回归问题转换成 y 对 x_j 的回归问题。为方便，将各因子的编码方法总结成表 3.5-1。

表 3.5-1 各因子各水平的编码

因 子	Z_1	Z_2	…	Z_m
下水平（-1）	Z_{11}	Z_{12}	…	Z_{1m}
上水平（+1）	Z_{21}	Z_{22}	…	Z_{2m}
变化区间 Δ	Δ_1	Δ_2	…	Δ_m
零水平（0）	Z_{01}	Z_{02}	…	Z_{0m}

编码使被研究的各因子从有量纲变为无量纲，从物理量的各自特殊范围都一致化到 $[-1, 1]$ 范围，每因素的每水平都"平等"了。例如，两个因素的模型，经过编码会由图 3.5-2a 所示矩形的因子空间变换到图 3.5-2b 所示正方形的编码空间，保证因子取值的正交性和合理性，以方便后续计算和分析。

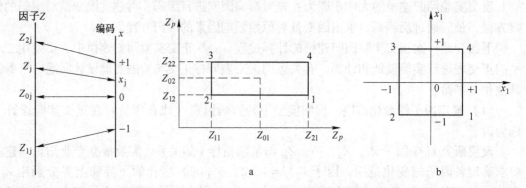

图 3.5-1 因子各水平的编码   图 3.5-2 从因子空间到编码空间

a—因子空间；b—编码空间

（3）选择适当的正交表。一次正交实验回归需选用二水平的正交表，如 $L_4(2^3)$，$L_8(2^7)$，$L_{12}(2^{11})$，$L_{16}(2^{15})$ 等。选定正交表后，需要对一般正交实验设计中的正交表进行如下变换：用"-1"替换原表中的"2"，以适应前述对因子水平的编码。此时，正交表中"1"与"-1"，除了表示因子的水平的不同状态，也同时代表了因子水平变化的数量大小。经过这种代换后，交互作用列还可直接由相应几列的对应因子相乘而得出，不用再列出交互作用表，给计算带来方便。常用二水平正交表的变换结果见表 3.5-2 和表 3.5-3。

表 3.5-2 二水平二因子正交表 $L_4(2^3)$

实验号	x_1	x_2	$x_1 x_2$
1	1	1	1
2	1	-1	-1
3	-1	1	-1
4	-1	-1	1

表 3.5-3 二水平三因子正交表 $L_8(2^7)$

实验号	x_1	x_2	x_3	x_1x_2	x_1x_3	x_2x_3	$x_1x_2x_3$
1	1	1	1	1	1	1	1
2	1	1	–1	1	–1	–1	–1
3	1	–1	1	–1	1	–1	–1
4	1	–1	–1	–1	–1	1	1
5	–1	1	1	–1	–1	1	–1
6	–1	1	–1	–1	1	–1	1
7	–1	–1	1	1	–1	–1	1
8	–1	–1	–1	1	1	1	–1

需要采用哪一种正交表安排实验，要根据因子数目和交互作用情况而定。选定正交表后，将各因子的编码放入正交表的相应列上，就组成了一张实验计划表。例如，三因子的实验选用了 $L_8(2^7)$ 正交表，得到的全因子实验计划见表 3.5-4。这 8 个实验点在编码空间的分布如图 3.5-3 所示，8 个实验点正好位于正方体的 8 个顶点上。

若以 x_{ij} 表示第 i 次实验中某个因子 j 的编码值，则表 3.5-4 的实验计划有下述性质

$$\begin{cases} \text{任一列的和} \quad \sum x_{ij} = 0 \\ \text{任二列的内积} \quad \sum x_{ij}x_{if} = 0 \end{cases} \tag{3.5-7}$$

式中，x_{if} 代表第 i 次实验中因子 f 的编码值。显然，正交实验回归建模中安排的实验计划具有正交性。

表 3.5-4 三个因子的实验计划

实验号	x_1	x_2	x_3
1	1	1	1
2	1	1	–1
3	1	–1	1
4	1	–1	–1
5	–1	1	1
6	–1	1	–1
7	–1	–1	1
8	–1	–1	–1

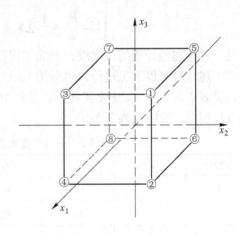

图 3.5-3 三因子编码的空间分布

（4）回归系数的计算与检验。设 y 与 m 个因子（编码为 x_j，$j = 1, 2, \cdots, m$）的回归方程为：

$$\hat{y} = \hat{b}_0 + \hat{b}_1 x_1 + \hat{b}_2 x_2 + \cdots + \hat{b}_m x_m$$

根据正交设计进行了 n 次实验，实验结果为：

$$x_{ji}, y_i \quad (i = 1, 2, \cdots, n; j = 1, 2, \cdots, m)$$

代入求解多元线性回归的正规方程组式 (3.3-40)，得：

$$
\begin{cases}
n\hat{b}_0 + & 0 & & = \sum y_i \\
0 + & \hat{b}_1 \sum x_{1i}^2 + & 0 & = \sum x_{1i} y_i \\
& & \vdots & \\
& 0 + & b_m \sum x_{mi}^2 & = \sum x_{mi} y_i
\end{cases}
$$

方程中的其他系数因为"正交"而为零。而

$$
\sum x_{ji}^2 = n \qquad j = 1, 2, \cdots, m
$$

所以，有

$$
\begin{cases}
n\hat{b}_0 + & 0 & & = \sum y_i \\
0 + & n\hat{b}_1 + & 0 & = \sum x_{1i} y_i \\
& & \vdots & \\
& 0 + & n\hat{b}_m & = \sum x_{mi} y_i
\end{cases}
$$

为方便，令

$$
\boldsymbol{B} = \begin{bmatrix} \sum y_i \\ \sum x_{1i} y_i \\ \vdots \\ \sum x_{mi} y_i \end{bmatrix} = \begin{bmatrix} \beta_0 \\ \beta_1 \\ \vdots \\ \beta_m \end{bmatrix}
$$

很容易解得

$$
\begin{cases}
\hat{b}_0 = \dfrac{\beta_0}{n} = \dfrac{1}{n} \sum y_i \\[2mm]
\hat{b}_j = \dfrac{\beta_j}{n} = \dfrac{1}{n} \sum x_{ji} y_i \qquad j = 1, 2, \cdots, m
\end{cases}
\qquad (3.5\text{-}8)
$$

可见，由于实验计划的正交性，消除了回归系数之间的相关性，简化了计算。

上述计算可以手工进行，也可用 Execl 电子表格实现，为方便，把计算步骤总结成表格，见表 3.5-5。一次正交实验回归分析中，有关检验的计算与多元线性回归分析中的检验方法相同，总结成表 3.5-6。

表 3.5-5 一次正交实验回归分析的回归系数计算表

实验号	x_0	x_1	x_2	$\cdots$	x_m	y
1	1	x_{11}	x_{21}	$\cdots$	x_{m1}	y_1
2	1	x_{12}	x_{22}	$\cdots$	x_{m2}	y_2
$\vdots$	$\vdots$	$\vdots$	$\vdots$	$\cdots$	$\vdots$	$\vdots$
n	1	x_{1n}	x_{2n}	$\cdots$	x_{mn}	y_p
β_j	$\sum y_i$	$\sum x_{1i} y_i$	$\sum x_{2i} y_i$	$\cdots$	$\sum x_{mi} y_i$	$\sum y_i^2$
$\hat{b}_j = \beta_j/n$	β_0/n	β_1/n	β_2/n	$\cdots$	β_m/n	$\sum_{\text{总}} = \sum y_i^2 - \beta_0^2/n$
$p_j = \hat{b}_j \beta_j$	p_0	p_1	p_2	$\cdots$	p_m	$\sum_{\text{剩}} = \sum_{\text{总}} - \sum\limits_{j=1}^{m} p_j$

表 3.5-6　一次正交实验回归分析的检验计算表

来源	平方和	自由度	均方和	统计量 F
x_1	p_1	1	p_1	$\dfrac{p_1}{\sum_{剩}/(n-m-1)}$
x_2	p_2	1	p_2	$\dfrac{p_2}{\sum_{剩}/(n-m-1)}$
$\vdots$	$\vdots$	$\vdots$	$\vdots$	$\vdots$
x_m	p_m	1	p_m	$\dfrac{p_m}{\sum_{剩}/(n-m-1)}$
回归	$\sum_{回}=\sum\limits_{j=1}^{p}p_j$	m	$\sum_{回}/m$	$\dfrac{\sum_{回}/m}{\sum_{剩}/(n-m-1)}$
剩余	$\sum_{剩}=\sum_{总}-\sum_{回}$	$n-m-1$	$\sum_{剩}/(n-m-1)$	
总计	$\sum_{总}=\sum y_i^2-\beta_0^2/n$	$n-1$		

表中，各因素的偏回归平方和 $p_j=n\hat{b}_j^2$，表明 $|\hat{b}_j|$ 的大小直接反映第 j 个因素对因变量 y 作用的大小，即 $|\hat{b}_j|$ 越大，相应自变量 x_j 的偏回归平方和就越大，对因变量 y 的影响越大。同时，$\hat{b}_j$ 的符号反映出 x_j 对 y 作用的增减趋势。回归系数不受自变量单位和取值范围的影响，正是由因子水平编码带来的便利。

所以，当对回归分析的精度要求不高时，可以省略最后的检验计算，直接剔除接近零值回归系数对应的因素，并且也不需要对剩余因素重新计算。

（5）对各因子的水平反编码以得到最终模型。根据计算得到回归系数，即得编码模型。再按前述编码中的线性变换公式，进行反方向变换，即从编码空间变换到因子空间，将 y 对 x_j 的回归方程转换成 y 对 $Z_j(j=1,2,\cdots,m)$ 的回归方程，即可得到最终模型。

【例 3.5-1】　建立跳汰机风量、水量对选煤效率影响的多元线性回归模型。在实验室跳汰机上，为了考察风量、水量对选煤数量效率的影响，在保持其他条件稳定的前提下，进行三因素二水平实验，实验结果见表 3.5-9 最后一列。各因子的单位及范围见表 3.5-7。试用一次正交实验回归建立回归模型。

表 3.5-7　跳汰机实验中的因素与水平

因　素	下水平值	上水平值
筛下水量 $Z_1/\mathrm{m^3 \cdot h^{-1}}$	30	40
平冲水量 $Z_2/\mathrm{m^3 \cdot h^{-1}}$	7	12
风量 $Z_3/\mathrm{m^3 \cdot min^{-1}}$	2.8	3.2

解：

（1）根据给定的因子变化范围确定各因子的各个水平，并对因子的各水平进行编码，见表 3.5-8。

表 3.5-8 例 3.5-1 因子编码表

因 子	筛下水量 Z_1	平冲水量 Z_2	风量 Z_3
下水平（-1）	30	7	2.8
上水平（+1）	40	12	3.2
变化区间 Δ	5	2.5	0.2
零水平（0）	35	9.5	3.0

（2）用正交表安排实验，得出实验结果，见表 3.5-9。

表 3.5-9 例 3.5-1 跳汰机正交实验安排及实验结果

实验号	x_1	x_2	x_3	数量效率
1	1	1	1	92
2	1	1	-1	82
3	1	-1	1	94
4	1	-1	-1	84
5	-1	1	1	87
6	-1	1	-1	86
7	-1	-1	1	85
8	-1	-1	-1	78

（3）通过 Execl 表格计算回归系数，其截图如图 3.5-4 所示。检验计算略。

实验号	x_0	x_1	x_2	x_3	x_1x_2	x_1x_3	x_2x_3	$x_1x_2x_3$	y
1	1	1	1	1	1	1	1	1	92
2	1	1	1	-1	1	-1	-1	-1	82
3	1	1	-1	1	-1	1	-1	-1	94
4	1	1	-1	-1	-1	-1	1	1	84
5	1	-1	1	1	-1	-1	1	-1	87
6	1	-1	1	-1	-1	1	-1	1	86
7	1	-1	-1	1	1	-1	-1	1	85
8	1	-1	-1	-1	1	1	1	-1	78
β_j	688	16	6	28	-14	12	-6	6	59354
$\hat{b}_j$	86	2	0.75	3.5	-1.75	1.5	-0.75	0.75	186
p_j		32	4.5	98	24.5	18	4.5	4.5	0

图 3.5-4 例 3.5-1 回归系数计算的 Excel 截图

（4）各因子的水平反编码，得到最终模型。由计算结果，得出的编码模型为：

$$y = 86 + 2x_1 + 0.75x_2 + 3.5x_3 - 1.75x_1x_2 + 1.5x_1x_3 - 0.75x_2x_3 + 0.75x_1x_2x_3$$

根据编码的线性转换公式

$$x_1 = \frac{Z_1 - 35}{5}, \quad x_2 = \frac{Z_2 - 9.5}{2.5}, \quad x_3 = \frac{Z_3 - 3}{0.2}$$

将 x_1、x_2、x_3 代入编码模型，整理后得最终模型

$$y = -214.4 + 5.78Z_1 + 41.2Z_2 + 79Z_3 - 1.04Z_1Z_2 - 1.35Z_1Z_3 - 12Z_2Z_3 + 0.3Z_1Z_2Z_3$$

（5）建模结果分析。从编码模型看，x_1、x_2、x_3 的系数均为正号，表明在跳汰机所采用的操作范围内，提高筛下水量、平冲水量和风量均有利于提高跳汰选煤数量效率，并且提高风量对效率的影响最大，提高平冲水量的影响较小。从自变量的交互项看，筛下水量、平冲水量和风量三个因素均有交互作用，并且筛下水量和风量的交互作用有利于提高效率，两种水量的交互作用不利于效率提高。

3.5.2　正交多项式回归建模

多项式回归建模中，若令多项式的自变量 x 取值等间隔，就可按正交多项式回归进行建模。这样，就可以"规避"多元线性回归分析的两个弱点：其一，计算复杂程度随自变量个数的增加而迅速增加；其二，由于回归系数间存在相关性，消去一个自变量后，必须再从头到尾重新进行一遍建模计算。这种"规避"大计算量的根本是因为正规方程组系数矩阵的求逆运算（式（3.3-46））得以简化，同时消去了回归系数的相关性。

可以仿照一次正交实验回归的思路，找到把正规方程组系数矩阵转化为对角矩阵的条件，从而简化计算和分析。

下面以一元二次多项式模型为例，推导方程组系数矩阵转换为对角矩阵的条件，介绍正交多项式回归建模的方法。

对一元二次多项式回归模型

$$y = a_0 + a_1 x + a_2 x^2 \qquad i = 1, 2, \cdots, n \tag{3.5-9}$$

式中，a_0 为常数项，a_1、a_2 为回归系数（注：本节之后的表达中，略去了回归方程中常数项和回归系数顶部的"^"号）。

回归建模的数据集为 $(x_i, y_i), i = 1, 2, \cdots, n$。

用以下两个多项式分别代替式（3.5-9）中自变量的一次项和二次项

$$\begin{cases} X_1(x) = x + k_{10} \\ X_2(x) = x^2 + k_{21}x + k_{20} \end{cases} \tag{3.5-10}$$

则，原始回归方程变为

$$y = b_0 + b_1 X_1(x) + b_2 X_2(x) \tag{3.5-11}$$

将该方程看作二元线性回归模型，按最小二乘法构造 Q，再令 Q 对 b_0，b_1，b_2 的偏导数为零，得正规方程组

$$\begin{cases} nb_0 + b_1 \sum X_1(x_i) + b_2 \sum X_2(x_i) = \sum y_i \\ b_0 \sum X_1(x_i) + b_1 \sum X_1^2(x_i) + b_2 \sum X_1(x_i)X_2(x_i) = \sum y_i X_1(x_i) \\ b_0 \sum X_2(x_i) + b_1 \sum X_1(x_i)X_2(x_i) + b_2 \sum X_2^2(x_i) = \sum y_i X_2(x_i) \end{cases} \tag{3.5-12}$$

式中，$\sum$ 表示 $\sum_{i=1}^{n}$。

下面通过调节 k_{10}，k_{20}，k_{21} 使系数矩阵

$$A = \begin{bmatrix} n & \sum X_1(x_i) & \sum X_2(x_i) \\ \sum X_1(x_i) & \sum X_1^2(x_i) & \sum X_1(x_i)X_2(x_i) \\ \sum X_2(x_i) & \sum X_1(x_i)X_2(x_i) & \sum X_2^2(x_i) \end{bmatrix} \qquad (3.5\text{-}13)$$

变为对角矩阵。为此，应使

$$\begin{cases} \sum X_1(x_i) = 0 \\ \sum X_2(x_i) = 0 \\ \sum X_1(x_i)X_2(x_i) = 0 \end{cases}$$

满足上述条件的一组多项式 $X_1(x_i)$、$X_2(x_i)$ 称为正交多项式。式（3.5-11）因而被视为正交多项式模型。

将式（3.5-10）代入，得

$$\begin{cases} \sum (x_i + k_{10}) = 0 \\ \sum (x_i^2 + k_{21}x_i + k_{20}) = 0 \\ \sum (x_i + k_{10}) \cdot (x_i^2 + k_{21}x_i + k_{20}) = 0 \end{cases}$$

可以证明，只要 x_i 值等间隔（即 x_i（$i = 1, 2, \cdots, n$）为等差序列），并取

$$\begin{cases} k_{10} = -\dfrac{1}{n}\sum x_i = -\bar{x} \\ k_{21} = -2\bar{x} \\ k_{20} = \bar{x}^2 - \dfrac{1}{n}\sum (x - \bar{x})^2 \end{cases} \qquad (3.5\text{-}14)$$

亦即：

$$\begin{cases} X_1(x_i) = x_i - \bar{x} \\ X_2(x_i) = (x_i - \bar{x})^2 - \dfrac{1}{n}\sum (x_i - \bar{x})^2 \end{cases} \qquad (3.5\text{-}15)$$

即可把正规方程组的系数矩阵变为对角矩阵。

此时，方程组（3.5-12）简化为：

$$\begin{cases} nb_0 & + & 0 & + & 0 & = \sum y_i \\ 0 & + & b_1 \sum X_1^2(x_i) & + & 0 & = \sum y_i X_1(x_i) \\ 0 & + & 0 & + & b_2 \sum X_2^2(x_i) & = \sum y_i X_2(x_i) \end{cases} \qquad (3.5\text{-}16)$$

容易解得正交多项式模型式（3.5-11）的回归系数为

$$\begin{cases} b_0 = \dfrac{1}{n}\sum y_i \\ b_1 = \dfrac{\sum y_i X_1(x_i)}{\sum X_1^2(x_i)} \\ b_2 = \dfrac{\sum y_i X_2(x_i)}{\sum X_2^2(x_i)} \end{cases} \qquad (3.5\text{-}17)$$

推广到一元 k 次多项式，令

$$S_j = \sum X_j^2(x_i) \qquad j = 1, 2, \cdots, k \qquad (3.5\text{-}18)$$

则，正交多项式模型的回归系数通用公式为：

$$\begin{cases} b_0 = \dfrac{1}{N}\sum y_i = \dfrac{\beta_0}{n} \\ b_j = \dfrac{\sum y_i X_j(x_i)}{\sum X_j^2(x_i)} = \dfrac{\beta_j}{S_j} \end{cases} \quad 其中：\begin{array}{l} \beta_0 = \sum y_i \\ \beta_j = \sum y_i X_j(x_i) \end{array} \qquad (3.5\text{-}19)$$

将上述回归系数代入正交多项式模型，进行反替换，即可得到原始回归模型。

由于多项式模型的回归系数之间无相关性，所以剔除某一多项式（对原模型，剔除的是自变量的某次幂）后，不用用再对回归方程进行重新计算。

根据式（3.3-55），对于多项式 $X_j(x_i)$，偏回归平方和为

$$p_j = \frac{\beta_j^2}{S_j} \qquad (3.5\text{-}20)$$

对二次多项式，回归平方和等于各次正交多项式的偏回归平方和之和

$$\sum_{回} = \frac{\beta_1^2}{S_1} + \frac{\beta_2^2}{S_2} = P_1 + P_2 \qquad (3.5\text{-}21)$$

总偏差平方和为 $\qquad \sum_{总} = \sum_{回} + \sum_{剩} = P_1 + P_2 + Q \qquad (3.5\text{-}22)$

正交多项式回归方程（3.5-11）及其回归系数的显著性检验计算，总结成表 3.5-10。

表 3.5-10 正交多项式模型的显著性检验

偏差来源	平方和	自由度	均方和	统计量 F
回归	$\sum_{回} = P_1 + P_2$	2	$\sum_{回}/2$	$\dfrac{\sum_{回}/2}{\sum_{剩}/(n-3)}$
一次项	$P_1 = \beta_1^2/S_1$	1	P_1	$\dfrac{P_1}{\sum_{剩}/(n-3)}$
二次项	$P_2 = \beta_2^2/S_2$	1	P_2	$\dfrac{P_2}{\sum_{剩}/(n-3)}$
剩余	$\sum_{剩} = \sum_{总} - \sum_{回}$	$n-3$	$\sum_{剩}/(n-3)$	
总计	$\sum_{总} = \sum y_i^2 - (\sum y_i)^2/n$	$n-1$		

当 $F_j < F_\alpha$ 时，$X_j(x)$ 项不显著，可以剔除。

由上可知，只要满足原始数据的自变量为等间隔（这在矿物加工过程中是可以做到的，必要时也可以通过对原始数据插值得到），用正交多项式代替一元多项式模型中的各次幂，就可以把由最小二乘法得到的正规方程组系数矩阵化为对角矩阵，从而简化建模的计算过程。

4 插 值 模 型

本章讨论矿物加工数学建模中插值模型的建立方法。

4.1 概 述

插值法是一种应用十分广泛的数值方法。由插值法建立的模型称为插值模型。"插值"是指用一个简单函数在满足一定条件（往往是已知一批数据）下，在某个范围内近似代替另一个较为复杂或者解析表达式未给出的函数，以便于简化对后者的各种计算或揭示后者的某些性质。矿物加工数学建模中的插值问题，基本上都属于"解析表达式未给出"情形。例如，在研究某些变量间的关系时，可以通过实验手段或直接观察测量获得一组数据，如何通过这些已测数据"推算"一些未测点数据？如何在计算机中"顺势"绘制通过所有这些数据的光滑曲线？又如，查数学用表等表格时，如果表中没有待查点，如何通过待查点附近的一些数值"推算"出该待查点的值。这些问题都能通过插值法解决。

插值法的特点是强调"贴合"或"逼近"的效果，特别是在数据观测点处基本上没有误差。例如建立盘山公路，往往是首先测得一些代表性地点的高程，之后给出目标区域内地形的模拟，以便选择修建公路的具体位置。这时，为节约成本，人们总是要求公路最大限度地经过这些离散观测点。

4.1.1 插值法有关概念

一般来说，如果已知一组数据 $(x_i, y_i)(i=0,1,2,\cdots,n)$，求一个函数 $p(x)$，使满足

$$p(x_i) = y_i \qquad i=0, 1, 2, \cdots, n \qquad (4.1\text{-}1)$$

这种方法称为插值法，$p(x)$ 称为插值函数，也称插值公式或插值模型。$p(x_i)=y_i(i=0,1,2,\cdots,n)$ 称为插值准则。x_i 称为插值节点，含 x_i 的最小区间 $[a,b]$（$a=\min\limits_{0\leqslant i\leqslant n}\{x_i\}$ $b=\max\limits_{0\leqslant i\leqslant n}\{x_i\}$）称为插值区间。

对于给定表达式的函数 $f(x)$（称为被插函数），用 n 次多项式 $P_n(x)$ 对其插值，则在插值节点 x_i 处有 $P_n(x_i)=f(x_i)$，而对节点以外的 x，一般 $P_n(x)\neq f(x)$，称 $R_n(x)=f(x)-P_n(x)$ 为插值公式在点 x 处的截断误差，或插值公式的余项。插值余项可作为插值精度的评价指标。利用插值函数计算插值节点 x_i 处的近似值，总希望插值余项的绝对值更小一些。插值余项反映了"贴合"或"逼近"的精度。

4.1.2 插值法分类

根据角度的不同，插值法有多种分类方法。

（1）按插值多项式的次数分类。由于多项式有许多良好性质，常选用多项式作为插值函数，用 $P_n(x)$ 表示 n 次多项式。用多项式进行插值的方法通常称为多项式插值，此时，可按照 n 值分为一次多项式（又称线性插值）、二次多项式（又称抛物线插值）、三次多项式、高次多项式（又称高阶插值）。实际应用时，要根据具体情况恰当地选择多项式的次数。

插值余项大小的影响因素主要是插值多项式的次数和插值节点的选择。对大多数函数而言，插值余项会随节点个数增加而减少，这时可以用增加节点的方法来提高插值精度。但并不是在任何情况下，插值节点数目越多，插值余项就越小。典型的例子如：

$$f(x) = \frac{1}{1+25x^2} \qquad (-1 \leqslant x \leqslant 1)$$

采用等距节点对其插值，当 $n \to \infty$ 时，会出现振荡现象（因由德国数学家 Runge 发现而称为高次多项式插值的 Runge 现象），图 4.1-1 所示为被插函数（实线）与其不分段 10 次多项式插值函数 $P_{10}(x)$（虚线）的对比。

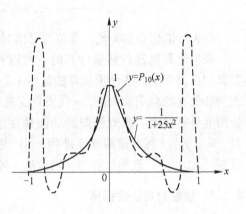

图 4.1-1　全区间高次插值而不收敛的例子

（2）按插值函数的个数分类。由于增加插值节点并不能保证插值多项式更好地逼近被插函数 $f(x)$，因此实际计算中多采用低次的分段插值，即不去寻求整个插值区间上的一个高次多项式，而是把插值区间划分成若干小区间，在每个小区间上用低次多项式进行插值，在整个插值区间上得到一个分段插值函数，称为分段插值。对应地，在所有插值节点构成的单个区间上建立一个插值函数，称为全区间插值。

分段插值时，区间的划分是可任取的；各段插值多项式的次数也是可以根据具体问题进行选择的。计算分段插值时，对给定的 x，为提高插值精度，应选择尽量靠近 x 的（两个或多个）插值节点。

（3）按插值函数的构成形式分类。按插值公式的提出和构成形式，插值可以分为 Lagrange 插值、牛顿插值、Hermite 插值、样条插值等。

（4）按插值函数中自变量的个数分类。若按自变量的个数，插值可以分为一元插值、二元插值等。本章只涉及一元插值。另外，当需要计算的待插值点位于插值区间外时，称为向外插值，此时，插值的准确性很难保证，甚至没有意义。需要十分慎重。

在矿物加工中，有很多一元函数，如粒度特性曲线、可选性曲线、分配曲线、一些表格函数等，可以采用插值法建立模型。使用中，常常采用的是线性插值、抛物线插值、样条插值。如果需要在一组数据中求出少数几个待插值点（非实验点，未测点）的函数值，如加密数据，采用线性插值或抛物线插值即可。如果需要在计算机中根据一组数据绘制光滑曲线，如绘制可选性曲线，则需要计算大量待插值点，可采用样条插值或 Hermite 插值。

本章按分段插值的不同类型介绍矿物加工建模中通常用到的插值方法。这些方法中的插值函数（展开后）都是分段的多项式表达式。分段插值中，需要将整个插值区间划分成多个小区间，每一个小区间称为一个分划。

4.2 拉格朗日插值及其应用

4.2.1 线性插值

在表格数据中，需要计算表格中未列出的某个待插值点的函数值时，线性插值非常方便。当表格数据间隔较小时，插值精度一般都能满足需要。

在已知节点中选取与待插值点相邻的两个节点(x_0, y_0)、(x_1, y_1)，两节点之间的曲线段可用以下直线方程近似

$$y = y_0 + \frac{y_1 - y_0}{x_1 - x_0}(x - x_0) \qquad (4.2\text{-}1)$$

代入待插值点的 x 值，即可计算出对应的函数值。

采用计算机进行插值计算时，可以自动选择待插值点归属的插值区间。线性插值算法如图4.2-1所示，其中 x 代表待插值点的自变量取值，y 代表自变量 x 对应的待插值点处因变量的取值。该流程图的功能是在给定的 n 个插值节点 (x_k, y_k)（按非递减顺序排列）中，找出包含 x 的最小分划 $[x_0, x_1]$，进而计算与 x 对应的 y 值。

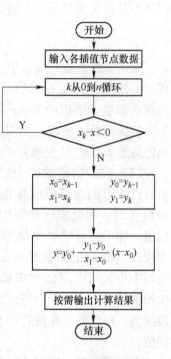

4.2.2 拉格朗日线性插值

将上述线性插值公式变形，可以写成拉格朗日（Lagrange）插值公式形式。

已知节点 (x_0, y_0)、(x_1, y_1)，求一次多项式 $P_1(x)$，使其满足

$$\begin{cases} P_1(x_0) = y_0 \\ P_1(x_1) = y_1 \end{cases} \qquad (4.2\text{-}2)$$

图 4.2-1 线性插值流程图

由直线的两点方程，整理得

$$y = \frac{(x - x_1)}{(x_0 - x_1)}y_0 + \frac{(x - x_0)}{(x_1 - x_0)}y_1 \qquad (4.2\text{-}3)$$

记

$$l_0(x) = \frac{(x - x_1)}{(x_0 - x_1)}, \quad l_1(x) = \frac{(x - x_0)}{(x_1 - x_0)} \qquad (4.2\text{-}4)$$

式（4.2-3）变为：$\qquad P_1(x) = l_0(x)y_0 + l_1(x)y_1 \qquad (4.2\text{-}5)$

公式（4.2-5）称为拉格朗日线性插值公式，而 $l_i(x)(i=0,1)$ 称为拉格朗日插值基函数。所以，拉格朗日插值的特点为，插值多项式 $P_1(x)$ 等于拉格朗日插值基函数的线性组合。

4.2.3 拉格朗日抛物线插值与拉格朗日 n 次插值

拉格朗日抛物线插值，是根据三个已知节点数据，建立过三点的抛物线方程，所以也

称拉格朗日一元三点插值。

若已知三个节点 (x_i, y_i) $(i=0, 1, 2)$，求二次多项式 $P_2(x)$，使其满足

$$P_2(x_i) = y_i \qquad (i=0,1,2) \tag{4.2-6}$$

由拉格朗日插值特点，二次插值公式的构成形式为

$$P_2(x) = l_0(x)y_0 + l_1(x)y_1 + l_2(x)y_2 \tag{4.2-7}$$

根据插值准则，不难推出如下公式

$$y = \frac{(x-x_1)(x-x_2)}{(x_0-x_1)(x_0-x_2)}y_0 + \frac{(x-x_0)(x-x_2)}{(x_1-x_0)(x_1-x_2)}y_1 + \frac{(x-x_0)(x-x_1)}{(x_2-x_0)(x_2-x_1)}y_2 \tag{4.2-8}$$

称为拉格朗日抛物线插值公式。记

$$\begin{cases} l_0(x) = \dfrac{(x-x_1)(x-x_2)}{(x_0-x_1)(x_0-x_2)} = \displaystyle\prod_{j=1}^{2} \dfrac{(x-x_j)}{(x_0-x_j)} \\[3ex] l_1(x) = \dfrac{(x-x_0)(x-x_2)}{(x_1-x_0)(x_1-x_2)} = \displaystyle\prod_{\substack{j=0\\j\neq 1}}^{2} \dfrac{(x-x_j)}{(x_1-x_j)} \\[3ex] l_2(x) = \dfrac{(x-x_0)(x-x_1)}{(x_2-x_0)(x_2-x_1)} = \displaystyle\prod_{j=0}^{1} \dfrac{(x-x_j)}{(x_2-x_j)} \end{cases} \tag{4.2-9}$$

$l_i(x)$ $(i=0,1,2)$ 仍称为拉格朗日插值基函数。于是，插值公式可以表示为

$$P_2(x) = \sum_{i=0}^{2} l_i(x)y_i = \sum_{i=0}^{2} \left(\prod_{\substack{j=0\\j\neq i}}^{2} \frac{(x-x_j)}{(x_i-x_j)} \right) y_i \tag{4.2-10}$$

利用"插值基函数"这种构造方法，可以推出拉格朗日 n 次插值公式。

已知节点 (x_i, y_i) $(i=0,1,2,\cdots,n)$，求 n 次多项式 $P_n(x)$，使其满足

$$P_n(x_i) = y_i, \quad i=0,1,2,\cdots,n \tag{4.2-11}$$

可以推出，拉格朗日 n 次插值基函数为：

$$l_i(x) = \prod_{\substack{j=0\\j\neq i}}^{n} \frac{(x-x_j)}{(x_i-x_j)}, \quad i=0,1,2,\cdots,n \tag{4.2-12}$$

n 次拉格朗日插值公式为：

$$P_n(x) = \sum_{i=0}^{n} l_i(x)y_i = \sum_{i=0}^{n} \prod_{\substack{j=0\\j\neq i}}^{n} \left(\frac{(x-x_j)}{(x_i-x_j)} \right) y_i \tag{4.2-13}$$

4.2.4 应用

用计算机进行拉格朗日抛物线插值时，同样的，首先要根据待插值点取值选择所属分划的三个节点，为提高插值的准确性当然应该尽量选择靠近待插值点的连续的三个已知节点。之后，再代入插值公式计算待插值点的函数值。拉格朗日三点插值算法如图 4.2-2 所示。

给定插值节点为 x_0, x_1, $\cdots$, x_n，则图 4.2-2 中，为待插值点 u 选定所属分划的方法为：

当 $u \leqslant x_1$ 取 x_0, x_1, x_2

当 $u \geqslant x_{n-1}$ 取 x_{n-2}, x_{n-1}, x_n

当 $x_i \leqslant u \leqslant x_{i+1}$, u 靠近 x_i,   取 x_{i-1}, x_i, x_{i+1}

                         u 靠近 x_{i+1},   取 x_i, x_{i+1}, x_{i+2}

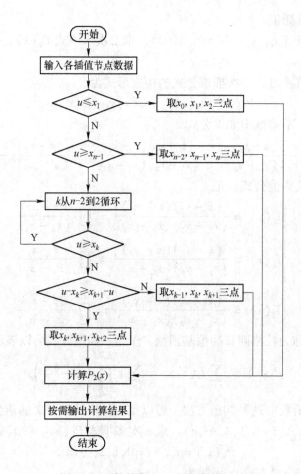

图 4.2-2　拉格朗日三点插值流程图

【例 4.2-1】 已知某原煤浮沉实验数据（见表 4.2-1），试采用拉格朗日三点插值法，编程计算当精煤灰分为 7% 时，对应的理论精煤产率和理论分选密度。

表 4.2-1　原煤浮沉实验结果

密度 $D/\text{g} \cdot \text{cm}^{-3}$	累计产率 $\gamma/\%$	累计灰分 $A/\%$
1.3	21.80	2.80
1.4	55.60	5.10
1.5	67.80	6.80
1.6	71.70	7.60
1.8	76.00	9.50

解： 编写主程序，两次调用拉格朗日三点插值算法子程序。主要步骤包括：

（1）输入原始数据：密度 D，累计产率 γ，累计灰分 A。

（2）以 (A, γ) 为已知节点，调用拉格朗日三点插值算法子程序，计算精煤灰分 7% 时的理论精煤产率。

（3）以 (A, D) 为已知节点，调用拉格朗日三点插值算法子程序，计算精煤灰分 7% 时的理论分选密度。

（4）输出计算结果。计算结果为：

$$A = 7.00 \qquad \gamma = 68.77$$
$$A = 7.00 \qquad D = 1.52$$

4.3　埃尔米特插值及其应用

在 4.2 节讨论的插值方法只要求插值多项式 $P_n(x)$ 满足插值准则式(4.1-1)，即仅对节点处的函数值进行约束，因而所得插值模型不能全面反映被插函数的形态。如果在插值准则基础上再增加对节点处导数的限制，则所构造的多项式一定能更好地逼近被插函数。

埃尔米特（Hermite）插值是带导数条件的一种多项式插值，特点在于，保证插值函数具有一定的光滑程度，而且比将要在 4.4 节中介绍的样条插值条件更宽容、计算更方便。埃尔米特插值法的插值准则为：不仅要求插值多项式在节点处的值等于已知值，而且要求插值多项式在节点处的一阶导数也等于原函数在节点处的一阶导数。

以三次埃尔米特插值公式为例。已知 $(x_i, y_i)(i = 0, 1)$ 及导数值 y'_i，求三次多项式 $H_3(x)$，使其满足

$$\begin{cases} H_3(x_i) = y_i \\ H'_3(x_i) = y'_i & i = 0,1 \end{cases} \tag{4.3-1}$$

借鉴拉格朗日插值法构造插值基函数的思想，可以令

$$H_{2n+1}(x) = \sum_{i=0}^{n} H_i(x)y_i + \sum_{i=0}^{n} h_i(x)y'_i \qquad n = 1 \tag{4.3-2}$$

可以推得

$$H_3(x) = \left(1 + 2\frac{x - x_0}{x_1 - x_0}\right)\left(\frac{x - x_1}{x_0 - x_1}\right)^2 y_0 + \left(1 + 2\frac{x - x_1}{x_0 - x_1}\right)\left(\frac{x - x_0}{x_1 - x_0}\right)^2 y_1 +$$
$$(x - x_0)\left(\frac{x - x_1}{x_0 - x_1}\right)^2 y'_0 + (x - x_1)\left(\frac{x - x_0}{x_1 - x_0}\right)^2 y'_1 \tag{4.3-3}$$

称为两点三次埃尔米特插值。

对于条件不齐全（导数值未知时）的埃尔米特插值，可用待定系数法求解 y'_i。

可以用多种方法确定节点处的导数。比较简单的方法是通过该节点及其前一节点和后一节点建立二次抛物线方程，用抛物线在该节点处的导数作为埃尔米特插值公式的导数值。

令通过 x_{i-1}、x_i、x_{i+1} 的抛物线方程为：

$$px^2 + qx + r = y \tag{4.3-4}$$

代入三个节点的数据，得：

$$\begin{cases} px_{i-1}^2 + qx_{i-1} + r = y_{i-1} \\ px_i^2 + qx_i + r = y_i \\ px_{i+1}^2 + qx_{i+1} + r = y_{i+1} \end{cases} \tag{4.3-5}$$

从该方程组中解得系数 p，q，r，即可计算出 x_i 处的一阶导数

$$m_i = 2px_i + q \tag{4.3-6}$$

同理，也可得出 x_{i+1} 处的一阶导数 m_{i+1}。

将 m_i, m_{i+1} 分别作为 y_0', y_1' 代入式（4.3-3），即可得到两点三次埃尔米特插值公式。

式（4.3-3）不是标准的三次多项式形式。如果需要标准的三次多项式形式的插值公式，可以按如下方法建立埃尔米特三次插值模型。

设有 $n+1$ 组数据（x_i, y_i）（$i=0, 1, 2, \cdots, n$），采用分段插值，每相邻两节点作为一个分段，共分为 n 段。以相邻两节点建立三次多项式

$$y_i = a_i x^3 + b_i x^2 + c_i x + d_i \qquad i=1, 2, \cdots, n \qquad (4.3-7)$$

据两点三次埃尔米特插值的插值准则，对选定的区间 $[x_i, x_{i+1}]$，分别用 m_i、m_{i+1} 表示两节点处的一阶导数，得方程组

$$\begin{cases} a x_i^3 + b x_i^2 + c x_i + d = y_i \\ a x_{i+1}^3 + b x_{i+1}^2 + c x_{i+1} + d = y_{i+1} \\ 3 a x_i^2 + 2 b x_i + c = m_i \\ 3 a x_{i+1}^2 + 2 b x_{i+1} + c = m_{i+1} \end{cases} \qquad (4.3-8)$$

将用抛物线法求得的导数 m_i，m_{i+1} 代入方程组（4.3-8），即可解出系数 a_i，b_i，c_i，d_i，进而得到三次多项式形式的两点三次埃尔米特插值公式。

通过计算机绘制可选性曲线或分配曲线时，可以用分段埃尔米特插值法建立所需要的插值模型，绘出比较光滑的曲线。但是，按照上述方法，插值区间的第一个节点和最后一个节点的导数无法求出。对此，分段插值的第一段和最后一段，可以采用拉格朗日一元三点插值方法。

所以，可采用图 4.3-1 所示步骤，计算可选性曲线或分配曲线的插值模型。图 4.3-1

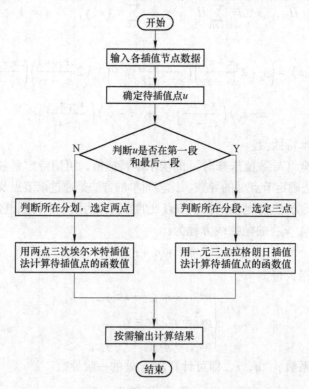

图 4.3-1　用分段埃尔米特插值方法建立可选性曲线或分配曲线插值模型的流程

中的"选点"是指根据插值公式选定所属分划的插值点。需要注意，使用时要按照曲线的矿物加工意义选定插值节点的自变量和因变量。而方程组（4.3-5）与方程组（4.3-8）的数值求解，可参见本书 2.3 节介绍的多元线性方程组的直接解法或迭代解法。

4.4 样条插值及其应用

样条（Spline）插值是一种既能克服高次多项式插值缺陷，又能保证一定光滑性的插值方法，即具有一定光滑性的分段低次多项式插值。所以，在计算机中通过一些已知节点绘制光滑曲线，为保证连接处的光滑性，一般都采用样条插值。

样条一词来源于工程中的样条曲线。船体、汽车或航天器的设计中，模线设计员在描绘经过已知散点的光滑曲线时，往往用细长柔韧的木条或金属条（称为样条）把邻近的几个型值点连接成一条光滑的曲线。这样描绘的曲线，实际上是由多段三次曲线拼接成的曲线，在拼接处，不仅插值函数本身连续，而且其一阶导数、二阶导数也是连续的，通常被称为样条曲线。把样条曲线用严格的数学定义描述，得到的函数就称为样条函数。样条插值时需要提供两个边界节点处的导数信息。

给定插值节点后，将整个插值区间划分成含有 m 个插值节点的多种分划，并允许取不同的 k 值以构成 k 次多项式。因此，针对同样的数据集，可以建立不同分划方法、不同次数的多种形式的样条函数（含有 $(m+k)$ 个自由参数）。其中，三次样条具有连续二阶导数，其曲线的光滑性好，在工程技术中通常使用三次样条作为插值函数。

4.4.1 三次样条插值的基本概念

设给定节点序列 $(x_i, y_i)(i = 0, 1, 2, \cdots, n)$。其中，$x_0 < x_1 < \cdots < x_n$，要求构造函数 $S(x)$，使其满足：

（1）通过相应的节点，即 $S(x_i) = y_i$。

（2）$S(x)$ 在 $[x_0, x_n]$ 上具有连续的一阶导数和二阶导数。

（3）在每个分划 $[x_i, x_{i+1}]$ 上，$S(x)$ 是 x 的三次多项式。

则称 $S(x)$ 为三次样条函数。

4.4.2 三次样条插值公式

根据三次样条函数的三个条件，可以推导出三次样条插值公式。

为确定 $S(x)$ 在各分段上的表达式，可以利用前面介绍的两点三次埃尔米特插值公式（4.3-3）形式。将式（4.3-3）的两个已知节点由 (x_0, y_0)、(x_1, y_1) 换成 (x_i, y_i)、(x_{i+1}, y_{i+1})（其中 $i = 0, 1, 2, \cdots, n-1$），同时 x_i 节点处的一阶导数 y_i' 用 m_i 表示，所得结果作为三次样条函数 $S(x)$ 在 $[x_i, x_{i+1}]$ 的表达式，即：

$$S_i(x) = \left(1 + 2\frac{x - x_i}{x_{i+1} - x_i}\right)\left(\frac{x - x_{i+1}}{x_i - x_{i+1}}\right)^2 y_i + \left(1 + 2\frac{x - x_{i+1}}{x_i - x_{i+1}}\right)\left(\frac{x - x_i}{x_{i+1} - x_i}\right)^2 y_{i+1} +$$

$$(x - x_i)\left(\frac{x - x_{i+1}}{x_i - x_{i+1}}\right)^2 m_i + (x - x_{i+1})\left(\frac{x - x_i}{x_{i+1} - x_i}\right)^2 m_{i+1} \tag{4.4-1}$$

该三次表达式实际上已经满足"通过已知节点"的插值基本条件和一阶导数连续性。这样，只要利用插值准则中的"具有二阶连续导数"将 $m_i (i = 0,1,2,\cdots,n)$ 确定后，分段函数 $S_i(x)$ 便可唯一的表示出来了。

记 $$h_i = x_{i+1} - x_i \tag{4.4-2}$$

对 $S_i(x)$ 求二阶导函数，得：

$$S_i''(x) = \left(\frac{6}{h_i^2} - \frac{12}{h_i^3}(x_{i+1} - x) \right) y_i + \left(\frac{6}{h_i^2} - \frac{12}{h_i^3}(x - x_i) \right) y_{i+1} +$$

$$\left(\frac{2}{h_i} - \frac{6}{h_i^2}(x_{i+1} - x) \right) m_i - \left(\frac{2}{h_i} - \frac{6}{h_i^2}(x - x_i) \right) m_{i+1}$$

则，$S_i(x)$ 在分划区间 $[x_i, x_{i+1}]$ 左端点 x_i 处的二阶导数值为：

$$S_i''(x_i^+) = -\frac{6}{h_i^2} y_i + \frac{6}{h_i^2} y_{i+1} - \frac{4}{h_i} m_i - \frac{2}{h_i} m_{i+1} \tag{4.4-3}$$

同样，利用 $S_{i-1}(x)$ 在分划区间 $[x_{i-1}, x_i]$ 上的表达式，计算出右端点 x_i 处的二阶导数值

$$S_{i-1}''(x_i^-) = \frac{6}{h_{i-1}^2} y_{i-1} - \frac{6}{h_{i-1}^2} y_i + \frac{2}{h_{i-1}} m_{i-1} + \frac{4}{h_{i-1}} m_i \tag{4.4-4}$$

因为 $S_i(x)$ 在整个插值区间上二阶导数连续，即

$$S_{i-1}''(x_i^-) = S_i''(x_i^+)$$

得 $$\frac{6}{h_{i-1}^2} y_{i-1} - \frac{6}{h_{i-1}^2} y_i + \frac{2}{h_{i-1}} m_{i-1} + \frac{4}{h_{i-1}} m_i = -\frac{6}{h_i^2} y_i + \frac{6}{h_i^2} y_{i+1} - \frac{4}{h_i} m_i - \frac{2}{h_i} m_{i+1}$$

整理并记 $$\alpha_i = \frac{h_{i-1}}{h_{i-1} + h_i} \tag{4.4-5}$$

得 $$(1 - \alpha_i) m_{i-1} + 2m_i + \alpha_i m_{i+1} = 3 \left(\frac{1 - \alpha_i}{h_{i-1}}(y_i - y_{i-1}) + \frac{\alpha_i}{h_i}(y_{i+1} - y_i) \right) \tag{4.4-6}$$

该式对 $i = 1,2,\cdots,n-1$ 均成立，可得 $n-1$ 个含 m_i 的方程组

$$(1 - \alpha_i) m_{i-1} + 2m_i + \alpha_i m_{i+1} = \beta_i \tag{4.4-7}$$

式中 $$\beta_i = 3 \left(\frac{1 - \alpha_i}{h_{i-1}}(y_i - y_{i-1}) + \frac{\alpha_i}{h_i}(y_{i+1} - y_i) \right) \quad i = 1,2,\cdots,n-1 \tag{4.4-8}$$

这是一个含 $n+1$ 个未知量 m_i 的 $n-1$ 个线性方程组，有无穷多组解。实际应用时，需根据原始数据两个边界节点（首个插值节点与末个插值节点）的导数信息补充两个附加条件（称为端点条件或边界条件），才可以唯一地确定一组解。常见的端点条件有：

（1）第一种边界条件。给定端点处的一阶导数，即：$f'(x_0) = m_0$，$f'(x_n) = m_n$，方程组有唯一解，称为第一种边界条件的三次样条插值。

（2）第二种边界条件。已知端点处的二阶导数为 0，称为第二种边界条件的三次样条插值，常称为自然样条。即：

$$f''(x_0) = f''(x_n) = 0$$

由 $S_0''(x_0^+) = 0$，得： $$2m_0 + m_1 = \frac{3}{h_0}(y_1 - y_0) \tag{4.4-9}$$

由 $S_{n-1}''(x_n^-) = 0$，得： $$m_{n-1} + 2m_n = \frac{3}{h_{n-1}}(y_n - y_{n-1}) \tag{4.4-10}$$

最后，得方程组：

$$\begin{cases} 2m_0 + m_1 = \dfrac{3}{h_0}(y_1 - y_0) \\ (1-\alpha_i)m_{i-1} + 2m_i + \alpha_i m_{i+1} = \beta_i \quad i=1,2,\cdots,n-1 \\ m_{n-1} + 2m_n = \dfrac{3}{h_{n-1}}(y_n - y_{n-1}) \end{cases} \tag{4.4-11}$$

也有唯一解。

（3）第三种边界条件，周期端点。当 $f(x_0)=f(x_n)$ 时

$$S_0(x_0)=S_{n-1}(x_n),S_0'(x_0)=S_{n-1}'(x_n),S_0''(x_0)=S_{n-1}''(x_n)$$

有

$$m_0 = m_1$$

及

$$\frac{3}{h_0^2}(y_1 - y_0) - \frac{1}{h_0}(2m_0 + m_1) = \frac{3}{h_{n-1}^2}(y_{n-1} - y_n) + \frac{1}{h_{n-1}}(m_{n-1} + 2m_n)$$

也有唯一解，称为第三种边界条件的三次样条插值。

对第二种边界条件所对应的方程组（4.4-11），可化成如下形式

$$\begin{bmatrix} 2 & 1 & & & & & \\ (1-\alpha_1) & 2 & \alpha_1 & & & & \\ & (1-\alpha_2) & 2 & \alpha_2 & & & \\ & \vdots & \vdots & \vdots & & & \\ & \vdots & \vdots & \vdots & & & \\ & & & (1-\alpha_{n-1}) & 2 & \alpha_{n-1} \\ & & & & 1 & 2 \end{bmatrix} \begin{bmatrix} m_0 \\ m_1 \\ m_2 \\ \vdots \\ \vdots \\ m_{n-1} \\ m_n \end{bmatrix} = \begin{bmatrix} \beta_0 \\ \beta_1 \\ \beta_2 \\ \vdots \\ \vdots \\ \beta_{n-1} \\ \beta_n \end{bmatrix} \tag{4.4-12}$$

是一个三对角线方程组。对于这种系数矩阵具有严格对角优势的三对角线方程组，存在唯一的一组解，可以用追赶法求解。追赶法见本书2.3节。

4.4.3 应用

三次样条插值的计算步骤如下：

（1）确定端点的边界条件。矿物加工工程中的曲线，很难给定端点处的一阶导数（第一种边界条件），也几乎用不到第三种边界条件（封闭曲线）。所以，无法确定端点处的二阶导数时，只能采用自然样条。

（2）据给定节点，分别按式（4.4-2）、式（4.4-5）、式（4.4-8）计算 h_i，α_i，β_i。

（3）建立三对角线方程组（式（4.4-12）），用追赶法求解此方程组，得出 $m_i(i=0,1,2,\cdots,n)$。

（4）将 m_i 代入表达式（4.4-1），得到各个分划区间的三次样条函数。

（5）根据待插值点值 x 选择分划区间，将待插值点 x 代入所属分划区间的样条函数中，求出待插值点对应的函数值。

三次样条函数的计算程序见附录1.3。注意，程序中采用三个一维数组表示式（4.4-12）中的三对角线系数矩阵，且采用如下形式的样条插值公式

$$S_i(x) = \left(\frac{3}{h_i^2}(x_{i+1}-x)^2 - \frac{2}{h_i^3}(x_{i+1}-x)^3 \right) y_i + \left(\frac{3}{h_i^2}(x-x_i)^2 - \frac{2}{h_i^3}(x-x_i)^3 \right) y_{i+1} +$$

$$h_i\left(\frac{1}{h_i^2}(x_{i+1}-x)^2 - \frac{1}{h_i^3}(x_{i+1}-x)^3 \right) m_i - h_i\left(\frac{1}{h_i^2}(x-x_i)^2 - \frac{1}{h_i^3}(x-x_i)^3 \right) m_{i+1} \quad (4.4\text{-}13)$$

容易证明，式（4.4-13）是式（4.4-1）的等效式，出现在不同文献中。

另外，不少文献中，采用如下形式的三次样条插值函数

$$S(x) = \frac{M_{i-1}}{6h_i}(x_i-x)^3 + \frac{M_i}{6h_i}(x-x_{i-1})^3 +$$

$$\left(\frac{y_{i-1}}{h_i} - \frac{M_{i-1}}{6}h_i \right)(x_i-x) + \left(\frac{y_i}{h_i} - \frac{M_i}{6}h_i \right)(x-x_{i-1}) \quad (4.4\text{-}14)$$

$$x_{i-1} \leqslant x \leqslant x_i, \quad i = 1, 2, \cdots, n$$

式中，M_i 为各节点处的二阶导数，$h_i = x_i - x_{i-1}$。这种形式的三次样条模型建立的步骤依然是在补充边界条件后得到关于 M_i（$i=0, 1, 2, \cdots, n$）的 $n+1$ 元线性方程组，解得各插值节点处的 M_i，之后再根据待插值点取值选择所在分划的函数、按式（4.4-14）计算出对应的因变量值。读者在查阅文献时，也可能会遇到针对式（4.4-14）的例程代码。

【例 4.4-1】 某原煤的浮物累计产率见表 4.4-1，为了绘制光滑的密度曲线，需要加密密度间隔。试用样条插值法计算产率间隔为 4% 的相应密度。

表 4.4-1 某原煤的浮物累计产率数据

密度 $\delta/\text{g} \cdot \text{cm}^{-3}$	浮物累计产率 $\gamma/\%$	密度 $\delta/\text{g} \cdot \text{cm}^{-3}$	浮物累计产率 $\gamma/\%$
−1.3	15.15	−1.6	62.19
−1.4	43.31	−1.8	69.77
−1.5	55.71	+1.8	100.00

解： 浮沉实验中，产率为 0 与 100% 这两个端点的密度实际上是不确定的，因此需要根据专业知识人为地确定这两个端点，以便进行插值计算。

（1）在原始数据中，增加一个端点

$$\gamma_0 = 0, \qquad \delta_0 = 1.25$$

修改最后一个端点

$$\gamma_6 = 100, \qquad \delta_6 = 2.60$$

（2）确定边界条件，由于无法确定端点处的二阶导数，决定采用自然样条，即：

$$S_0''(\gamma_0) = S_5''(\gamma_6) = 0$$

（3）调用三次样条插值程序，计算产率间隔 4% 时，各产率对应的密度。这里，已知节点数为 7 个，待插值点取 0、4、$\cdots$、100，共 26 点。

计算程序的运行结果（x 为累计产率，y 为密度）如下：

No	x	y	No	x	y
1	0	1.250	2	4	1.264
3	8	1.277	4	12	1.290
5	16	1.303	6	20	1.314

No	x	y	No	x	y
7	24	1.325	8	28	1.337
9	32	1.350	10	36	1.365
11	40	1.383	12	44	1.404
13	48	1.430	14	52	1.462
15	56	1.503	16	60	1.559
17	64	1.641	18	68	1.749
19	72	1.863	20	76	1.975
21	80	2.083	22	84	2.189
23	88	2.294	24	92	2.396
25	96	2.498	26	100	2.600

5 重选数学模型

从本章开始，介绍矿物加工工程中常用设备或工艺过程的数学模型。具体矿物加工数学模型既是前面章节讨论过的建模方法的实际应用，同时也包括各设备或工艺过程特有的计算方法。

重选是当今通用的选矿方法之一，也是煤炭分选的最主要方法，国内外对它的研究较多，其模型也较成熟。本章主要介绍用于可选性评价的可选性数学模型、用于反映实际分选规律的分配曲线数学模型以及重选过程的预测与优化。可选性曲线数学模型和分配曲线数学模型是重选工艺预测与优化的基础。

5.1 可选性曲线数学模型

建立可选性曲线数学模型，可以分析、预测矿物的密度组成，研究矿物可选性的变化规律；由可选性模型求出的一系列理论分选指标，可以用于效果评定等重选过程的其他计算。

煤炭的可选性曲线以原煤的密度组成为原始数据，可以用两类曲线表示：H-R 曲线（又称亨利曲线）与迈尔曲线（即 M- 曲线）。前者绘制复杂但使用方便直观、应用时间早，在我国选煤界被普遍使用。后者绘制简单但数据查阅复杂，虽然有许多优点但因应用较晚而在国内没有前者普遍。现行 GB/T 478—2008《煤炭浮沉实验方法》中，这两种形式的可选性曲线都允许选用。通过计算机建立数学模型后，由软件绘制曲线和查阅数据，对两类曲线在手工使用中的缺点都能克服，并且能提高数据精度，避免主观性，提高工作效率。

5.1.1 H-R 曲线的数学模型

H-R 曲线的手工绘制和图解指标查阅历史悠久。具体方法是，对入选原料（一般指原煤），按粒度进行浮沉实验最后综合得到 $0.5 \sim 50\,\text{mm}$ 粒级原煤浮沉实验综合表，其形式见表 5.1-1（注：该表数据将煤泥量忽略，即按 0% 计）。之后，在 $200\,\text{mm} \times 200\,\text{mm}$ 坐标纸上按图 5.1-1 所示坐标绘制五条曲线，即浮物累计曲线（据表 5.1-1 中 4、5 列），沉物累计曲线（据表 5.1-1 中 6、7 列），灰分特性曲线或基元灰分曲线（据表 5.1-1 中 2、3 列），密度曲线（据表 5.1-1 中 1、4 列），密度 ± 0.1 曲线或临近密度物曲线（据表 5.1-1 中 1、4 列导出的 8、9 列数据），习惯上分别用 $\beta, \theta, \lambda, \delta, \delta \pm 0.1$（或 ε）符号表示。

H-R 曲线较为全面地表达了煤炭可选性的各种指标。五条曲线中，灰分特性曲线比较重要，其意义可以用表达式

$$\lambda = \lim_{\Delta\gamma \to 0} \frac{\Delta(\gamma \cdot A)}{\Delta\gamma} \qquad (5.1\text{-}1)$$

表示，其中，γ，A 分别表示某一密度级的产率和灰分，变量 λ 表示分选产物的分界灰分（以往也称边界灰分）。当浮沉实验的密度间隔无限小，则各密度级的灰分量近于一条横线，线段的长度即基元灰分。所以，灰分特性曲线总轮廓的弯曲程度可用于判断该煤选别的难易程度，在煤的分选指标确定中，具有重要作用。

表 5.1-1 0.5 ~ 50mm 煤的浮沉实验综合表

密度级 /g·cm⁻³	产率 /%	灰分 /%	浮物累计		沉物累计		分选密度 ±0.1	
			产率/%	灰分/%	产率/%	灰分/%	密度 /g·cm⁻³	产率 /%
1	2	3	4	5	6	7	8	9
<1.30	15.15	4.97	15.15	4.97	100.00	32.56	1.30	43.31
1.30 ~ 1.40	28.16	10.77	43.31	8.74	84.85	37.49	1.40	40.56
1.40 ~ 1.50	12.40	13.73	55.71	9.85	56.69	50.76	1.50	18.88
1.50 ~ 1.60	6.48	27.64	62.19	11.71	44.29	61.13	1.60	10.27
1.60 ~ 1.80	7.58	39.58	69.77	14.73	37.81	66.87	1.70	7.58
>1.80	30.23	73.71	100.00	32.56	30.23	73.71		
合计	100.00	32.56						

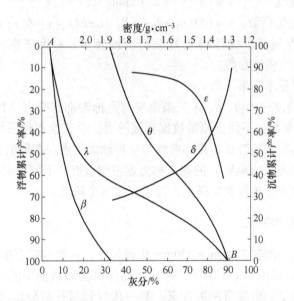

图 5.1-1 煤的 H-R 曲线

β—浮物累计曲线；θ—沉物累计曲线；λ—灰分特性曲线；
δ—密度曲线；ε—密度 ±0.1 曲线

从 H-R 曲线可以查阅的理论指标有：理论产率、理论分选密度、$\delta \pm 0.1$ 含量、分界灰分、理论灰分等。

从 H-R 曲线的手工绘制机理可以看出，所含五条曲线互相联系，λ 曲线积分可得 β、

θ 曲线，由 δ 曲线可以计算出 $\delta \pm 0.1$ 曲线。所以，建立 H-R 曲线的数学模型一般只需建立 λ 曲线和 δ 曲线的拟合模型（也可建立插值模型），其他三条曲线可以借由这两条曲线模型计算出的数据点按照绘制机理直接绘制。当然，也可以先由拟合得到 β 曲线与 δ 曲线的数学模型，再据以计算其他三条曲线的数据并绘制。

在计算机中建立可选性曲线模型后，其理论指标的计算步骤与手工图解指标的原理是一样的，具体方法包括两种：直接代入拟合公式或插值。若某具体可选性曲线已按拟合方法建立模型，则按该曲线指标查读的方法，就是在拟合模型公式中代入自变量的取值，即可直接计算出对应因变量的取值。例如，在已经建立 β 曲线数学模型的前提下，由给定精煤灰分计算理论产率，只需以给定值为已知量，代入 β 曲线的拟合公式，直接计算即得精煤的理论产率。若待查指标与已知量之间没有拟合模型，则需要以已建拟合模型计算出来的数据点构成插值节点的数据集，以已知量为待插值点的自变量，通过插值方法（如三次样条插值）计算出对应的理论指标。例如，已知理论分选密度查 $\delta \pm 0.1$ 含量，需要以理论分选密度 δ_1 为待插节点自变量，以分选密度、$\delta \pm 0.1$ 含量构成的多组数据对为插值节点，进行插值运算，得到待插值点 δ_1 的插值结果即为待求的 $\delta \pm 0.1$ 含量指标。

煤样的 λ 曲线（或 β 曲线）与 δ 曲线，几乎都是非线性曲线，其拟合模型采用本书 3.4 节介绍的方法建立，模型形式按曲线形状进行选择，根据经验和前人研究成果，以下三种模型拟合效果较好。

（1）反正切模型 $y = 100(b_1 - \arctan(b_2(x - b_3)))/(b_1 - b_4)$ (5.1-2)

（2）双曲正切模型 $y = 100(b_1 + b_2 \cdot \tanh(b_3(x - b_4)))$ (5.1-3)

（3）复合双曲正切模型 $y = 100(b_1 + b_2 x + b_3 \cdot \tanh(b_4(x - b_5)))$ (5.1-4)

这三个公式中，x 为灰分，或浮物累计灰分，或密度；y 为产率，或浮物累计产率；b_i $(i = 1, 2, \cdots, 5)$ 为模型参数。

各种插值方法详见本书第 3 章。

但 H-R 可选性曲线中的 β、θ、λ 三条曲线与坐标轴都有交点（即图 5.1-1 中的 A 点和 B 点），且交点的坐标值不能由原始数据直接得出。手工绘制时采用人为估算方法，即先画曲线的中间段然后按趋势顺延得到曲线与坐标轴的交点。在数值分析中，这种无法由已知测试点确定（而是人为确定）的端点称为虚拟型值点，不容易准确确定。

采用迈尔曲线建立可选性数学模型，可以克服这个缺点。

5.1.2   迈尔曲线的数学模型

迈尔可选性曲线绘制在 $200\text{mm} \times 350\text{mm}$ 坐标纸上，一般包括迈尔曲线 M、密度曲线 δ 和密度 ± 0.1 曲线 ε，如图 5.1-2 所示。M 曲线由浮沉实验数据中的浮物累计产率、浮物累计灰分绘制，其横坐标刻度有两种含义：其一为浮物累计灰分量（需要将"浮物累计产率"数据乘"浮物累计灰分"数据，得到"浮物累计灰分量"），此时的 M 曲线是一条浮物累计产率与浮物累计灰分量的关系曲线，能代替 H-R 可选性曲线中的 β、θ、λ 三条曲线；其二为浮物灰分，此时若将 O 点与 M 曲线上某点连接并延长交于横轴，同时横坐标取灰分为刻度，交点读数则代表浮物的灰分值。为使用方便，可在上方添加密度坐标轴，绘制出 δ、ε 曲线。另外，迈尔可选性曲线右侧纵轴是横轴的延伸，其刻度为非线性刻度。迈尔可选性曲线的具体绘制方法可参阅相关书籍（如谢广元等编写的《选矿学》）。

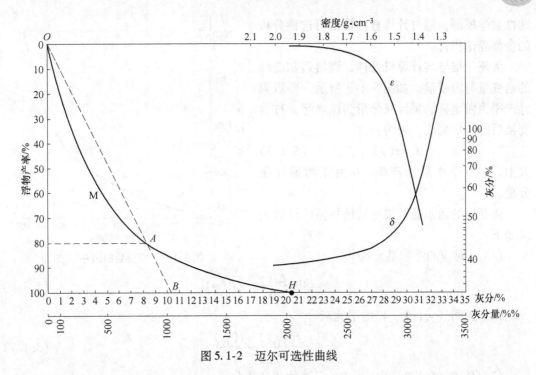

图 5.1-2　迈尔可选性曲线

迈尔曲线 M 能起到 β、θ、λ 三条曲线的作用。曲线上任意点的纵坐标表示浮物累计产率，横坐标表示浮物的累计灰分量（此时，横坐标刻度范围为 0 ~ 3500、单位为%%，即每 1mm 代表灰分量 10%%）。曲线上任意点的斜率表示该点的基元灰分。曲线上任意点与 H 点的连线，在纵坐标、横坐标上的投影分别表示沉物累计产率、沉物累计灰分量。曲线上任意两点做割线，所得割线段代表某一密度级或某一种的煤，割线段在横、纵坐标上的投影分别表示该煤的产率、灰分量，割线的斜率表示该煤的灰分。所以，迈尔曲线中，可以用矢量相加、减的方法将几种煤（或几个密度级别的煤）合成一种煤或将一种煤分成几种煤。

用 M 曲线图解法计算理论指标的方法为：若指定产率（如图 5.1-2 中的 80%），求对应的精煤灰分，只需从纵坐标处（如 80%）引一条横线交 M 曲线于 A 点，连接 OA 并延长，与横坐标交于 B 点，则 B 点对应的数值即为与指定产率对应的精煤灰分。可以想见，用迈尔可选性曲线计算两产物或三产物分选作业的产物产率和灰分时，比 H-R 可选性曲线更为方便。

当把迈尔曲线的横坐标看作累计灰分量时，迈尔曲线的两个端点可由数据集直接确定，不再有虚拟型值点问题，便于计算机处理。即：

当 $\gamma = 0$ 时，　　　　　　$\sum (\gamma A) = 0$

当 $\gamma = 100$ 时，　　　　　$\sum (\gamma A) = 100 A_f$

式中，γ 为浮物累计产率（即 M 曲线的左纵坐标取值）；A 为灰分（即 M 曲线的下横坐标取值）；A_f 为原煤灰分。

另一方面，通过累计产率与累计灰分量的关系，能比较方便地计算出其他数、质量指标。自然，计算机处理时，用数学模型代替了手工处理时的矢量合成法。

所以，对迈尔可选性曲线，只要建立 M 曲线和密度曲线的数学模型，就可以构成可选性数学模型，通过计算直接推出可选性分析的全部理论指标。

为便于推导与计算机处理，调换迈尔曲线的自变量与因变量，如图5.1-3所示，即以累计产率为横坐标、累计灰分量为纵坐标，称为变换后的迈尔曲线，记为：

$$L = f(\gamma) \qquad (5.1\text{-}5)$$

式中，γ 为浮物累计产率；L 为浮物累计灰分量。

由变换的迈尔曲线推导其他指标的计算公式如下：

（1）γ 对应的浮物基元灰分

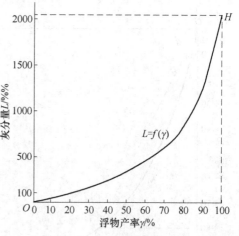

图5.1-3　变换后的迈尔曲线

$$\lambda = \lim_{\Delta\gamma \to 0} \frac{\Delta f(\gamma)}{\Delta \gamma} = f'(\gamma) \qquad (5.1\text{-}6)$$

（2）区间（γ_i，γ_{i+1}）的平均灰分

$$A = \frac{f(\gamma_{i+1}) - f(\gamma_i)}{\gamma_{i+1} - \gamma_i} \qquad (5.1\text{-}7)$$

（3）令式（5.1-7）中 $\gamma_i = 0$，得浮物累计灰分

$$A_\beta = \frac{f(\gamma_{i+1})}{\gamma_{i+1}} \qquad (5.1\text{-}8)$$

（4）令式（5.1-7）中 $\gamma_{i+1} = 100$，得沉物累计灰分

$$A_\theta = \frac{f(100) - f(\gamma_i)}{100 - \gamma_i} \qquad (5.1\text{-}9)$$

补充的密度曲线，用

$$\delta = g(\gamma) \qquad (5.1\text{-}10)$$

表示。但密度曲线的两个端点为虚拟型值点（H-R可选性曲线中的密度曲线也如此，煤的浮沉实验中，没有被测定）。如果需要计算浮沉实验型值点之外的数据，可以根据专业经验和煤的具体情况，估计确定煤样的最大密度和最小密度。例如，最小密度可取纯煤的密度 $1.25\mathrm{g/cm^3}$；最大密度取纯矸石的密度 $2.6\mathrm{g/cm^3}$ 或 $2.7\mathrm{g/cm^3}$。

迈尔曲线和密度曲线数学模型的建立，可以采用拟合建模或插值建模。从大多数可选性数据看，迈尔曲线和密度曲线的型值点分布都很光滑，建立插值模型已经能够得到比较准确的结果，具体方法可以采用本书第4章介绍的样条插值或三次埃尔米特插值。这两种方法都能保证插值曲线的光滑性，可以用于加密浮沉实验数据和绘制曲线。

5.1.3　可选性数据的细化

一般地，浮沉实验密度级的级别数非常有限，因为通过实验增加浮沉的密度级别是十分困难的。在借助可选性曲线进行分选的预测和分析时，可以通过计算机计算的办法将浮沉实验密度级别加密，取得符合需要的一组新可选性数据，称为可选性数据的细化。通过细化，可以方便绘图，并提高预测结果的精度。

　　下面介绍用三次样条插值方法，对迈尔曲线和密度曲线的实验数据进行插值，得到细化的可选性数据。

　　我国选煤厂的浮沉实验，大多数采用 6 个密度级别，（一般地）最多 8 个密度级别。为便于确定待插值点，可选性数据细化计算时，密度级别不妨按 4% 浮物产率间隔划分，将数据细化为 25 个密度级别，即最终得到各级别产率均为 4.00% 的可选性数据。

　　可选性数据细化的思路为，首先由原始浮沉实验数据，得到迈尔曲线 M 和密度曲线 δ 的绘制数据，然后进行两次插值运算。

　　（1）由浮沉实验数据中的浮物累计产率乘浮物累计灰分，得到各原始密度级别的浮物累计灰分量。以浮物累计产率与浮物累计灰分量构成的数据集为已知节点，对从 0 到 100%，以 4% 为间隔构成的浮物累计产率等差递增序列（即取 25 个待插值点自变量）进行三次样条插值。已知节点的两个端点分别取 (0, 0) 和 (100, 100 A_f)，A_f 为原煤灰分。不考虑煤泥量及实验误差时，A_f 可直接采用产率 100% 时的加权平均灰分值。插值的端点边界条件按自然样条处理。结果得到 M 曲线的细化数据。

　　（2）以浮物累计产率与各密度级别的平均密度构成的数据集为已知节点，对从 0 到 100%，以 4% 为间隔构成的浮物累计产率等差递增序列（即取 25 个待插值点自变量）进行三次样条插值。已知节点的两个端点分别取 (0, 1.25) 和 (100, 2.6)，也可按煤样具体情况取其他的合理密度值。插值的端点边界条件仍按自然样条处理。结果得到密度曲线 δ 的细化数据。

　　（3）根据式（5.1-7）~式（5.1-9）计算细化后各密度级别的平均灰分、浮物灰分和沉物灰分。这些灰分数据再加上之前确定的以 4% 间隔的各密度级别产率，就可构成细化后的完整的可选性数据。

　　可选性数据细化程序的流程图如图 5.1-4 所示。例 5.1-1 有助于建立直观印象。

　　【例 5.1-1】　已知表 5.1-2 原煤浮沉实验数据，试用样条插值方法，将可选性数据加密为 25 个密度级别。

表 5.1-2　原煤浮沉实验数据

密度级 /g·cm^{-3}	产率 /%	灰分 /%	密度级 /g·cm^{-3}	产率 /%	灰分 /%
-1.3	15.15	4.97	1.5~1.6	6.48	27.64
1.3~1.4	28.16	10.77	1.6~1.8	7.58	39.58
1.4~1.5	12.40	18.73	+1.8	30.23	73.71

　　解：按可选性数据细化的思路与图 5.1-4，编写可选性数据细化程序，输入 7 组已知节点，进行两次插值，得到 25 个密度级别的可选性数据。

　　注意，（1）M 曲线插值时，由表 5.1-2 只能计算出 6 组浮物累计产率及其浮物累计灰分量数据，另需补充坐标原点的数据 (0, 0)，即浮物累计产率为 0% 时，浮物累计灰分量为 0%%。（2）密度曲线 δ 插值时，需要补充首个插值节点，即取 (0, 1.25) 为已知节点；修改最末插值节点，即取 (100, 2.6) 为已知节点。

　　计算程序的运行结果如下：

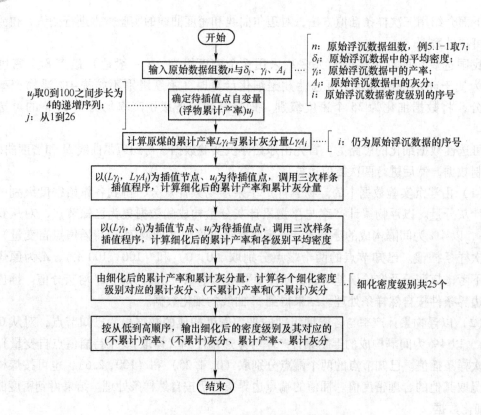

图 5.1-4 可选性数据细化流程图

密度	产率	灰分	累计产率	累计灰分
1.25～1.26	4.00	4.28	4.00	4.28
1.26～1.28	4.00	4.59	8.00	4.43
1.28～1.29	4.00	5.21	12.00	4.69
1.29～1.30	4.00	6.14	16.00	5.06
1.30～1.31	4.00	7.30	20.00	5.51
1.31～1.33	4.00	8.51	24.00	6.01
1.33～1.34	4.00	9.73	28.00	6.54
1.34～1.35	4.00	10.97	32.00	7.09
1.35～1.37	4.00	12.23	36.00	7.66
1.37～1.38	4.00	13.51	40.00	8.25
1.38～1.40	4.00	14.81	44.00	8.84
1.40～1.43	4.00	16.37	48.00	9.47
1.43～1.46	4.00	18.75	52.00	10.19
1.46～1.50	4.00	22.02	56.00	11.03
1.50～1.56	4.00	26.32	60.00	12.05
1.56～1.64	4.00	32.02	64.00	13.30
1.64～1.75	4.00	39.41	68.00	14.83
1.75～1.86	4.00	48.64	72.00	16.71

密度	产率	灰分	累计产率	累计灰分
1.86~1.97	4.00	58.02	76.00	18.89
1.97~2.08	4.00	66.10	80.00	21.25
2.08~2.19	4.00	72.84	84.00	23.70
2.19~2.29	4.00	78.23	88.00	26.18
2.29~2.40	4.00	82.27	92.00	28.62
2.40~2.50	4.00	84.96	96.00	30.97
2.50~2.60	4.00	86.31	100.00	33.18

5.2 分配曲线数学模型

分配曲线用于评定按密度分选的实际分选效果，而选煤厂的历史分配曲线可用于重选产品预测。因此，分配曲线数学模型在重选产物预测及重选模拟中占有重要地位。实践证明，重选作业中，矿粒在产物中的分配服从统计规律。把原料中某个密度级别进入产物中的数量占原料中该密度级别数量的百分数称为该密度级别在相应产物中的分配率。根据技术检查资料将各密度级别平均密度及其分配率在坐标系中描点并连接成曲线，称为分配曲线。重、轻产物的分配曲线对称，习惯上使用重产物的分配曲线。具体重选设备的实际分配曲线，是利用单机检查中原煤和产物的密度组成，用格氏法计算出产物的产率，然后按某一密度的物料在重产物中的产率计算出分配率而绘制的。

另外，分级过程也采用分配曲线。此时，分配率指产物中某一粒度级的数量与原料中该粒度级的数量的百分比，而分配曲线的横坐标表示几何平均粒度，其拟合/插值的原理与重选分配曲线的拟合/插值原理一样。

重选一直是通用的几种选矿方法之一，而作为分选效果表达手段的分配曲线也一直被业界研究。1938 年 K. F. Tromp 最早提出分配曲线，并认为分配曲线服从误差分布理论中普遍规律—正态分布；而 A. Terra、P. Belgou 等认为分配曲线符合正态分布的累积概率的曲线，并指出水介选煤时应取 $\lg(\delta-1)$ 横坐标。因此，分配曲线模型中，以可能偏差 E_{pm} 或不完善度 I 作分选效率指标、用概率坐标使分配曲线直线化以及根据分选密度与分选效果评定指标（E_{pm} 或 I）预测分选结果等方法都以后者的观点为依据。事实上，经年积累的分配率数据表明，分配曲线不符合正态分布，但一致认为分配曲线形态是一种 S 型曲线，因此，国内外学者提出过各种形式的分配曲线拟合函数。而张荣曾的研究结论则为分配率与密度之间不是正态分布，而分配率与沉降末速之间是正态分布。目前，在国内，当没有分配率测试数据的场合，还会用正态分布模型预测分选效果，而有分配率测试数据时，用各种拟合方法进行建模；在国外，则多用规范化（generalized）分配曲线。

图 5.2-1 所示为选煤分配曲线，属 S 型曲线。折线 OBCD 为理想分配曲线。分配曲线越陡，越接近理想分配曲线，其分选效率越高。实际生产中，分配曲线的 S 形态多种多样，为方便，常用几个特征参数来描述曲线的位置和形状。目前，国内、外采用的特征指标包括分配密度（反映位置特征）、可能偏差与不完善度（反映形状特征）。本节按正态分布观点介绍。

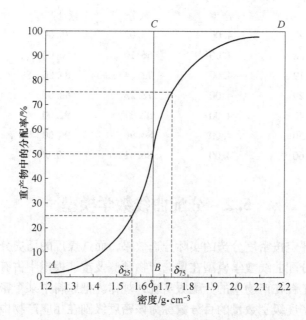

图 5.2-1 选煤重产物分配曲线

需要指出，按 GB/T 7186—2008《选煤术语》，选煤实际分选的有效密度（即分选密度）通常用分配密度或等误密度表示。

分配密度指分配率为 50% 时所对应的密度，用 δ_p（或 δ_{50}）表示。密度大于 δ_p 的物料，进入重产物中的概率较大；密度小于 δ_p 的物料，进入轻产物中的概率较大。具有分配密度的物料，进入重、轻产物的概率相同。

可能偏差反映分配曲线与完全精确分选的偏差程度，用于衡量分选设备的效率，用 E_{pm} 表示。根据 75% 分配率与 25% 分配率所对应的密度计算，即：

$$E_{pm} = \frac{\delta_{75} - \delta_{25}}{2} \tag{5.2-1}$$

E_{pm} 值越小，分配曲线中间段越陡，分选效率越高。

但，由于实际重选过程的影响因素比较复杂，长期研究发现，给定重选设备后，其可能偏差还受原料性质、运行情况等因素的影响。对"可能偏差能否代表分选机的工作性能"问题，比较一致的看法如下：

（1）可能偏差与原煤可选性无关；只有当原煤性质特殊时，可能偏差才与原煤的可选性有关。

（2）物料的粒度越小，分选效果越差，可能偏差越大。重介选比跳汰选要小。表 5.2-1 为跳汰机混合入选各粒级的可能偏差，由表 5.2-1 可见，3～1mm 粒级的分选效果较差。

表 5.2-1 物料粒度与可能偏差的关系

级别/mm	分选密度/g·cm^{-3}	可能偏差/g·cm^{-3}	精煤灰分/%
50～20	1.81	0.10	7.5
20～6	1.95	0.18	9.0

级别/mm	分选密度/g·cm⁻³	可能偏差/g·cm⁻³	精煤灰分/%
6~3	2.10	0.22	12.0
3~1	2.10	0.28	16.0
50~1	2.00	0.185	13.0

（3）可能偏差与跳汰机的单位负荷有关，负荷越大，可能偏差越大。

（4）可能偏差随分选密度的增大而增大。图 5.2-2 所示为可能偏差与分选密度的关系。对重介选，分选密度对可能偏差的影响不大。对跳汰选，分选密度增大，可能偏差也增大，意即对同一台设备，当分选密度不同，其分配曲线中间段陡度不同，不能再用可能偏差表示分配曲线的形状特征。

别留戈（P. Belgou）等人研究发现，如果把分配曲线的横坐标改为 $\lg(\delta-1)$，则分配曲线的形状不再随分选密度变化。此时，可按变换后的坐标导出决定分配曲线形状的特征参数——不完善度（曾称机械误差），用 I 表示。不完善度按式

$$I = \frac{E_{pm}}{\delta_p - 1} \tag{5.2-2}$$

计算。不完善度不随分选密度而变化，受原料粒度和设备负荷的影响也比可能偏差稳定。所以，对于跳汰机等水介质重选设备，一般用不完善度 I 作为分选效果评价指标。

总之，用不完善度 I 作为水介重选分配曲线的特征参数；对于重介选设备，可能偏差基本上不随分选密度而变化，仍用可能偏差 E_{pm} 作为分配曲线的特征参数。需要指出，在国外，也有采用不完善度作为所有类型重介分选设备的评价指标。

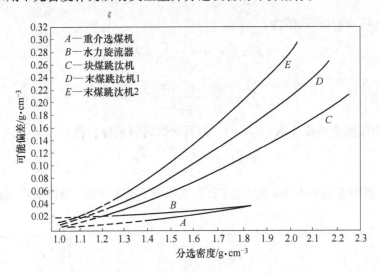

图 5.2-2 可能偏差与分选密度的关系

对于风力选设备，不完善度取

$$I = \frac{E_{pm}}{\delta_p} \tag{5.2-3}$$

即忽略空气的密度。

最后指出，只有对同一种选煤方法的分选机，其分配曲线的特征参数才有可比性。例如，对重介旋流器选煤，若甲旋流器比乙旋流器的可能偏差小，则说明前者比后者的分选效果好。而对不同种类的重选设备，如重介旋流器与跳汰机，其分配曲线特征参数，没有可比性。

5.2.1 分配曲线的正态分布模型

根据 Terra 的理论，分配曲线符合按密度分布的正态累积概率曲线。而对于水介质重选，P. Belgou 等人发现其分配曲线符合按 $\lg(\delta-1)$ 分布的正态累积概率曲线。根据这两种观点建立的分配曲线数学模型，称为分配曲线的正态分布模型。这种模型只要给定特征参数的取值，就能计算出重选分配率，具有使用方便的优点。选煤厂设计的工艺流程计算中，当无法得到重选设备的分选性能数据时，往往采用分配曲线的这种正态分布模型公式计算分选产物，称为近似公式法。其计算结果虽然与实际分选效果有误差，但又没有更好的办法，至今仍被普遍采用。

正态分布是统计量分布的基本类型，在数理统计中占有重要地位。对连续性随机变量 $X \sim N(0, \sigma)$，分布密度为：

$$f(x) = \frac{1}{\sigma\sqrt{2\pi}} \cdot e^{-\frac{x^2}{2\sigma^2}} \tag{5.2-4}$$

式中，$-\infty < x < +\infty$。参数 σ 值的大小表示曲线的形状（胖或瘦的程度）。$f(x)$ 的图形如图 5.2-3 所示。由图 5.2-3 可知，正态分布密度曲线具有以下三个特点：单峰（极值点在 $x=0$ 处）、对称（以 $x=0$ 为对称轴）、在对称轴两侧对应位置（$x=\pm\sigma$）上各有一个拐点。

式（5.2-4）的分布函数为：

$$F(x) = \frac{1}{\sigma\sqrt{2\pi}}\int_{-\infty}^{x} e^{-\frac{z^2}{2\sigma}}dz$$

令 $u = z/\sigma$，得：

$$F(x) = \frac{1}{\sqrt{2\pi}}\int_{-\infty}^{\frac{x}{\sigma}} e^{-\frac{u^2}{2}}du$$

以 σ 为横轴度量单位（取 $t = x/\sigma$），以百分数为纵坐标，得：

$$F(t) = \frac{1}{\sqrt{2\pi}}\int_{-\infty}^{t} e^{-\frac{u^2}{2}}du \tag{5.2-5}$$

该函数 $F(t)$ 的图形如图 5.2-4 所示。$F(t)$ 表示图 5.2-3 中的"倒钟形"曲线与 x 轴的

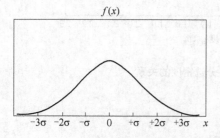

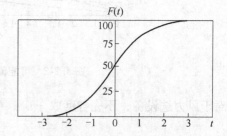

图 5.2-3 正态分布的分布密度曲线   图 5.2-4 正态分布函数曲线

局部面积，主要特征为：

（1） x 从 $-\infty$ 到 $+\infty$ ， $F(t)$ 从 0 到 100% ，并以 $f(-\infty)=0$ 、 $f(+\infty)=100\%$ 为渐近线。

（2）（0，50%）处为拐点。

（3）曲线以拐点为对称中心。

粗看起来，其形状与分配曲线近似。

当然，图 5.2-4 函数 $F(t)$ 与分配曲线的物理意义是完全不同的。正态分布的随机变量是单峰的，只有一个分布中心。而重选过程中每一种密度的煤都有分布中心，随机变量是多峰的，不符合正态分布规律。分配曲线与正态分布曲线只是外形上相似。

分配曲线正态分布数学模型的建立思路为：仔细对比重选分配曲线和正态分布函数曲线，找出两者的差别，并通过坐标变换使分配曲线与正态分布函数曲线重合，从而借助正态分布函数来计算分配率。

5.2.1.1 分配曲线正态分布模型的建立

从图 5.2-5 的对比中可以看出，两种曲线的形似之处包括，形状都类似 S 形，渐近线相同；拐点都在 50% 处。但是，两种曲线间存在如下三类明显差异：

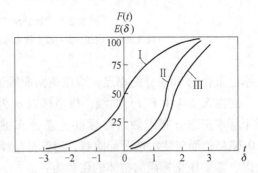

图 5.2-5 正态分布函数曲线与分配曲线的形状对比

Ⅰ—正态分布函数曲线；Ⅱ—跳汰机中煤段分配曲线；Ⅲ—跳汰机尾煤段分配曲线

（1）正态分布函数曲线的形状以拐点为中心完全对称，而跳汰机的分配曲线明显不对称，密度高的一端比密度低的一端要平缓一些。

（2）正态分布函数曲线的拐点在纵轴上，而分配曲线的拐点却在分配密度上，不在纵轴上。

（3）正态分布函数曲线比分配曲线形状要平缓。

所以，分配曲线需要进行如下三步变换（如图 5.2-6 所示），才能与正态分布函数曲线"基本"重叠。

（1）改变横坐标的比例，使分配曲线对称。重力选中，除重介选外，分配曲线不以拐点为中心对称，所以，对曲线Ⅰ所示的跳汰选分配曲线，把横坐标改为对数坐标，使分配曲线的高密度端变陡、低密度端变缓，从而使曲线基本以拐点为中心对称。改变横坐标后的分配曲线如图 5.2-6 中曲线Ⅱ。

（2）移轴，即将分配曲线的对称中心移到纵轴上。为此，需要将曲线Ⅱ向横轴负方向平移坐标得到曲线Ⅲ，对跳汰选，第（1）步后横坐标已经变为 $\lg(\delta-1)$ ，平移距离为 $-\lg(\delta_p-1)$ ，这两步总的变换方法为：

$$\delta \rightarrow \lg(\delta-1)-\lg(\delta_p-1)$$

（3）横向拉伸，使与正态分布函数曲线基本重合。正态分布函数曲线比分配曲线平缓，所以要使两曲线重合，必须把分配曲线横坐标刻度拉伸。但利用同一扩大比例使两曲线完全重合是十分困难的，简便的方法是使曲线在分配率为 25% 及 75% 两点重合，再加

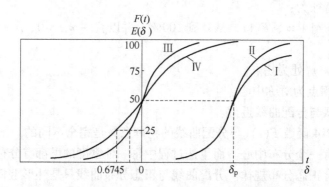

图 5.2-6　对分配曲线进行的坐标变换

Ⅰ—跳汰选分配曲线；Ⅱ—改变横坐标比例后；Ⅲ—移轴后；Ⅳ—横向拉伸后

上本已重合的 50% 分配率点，可以使两曲线近似重合。

对图 5.2-4 中 $F(t)$ 曲线，横坐标以 σ 为度量单位，其自变量与因变量的数值关系等同于标准正态分布函数。对标准正态分布曲线，当因变量 $F(t) = 25\%$ 时，自变量 $t = -0.6745$；而对跳汰选分配曲线，25% 分配率对应的横坐标值为 $\lg(\delta_{25} - 1) - \lg(\delta_p - 1)$，所以，需要横坐标横向拉伸的倍数为：

$$n = \frac{-0.6745}{\lg(\delta_{25} - 1) - \lg(\delta_p - 1)} = \frac{0.6745}{\lg(\delta_p - 1) - \lg(\delta_{25} - 1)}$$

为计算方便，用分配曲线的特征参数表示 δ_{25}。因为变换后的分配曲线以 50% 分配率为拐点呈中心对称，容易推出

$$\delta_{25} = \delta_p - E_{pm}$$

所以有

$$n = \frac{0.6745}{\lg(\delta_p - 1) - \lg(\delta_p - 1 - E_{pm})} \tag{5.2-6}$$

这样，分配曲线横坐标刻度扩大 n 倍后，曲线Ⅳ比曲线Ⅲ平缓，分配曲线与正态分布函数曲线在 25%、50%、75% 三点重合，两曲线大致重合。

综合以上三步，分配曲线的横坐标 δ，按式（5.2-7）变换后，可以近似为正态分布函数的 t，即：

$$t = \frac{0.6745}{\lg(\delta_p - 1) - \lg(\delta_p - E_{pm} - 1)} \lg \frac{\delta - 1}{\delta_p - 1} \tag{5.2-7}$$

但对于跳汰选，其分配曲线的可能偏差 E_{pm} 值随分选密度而变化，致使当给定跳汰选设备时，式（5.2-6）中 n 值不是常数；而跳汰选的不完善度 I 是常数。所以，只要用不完善度 I 表示可能偏差 E_{pm}，就可以保证拉伸倍数 n 为常数。

式（5.2-6）的分母

$$\lg(\delta_p - 1) - \lg(\delta_p - 1 - E_{pm}) = \lg(\delta_p - 1) - \lg(\delta_{25} - 1) = \lg \frac{\delta_p - 1}{\delta_{25} - 1}$$

记

$$\alpha = \frac{\delta_p - 1}{\delta_{25} - 1} \tag{5.2-8}$$

上述第（1）步、第（2）步变换后，分配曲线会以50%拐点呈中心对称，有

$$\lg(\delta_p - 1) - \lg(\delta_{25} - 1) = \lg(\delta_{75} - 1) - \lg(\delta_p - 1)$$

所以

$$\frac{\delta_p - 1}{\delta_{25} - 1} = \frac{\delta_{75} - 1}{\delta_p - 1} = \alpha$$

根据不完善度的定义，有

$$I = \frac{E_{pm}}{\delta_p - 1} = \frac{\delta_{75} - \delta_{25}}{2(\delta_p - 1)} = \frac{1}{2}\left(\frac{\delta_{75} - 1}{\delta_p - 1} - \frac{\delta_{25} - 1}{\delta_p - 1}\right) = \frac{1}{2}\left(\alpha - \frac{1}{\alpha}\right)$$

即：

$$\alpha^2 - 2I\alpha - 1 = 0$$

解此方程，得：

$$\alpha = I + \sqrt{I^2 + 1}$$

代入式（5.2-7），得：

$$t = \frac{0.6745}{\lg(I + \sqrt{I^2 + 1})} \lg \frac{\delta - 1}{\delta_p - 1} \tag{5.2-9}$$

对于重介选，因其分配曲线对称，不需要上述第（1）步变换，只需后两步变换，由 δ 到 t 的变换公式为

$$t = \frac{0.6745}{E_{pm}}(\delta - \delta_p) \tag{5.2-10}$$

至此，分配曲线的正态分布模型建立完毕。根据设备类型，使用式（5.2-9）或式（5.2-10），将待计算的密度值 δ 转换为 t，再将 t 代入式（5.2-5）计算出正态分布函数值 $F(t)$，再取分配率 $E = F(t)$，即可得到待计算密度值 δ 对应的重产物分配率。根据需要计算出足够多组 (δ, E) 数据对，就能画出分配曲线。

5.2.1.2　分配曲线正态分布模型的近似计算

手工建模时，式（5.2-5）中由 t 求 $F(t)$ 用查分配率表的方法完成。当采用计算机运算时，直接进行式（5.2-5）中的积分运算会很困难（只有专用的数学类软件才能直接计算积分函数）。为简便，可以利用泰勒级数来近似计算。函数 e^{-x^2} 按泰勒级数展开为：

$$e^{-x^2} = 1 - x^2 + \frac{x^4}{2!} - \frac{x^6}{3!} + \frac{x^8}{4!} - \frac{x^{10}}{5!} + \frac{x^{12}}{6!} - \frac{x^{14}}{7!} + \frac{x^{16}}{8!} - \cdots \tag{5.2-11}$$

对于 $e^{-\frac{u^2}{2}}$，取

$$x^2 = \frac{u^2}{2}$$

则，有

$$x = \frac{u}{\sqrt{2}}$$

和

$$du = \sqrt{2}dx$$

代入式（5.2-5），得：

$$F(t) = \frac{1}{\sqrt{\pi}} \int_{-\infty}^{\frac{t}{\sqrt{2}}} e^{-x^2} dx \tag{5.2-12}$$

又

$$F(t) = \frac{1}{\sqrt{\pi}} \int_{-\infty}^{\frac{t}{\sqrt{2}}} e^{-x^2} dx = \frac{1}{\sqrt{\pi}} \int_{-\infty}^{0} e^{-x^2} dx + \frac{1}{\sqrt{\pi}} \int_{0}^{\frac{t}{\sqrt{2}}} e^{-x^2} dx$$

上式"＋"号之前的项恒为50%，"＋"号之后的项其被积式用多项式（5.2-11）代替并忽略 x^{18} 以上的各项，得：

$$F(t) = 0.5 + \frac{1}{\sqrt{\pi}} \int_{0}^{\frac{t}{\sqrt{2}}} \left(1 - x^2 + \frac{x^4}{2!} - \frac{x^6}{3!} + \frac{x^8}{4!} - \frac{x^{10}}{5!} + \frac{x^{12}}{6!} - \frac{x^{14}}{7!} + \frac{x^{16}}{8!}\right) dx$$

$$\tag{5.2-13}$$

为避免繁琐表达，将由转换公式（式（5.2-9）及式（5.2-10））得到的 t 除以 $\sqrt{2}$ 后，再计算积分式，即取

$$x = t\sqrt{2} \qquad\qquad (5.2\text{-}14)$$

之后再进行积分计算得到正态分布函数值，并视 $F(t)$ 为分配率 E。因此，得到分配曲线正态分布模型的计算公式为：

$$E = 0.5 + 0.5641895\left(x - \frac{x^3}{3} + \frac{x^5}{10} - \frac{x^7}{42} + \frac{x^9}{216} - \frac{x^{11}}{1320} + \frac{x^{13}}{9360} - \frac{x^{15}}{75600} + \frac{x^{17}}{685440}\right)$$

$$(5.2\text{-}15)$$

按式（5.2-15）计算时，当 $x = 1.79$ 时，$E = 0.9943$；当 $x = -1.79$ 时，$E = 0.057$。为简化计算，不妨规定

当 $x > 1.79$，取 $E \approx 1$；

当 $x < -1.79$，取 $E \approx 0$；

当 $-1.79 \leqslant x \leqslant 1.79$，用公式（5.2-15）计算。

综上，分配曲线正态分布模型的计算思路是先变换再计算积分，其步骤总结为：

（1）确定重选分选作业的特征参数，包括 E_{pm}（对重介选）或 I（对跳汰选），以及 δ_p。

（2）指定各密度级别的平均密度 δ_i（i 为密度级别序号），按不同转换公式（重介选用式（5.2-10），跳汰选用式（5.2-9）），计算正态分布函数的自变量 t_i，再按式（5.2-14）将 t_i 换算成 x_i。

（3）判断 x_i 所在区间，分情况进行取值/计算，即得各 δ_i 的对应分配率 E_i。

其中，需要特别注意分配曲线自变量（即密度 δ_i）的取值。目前的取法是采用密度级别的中点（例如，对 1.30~1.40 密度级别，取密度值 1.35 为横坐标取值），这样做与实际情况可能有误差。原因是分配曲线上某分配率对应的横坐标值应该是密度级别的平均密度，即该密度级别的物料中，与"一半上浮、另一半下沉"对应的密度值，但这个值却不一定正好是密度级别的中点。同时，对于缺乏界限的最低密度级和最高密度级，最好是通过化验实测这两端级别的实际密度，但实际实验时又往往不进行这种化验。一般做法是 -1.3 密度级的平均密度取 1.26~1.28 中某数值，而最高密度级为 +1.80 时，选 2.20~2.60 中某数值。当分选密度很低时，这种最低密度级平均密度的取值方法，会造成明显的分配曲线误差；而最高密度级平均密度的选择，有时会显著影响分配曲线的形状。总之，δ_i 的取值方法会带来计算误差，使用中要留意。

分配曲线正态分布模型的计算程序见附录 1.4，某两次运行结果如下：

请选择：1、跳汰选；2、重介选。　　　　请选择：1、跳汰选；2、重介选。

1　　　　　　　　　　　　　　　　　2

请输入分选密度：1.6　　　　　　　请输入分选密度：1.55

请输入跳汰选的不完善度：0.2　　　请输入重介选的可能偏差：0.1

＊＊＊＊＊＊＊＊＊＊＊＊＊＊＊＊＊　　＊＊＊＊＊＊＊＊＊＊＊＊＊＊＊＊＊

分选密度：1.6　　　　　　　　　　分选密度：1.55

密度级别	分配率	密度级别	分配率
- 1. 30	0. 00	- 1. 30	0. 80
1. 30 ~ 1. 40	3. 36	1. 30 ~ 1. 40	8. 87
1. 40 ~ 1. 50	16. 44	1. 40 ~ 1. 50	25. 00
1. 50 ~ 1. 60	38. 38	1. 50 ~ 1. 60	50. 00
1. 60 ~ 1. 80	69. 96	1. 60 ~ 1. 80	84. 42
+ 1. 80	99. 17	+ 1. 80	100. 00

5.2.2 分配曲线的拟合模型

数学中不乏 S 形函数,可以选择合适的 S 形函数作为分配曲线的拟合模型,再用本书第 3 章介绍的方法由实测数据通过拟合计算求出模型参数。注意到,分配曲线拟合模型建立的前提是必须已知分配曲线的数据集。所以,分配曲线拟合模型更适于重选单机检查后对设备效果的评价或针对分配率历史数据的技术分析中,即选煤厂的技术管理和经济管理中。对于选煤厂设计中只给定分选效率指标(E_{pm} 或 I),而需要按指标计算分配率的情形,这种模型不适用。

选择分配曲线的拟合函数时,需要模型函数满足:

(1) 单调增加,即 $E(\delta_{i+1}) > E(\delta_i)$。

(2) $\delta \rightarrow + \infty$ 时,$E(\delta) \rightarrow 1$ 或 100;$\delta \rightarrow 0$ 时,$E(\delta) \rightarrow 0$。

(3) $\delta = \delta_p$ 时,$E(\delta) = 0.5$。

满足上述条件的 S 形函数有很多。表 5.2-2 列举出部分 S 形函数,其中,x 为物料密度,y 为分配率,$b_1 \sim b_5$ 为模型参数。注意本小节拟合模型公式中的模型参数都省略了参数名头上的"^"符号。

模型参数仍按最小二乘原理

$$Q = \sum_{i=1}^{n} (y_i - \hat{y}_i)^2 = \sum_{i=1}^{n} (y_i - f(x_i, b_1, b_2, \cdots))^2 = \text{Min} \qquad (5.2\text{-}16)$$

进行估计。不过,表 5.2-2 所示函数均为非线性函数,由式(5.2-16)对被估参数求导得到的方程组需要用梯度法、单纯形法、非线性最小二乘法、阻尼最小二乘法等最优化方法求解。这些方法的具体算法可参考数值方法等的程序集,其中阻尼最小二乘法在本书第 3 章已经介绍。

表 5.2-2 分配曲线的拟合模型

编号	模型名称	模 型 函 数
1	改进的 Logistic 模型	$y = 100 / (1 + \exp(- b_1 (x - b_2))) + b_3$
2	2^{α} 函数模型	$y = 100 \cdot 2^{(- b_1 / x)^{b_2}}$
3	改进的 2^{α} 函数模型	$y = 100 \cdot b_1 \cdot 2^{-(b_2 / x)^{b_3}} + b_4$
4	反正切模型	$y = 100 (b_1 - \tan^{-1}(b_2 (x - b_3))) / (b_1 - b_4)$
5	正态积分模型	$y = 100 (b_1 + b_2 \int_{1.2}^{x} \exp(- b_3 (x - b_4)^2) \, \mathrm{d}x)$
6	复合正态积分模型	$y = 100 (b_1 + b_2 (x - 1.2) + b_3 \int_{1.2}^{x} \exp(- b_4 (x - b_5)^2) \, \mathrm{d}x)$

编号	模型名称	模型函数
7	双曲正切模型	$y = 100\left(b_1 + b_2 \dfrac{(1 - \exp(-b_3(x - b_4)))}{(1 + \exp(-b_3(x - b_4)))}\right)$
8	复合双曲正切模型	$y = 100\left(b_1 + b_2 \dfrac{(1 - \exp(-b_3(x - b_4)))}{(1 + \exp(-b_3(x - b_4)))} + b_5 x\right)$
9	复合指数模型	$y = 100 \cdot \left(\exp\left(b_1\left(\dfrac{x}{b_2}\right)\right) - 1\right) \bigg/ \left(\exp\left(b_1\left(\dfrac{x}{b_2}\right)\right) + \exp(b_1) - 2\right) + b_3$
10	简单指数模型	$y = 100 \cdot \left(\exp\left(b_1\left(\dfrac{x}{b_2}\right)\right) - 1\right) \bigg/ \left(\exp\left(b_1\left(\dfrac{x}{b_2}\right)\right) + \exp(b_1) - 2\right)$

选择多变量最优化算法时，需要依据计算初值确定的难度与迭代的收敛速度来进行。如果对参数初值的要求较严，选择不合适时，容易造成发散，使问题无法求解。单纯形法对初始参数的要求稍宽但收敛速度较慢，阻尼最小二乘法收敛速度快但对初始参数的选择要求较严。目前，在对分配曲线拟合模型参数初始值的选择已经积累一定经验的情况下，可以选用阻尼最小二乘法。

当然，对于同一组实测数据，可以选择多种 S 形函数作为模型形式，计算后通过对比拟合效果，选择拟合误差较小的模型形式。拟合误差的计算公式仍为：

$$\sigma = \sqrt{\frac{1}{n}\sum_{i=1}^{n}(\hat{y}_i - y_i)^2} \tag{5.2-17}$$

式中，n 为密度级的数目；$\hat{y}_i$ 为 i 密度级的计算值；y_i 为 i 密度级的实测值。一般地，如果拟合误差大于 2%，则认为拟合效果差。

经过煤炭科学研究院唐山分院、中国矿业大学（北京）等单位对多个选煤厂进行的分配曲线拟合研究表明，比较满意的模型形式为：反正切模型、双曲正切模型、复合双曲正切模型、改进的反正切模型、指数模型等。

选择模型形式时，为使模型参数有确定解，须使模型参数的数目少于或等于实测数据的组数。一般地，选煤厂分配曲线的实测数据都不会多于 6 个密度级，所以拟合模型的参数不能多于 6 个；表 5.2-2 所列模型的参数个数都满足这个要求。模型参数太少，使拟合曲线的"塑性"变差，会影响拟合函数的预测精度。经年积累的分配曲线拟合建模研究成果中，出现过比表 5.2-2 更丰富的模型形式，在保证模型参数少于/等于数据组数的前提下，模型参数多的模型往往"可塑性"强，对复杂数据的拟合效果更好。

另外，还要注意，分配曲线的形状随分选密度的变化而有所变化，所以对确定的拟合模型，当分选密度改变时，原有分配曲线会有所改变，需要重新求解模型参数，以适应变化了的分配曲线。对于部分模型，如 Logistic 模型、改进的 Logistic 模型、反正切模型、双曲正切模型、简单指数模型，也可以按照分配曲线的特征对原有模型参数进行修正。下面以 Logistic 模型为例，介绍分选密度改变后模型参数修正公式的推导方法。

Logistic 函数形式为：

$$y = 100/(1 + \exp(-b_1(x - b_2))) \tag{5.2-18}$$

当 $x = \delta_p$ 时，$y = 50$，即：$50 = 100/(1 + \exp(-b_1(\delta_p - b_2)))$

化简，得：
$$-b_1(\delta_p - b_2) = 0$$

即
$$\delta_p = b_2 \tag{5.2-19}$$

所以，改变分选密度后的模型参数
$$b_2' = \delta_p \tag{5.2-20}$$

当 $x = \delta_{75}$ 时，$y = 75$，即：$75 = 100/(1 + \exp(-b_1(\delta_{75} - b_2)))$

化简，得：
$$\delta_{75} = (b_1 b_2 + \ln 3)/b_1 \tag{5.2-21}$$

同样，当 $x = \delta_{25}$ 时，$y = 25$，即：

$$25 = 100/(1 + \exp(-b_1(\delta_{25} - b_2)))$$

化简，得：
$$\delta_{25} = (b_1 b_2 - \ln 3)/b_1 \tag{5.2-22}$$

因为
$$I = \frac{E_{pm}}{\delta_p - 1} = \frac{\delta_{75} - \delta_{25}}{2(\delta_p - 1)}$$

将式 (5.2-21)、式 (5.2-22) 代入，得：

$$I = \frac{\ln 3}{b_1(\delta_p - 1)} \tag{5.2-23}$$

所以，（跳汰选）改变分选密度后的模型参数

$$b_1' = \frac{\ln 3}{I(\delta_p - 1)} \tag{5.2-24}$$

对于重介选，一般不采用 I 值，可以利用式 (5.2-19) 和式 (5.2-23)，得：

$$I = \frac{\ln 3}{b_1(b_2 - 1)} \tag{5.2-25}$$

再将式 (5.2-25) 代入式 (5.2-24)，得到（重介选）改变分选密度后的模型参数

$$b_1' = \frac{b_1(b_2 - 1)}{\delta_p - 1} \tag{5.2-26}$$

模型参数随分选密度变化的关系式推导起来比较复杂，且有些拟合公式的参数变换表达式是推导不出来的。随着计算机运算性能的提高，求解模型参数的计算成本已大大降低；当分选密度改变带来分配率数据有所变化时，不妨重新计算拟合模型参数，可以不用再为了节省运算成本而进行上述形式的推导。

5.2.3 分配曲线的直线化模型

直线化分配曲线是一种曾经手工使用的分配曲线形式，作图和使用都很方便。在计算机中仍可采用，称为分配曲线的直线化模型，实际上是正态分布模型的引申。

直线化分配曲线中，纵坐标采用概率刻度，横坐标根据重选方法取定：重介选直接以密度 δ 为横坐标；跳汰选、槽选等水介重选以 $\lg(\delta - 1)$ 为横坐标；风选以 $\lg\delta$ 为横坐标。

概率刻度的刻度原理如下：当正态分布函数的自变量 t 从 $-\infty$ 到 $+\infty$，函数值 $F(t)$ 从 0 变化到 100%。用于分配曲线时，取 0.1%～99.9% 即可，此时对应的 t 值取 -3.10～$+3.10$，t 值增量的累计为 $\sum \Delta t = 6.2 - (3.10 - (t))$。则，取纵坐标长度 186mm 时，用 $(186/6.2) \cdot \sum \Delta t$，即 $30 \cdot \sum \Delta t$ 的比例关系划分纵坐标刻度。

横坐标（对数坐标）的划分方法为：密度范围取 1.20～3.00，以 0.25 为间隔，共得 73 个密度数据，用 δ_i 表示；对跳汰选，取对数，逐个计算 $\lg(\delta_i - 1)$，记为 m_i。再计算其增量累计 $\sum \Delta m$；横坐标长度取 130mm 时，按 $(130/(0.3010 - (-0.6990))) \cdot \sum \Delta m$，即

$130 \cdot \sum \Delta m$ 的比例关系划分横坐标刻度。

采用分配曲线直线化模型的优点如下：

（1）用直线化分配曲线外推寻找分配率，比较容易准确。

（2）在跳汰机矸石段，用直线化分配曲线寻找分选效率指标 E_{pm}，很少受人为因素的影响。

（3）分配曲线直线化后，分配曲线拟合模型就变成了一元线性回归问题。

计算机中，利用直线化分配曲线原理建立分配曲线直线化模型的方法，要视有无分配率测试数据分别对待。

当已经据有分配率测试数据时，需要先将原始数据的自变量、因变量分别变换，然后再进行直线拟合。具体思路：（1）将已知数据集的因变量值换算成概率刻度的值。（2）将已知数据集的自变量值（即各密度值）换算成对数刻度的值（注：对重介选，密度值不用换算）。（3）将换算后的（密度—分配率）数据集，按直线模型进行拟合参数估计。

当缺少分配率测试数据时，可以参照分配曲线正态分布模型的思想进行近似计算，但比较繁琐，不如直接采用近似公式法直接且简便。

目前，计算机的运算能力已经极大地提高，基本上不会采用直线化分配曲线。但这种建模的思路，在矿物加工数学模型等工程行业中非常可贵（矿物加工工程中的曲线非常多样和复杂），有借鉴意义，所以本节保留上述讨论。

关于分配曲线直线化模型的效果，必须指出，分配曲线数据被描点到"直线化"坐标中后，多数情况是中间部位的点能连接成一条直线，但曲线的下端有上弯趋势，且上端有下弯趋势。文献分析为"可能是与透筛力过强，或分层不好有关"。所以，也有学者采用"分配曲线的中段用直线化模型，上端和下端采用埃尔米特插值"的分段建模处理方法。

5.2.4　分配曲线的插值模型

利用第 3 章介绍的插值模型建立方法，根据分配曲线的实测数据可以建立分配曲线的插值模型。具体方法为：以工业实验所得的（密度—分配率）数据集为已知节点，建立分段插值模型（如三次样条插值模型）。之后，可以通过插值计算求出任意密度点对应的分配率。分配曲线插值模型的优点是计算方便、简单；缺点是实测数据集的数据组数有限，小于首节点或大于末节点的待算密度点需要进行外插计算，不容易准确。

5.2.5　通用分配曲线

通用分配曲线（generalized，也被译为规范化分配曲线），以换算密度作为曲线的横坐标，通过改变横坐标刻度，将不同类型分配曲线的差异"回避"在换算过程中，使按不同实测数据得到相同的分配曲线。其概念性图示如图 5.2-7 所示。通用分配曲线的关键是换算密度（无单位比值）。

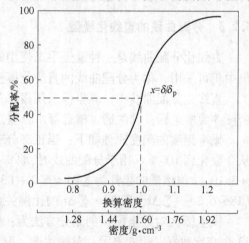

图 5.2-7　通用分配曲线

重选的通用分配曲线方法是美国、欧洲等国外矿物加工行业中工程计算、预测和模拟的常用做法。国内，中国矿业大学（北京）路迈西曾针对我国跳汰机分配曲线对多种换算方法进行过研究，但其实践应用还有待检验。

下面介绍 R. P. King 总结的对重选分配曲线的研究情况，以便了解通用分配曲线模型及国外的分配曲线数学建模技术。从中还可以看出，国外学者对分配曲线两端渐进线部位的特殊处理。需要注意，这些资料中的许多符号与国内分配曲线建模时的惯用符号不同（如，国外文献中用 ρ 表示密度，用 E_{pm} 表示可能偏差，I_C 表示不完善度），同时一些术语的名称也会不同，还会出现物理量的单位不同（如，分配曲线的横坐标用"比重"而不用"密度"，但正文叙述时有时也会用"密度"术语）或处理习惯不同（如，惯用"轻产物"分配曲线，而不是中文文献常采用的"重产物"分配曲线），其主要原因是出处不同（但又不宜改动），请读者注意辨别。

在国外，分配曲线同样是应用最广泛的重选描述方法。即使分配函数（分配率与密度之间的关系）本身依赖于分选入料的性质，任何重选作业（包括人工介质重选、自生介质重选以及更复杂机械结构的重选设备，如摇床、螺旋选矿机等）的运行总可以用分配函数表示。

一般地，通过人工介质重选设备为对象，引入对分配曲线的概念解析。

人工介质分选设备的分选性能用四个要素来定义：分选密度或称分割点（cut point）、入料到底流的短路（short circuit）、入料到溢流的短路、分选效率。研究证明，分配曲线能很好地描述这些因素。图 5.2-8 所示为重介旋流器的三条典型分配曲线，说明不同密度的物料是怎样分配到浮物中去的。

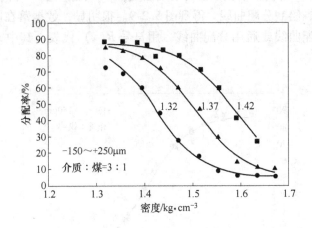

图 5.2-8　由 150mm 重介旋流器测得的不同重介密度下的分配曲线
（曲线上的标出的数据指分选介质的密度）

5.2.5.1　分割点

分割点指分配函数取值 0.5 时对应的密度，用符号 ρ_{50} 表示。具有 ρ_{50} 密度的颗粒去往浮物和沉物的机会相同。通过介质密度的改变，容易调控分割点的取值，即介质密度决定了介质中的颗粒哪些倾向于去往浮物、哪些倾向于去往沉物。

在浓介质稳定的槽体中，分割点总是等于介质密度。但在连续运行的设备中，事实往往不是如此,分割点可能高于或低于介质密度,具体情形取决于较轻颗粒或较重颗粒是否逆着设备内介质的主体强势流动而移动。类似于水力旋流器,重介选设备内部存在一系列垂直速度为零的平衡点,受较大离心力作用而被抛离这些平衡点的颗粒进入沉物;受较大拉力(指向旋流中心位置)作用的颗粒进入旋流中心最后进入浮物;而处在平衡点的颗粒受到相等的离心力和拉力作用,去往浮物或沉物的几率相等。去往沉物的颗粒必然逆着旋流移动,需要一个负的上升力去克服介质的黏性曳力。因此,处在平衡点的颗粒,其密度即为 ρ_{50},且

$$\rho_{50} > \rho_{\mathrm{m}} \tag{5.2-27}$$

式中,ρ_{m} 为介质的密度。差值 ($\rho_{50} - \rho_{\mathrm{m}}$) 被称为分割点漂移,通过折算将分割点漂移量规范化,用符号 NCPS(normalized cut point shift)表示,其折算公式为:

$$\mathrm{NCPS} = \frac{\rho_{50} - \rho_{\mathrm{m}}}{\rho_{\mathrm{m}}} \tag{5.2-28}$$

随着颗粒粒度的减小,NCPS 必然明显增加。重介旋流器选煤的实验数据表明,存在以下简单指数形式的规律

$$\mathrm{NCPS} = 0.4 d_{\mathrm{p}}^{-0.32} \tag{5.2-29}$$

式中,颗粒粒度 d_{p} 需在 (0.015mm,1mm) 范围内,该式才能成立。通常,对加工大于几毫米颗粒的圆筒形重介分选机,NCPS 可以忽略。

有实验数据表明,对分配曲线分割点密度进行规范化折算后往往得到令人满意的结果,即当采用规范化的横坐标 ρ/ρ_{50} 绘制分配曲线时,由不同介质密度确定的分配曲线将是重合的。将图 5.2-8 的实验数据以折算后的密度 ρ/ρ_{50}(意义上,等同于图 5.2-7 中的换算密度)为横坐标,绘制分配曲线,得到图 5.2-9。很明显,数据落在同一条曲线上,该曲线称为规范化分配曲线或通用分配曲线,用符号 $R(x)$ 代表,其中 x 代表规范化密度 ρ/ρ_{50}。

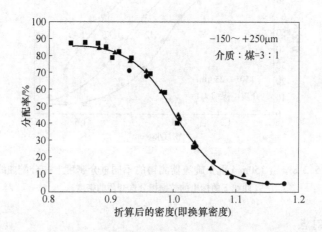

图 5.2-9 重介旋流器的规范化分配曲线(包含非常明显的短路流)

5.2.5.2 短路流

图 5.2-10 所示为规范化分配曲线的通用特征。实际上,低密度和高密度处没有分别

以 100% 和 0% 为渐近线，称为短路（short-circuit）现象。短路是指有一部分给矿直接去了底流，而另有一部分给矿直接去了溢流，都没有经过分选流场。

设 α 为进入沉物的短路流部分，而 β 为去往浮物的短路流部分，实际的分配率 $R(x)$ 可以表示为与理想分选分配率 $R_c(x)$ 按下式关联

$$R(x) = \beta + (1 - \alpha - \beta) R_c(x) \tag{5.2-30}$$

并且，两种短路流都是颗粒粒度的函数，去往沉物的短路流外推至零粒度时，就变为水到沉物的回收率。据针对 150mm 重介旋流器的实验研究，α 依赖于粒度的指数关系为：

$$\alpha = R_f \, e^{-bd_p} \tag{5.2-31}$$

式中，$b = 5.43\text{mm}^{-1}$，且颗粒粒度 d_p 取 mm 单位。对大于 0.5mm 的物料，去往浮物的短路流 β 通常可以忽略。

5.2.5.3 分选效率

可能偏差 EPM（ecart probable moyen）是分配函数偏离理想分选状态的一种度量。而不完善度用 I_C 表示，其定义式为：

$$I_C = \frac{\rho_{25} - \rho_{75}}{2\rho_{50}} = \frac{\text{EPM}}{\rho_{50}} \tag{5.2-32}$$

其中
$$R_c(\rho_{25}) = 0.25 \tag{5.2-33}$$

以及
$$R_c(\rho_{75}) = 0.75 \tag{5.2-34}$$

分选效率可以用 I_C 来评价。

粒度减小时，不完善度值增大，且分配曲线必然变得平坦些，如图 5.2-10 所示。

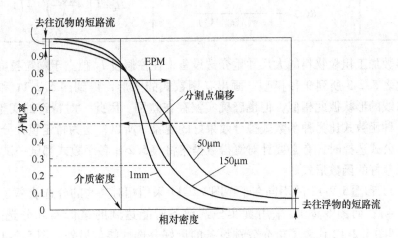

图 5.2-10　重介分选设备的规范化分配曲线

当旋流器的尺寸增加时，不完善度值也会增加。对小旋流器（直径为 150mm），实验证明，有如下关于修正分配曲线不完善度的定量关系式

$$I_C - 0.013 = \frac{3.8}{d_p} \tag{5.2-35}$$

式中，d_p 取 mm 单位。

5.2.5.4 修正分配函数

国外文献中曾经出现过多种修正分配曲线的单参量表达式。表 5.2-3 所列是 9 种对数

据匹配较好的函数，称为修正的（corrected）分配函数。这些修正函数都是针对规范化分配曲线的，即以规范化折算密度 $x = \rho/\rho_{50}$ 为自变量。

对重介旋流器分选数据，表 5.2-3 中的第 7 号模型拟合效果很好，图 5.2-9 采用的正是这种模型。

表 5.2-3　重介分选设备修正分配曲线的经验模型 （$x = \rho/\rho_{50}$）

序号	函　数　式	I_C 与 λ 之间的关系
1	$R(x) = G(\lambda(1 - x))$	$\lambda I_C = 0.674$
2	$R(x) = 1 - G(\lambda \ln x)$	$I_C = \sinh\left(\dfrac{0.674}{\lambda}\right)$
3	$R(x) = \dfrac{1}{1 + \exp(\lambda(x - 1))}$	$\lambda I_C = 1.099$
4	$R(x) = \dfrac{1}{1 + x^\lambda}$	$I_C = \sinh\left(\dfrac{1.099}{\lambda}\right)$
5	$R(x) = \exp(-0.693 x^\lambda)$	$2I_C = 2^{1/\lambda} - 0.415^{1/\lambda}$
6	$R(x) = 1 - \exp(-0.693 x^{-\lambda})$	$2I_C = 2.411^{1/\lambda} - 0.5^{1/\lambda}$
7	$R(x) = \dfrac{e^\lambda - 1}{e^\lambda + e^{\lambda x} - 2}$	$2\lambda I_C = \ln\left(\dfrac{9e^\lambda - 6}{e^\lambda + 2}\right)$
8	$R(x) = \dfrac{1}{2} - \dfrac{1}{\pi}\tan^{-1}(\lambda(x - 1))$	$\lambda I_C = 1.0$
9	$R(x) = \dfrac{1}{1 + \exp(\lambda(x^n - 1))}$	$2I_C = \left(1 + \dfrac{1.099}{\lambda}\right)^{1/n} - \left(1 - \dfrac{1.099}{\lambda}\right)^{1/n}$ $2I_C < 2^{1/n}$

对大多数加工粗粒物料的大尺寸重介选设备，往往假设 I_C 独立于颗粒粒度。

为对比表 5.2-3 所列 9 种模型，画出各函数式的图形，得到图 5.2-11 和图 5.2-12。尽管这些曲线的形状彼此相似，但也确确实实存在差别。因此，对特定的实验检测数据，可能出现某种函数式比另种函数式拟合效果好的现象。所以，当为特定重介分选设备建模而进行模型公式选择时，有必要针对测得数据集将表 5.2-3 各函数式都试一试，以便筛选出拟合效果最好的函数形式。

图 5.2-11 和图 5.2-12 的不同在于：图 5.2-11 采用相对高些的分选效率（即折算不完善度 $I_C = 0.4$）；而图 5.2-12 采用真实分选设备所能达到的最低实际分选效率（$I_C = 0.01$），意即图 5.2-12 代表了重介分选设备的最好分选性能。另外，图 5.2-12 纵坐标采用概率刻度，用以强调不同模型公式图形形状的差异。采用纵坐标概率刻度时，表 5.2-3 中 1 号函数式的绘图为一条直线，被认为代表着重介分选设备在通常情况下的运行行为。这条线下方 $\rho < \rho_{50}$ 范围内的曲线向下弯曲，代表重介分选机的运行性能比最佳运行情况要差；而这条线上方的曲线（如 6 号模型的曲线），在生产实践中一般观察不到。1 号函数式是表 5.2-3 所列模型中唯一关于横坐标值 ρ/ρ_{50} 对称的曲线；其他所有曲线各自具有不同程度的对称性，而 6 号、8 号、9 号模型最具对称性。

国外学者针对许多重介分选设备，如重介旋流器、筒式重介分选机，曾经做过不同分割点下的分选效率测试实验，其不完善度一般在 0.01~0.05 范围内。

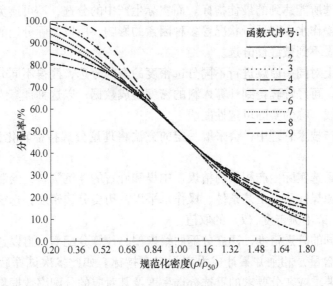

图 5.2-11　表 5.2-3 中的各分配函数模型 ($I_C = 0.4$)

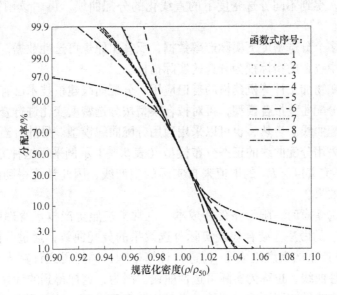

图 5.2-12　表 5.2-3 中的各分配函数模型 ($I_C = 0.01$，纵坐标取概率刻度)

　　矿物加工流程模拟时，要提高模拟效果，使模拟计算结果尽量符合实际分选结果，就需要建立实际分配曲线模型。实际分配曲线建模思路为，首先选定某种修正分配曲线（如表 5.2-3），借此计算出规范化分配曲线，再由 α、β、ρ_{50}、I_C 这四个参数构建实际分配曲线的函数，就能容易地计算出分选设备中各类型颗粒去往浮物和沉物的分配率。

5.3　实际可选性曲线的数学模型

　　从原煤浮沉实验得到的可选性曲线是理想分选状况的可选性曲线，从中查得的指标是理论指标，即分选所能达到的最佳指标。而实际生产中的分选，不可避免地要受到选煤方法、设备性能、操作水平和运行状况等多种因素的影响，所以实际分选的指标往往比理论指标低，即原煤做不到被最佳分选。

在重选设备上对同一原煤进行不同分选密度的实际分选，测得不同分选密度下浮物和沉物的密度组成，再经计算得到计算入料的密度组成数据；以这种计算入料密度组成数据绘制的可选性曲线，称为实际可选性曲线。

而，选煤生产技术管理中，会采取一定的方法将理论分选指标转化为实际分选指标，其具体做法为：

（1）整理某重选实际生产积累的精煤、中煤和矸石的浮沉资料，绘制分配曲线，并结合所在生产线的原煤性质、工艺条件、操作水平以及历史分选密度，选定该重选生产线的可能偏差（E_{pm}）或不完善度（I）的取值。

（2）指定不同的分选密度，建立分配曲线模型，计算分配率，再以这些分配率与入料相应密度级（的含量）相乘并累计成为实际产率指标。如此多次试算后，便能确定出符合产物指定产率要求或灰分要求的重选分选密度及其对应的分配率数据集。在手工处理的历史时期，这种运算过程只能采用手工方法：由实际分选数据建立直线化分配曲线模型，再平移分配曲线，得到不同分选密度下的直线化的分配曲线，再"读图"得到相应的分配率数据。

（3）由上述多个分选密度下实际产率数据，反算出原煤可选性数据，绘制计算入料的可选性曲线，从中查读的指标视为分选的实际指标。

现在，伴随矿物加工计算机建模的普遍应用，分配曲线建模技术已有多种，由实际分选数据可以建立分配曲线拟合模型，再对拟合模型按分选密度变化进行修正，即得不同分选密度的实际分配曲线。自然，也可以采用通用分配曲线模型。另外，当没有实际分配率数据时，还可以采用分配曲线的正态分布模型（表5.3-1示例采用这种方法），因为可能偏差（E_{pm}）或不完善度（I）的取值来自实际的生产线，因此计算得到的分配率数据集会接近实际分选效果。

所以，在重选建模时，限于条件和成本，也常常按照生产技术管理中"将理论指标转化为实际指标"的做法，结合代表实际分选效果的分配曲线，通过分配曲线模型得到"不同分选密度下产物的密度组成"，再进行计算处理，同样得到计算入料的密度组成数据，绘制出可选性曲线，也称为实际可选性曲线。因为，这样得到的计算入料可选性数据来自包含对分选中多种实际影响因素的考虑和实际分配曲线，自然更接近实际分选结果。由这样的实际可选性曲线查得的指标最接近实际分选指标。

针对实际可选性曲线的数据建立模型，称为实际可选性曲线数学模型。建立实际可选性曲线模型的目的是：从中求得实际分选指标，用于分选的预测和优化。

表5.3-1所示为实际可选性曲线的基础数据。其中，原煤数据（表5.3-1中第1列、第3列、第4列）是对分选原煤进行浮沉实验得到的；余下数据是以浮沉实验所配重液密度为分选密度，在同一生产线或设备上对该原煤的实际分选结果。将表5.3-1中最后一行数据列入表5.3-2的第4列、第5列，反算出原煤的密度组成数据（表5.3-2中第2列、第3列），称为计算入料密度组成。为对比，原煤的直接浮沉数据也列入表5.3-2中。根据表5.3-2数据在同一坐标中绘制出亨利曲线中的3条曲线，即为该原煤的理论可选性曲

线（以下标 l 表示）和实际可选性曲线（以下标 s 表示），如图 5.3-1 所示。

表 5.3-1 中不同分选密度下的分选结果（如第 6 列与第 7 列、第 9 列与第 10 列等），可以由五次真实分选得到；也可以由实际分配曲线模型计算出来，即先由分配曲线模型得到指定分选密度（如 1.3）下的分配率数据（如第 5 列），再计算得到相应的产物产率（如第 3 列乘第 5 列得到第 6 列）。

表 5.3-1 实际可选性曲线基础数据表

密度级 /g·cm⁻³	平均密度	原　煤		分选密度 1.3			分选密度 1.4			分选密度 1.5			分选密度 1.6			分选密度 1.7		
/g·cm⁻³	密度	γ/%	A/%	E/%	γ/%	A/%	E/%	γ/%	A/%	E/%	γ/%	A/%	E/%	γ/%	A/%	E/%	γ/%	A/%
1	2	3	4	5	6	7	8	9	10	11	12	13	14	15	16	17	18	19
−1.3	1.20	18.22	4.44	87.2	15.89	4.44	97.60	17.78	4.44	99.50	18.13	4.44	99.70	18.17	4.44	100.00	18.22	4.44
1.3~1.4	1.35	30.00	9.08	32.0	9.60	9.08	64.00	19.20	9.08	84.00	25.20	9.08	91.30	27.39	9.08	94.60	28.38	9.08
1.4~1.5	1.45	9.58	17.28	12.0	1.15	17.28	37.50	3.59	17.28	62.00	5.94	17.28	76.00	7.28	17.28	83.00	7.95	17.28
1.5~1.6	1.55	5.54	26.92	4.40	0.24	26.92	19.00	1.05	26.92	39.50	2.19	26.92	60.00	3.32	26.92	71.00	3.93	26.92
1.6~1.8	1.70	6.86	40.65	0.80	0.05	40.55	5.50	0.38	40.65	18.00	1.23	40.65	35.50	2.44	40.65	49.00	3.36	40.65
+1.8	1.90	29.80	76.00	0.00	0.00	76.00	0.30	0.09	76.00	4.50	1.34	76.00	14.00	4.17	76.00	25.00	7.45	76.00
合计		100	32.11		26.94	6.92		42.30	9.02		54.03	11.53		62.77	15.31		69.30	18.54

注：E、γ、A 分别表示分配率、产率、灰分；密度单位均为 g/cm³。

由图 5.3-1 可见，（1）β_s 曲线在 β_l 曲线之上，但两线的端点重合。这是因为实际分选过程必然存在损失和污染，相同灰分下精煤的实际产率比理论产率要低。（2）λ_s 曲线

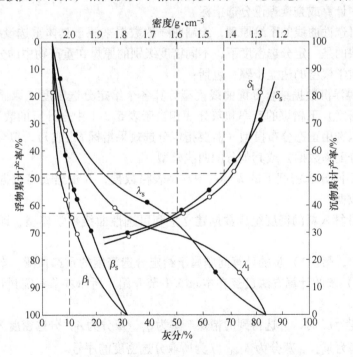

图 5.3-1 理论与实际可选性曲线

（图内下标 l、s 分别表示理论曲线与实际曲线）

与 λ_1 曲线必定相交,在曲线上部,低密度物中因为混入高密度物,λ_s 曲线必在 λ_1 曲线之上;在曲线下部,高密度物中因为混入低密度物,所以 λ_s 曲线必在 λ_1 曲线之下。理论和实际灰分特性曲线所围成的两块闭区域的面积应该相等。(3)实际可选性曲线偏离理论可选性曲线的程度,反映了实际生产分选性能的优劣;若数量效率为 100%,则两类曲线重合。

上述可选性曲线针对的是粒度 +0.5mm 的原煤。对于 -0.5mm 的煤,可以通过浮选机逐室取样并计量产率和灰分的办法,得到各室数据,再计算累计值,最后画出浮选的实际可选性曲线。以重选和浮选的实际可选性曲线为基础,就能按等基元灰分方法进行重选和浮选的预测计算。

在计算机中建立实际可选性曲线数学模型的目的仍然是从中得到实际分选指标,尤其是分界灰分,以应用在最大产率计算等过程优化计算中。

最大产率计算的关键是:根据基元灰分的某个取值从实际可选性曲线模型中计算(或查读)得到实际分选指标。所以,进行最大产率计算时,需要找出如下三种函数关系:

(1)精煤产率 G 与实际基元灰分 L 的关系:$G = f(L)$。

(2)精煤累计灰分 A 与实际基元灰分 L 的关系:$A = g(L)$。

(3)分选密度 D 与实际基元灰分 L 的关系:$D = \varphi(L)$。

建立全部三个函数关系的解析式是很困难的,所以可以首先计算不同分选密度下的 L、G、A、D 数据,若干 L、G、A、D 四元组构成数据表格,然后采用曲线拟合或插值方法建立实际可选性曲线模型,绘制实际可选性曲线的浮物累计曲线、灰分特性曲线和密度曲线,便可从中计算或查读理论分选指标。

按照实际可选性曲线的手绘原理,绘制曲线的数据来源于具体重选设备的分配曲线,而分配曲线反映的是一定分选密度下,不同密度级别的原煤在重产物中的分配率,所以实际可选性曲线数学模型的建立步骤,包括:

(1)由原煤浮沉数据结合分配曲线模型计算各个给定分选密度(取原煤浮沉实验密度级别的平均密度)下精煤的产率和灰分(相当于表 5.3-1 中合计行的数据)。其中,分配曲线模型可以选用正态分布模型(需要指定分选效果指标 E_{pm} 或 I)、拟合模型(需要来自生产现场的分配率数据)或其他分配曲线模型。

(2)计算不同分选密度下的 L、G、A、D 表格数据,并根据表格数据反算出计算入料的密度组成数据。

(3)根据计算入料的密度组成数据建立亨利可选性曲线数学模型,即为实际可选性曲线模型。

这些计算中,第(1)步的计算问题属于给定分选密度的重选预测,本章 5.4 节将予以介绍;第(3)步的计算方法已经在本章 5.1 节介绍。所以本节只需讨论第(2)步计算的详细步骤。

设分选密度为 δ_{p_i} 时,分选得到的精煤产率为 γ_i、灰分为 A;分选密度为 $\delta_{p_{i+1}}$ 时,分选得到的精煤产率为 γ_{i+1}、灰分为 A_{i+1}。i 为所取分选密度的序号。

分选密度从 δ_{p_i} 提高到 $\delta_{p_{i+1}}$,精煤产率增加（$\gamma_{i+1} - \gamma_i$），多选出来的这部分精煤,其平均灰分为:

$$L_k = \frac{\gamma_{i+1}A_{i+1} - \gamma_i A_i}{\gamma_{i+1} - \gamma_i} \qquad (5.3\text{-}1)$$

视 L_k 为实际基元灰分,下标 k 为序号。根据定义,L_k 对应的精煤产率为:

$$G_k = \gamma_i + \frac{\gamma_{i+1} - \gamma_i}{2} \qquad (5.3\text{-}2)$$

L_k 对应的精煤累计灰分为:
$$A_k = \frac{\gamma_i A_i + \dfrac{\gamma_{i+1}A_{i+1} - \gamma_i A_i}{2}}{G_k} \qquad (5.3\text{-}3)$$

L_k 对应的分选密度为:
$$D_k = \frac{\delta_{p_i} + \delta_{p_{i+1}}}{2} \qquad (5.3\text{-}4)$$

设共计算了 m 种分选密度,则可计算出 $m-1$ 组 L_k、G_k、A_k、D_k(即 $k=1$, 2, …, $m-1$)四元组。这样就得到了不同分选密度下的 L、G、A、D 表格数据,其中,D_k、G_k、A_k 相当于原煤浮沉数据资料的重液密度、浮物累计产率(表5.3-2中第4列)、浮物累计灰分(表5.3-2中第5列)。之后,可以如表5.3-2一样,按照浮沉实验数据处理的原理,反算出计算入料各级别下浮物的产率(表5.3-2中第2列)和灰分(表5.3-2中第3列)。

表5.3-2 实际可选性曲线数据与原煤理论可选性曲线数据

实 际					理 论				
密度级 /g·cm⁻³	γ /%	A /%	浮物累计		密度级 /g·cm⁻³	γ /%	A /%	浮物累计	
			γ /%	A /%				γ /%	A /%
1	2	3	4	5	6	7	8	9	10
-1.3	26.93	6.92	26.93	6.92	-1.3	18.22	4.44	18.22	4.44
1.3~1.4	15.37	12.71	42.30	9.02	1.3~1.4	30.00	9.08	48.22	7.33
1.4~1.5	11.73	20.57	54.03	11.53	1.4~1.5	9.58	17.28	57.80	8.98
1.5~1.6	8.73	38.67	62.77	15.31	1.5~1.6	5.54	26.92	63.34	10.55
1.6~1.8	6.53	49.62	69.30	18.54	1.6~1.8	6.86	40.65	70.20	13.49
+1.8	30.70	63.98	100.00	32.11	+1.8	29.80	76.00	100.00	32.12
合计	100	32.11			合计	100	32.11		

实际计算中,为避免重复运算、提高算法效率,可以令

$$\begin{cases} S1_i = \gamma_i, \ S1_{i+1} = \gamma_{i+1} \\ S2_i = \gamma_i A_i, \ S2_{i+1} = \gamma_{i+1}A_{i+1} \end{cases} \qquad (5.3\text{-}5)$$

则,式(5.3-1)~式(5.3-4)变为:

$$L_k = \frac{S2_{i+1} - S2_i}{S1_{i+1} - S1_i} \qquad (5.3\text{-}6)$$

$$G_k = S1_i + \frac{S1_{i+1} - S1_i}{2} \qquad (5.3\text{-}7)$$

$$A_k = \frac{S2_i + \dfrac{S2_{i+1} - S2_i}{2}}{G_k} \qquad (5.3\text{-}8)$$

$$D_k = \frac{\delta_{p_i} + \delta_{p_{i+1}}}{2} \qquad (5.3\text{-}9)$$

这样，L_k、G_k、A_k、D_k 表格数据的计算可以归纳为：

（1）用分选密度 δ_{p_i}、$\delta_{p_{i+1}}$，进行"给定分选密度的重选预测"计算，再按式（5.3-5）计算 $S1_i$，$S2_i$，$S1_{i+1}$，$S2_{i+1}$；

（2）用 $S1_i$，$S2_i$，$S1_{i+1}$，$S2_{i+1}$，按式（5.3-6）~式（5.3-9）计算 L_k、G_k、A_k、D_k。

实际可选性曲线计算的流程如图 5.3-2 所示。如果最小分选密度取 1.275、最大分选密度取 2.0，密度间隔取 0.05，则能计算出 $m=13$ 组四元组。手工处理时一般取 6 个分选密度，而计算机建立实际可选性曲线模型时，所取分选密度个数 m 多于 6。这体现出采用计算机进行矿物加工数学建模的便捷优势。

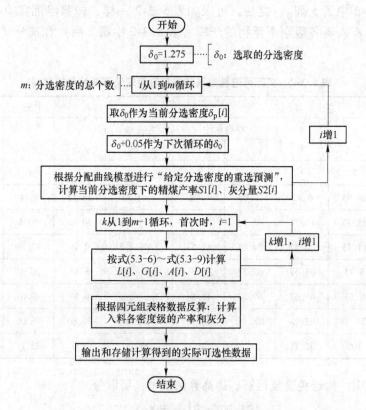

图 5.3-2　实际可选性曲线计算流程

为建立直观印象，给出如下示例，是实际可选性曲线模型程序的某次计算结果：

基元灰分	精煤产率	精煤灰分	分选密度
10.90	32.39	9.37	1.30
12.07	41.32	9.83	1.35
13.36	50.09	10.33	1.40

基元灰分	精煤产率	精煤灰分	分选密度
15.04	58.12	10.86	1.45
17.11	65.04	11.40	1.50
19.59	70.70	11.95	1.55
22.36	75.21	12.48	1.60
28.63	78.69	13.03	1.65
33.01	81.37	13.61	1.70
42.46	83.48	14.21	1.75
50.59	85.29	14.89	1.80

5.4　重选的预测方法

重选过程的预测包括两类问题，其一，给定分选密度计算产物的数量和质量；其二，给定精煤灰分（或尾煤灰分），计算产物的其他数量和质量。

5.4.1　给定分选密度的预测

给定分选密度的预测比较简单，方法为利用原煤的浮沉实验数据，在分配曲线模型基础上，按照各密度级别在产物中的分配率计算产物的产率和灰分。

表5.4-1为常用的两产物重选作业计算方法，其中，第5列为分配率数据，由分配曲线数学模型算出；当条件不足时，不妨采用分配曲线的正态分布模型。

表5.4-1　给定分选密度后两产物重选作业的预测计算

密度级别 /g·cm⁻³	平均密度 /g·cm⁻³	原　煤		在尾煤中的分配率 /%	尾　煤		精　煤	
		产率 /%	灰分 /%		产率 /%	灰分量 /%	产率 /%	灰分量 /%
1	2	3	4	5	6	7	8	9
−1.3	1.25	30.88	6.83	0.00	0.00	0.00	30.88	210.91
1.3~1.4	1.35	27.95	11.20	1.80	0.50	5.63	27.45	307.41
1.4~1.5	1.45	13.96	19.68	5.20	0.73	14.29	13.23	260.45
1.5~1.6	1.55	7.76	29.50	14.30	1.11	32.74	6.65	196.18
1.6~1.8	1.70	5.25	41.17	44.90	2.36	97.05	2.89	119.09
+1.8	2.20	14.20	70.77	91.10	12.94	915.49	1.26	89.44
合　计		100.00	20.49		17.63	1065.20	82.37	1183.48
					尾煤灰分	60.41	精煤灰分	14.37

记原煤浮沉实验共有 n 个密度级别，用 j（$j=1, 2, \cdots, n$）作为密度级别序号，则两产物重选预测的计算公式为

$$T_j = RW_j \cdot E_j \tag{5.4-1}$$

$$T = \sum_{j=1}^{n} T_j \tag{5.4-2}$$

$$C_j = RW_j - T_j \tag{5.4-3}$$

$$C = \sum_{j=1}^{n} C_j \tag{5.4-4}$$

$$TA = \left(\sum_{j=1}^{n} (T_j RA_j) \right) / T \tag{5.4-5}$$

$$CA = \left(\sum_{j=1}^{n} (C_j RA_j) \right) / C \tag{5.4-6}$$

式中，RW_j，RA_j 为原煤第 j 密度级的产率和灰分，%；C_j，T_j 为精煤和尾煤中第 j 密度级别的产率，%；C，T 为精煤和尾煤的产率，%；CA，TA 为精煤和尾煤的灰分，%；E_j 为给定分选密度下的分配率，以小数表示。

两产物作业计算是重选作业计算的基础，计算程序包括两大步：（1）根据原煤浮沉实验数据，调用分配曲线的正态分布模型计算各密度级别的分配率，当然也可以采用拟合模型等其他分配曲线模型；（2）按照式（5.4-1）～式（5.4-6），计算产物的产率和灰分。程序流程图略。

重选作业可以由许多两产物作业组成，顺次调用两产物预测子程序，就可以完成复杂的重选流程预测计算。无论跳汰选、重介选、摇床选、风选均可，它们的主要区别是各自的分配曲线不同，因而分配率也不同。三产物作业预测问题，则转化为先后串联的两个两产物作业，需要两次调用两产物预测子程序。

5.4.2 给定精煤灰分的预测

如果给定精煤灰分，则不能直接计算出其他指标。因为重选计算的主要依据是分选密度，由分选密度确定分配曲线模型，计算出分配率，再由分配率计算产物产率。这种情况下，可以采用迭代法。此时迭代的思路为：首先任意给定一个分选密度，按此分选密度进行预测计算，得到精煤灰分，然后比较计算值和给定值。当两者差值小于允许误差时，即可终止迭代；否则，再给定一个分选密度，进行重复计算，直到满足要求为止。

采用迭代法进行给定精煤灰分的预测计算，其关键是迭代过程中如何改变分选密度，使迭代较快地收敛。根据迭代时选定分选密度方法的不同，可采用二分迭代法或逐步搜索迭代法，这两种方法的收敛速度较快，迭代效率都较高。

5.4.2.1 二分法

重选预测中的二分法指按二等分密度区间的方法确定新分选密度进行迭代的方法。其算法如图5.4-1所示，图5.4-1中曲线表示分选密度 δ_p 与精煤灰分 CA 的关系，即采用的分选密度越大，则分选获得的精煤产率越高、精煤灰分越高；水平直线 $CA = A$ 中的 A 代表给定的目标精煤灰分。

设 e 为允许误差，重选预测二分法的

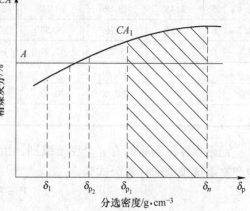

图 5.4-1   重选预测的二分迭代法

计算步骤归纳如下：

（1）按分选密度的物理意义规定分选密度区间 $[\delta_1, \delta_n]$，作为当前搜索区间 $[\delta_{\text{begin}}, \delta_{\text{end}}]$，即需要进行如下代换：$\delta_{\text{begin}} = \delta_1$ 与 $\delta_{\text{end}} = \delta_n$。

（2）取区间的中点 δ_{middle}（如图 5.4-1 所示，首次迭代时中点 δ_{middle} 取值 δ_{p_1}）作为分选密度。按 δ_{middle} 进行给定分选密度的预测计算，计算出精煤灰分 CA（如图 5.4-1 所示，首次迭代计算时，以 δ_{p_1} 为分选密度获得灰分值为 CA_1 的精煤）。

（3）进行判断。若 $|CA - A| \leqslant e$，则迭代结束。采用本次迭代的分选密度继续完成预测所需其他指标的计算，得到所需全部结果。

（4）否则，比较 CA 和 A。若 $CA > A$，则去掉右半区间，以左半区间的起讫端点作为新搜索区间 $[\delta_{\text{begin}}, \delta_{\text{end}}]$（图 5.4-1 所示情形正属于这种情况，即（$CA = CA_1$）$> A$，需要进行的代换为：$\delta_{\text{begin}} = \delta_1$ 与 $\delta_{\text{end}} = \delta_{p_1}$）；若 $CA < A$，去掉左半区间，以右半区间的起讫端点作为新搜索区间 $[\delta_{\text{begin}}, \delta_{\text{end}}]$。之后，返回步骤（2），进入下轮迭代。

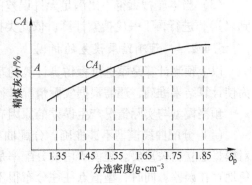

用二分法进行给定精煤灰分的重选预测程序流程图略。读者可仿照图 5.4-3 练习绘制。

5.4.2.2 逐步搜索法

重选预测的逐步搜索是在规定的密度区间内，从大到小减小步长，寻找适宜的分选密度。一般可以用较大的步长进行粗搜索，然后用较

图 5.4-2 重选预测的逐步搜索迭代法

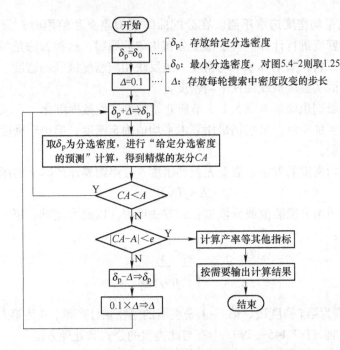

图 5.4-3 逐步搜索法进行给定精煤灰分的预测流程

小的步长进行细搜索。逐步搜索迭代如图 5.4-2 所示，其算法流程如图 5.4-3 所示。

对重选预测的逐步搜索法，需要进行多轮次迭代。图 5.4-2 的曲线仍表示分选密度 δ_p 与精煤灰分 CA 的关系，直线 $CA = A$ 中的值 A 代表给定的精煤灰分，CA_1 为某次计算得到的精煤灰分，另设 e 为允许误差。其迭代步骤如下：

（1）从最小分选密度开始，以 Δ 为递增步长（首轮迭代时取 $\Delta = 0.1$），计算精煤灰分 CA。若 $CA < A$，则分选密度加 Δ，之后再进行计算和判断；若 $CA > A$，则判断 $|CA - A| \leqslant e$ 是否成立。若成立，则终止迭代，采用本次迭代的分选密度继续完成预测所需其他指标的计算，算得所有结果后，算法结束；不成立，则转（2）。

（2）分选密度退后一个步长，将递增步长改为 $\Delta = 0.1 \times 0.1 = 0.01$，回到（1），进行下一轮搜索计算。

（3）当本轮搜索得不出满足允许误差的结果时，取 $\Delta = 0.1 \times 0.1 \times 0.1 = 0.001$，仍回到（1），进行再下一轮搜索计算。依此类推，直到得出满足允许误差的结果为止。

5.4.2.3　预测结果误差的析因

以上预测计算是重选过程仿真计算的基础，但其计算结果与实际生产结果会有出入。为使计算结果准确，还需根据实际情况进行修正。

预测模型与实际情况产生误差的原因有以下几个方面。

（1）分配曲线模型不够准确。分配曲线的数据集来自化验或实验，数据集的准确性对模型建立至关重要。建模所用的分配率是由产物浮沉实验间接计算出来的，本身不可避免地存在误差。同时，型值点往往分布很不均匀，也会造成分配曲线模型不准确。此外，建模时采用了一些假设，如分配曲线的对称性，忽略操作因素、分选密度的影响等。这种原因很难根除。

（2）密度级的平均密度选取不当。在分配曲线模型建立和使用时，分配率均采用各密度级的算术平均密度进行计算。对于煤质分布均匀的原料，这种方法是可取的；但对于煤质变化不均匀的原料，采用算术平均密度无法反映相应密度级别的密度。要克服这个缺点，可采用加密浮沉实验级别或加权平均密度。

加密浮沉实验级别也就是本章 5.1.3 节所介绍的可选性数据细化，可减少密度级别间隔。浮沉实验级别被加密后，虽然仍采用算术平均值确定密度，但由于密度间隔缩小，误差的影响会有所减弱。

若采用加权平均密度的方法，需要先找到密度 δ 与浮物累计产率 γ 的函数关系，即：

$$\delta = f(\gamma) \tag{5.4-7}$$

该式可以对密度曲线用分段插值或分段拟合的方法得到。以此为基础，第 i 密度级的加权平均密度可表示为：

$$\bar{\delta_i} = \frac{\gamma_i - \gamma_{i-1}}{\int_{\gamma_{i-1}}^{\gamma_i} f(\gamma)\,\mathrm{d}\gamma} \tag{5.4-8}$$

式中，γ_i，γ_{i-1} 分别为第 i 密度级、第 $i-1$ 密度级的浮物累计产率；$\bar{\delta_i}$ 为第 i 密度级的平均密度。煤炭行业标准 MT/T 145—1997 中有与此类似的公式和处理方法。

对于煤密度组成中的端部密度级（意即第一密度级和最末密度级的统称）的平均密度，在条件允许时，可以进行实际测定。条件不允许时，可以通过"中间各密度级的平均密度对平均灰分"的回归方程外推获得,具体处理方法可参考煤炭行业标准 MT/T 145—1997 的规定进行。当然,也可根据情况,取经验值。

(3) 密度级的灰分数据不准。前述重选计算时,精煤和尾煤灰分,都是根据原煤各密度级别的灰分、用加权平均方法得出的。但实际中,属同一密度级别的原煤、精煤、尾煤,其灰分值是不同的。如,在对某跳汰机入料和产品的灰分实测中发现,同一密度级的灰分,精煤比原煤低、尾煤比原煤高(见表 5.4-2)。煤实际分选的灰分结果与简化处理(直接取同密度级原煤灰分作为分选产品的灰分)之间的偏差,是正常而普遍的,有明确规律可循。采用原煤灰分进行重选计算时,计算的精煤灰分比实际灰分偏高、尾煤灰分则比实际灰分偏低。所以,计算和应用时,可根据现场实际情况,对精煤灰分与尾煤灰分进行适当调整。

表 5.4-2　跳汰机原煤和产物的实际灰分

密度级/g·cm⁻³	灰分/%			密度级/g·cm⁻³	灰分/%		
	原煤	精煤	尾煤		原煤	精煤	尾煤
−1.3	3.87	2.57	4.66	1.5~1.6	31.38	30.70	31.95
1.3~1.4	11.10	10.39	11.46	1.6~1.8	43.10	41.51	44.62
1.4~1.5	21.58	20.58	22.00	+1.8	75.31	64.92	76.31

(4) 煤泥污染的影响。重选作业计算中,一般只计算 +0.5mm 原煤,没有考虑 −0.5mm 的煤泥。但实际生产中,分选产物中会有大量的煤泥。表 5.4-3 列举了某厂精煤被煤泥污染的情况,其中 −0.5mm 煤泥量竟达 1/3,同时,由于煤泥污染,精煤灰分提高了 0.3%。所以,想要使预测结果准确,在计算中就必须将煤泥的存在和影响考虑进来。

表 5.4-3　某厂精煤被煤泥污染的情况

精煤粒度/mm	实验一		实验二	
	产率/%	灰分/%	产率/%	灰分/%
+0.5	69.59	14.90	67.54	14.23
−0.5	30.41	15.28	32.46	15.57
合　计	100.00	15.02	100.00	14.53

5.5　重选过程的优化

选煤优化计算的目标有两种,其一,合理安排分选制度使一定精煤灰分下的产率最大;其二,合理安排各种产品的结构与各作业的最佳分选制度,使综合经济效益最大。精煤的价格比其他产品高,而选煤的生产费用一般是稳定的,所以,精煤产率在综合经济效益中占重要地位。大多数情况下,最大精煤产率能带来最大经济效益。因此,对只产出精煤、中煤、矸石三种产品的一般的选煤厂(尤其是炼焦煤选煤厂),最大精煤产率和最大经济效益是一致的,可以采用"取得最大精煤产率"作为优化的目标。所以,最大精煤产率问题是重选优化的讨论重点。

需要注意，当选煤厂产品中不出中煤而改出洗混煤时，最大精煤产率与最大经济效益是不一致的。此时，采用最大精煤产率作为评判原则进行重选优化不再适合。

另外，对于出产多种产品的动力煤选煤厂，其各种产品的价格差别不明显。这时，需要按最大经济效益原则优化重选产品结构，通常运用规划论进行优化计算。

重选过程最大精煤产率的计算有四种方法，即等基元灰分法、非线性规划法、搜索法、穷举法，根据选煤流程和对优化计算的要求进行选用。等基元灰分法物理概念清楚、运算简单、计算结果较准确、使用历史也长，但只能用在原料互相独立的并联作业计算中，如分级入选、分组入选等。后三种方法均适宜以计算机为工具进行计算，是最优化技术与数值算法在矿物加工中的应用，比第一种方法的使用时间要短，但方法灵活、适应面广。

还需指出，等基元灰分法是煤炭分选特有的优化方法；而非线性规划法、搜索法、穷举法这三种方法，具有普遍性，也同样适用于金属矿、非金属矿的作业/流程优化。这后三种方法在矿物加工处理流程优化问题中，应用原理是相同的，只是对于不同处理过程，处理作业的具体模型不同，参数物理意义不同。从数学模型角度，不论是选矿、选煤还是非金属矿的加工处理，其流程优化问题都是一样的，都是寻找使某指标达到最低或最高的"寻优"问题。

5.5.1 等基元灰分法

等基元灰分法是运用最高产率原则进行优化计算的方法。

最高产率原则（也称等基元灰分原则，简写为等 λ 原则）的具体含义为：分选两种（或几种）质量不同的原煤以获得综合精煤时，只要使每种煤都按相等的分界灰分分选，就能在规定的精煤灰分下，获得最高的精煤产率；或在精煤产率一定下，得到最好的精煤质量。其中，分界灰分指分选的两种产物分界线上的基元灰分，即浮物的最高灰分和沉物的最低灰分。

等基元灰分法的物理概念为：在分选两种以上的原煤时，最合理的分选制度应该使各原煤中的低灰部分优先进入精煤中，只有这样综合精煤才能达到最高的产率。所以，为使综合精煤的产率最大，需保证各部分原煤分选的分界灰分相等，亦即按等基元灰分进行分选。

5.5.1.1 最高产率原则的证明

设有 N 个产出精煤的分选作业，各原料煤的可选性用迈尔曲线（实为交换坐标后的迈尔曲线）表示

$$L_i = f_i(\gamma_i) \quad i = 1, 2, \cdots, N \tag{5.5-1}$$

式中，γ_i，L_i 分别表示第 i 个分选作业中，精煤的产率与灰分量。

再设，综合精煤灰分为 CA，各分选作业入料的总和记为 100%（即 1），第 i 个分选作业入料的相对比例为 K_i。很明显

$$\sum_{i=1}^{N} K_i = 1$$

则，N 个作业的综合精煤产率最高，表示为：

$$\gamma = \sum_{i=1}^{N} K_i \gamma_i = \max \tag{5.5-2}$$

该式即为优化问题的目标函数。根据综合精煤灰分 CA 的物理意义，存在以下约束条件

$$CA = \frac{\sum_{i=1}^{N} K_i L_i}{\sum_{i=1}^{N} K_i \gamma_i} \tag{5.5-3}$$

也可写成

$$CA\left(\sum_{i=1}^{N} K_i \gamma_i\right) - \sum_{i=1}^{N} K_i L_i = 0 \tag{5.5-4}$$

很明显，这是一个等式约束条件下求多元函数极值的问题，可以用拉格朗日乘数法（参见本书 2.6 节）求解。由式（5.5-2）与式（5.5-4）建立拉格朗日函数

$$W = \sum_{i=1}^{N} K_i \gamma_i + \lambda\left(CA\left(\sum_{i=1}^{N} K_i \gamma_i\right) - \sum_{i=1}^{N} K_i L_i \right) \tag{5.5-5}$$

式中，λ 为拉格朗日乘子。

将上式对 γ_i 及 λ 求偏导并令偏导为零，得方程组

$$\begin{cases} \dfrac{\partial W}{\partial \gamma_1} = K_1 + \lambda CA K_1 - \lambda K_1 \dfrac{\partial L_1}{\partial \gamma_1} = 0 \\[2mm] \dfrac{\partial W}{\partial \gamma_2} = K_2 + \lambda CA K_2 - \lambda K_2 \dfrac{\partial L_2}{\partial \gamma_2} = 0 \\[2mm] \qquad\qquad\qquad \vdots \\[2mm] \dfrac{\partial W}{\partial \gamma_N} = K_N + \lambda CA K_N - \lambda K_N \dfrac{\partial L_N}{\partial \gamma_N} = 0 \\[2mm] \dfrac{\partial W}{\partial \lambda} = CA\left(\sum_{i=1}^{N} K_i \gamma_i\right) - \sum_{i=1}^{N} K_i L_i = 0 \end{cases} \tag{5.5-6}$$

该方程组的最后一个等式即是约束条件式（5.5-4），显然能得到满足。对方程中的前 N 个等式进行整理，可以推出

$$\frac{\partial L_1}{\partial \gamma_1} = \frac{\partial L_2}{\partial \gamma_2} = \cdots = \frac{\partial L_N}{\partial \gamma_N} = \frac{1 + \lambda CA}{\lambda} \tag{5.5-7}$$

意即

$$f'_i(\gamma_i) = \frac{\partial L_i}{\partial \gamma_i} = 常数 \tag{5.5-8}$$

由此可知，要满足式（5.5-2），使目标函数取到最大值，应使各分选作业对应的迈尔曲线的一阶导数为常数，而迈尔曲线的一阶导数即灰分量的斜率，也就是基元灰分（参见本章 5.1.2 节）。所以，在规定综合精煤灰分下，要使 N 个作业的综合精煤获得最高产率，必须按照等基元灰分分选。

5.5.1.2 等基元灰分法的应用

运用等基元灰分法，可以解决选煤工艺中的许多重大原则问题，具体包括：

（1）选煤厂设计中，用于论证某些低灰原煤或难选原煤入选的合理性、不同原煤配煤（即混合）入选或分组入选的合理性；论证一定精煤灰分下，确定中煤再选、煤泥浮选和煤泥掺入作业的合理性。

（2）选煤厂生产中，用于确定在规定精煤灰分下各分选作业的分选指标（如重选与

浮选指标配合、不同重选作业指标搭配的最佳方案）；选煤厂或筛选厂出产多种产品时，可据以调整产品结构，以提高经济效益。

所以，等基元灰分法优化计算不仅可以用于重选，而且也能用于浮选或煤泥处理等其他作业。

运用等基元灰分法确定各个分选作业指标的步骤为：首先由各作业可选性曲线（只需 λ 曲线和 β 曲线）按比例叠加后得到综合可选性曲线；然后根据综合可选性曲线，由精煤灰分 CA 查读相应的 λ 值，该 λ 值即为最高产率原则所要求的"相等"的分界灰分值；再按照该 λ 值在各作业可选性曲线上查读各作业的分选精煤产率及相应分选指标，尤其是各作业按该 λ 值分选时对应的分选密度。

在计算机建模被普遍应用之前，等基元灰分法一般只能用作图法实现。图 5.5-1 为由两种煤分选获得综合精煤时，手工运用等基元灰分法的示意图，其中，两种分选作业入料的比例为 K_1：$K_2 = 0.6:0.4$，可选性曲线分别为 β_1、λ_1 与 β_2、λ_2，综合可行选性曲线为 β、λ，综合精煤灰分的目标值为 CA。由综合可选性曲线查读出的"相等"的分界灰分为 λ_c。其他符号还有：两种煤分选的分界灰分分别为 λ_1、λ_2（$\lambda_1 = \lambda_2 = \lambda_c$），分选后得到的精煤灰分分别为 CA_1、CA_2，精煤产率分别为 γ_{C1}、γ_{C2}，综合精煤的产率为 γ_c。

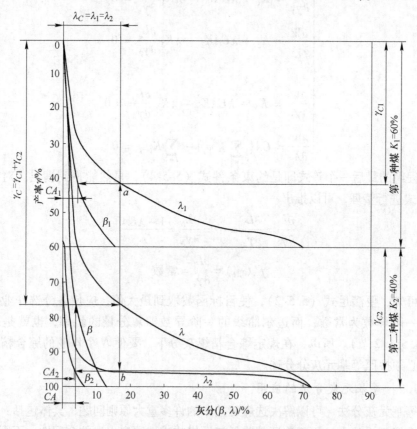

图 5.5-1　用等基元灰分法确定两个作业的分选指标

5.5.1.3　等基元灰分法的计算机实现

等基元灰分法的手工处理是比较繁琐的。同时，如果采用理论可选性曲线，没有考虑分选效率，所得结果与实际数据相比，误差自然大些。换言之，由理论可选性曲线确定的分界灰分不能准确地用在选煤最高产率优化计算中。若采用实际可选性曲线，其实际 λ 曲线的原始数据由重选模型计算得到，考虑了分选效率，计算结果会更接近实际情况，但手工处理的工作量很大以至于无法实现。

在计算机中建立实际可选性曲线数学模型后，用等基元灰分法进行优化计算就很方便了。由本书5.3节介绍的实际可选性曲线建模方法，可以得到精煤产率、精煤累计灰分、实际基元灰分、分选密度等实际分选指标，利用这组表格数据，组成实际的浮物累计曲线 β、灰分特性曲线 λ、甚至密度曲线 δ。在此基础上，再按照等基元灰分法的手工处理原理，便可在计算机中实现等基元灰分法。

下面以分级重介选（如图5.5-2所示）为例，介绍等基元灰分法的计算机实现方法。

设图5.5-2所示分级重介选中，块煤和末煤的比例为 $R1$、$R2$，且块煤和末煤的浮沉数据已知，则利用式（5.3-5）~式（5.3-9）可以求出这两种原煤分选后各自实际分选指标构成的四元组，即：$L1_k$，$G1_k$，$A1_k$，$D1_k$；$L2_k$，$G2_k$，$A2_k$，$D2_k$。

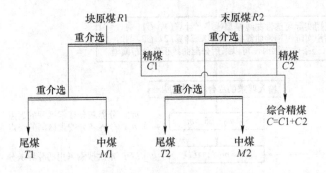

图5.5-2 分级重介选流程

根据四元组中的实际基元灰分与精煤产率可以绘出灰分特性曲线，再按两种原煤的比例将纵坐标"压缩"后叠加起来，得到图5.5-3。根据两种原煤的 $(L1_k，G1_k)$ 与 $(L2_k，G2_k)$ 对应关系，用拉格朗日一元三点插值、样条插值等插值方法，可计算出给定某一分界灰分（图5.5-3中的 LD）下分选后得到的精煤 $C1$ 的产率 $G1$ 和精煤 $C2$ 的产率 $G2$。

同样，根据 $(L_k，A_k)$ 与 $(L_k，D_k)$ 的对应关系，用插值法求出按该给定分界灰分分选时，两种煤的精煤累计灰分 $A1$、$A2$ 以及分选密度 $D1$、$D2$。根据这些计算出来的数据，用加权平均方法，计算

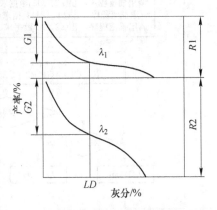

图5.5-3 分级重介选的等基元灰分法

出综合精煤的产率和灰分，即得等基元灰分法的分选结果。

实际的重选优化问题中，给定指标一般为综合精煤灰分，并不知道等基元灰分法要依据的所谓的"相等"分界灰分的具体取值。因此，需要按照某种算法确定出能够得到该给定综合精煤灰分的分界灰分值。计算机实现时，可以仿照人工处理时的试算方法，在分界灰分的允许取值范围内，进行某种形式的搜索。为提高搜索效率，克服试算的盲目性，

可以采用二分搜索法。

分级重介选优化问题的二分法搜索思路为：先根据分选物理意义确定分界灰分取值的范围，然后取该范围的中值作为第一次搜索计算的分界灰分 LD，接着运用等基元灰分法，分别计算块煤和末煤按该 LD 分选时的精煤产率、精煤灰分、分选密度，进而得到该分界灰分 LD 下的综合精煤灰分（记为 AC）。将该综合精煤灰分 AC 与给定的综合精煤灰分（用 AA 表示）相比较，根据比较结果确定下一次搜索计算的分界灰分取值。依此类推，直到计算所得的综合精煤灰分 AC 与指定综合精煤灰分 AA 两者之差落在允许的误差范围（如，取 0.1 或 0.01，再小的值对煤炭分选将没有实际意义）内为止。具体计算步骤如图 5.5-4 所示。

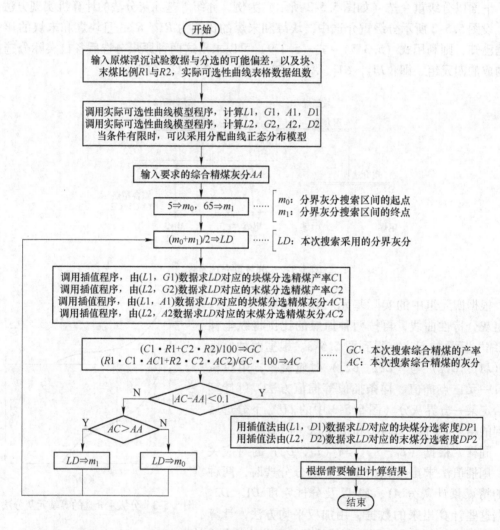

图 5.5-4　分级重介选的优化计算流程

【例 5.5-1】　某选煤厂采用分级重介选流程，已知块、末煤比例为 4:6，原煤浮沉实验结果见表 5.5-1，设块、末煤分选的可能偏差均为 0.06，试按等基元灰分法计算给定综合精煤灰分为 10.0% 时各作业的产率和分选密度。

表 5.5-1　分级入选的原煤密度组成

密度级别 /g·cm⁻³	块　煤		末　煤	
	产率 /%	灰分 /%	产率 /%	灰分 /%
-1.3	23.74	5.76	28.28	4.55
1.3~1.4	47.56	10.11	44.60	9.55
1.4~1.5	9.39	19.31	8.85	20.09
1.5~1.6	3.28	28.75	3.83	29.97
1.6~1.8	2.10	38.96	3.26	41.47
+1.8	13.93	80.18	11.18	75.60

解：（1）按流程图编制程序，并运行，输入密度级别数 6 及表 5.5-1 中数据。输入实际可选性曲线的表格数据组数 12。输入入选比例 R1 为 40，R2 为 60。输入两分选机的可能偏差 0.06、0.06。

（2）输入要求的综合精煤灰分 10.0。

（3）程序运行结果为：

块煤、末煤的分选密度分别为：1.61；1.58

精煤灰分分别为：10.55；9.66

精煤产率分别为：33.29；50.40

拟合的综合精煤灰分为：10.02；产率为 83.69

需要注意，图 5.5-4 所示流程图仅计算出综合精煤的产率和灰分，若要完成整个分级重介选工艺流程的模拟计算，还须按照重选预测方法计算出中煤和尾煤的数量、质量。

5.5.2　非线性规划法

非线性规划法的基本原理见本书 2.4 节。选煤（含重选在内）的最大精煤产率问题，可以用非线性规划法描述。

最大精煤产率非线性规划模型需要以产出精煤的各个作业的模型为基础。产出精煤的作业主要是重选和浮选，也可能包括煤泥作业（如，煤泥经压滤脱水后掺入精煤，作为总精煤产品的构成部分）。这些作业的模型都有控制参数，通过改变控制参数的大小产出不同数质量的精煤。例如，重选作业常以分选密度为控制参数，浮选作业可以精煤可燃体回收率为控制参数，掺入精煤中的煤泥作业，可以掺入量为控制参数。

设选煤厂有 N 个产出最终精煤的作业，每个作业的控制参数为 x_i（$i=1$，2，…，N）。依据各作业的模型，得到各作业精煤产率和灰分量与其控制参数 x_i 的关系为：

$$\gamma_i = f_i(x_i) \tag{5.5-9}$$

$$L_i = g_i(x_i) \tag{5.5-10}$$

式中，γ、L 分别指精煤的产率和灰分量；f、g 代表各作业控制参数与其精煤产率、灰分量之间的函数关系；下标 i 指产出精煤作业的序号，$i=1$，2，…，N。

再设，给定的总精煤灰分为 AA，产出精煤各作业的入料为 K_i（指以这些入料的和为总量进行折算后的比例，满足 $\sum\limits_{i=1}^{N} K_i = 1$），则，希望各作业产出的精煤综合成一份总精煤后，其灰分应等于 AA，即：

$$AA = \frac{\sum\limits_{i=1}^{N} K_i L_i}{\sum\limits_{i=1}^{N} K_i \gamma_i} \qquad (5.5\text{-}11)$$

写成等式形式，为：

$$\sum_{i=1}^{N} \left(K_i (L_i - AA\,\gamma_i) \right) = 0 \qquad (5.5\text{-}12)$$

希望总精煤产率最大，即：

$$F(X) = (-\gamma_C) = -\sum_{i=1}^{N} K_i \gamma_i = \min \qquad (5.5\text{-}13)$$

式中，$X = (x_1, x_2, \cdots, x_N)^{\mathrm{T}}$；$\gamma_C$ 为总精煤的产率。

同时，各作业的控制参数都有一定的范围，即：

$$a_i \leqslant x_i \leqslant b_i \qquad (5.5\text{-}14)$$

式中，a_i、b_i 为常数，由各个控制参数的物理意义决定。

所以，最大精煤产率的规划模型为：以式（5.5-13）为目标函数、式（5.5-12）和式（5.5-14）为约束条件的非线性规划。

非线性规划没有通用的求解算法，且求解约束极值问题要比求解无约束极值问题困难得多。煤的这些分选作业模型（式（5.5-9）、式（5.5-10））的函数形式多样且复杂，那些需要使用导数的方法在这里使用起来往往非常困难，所以求解最大精煤产率的非线性规划问题，通常会选用搜索法。

5.5.3　搜索法

用搜索法求解选煤最大精煤产率问题，需要把分选过程的数学模型和搜索法结合起来，采用无约束条件下的多变量函数寻优方法。

多变量函数寻优首先要列出目标函数，而目标函数的取值受一系列因素影响，并由有关的控制参数决定。此处，把由所有控制变量的一组取值构成分选流程的状态称为一种流程工况（类似于前面 5.5.2 节中的 $X = (x_1, x_2, \cdots, x_N)^{\mathrm{T}}$，当 x_i（$i = 1, 2, \cdots, N$）取定一组数值后，就构成一种流程工况）。搜索法就是以假定的某种流程工况为初值，计算出目标函数的值，同时按一定方法改变控制参数的值，流程由初始工况变为新工况；计算出新工况的目标函数值，并比较新工况的目标函数值相比于初始工况时的目标函数值有否改善（"改善"的含义是"更接近最优目标"）。之后，再根据比较结果决定下次搜索时控制参数值改动的方向和幅度。如此继续搜索，直至最后达到目标的最优值。

下面借用文献的一个例子简要介绍搜索法的思路，该例子采用名为"Rosenbrock 模式搜索法"的方法对包含跳汰选、重介选、煤泥浮选在内的选煤流程进行优化。

用 Rosenbrock 模式搜索法建立的精煤产率优化模型的目标函数为：

$$F_X = \frac{K(A - CA)^2 + 1}{\gamma_C} = \min \qquad (5.5\text{-}15)$$

式中，F_X 为目标函数取值，代表不同流程工况下目标函数取得的数值；CA 为综合精煤的给定灰分；A 为综合精煤的计算灰分，是由各作业模型在某流程工况下计算得到的精煤灰分的加权平均值；γ_C 为综合精煤的计算产率，是由各作业模型在同样流程工况下计算得到的精煤产率总和；K 为权值，取 2。可见，这个目标函数的主要构成是综合精煤计算值与给定值的偏差平方和，同时加入了精煤计算产率为分母，用意在于，F_X 取最小时，在综合精煤灰分满足给定要求下产率达到最大。F_X 的取值取决于流程工况，而流程工况又由流程中各作业的控制参数取值的组合构成。因此，不同的工作制度，各作业数学模型的控制参数取值不同，分别分选出不同指标的精煤，再构成不同指标的综合精煤，进而使目标函数取不同的值。

对选煤流程的精煤产率优化模型，主要约束条件是综合精煤灰分，当 F_X 达到最小值时，是满足这个约束条件的。因此上述精煤产率优化模型可以视作无约束的多变量函数"寻最小值"问题，可以直接采用 Rosenbrock 模式搜索法这种无约束条件下多变量函数寻优的解法。

Rosenbrock 模式搜索法的计算步骤为：

（1）首先确定搜索起始点（即起始流程工况，可以按照经验或试算确定）和初始步长 S_i（$i = 1, 2, \cdots, N$），调用各作业模型，计算出目标函数的值 F_X。

（2）轮流将每一控制参数 x_i，在由各控制参数构成的 N 维空间中，沿平行与该控制参数坐标轴的方向移动距离 S_i，再次计算目标函数值，并与此前的目标函数值进行比较。

若目标函数值降低，说明该控制参数 x_i 的该次变动是成功的，则以增大些的步长，继续按此方向变动该控制参数，即取步长

$$S_{i+1} = \alpha \cdot S_i \tag{5.5-16}$$

式中，$\alpha > 1$，预先设定。

若目标函数值增大，认为该控制参数 x_i 的该次变动是失败的，则以减小些的反方向步长，继续变动该控制参数，即取步长

$$S_{i+1} = -\beta \cdot S_i \tag{5.5-17}$$

式中，$\beta < 1$，预先设定。

如此，当所有控制参数都移动后，进行一次收敛性检查。如果搜索过程已经收敛，则搜索结束。

（3）如果收敛性检查发现，搜索过程没有收敛，则检查控制参数是否在每个方向上均产生至少一次成功和一次失败。

若否，则从第一个控制参数开始重复进行参数取值的移动过程，直至控制参数"在每个方向上均产生至少一次成功和一次失败"；若是，则取上次搜索中使目标函数值改善最大的那个方向为新搜索方向，并重新规定步长 S_i，返回第（2）步。

很明显，此处的"Rosenbrock 模式搜索法"，即是本书 2.4 节所讨论"变量轮换法"的具体应用，其实质是借助对控制参数在轮换方向上的移动，把多变量函数寻优问题转化成了一系列的单变量函数的寻优问题。

5.5.4 穷举法

重选中的主、再选流程是串联分选，不能采用等基元灰分法进行流程优化计算。陶东平曾对选煤主、再选配合流程进行数学推导，证明主、再选不应按等分界灰分分选，而是再选的分界灰分大于主选的分界灰分。陶东平还对几十个选煤厂主、再选配合方案进行了研究和优化计算，结果认为，主、再选分选密度的最佳配合方案与主、再选的不完善度有

关，主、再选等密度分选获得最大精煤产率的必要条件是主、再选精煤段的不完善度 I 值相等；当 I 值的差值越大，等密度分选越得不到最大精煤产率。

采用计算机工具进行主、再选流程优化时，可以选择穷举法。穷举法进行流程优化计算的思路为：（1）逐一计算所有可能的分选方案。（2）对比各方案的计算结果，从中找出满足目标（如精煤灰分最低）的最优方案。

图 5.5-5 所示为常用的主、再选流程。主选中煤进入再选，主、再选的精煤 $C1$、$C2$ 混合，产生最终的综合精煤 C。优化计算时，为使问题简化，主选一段的分选密度 δ_{p1} 预先选定，不参加优化计算。所以，主、再选优化计算的具体含义为，试算不同的 δ_{p2} 与 δ_{p3}，得到不同的综合精煤，再从中选择最优配合。

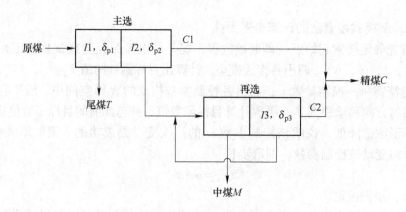

图 5.5-5　常用的主、再选跳汰流程

设主选二段分选密度 δ_{P2}、再选分选密度 δ_{p3} 各有五种方案，不妨取 1.35、1.45、1.55、1.65、1.75。从 δ_{p2}、δ_{p3} 密度方案中各选一，可组成一种工作制度，总共可组合成 25 种工作制度。

按照 5.4 节中"给定分选密度的预测"方法，逐一计算 25 种工作制度的分选结果，得出各工作制度下分选后综合精煤的灰分和产率。完成了穷举法的第（1）步。

将综合精煤的灰分与产率绘成曲线，得到图 5.5-6，其中的 25 个数据点，即代表 25 种工作制度下综合精煤的灰分(横坐标值)和产率(纵坐标值)。设给定的综合精煤灰分为 AC，参照图 5.5-6 进行方案穷举法的第(2)步选优。具体方法为，首先用插值法从曲线簇中找出获得该综合精煤灰分的几种可能方案(如图 5.5-6 中，由 AC 向上引垂线，与综合精煤曲线簇有三个交点，得三种可能方案)；然后通过排序从可能方案中选择产率最大的方案(如图 5.5-6 中的方案一)，该方案所在的曲线即为优化的主选二段分选密度 δ_{p2}；最后，再在该曲线上用插值方法求得 δ_{p3} 的取值(按图 5.5-6 所示，δ_{p3} 的取值在 1.35 ~ 1.45 之间)。

跳汰主、再选流程优化计算的流程如图 5.5-7 所示。需要注意，本节采用的分选密度穷举取值的步长为 $0.1\mathrm{g/cm^3}$，为避免"漏掉"最优解，可以采用更短些的步长，或取不同步长进行多次优化计算，再将优化结果进行对比，按实际情况和经验酌情选用。

【例 5.5-2】　某厂原煤的浮沉实验结果见表 5.5-2，跳汰主、再选的不完善度分别为 0.15、0.15、0.20，要求主选尾煤灰分要达到 70%，综合精煤灰分要达到 12.5%。试计算主、再选的最佳指标和工作制度。

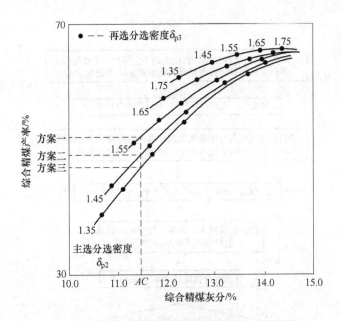

图 5.5-6 跳汰主、再选流程的最优方案选择

表 5.5-2 原煤浮沉实验结果

密度级/g·cm⁻³	产率/%	灰分/%	密度级/g·cm⁻³	产率/%	灰分/%
-1.3	9.64	6.04	1.5~1.6	8.28	27.33
1.3~1.4	30.72	11.21	1.6~1.8	7.64	30.43
1.4~1.5	19.45	19.58	+1.8	24.07	74.59

解：按图 5.5-7 编写程序，并运行，输入的原始数据为：

浮沉实验级别数据组数：6

分选密度方案数：5

原煤的密度、产率与灰分数据（详见表 5.5-2）

跳汰机的不完善度：$I1 = 0.15$，$I2 = 0.15$，$I3 = 0.20$

要求的尾煤灰分 AT：70　　要求的精煤灰分 AC：12.5

优化结果如下：

综合精煤灰分：12.5　　产率：47.94

主选精煤灰分：10.35　　产率：27.03

再选精煤灰分：15.27　　产率：20.91

中煤灰分：29.56　　产率：29.40

尾煤灰分：69.91　　产率：22.43

主选一段分选密度 δ_{p1}：1.80

主选二段分选密度 δ_{p2}：1.35

再选分选密度 δ_{p3}：1.42

另外，针对主、再选流程优化，路迈西采用 0.618 法与二分法相结合的优化方法寻找

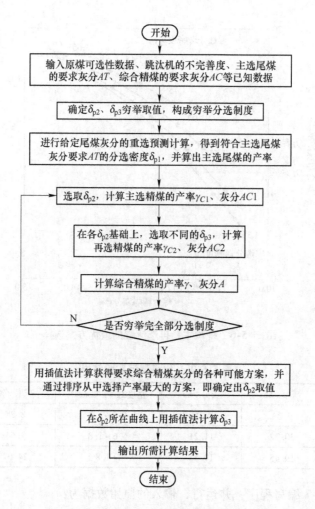

图 5.5-7 跳汰主、再选流程优化计算流程

产出符合综合精煤给定灰分指标的主、再选最佳配合方案。其优化计算对主、再选流程的处理是：主选一段的分选密度由用户指定，只有主选二段与再选的综合分选密度参加选优。其方法是：主选的分选密度用 0.618 法在用户指定的分选密度备选区间（如分选密度最小值取 $1.3g/cm^3$，最大值取 $1.8g/cm^3$）内选取，再选分选密度用二分法选取，先搜索计算出满足综合精煤灰分给定要求的再选分选密度，再按使综合精煤产率增加的方向不断缩小主选分选密度的备选区间范围，直至主选分选密度的备选区间收缩到足够小为止。可见，其实质与穷举法相类，差别在于选取分选密度取值的方法不同，可以称为"列举法"，而且这个列举是循着 0.618 法或二分法取定分选密度，不是"踏遍"分选密度备选区域这座"青山"，而是按一定取点方式"走完青山"。

6 浮选数学模型

矿物加工中，浮选是细粒与极细粒矿物分选中应用最广的最重要的分选技术。本章讨论矿物加工浮选模型，介绍多类浮选数学模型以及浮选回路模拟计算（即仿真计算）的方法和技术。

6.1 概　述

研究浮选数学模型对包含浮选的选矿厂/选煤厂的设计、技术管理和自动控制具有重要的意义。在设计中，有可能利用实验数据预测实际浮选效果，为工艺流程设计提供依据；在技术管理中，可能估计出某些操作调整后所能达到的工作指标，为技术决策提供支持；在自动控制中，可以帮助确定某些调节因素的设定值，以达到最佳工作状况。所以，浮选模型一直是选矿数学模型中被广泛研究的问题。在我国，一方面，随着采煤机械化程度的提高，原煤中的粉煤含量急剧增加；另一方面，湿法选煤后的煤泥必须与水分离回收，以使洗水循环使用和环保排放。因此，煤炭浮选分选的地位日渐突出，对煤浮选数学模型的研究也在增多。

浮选是一种利用有用矿物和脉石矿物（对选煤，具体指煤与矸石）表面特性差异而进行的物理化学分离过程，是带有许多副反应和交互作用的三相（气、液、固）作用过程。影响浮选效果的因素很多，例如，原料的矿物组成、化学组成、可浮性，粒度组成与解离程度，药剂制度，浮选机的工作特性，浮选过程的操作因素，水质等。因此，模拟浮选过程比模拟重选过程更为复杂。虽然，对浮选模型进行研究的时间较长（始于20世纪20年代），也做了许多工作，浮选过程的基础原理也已经很清晰了，但多年的实践证明，目前为止，还没有得出能概括浮选影响因素且在实际应用中比较满意的通用的浮选数学模型；为模拟典型工业浮选单元的运行而建立定量预测模型依然很困难。浮选模拟的困难在于：不同矿种/矿物分选时，矿物多样性导致其表面条件千差万别，以致影响最终分选结果的诸多细微过程都变得很复杂。文献中出现的浮选模型，大多数都只在特定建模条件下吻合，但不容易具备普遍意义。

文献所见，金属矿浮选的数学模型要明显多于煤炭浮选的数学模型。主要原因是浮选分选方法在金属矿选矿中的地位至关重要。对金属矿选矿，其所有产品均可用浮选处理；煤炭中仅有一部分（通常是总处理量的10%~25%，细粒级煤）采用浮选处理。

对浮选机理的基本描述为，从矿浆中回收物料的浮选过程包括三种机理：（1）在气泡上的选择性粘附（或称纯浮选）；（2）通过泡沫从水中夹带；（3）泡沫中粘附到气泡上的颗粒的团聚。

浮选模型的形式取决于研究目的和建模方法。文献中见到的浮选数学模型，可以归为以下四类（或称浮选模型的四个建模角度）。

（1）概率模型。概率模型把浮选的主要影响因素用事件出现的概率来表示。下面给出其中有代表性的两种模型。

1）舒曼概率模型。舒曼假设浮选过程中矿粒的回收率与一系列事件的成功概率有关。该模型可用来分析浮选槽中矿粒与气泡的碰撞机理和粘附机理。设矿粒的平均粒度为 x，则 x 粒度的颗粒的浮选速率为：

$$R_x = P_c \cdot P_a \cdot c(x) \cdot V \cdot S \tag{6.1-1}$$

式中，P_c 为气泡与颗粒碰撞的概率；P_a 为气泡与颗粒粘附的概率；$c(x)$ 为粒度为 x 的颗粒的浓度；V 为浮选槽容积；S 为泡沫稳定性系数。

之后，汤林森和弗利明又提出，将 S 改进为

$$S = P_\beta \cdot P_f \tag{6.1-2}$$

式中，P_β 为矿粒和气泡聚合体上升到泡沫层底部而不脱落的概率；P_f 为矿粒在泡沫层中随水下泄的概率。

2）凯索尔概率模型。凯索尔简化了舒曼模型，提出如下形式的模型

$$\lg \frac{W}{W_0} = N \lg (1 - P) \tag{6.1-3}$$

式中，W_0 为第一浮选槽中的有用矿物质量；W 为 N 槽后矿浆中剩余的有用矿物质量；P 为有用矿物的浮选概率，P_c、P_a、P_β、P_f 的乘积；N 为浮选槽数。

式（6.1-3）等同于

$$\frac{W}{W_0} = (1 - P)^N \tag{6.1-4}$$

即

$$W = W_0 (1 - P)^N \tag{6.1-5}$$

该模型可用在连续浮选槽的模拟计算中。当已知浮选机各槽分选结果时，用式（6.1-5）可以估计出物料浮选的成功概率。凯索尔将这种模型用在"诊断性"问题中。

（2）动力学模型。浮选动力学研究泡沫产品随时间变化的规律，采用的物理量主要包括欲浮矿物质量、回收率、产率。根据浮选动力学建立的模型称为动力学模型。动力学模型是浮选模型研究的重点之一，有些研究者认为，尽管浮选数学模型研究方法有很多，但是浮选过程的模拟与控制最终会建立在浮选动力学的基础上。

浮选动力学模型包括单相模型、两相模型、多相模型。单相模型容易进行实验研究并已应用于实际。

1）单相模型。忽略浮选槽中矿浆和泡沫之间的差异，把浮选槽内物料看作一相。推导方法与化学动力学类似。包括单一浮选速率常数模型（又分为一级、二级、n 级）和浮选速率常数分布模型。

一级浮选动力学方程最早分别由赞尼格（H. G. Zunige）和别罗格拉卓夫（K. L. Белоглаэов）提出；之后苏萨兰（K. L. Sutherlond）、托姆里荪（H. S. Tomlison）、弗来明（M. G. Fleming）、布什（G. H. C. Bushell）等人都先后进行过一级浮选动力学的研究。阿尔比特（M. Arbeter）和胡基（R. T. Hukki）主张浮选动力学属二级反应过程。

布尔（W. R. Bull）和林奇（R. T. Lycnh）对宽级别工业产品进行筛析并逐级考察其浮选速率常数后发现，窄级别的矿物仍符合一级反应。而普拉克辛（И. Н. Лаксин）、克拉先（В. И. К. Ларсен）等人提出 n 级反应动力学。布什则根据实验研究认为 n 为变值，较粗物料的 n 值较大而较细物料的 n 值较小。国内研究者也有同样看法。

果里柯夫(A. A. Голиков)、伍德邦(E. T. Woodburn)与劳夫德(B. K. Loverday)、巴而(B. Ball)与福尔斯坦诺(D. W. Fuerslenau)等研究者认为浮选速率常数 K 是一个随时间而变化的函数,并提出了一些 K 的函数形式,如 Γ 密度分布函数或其他更复杂的分布函数。

国内学者也对 K 值分布规律进行研究,并取得一些进展。

单相模型具有实用价值,可用于单槽浮选或多槽连续浮选系统的建模。

2)两相模型。将浮选槽内物划分为矿浆和泡沫两个不同的相。相不同,预浮矿物在其中的浓度不同,并且相与相之间可以进行物质交换。因此,要分别建立各相的相内模型,然后再综合成两相模型。

两相浮选模型由阿尔比特、哈瑞斯(C. C. Harris)等学者提出,也有一级、二级和 n 级反应等多种速率模型。

两相模型求解较复杂,其应用也很困难。

3)多相模型。把浮选槽分为更多的相,分别建立各相的模型。多相模型也包括单一浮选速率常数模型和浮选速率常数分布模型。

浮选的三相或多相模型最先由哈瑞斯提出。

另外,米卡(T. Mika)与福尔斯坦诺曾提出浮选过程微观模型,按作用机理把浮选过程分解成四个子过程:矿粒与气泡碰撞并附着;泡沫与矿浆进行物质交换;矿粒从气泡上脱落;精矿泡沫排出槽外。以这种观点建立的模型实质是理论多相模型。

多相模型中的许多参数尚难定量确定,所以多相模型只能用来解释现象而无法实际应用。

(3)总体平衡模型。总体平衡是工程中常用的建模依据,用总体平衡理论来研究浮选过程,可以建立浮选总体平衡模型。

哈贝 – 帕纽(Huber-Panu)提出的浮选过程通用模型,属于总体平衡模型。该模型在假设浮选原料中不同粒度物料可浮性不同的基础上,针对原料粒度分布和各粒级中有用矿物的可浮性分布,分别计算浮选回收率,然后用总体平衡原理建立分批浮选和连续浮选的数学模型。

总体平衡模型的通用性会更大些。

(4)经验模型。由于浮选过程的复杂性,考虑过程机理的建模方法往往无法确定其中的参数,导致模型无法定量并最终实际应用。经验模型撇开浮选过程的作用机理,根据变量之间的统计关系来建模,具有省时省力的优点,而且在使用中,经验模型往往能够得到比较满意的结果。

浮选经验模型的缺点为局限性大,模型都在特定条件下建立,一旦条件改变,所建模型往往难以适应,需要重新建模。

国内外,在限定条件下,已经能使用计算机模型和模拟软件对浮选流程进行设计和优化。从应用角度出发,本章着重介绍浮选动力学模型、通用浮选模型和经验模型,这三种模型的建模应用已经多次见诸文献。

6.2 单相浮选动力学模型

单相浮选动力学模型的基本思想是把浮选槽看作理想混合器,把泡沫和矿浆的性质和行为视为相同。用单相模型可以模拟单槽浮选或多槽连续浮选，从而建立复杂浮选系统的数学模型。

单相浮选动力学模型是根据浮选速率理论建立的，其基本动力学方程类似于化学反应动力学。化学反应动力学的核心是将化学反应的速率表示为反应物浓度和体系温度的函数。而一般地，常规浮选不考虑温度。

6.2.1 浮选速率公式

浮选速率公式，在有些文献中被称为浮选速率常数模型。

6.2.1.1 分批浮选的浮选速率公式

A 浮选速率公式的基本形式

分批浮选指从浮选槽中连续地、分批地排出浮选精矿。此时，欲浮矿物的浓度是变化的，浮选是一种非稳态过程。

欲浮矿物的浓度随时间的变化与浮选速率的某次方成正比，称为浮选的某级反应动力学。

一级浮选动力学方程为：

$$\frac{dC}{dt} = -K_1 C \qquad (6.2-1)$$

式中，C 为浮选槽内欲浮矿物的浓度；K 为浮选速率常数，而 K_1 表示一级浮选速率常数；t 为浮选时间。该式表示浮选槽内目的矿物浓度的下降速率与同一时间内该矿物在矿浆中的浓度成正比。也有文献称之为一级浮选速率公式。

若浮选过程符合二级反应，则浮选的二级动力学方程为：

$$\frac{dC}{dt} = -K_2 C^2 \qquad (6.2-2)$$

若浮选过程符合 n 级反应，则浮选的 n 级动力学方程为：

$$\frac{dC}{dt} = -K_n C^n \qquad (6.2-3)$$

也有研究认为，n 值是变化的。布什的结论为：当颗粒粒度 $d \leqslant 65\,\mu m$ 时，$n \leqslant 1.0$；当 $d > 65\,\mu m$ 时，$n > 1.0$。多年来，国内外对 n 的取值进行过大量研究，结果发现，n 的大致范围为 $[0, 6)$，在此范围内，n 可以为整数，也可以为非整数。

进一步研究表明，以上诸动力学方程中所谓的浮选速率常数并非常数，而是时间的函数。因而倾向于把浮选过程视为一级反应，而浮选速率为一变数，即：

$$K = f(t, \varphi) \qquad (6.2-4)$$

式中，t 为浮选时间；φ 为目的矿物可浮性指标。

国内不少研究者对函数式（6.2-4）进行了探讨，认为根据一级反应动力学和把 K 作为时间的函数模型，使用简单且较符合实际情况。

B 回收率形式的浮选动力学方程

为了便于应用，选矿中浮选动力学方程常以目的矿物的回收率 $\varepsilon(t)$ 表示；而煤浮选中习惯用符号 $R(t)$ 表示。

对式（6.2-1）变换并积分，得：

$$\ln C = -K_1 t + C_1 \tag{6.2-5}$$

设 $t = 0$ 时，$C = C_0$，即浮选开始时欲浮矿物的浓度为 C_0，则

$$C_1 = \ln C_0$$

代入式 (6.2-5) 中，得：

$$\frac{C}{C_0} = e^{-K_1 t} \tag{6.2-6}$$

实际浮选中，欲浮矿物的回收率很少能达到 100%。设长期浮选后，浮选槽内的欲浮矿物浓度为 C_∞，式 (6.2-6) 可以更准确地表示为：

$$\frac{C - C_\infty}{C_0 - C_\infty} = e^{-K_1 t} \tag{6.2-7}$$

将公式 (6.2-7) 写成欲浮矿物回收率的表达形式。记最大回收率为：

$$R_\infty = C_0 - C_\infty$$

而

$$C - C_\infty = -C_0 + C + C_0 - C_\infty = R_\infty - R$$

所以，式 (6.2-7) 可写成

$$\frac{R_\infty - R}{R_\infty} = e^{-K_1 t} \tag{6.2-8}$$

即

$$R = R_\infty (1 - e^{-K_1 t}) \tag{6.2-9}$$

需要注意，式 (6.2-9) 中的 R 实际是时间 t 的函数，即 $R(t)$。

选矿文献中，式 (6.2-9) 也表示为：

$$\varepsilon(t) = \varepsilon_\infty (1 - e^{-K_1 t}) \tag{6.2-10}$$

C 浮选速率常数

习惯上，国内文献将 K 称为浮选速率常数，而大量浮选研究表明，K 值是变化的。国外文献中的描述为速率参数 (rate parameter)。只有对窄级别物料浮选或时间很短的浮选，K 值才近似为常数。

K 值与以下因素有关：

(1) 物料性质，如矿物的可浮性、粒度、密度、解离度（尤其对金属矿选矿）等。

(2) 浮选的物理化学环境，如药剂浓度、矿浆酸碱度，甚至药剂在矿物表面吸附的不均匀性等。

(3) 浮选机的机械因素，如浮选槽形状、叶轮转速、充气速度、矿浆液面高度等。

在浮选过程中，当物理化学环境因素和机械因素保持一定时，K 在很大程度上取决于物料性质。可浮性好的物料，浮出速度较快，K 值较大；可浮性差的物料，浮出速度较慢，K 值较小。自然，也导致了 K 值随浮选时间的延长而逐渐减小的规律。

对比式 (6.2-6) 与浮选概率模型式 (6.1-4)，有助于理解 K 值。将式 (6.2-6) 右侧展开成多项式

$$e^{-K_1 t} = \left(1 - K_1 + \frac{K_1^2}{2!} - \frac{K_1^3}{3!} + \cdots\right)^t$$

只取其中的前两项，再代入式 (6.2-6)，得：

$$\frac{C}{C_0} = (1 - K_1)^t \tag{6.2-11}$$

该式与式 (6.1-4) 对比可知，参数 C 与 W、t 与 N、K_1 与 P 的意义相通。所以，可以认

为浮选速率常数是欲浮矿物进入精矿中的概率尺度。

浮选动力学模型中，求取 K 值是建模的关键。

手工处理时期，K 值用图解法近似确定；使用计算机后，可以用最优化方法估计。

将式（6.2-8）写成对数形式，即：

$$\ln \frac{R_\infty}{R_\infty - R} = K_1 t \tag{6.2-12}$$

这样，在分批浮选实验中，按一定时间间隔收集精矿，测得其质量和成分，计算出不同浮选时间下的回收率；然后绘制 $t - \ln \dfrac{R_\infty}{R_\infty - R}$ 直线，算出直线的斜率，即为 K 值。

用最优化方法求解 K 值，实质是用拟合方法估计 K 值。设 t_i 时刻的实际回收率为 R_i，根据式（6.2-9）构造目标函数

$$f(K_1) = \sum_{i=1}^{N} \left(R_i - R_\infty \left(1 - e^{-K_1 t_i} \right) \right)^2 \tag{6.2-13}$$

用 0.618 法解这个"单变量函数寻优"问题，即可求出 K 的估计值。

一级浮选动力学方程是从一级反应动力学移植过来的，即把浮选中矿粒与气泡的碰撞附着比拟为化学反应中分子的碰撞。但实际上，浮选与化学反应是不同的，矿粒附着后可能还会脱落，其作用机理比化学反应要复杂。所以，实际浮选中浮选速率比一级反应要小。

浮选测试的研究实践也证明，只有对粒度和成分比较单一的浮选原料，K 值才近似于常数。图 6.2-1 为实际分批浮选的浮选速率图形。由图 6.2-1 可见，该图形与直线差距明显。所以，对宽矿粒级别混合原料，不同颗粒的浮选行为不同，K 不是常数，不遵循一级浮选动力学方程，不能用上述方法计算，计算结果不可信（如对表 6.2-1 所示数据，用 0.618 法计算的标准差高达 15.65）。

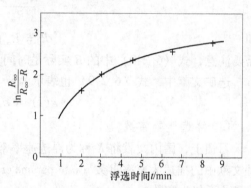

图 6.2-1   分批浮选的浮选速率

表 6.2-1   分批浮选的浮选速率常数

累计浮选时间 t/min	产品名称	回收率/%		$K \cdot t$	K
		个别	累计		
1	精矿 1	60.63	60.63	1.016	1.016
2	精矿 2	15.32	75.95	1.608	0.804
3	精矿 3	6.48	82.43	2.020	0.673
4.5	精矿 4	3.53	85.96	2.352	0.523
6.5	精矿 5	1.61	87.57	2.548	0.390
8.5	精矿 6	1.58	89.15	2.790	0.340
	尾 矿	10.58	100.00		
	原 矿	100.00	100.00		

对类似图 6.2-1 所示的非线性曲线，用非线性拟合方法（结合一级反应或二级反应浮选动力学模型），可以得出更多形式的浮选动力学模型。例如：

一级矩形分布模型

$$\varepsilon(t) = \varepsilon_\infty \left(1 - \frac{1}{Kt}(1 - e^{-Kt}) \right) \tag{6.2-14}$$

二级动力学模型

$$\varepsilon(t) = \frac{\varepsilon_\infty^2 Kt}{1 + \varepsilon_\infty Kt} \tag{6.2-15}$$

以及哥利科夫简化模型

$$\varepsilon(t) = \varepsilon_\infty (1 - e^{-\frac{t}{K+Kt}}) \tag{6.2-16}$$

等。这些模型中的 ε_∞、K 为模型参数，都可以构造与式（6.2-13）类似的目标函数，按最优化方法进行模型参数估算。

对宽级别的浮选原料，每个级别都有自己的 K，原料的浮选行为是各级别原料浮选行为的综合结果，或者可以说，此时的浮选速率常数，实际上是不同粒级的综合速率常数。当各级别的数量比例变化时，综合浮选速率常数随之变化。

采用品级（species）概念，与一级浮选速率公式一起，可以解释浮选过程的线性特征和非线性特征。将欲浮矿物按其在浮选过程中的行为分成若干个粒群，并将浮选行为完全相同的一群颗粒称为同一"品级"。单一品级的浮选速率常数必定是一个真正的常数，并且完全遵循一级浮选速率公式。多品级的浮选行为很复杂，不同品级有不同的浮选速率常数。既然不同浮选矿物具有不同的 K 值，那么很自然的，希望知道不同 K 值所对应的品级粒群量占全部颗粒量的比例，也就是 K 值的分布规律。

国内外对 K 值的分布函数开展了研究，提出了多种形式，可归为连续分布形式和离散分布形式两大类型，而连续形式包括 Γ 分布、贝塔分布、立方抛物线分布等。这些形式要应用于实际浮选过程，需要首先确定矿物浮选的 K 值分布形式，然后通过实验确定分布函数中的系数。这些都是较为复杂的问题。

下面列举几种论点，以帮助读者建立概念。更详细的内容请参阅有关书籍。

（1）Γ 分布。1965 年伍德邦和劳夫德提出，K 值的初始分布密度函数基本上符合 Γ 分布，即：

$$f(K) = \frac{\lambda^{p+1}}{\Gamma(p+1)} K^p e^{-\lambda K} \tag{6.2-17}$$

式中，λ 为任意数；p 为分布参数。将此分布密度函数加入到一级浮选速率公式（6.2-6）中，得出速率常数连续分布的浮选速率公式

$$C = C_0 \int_0^\infty \frac{\lambda^{p+1}}{\Gamma(p+1)} K^p e^{-(\lambda+t)K} dK \tag{6.2-18}$$

研究说明，有些浮选实验数据与 Γ 分布相符合。

（2）贝塔分布。我国一些选矿工作者的实验研究认为，K 值的变化近似于贝塔分布。贝塔分布的密度函数为：

$$\beta(p,q) = \frac{\Gamma(p+q)}{\Gamma(p)\Gamma(q)} x^{p-1} (1-x)^{q-1} \quad (0 < x < 1, p > 0, q > 0) \tag{6.2-19}$$

$$x = \frac{K}{K_{max}}$$

式中，p，q 为分布参数，K_{max} 为最大 K 值。

按贝塔分布的特征数公式（见本书 2.1 节），贝塔分布的均值为：

$$K_{av} = \frac{p}{p + q} \qquad (6.2\text{-}20)$$

而贝塔分布的方差为：
$$D_K = \frac{pq}{(p + q + 1)(p + q)^2} \qquad (6.2\text{-}21)$$

进行浮选实验，根据实验数据可求得 K_{max} 及 K_{av}，D_K。求出 K_{av}，D_K 后即可利用式 (6.2-20) 和式 (6.2-21) 求出参数 p，q 的值，代入式 (6.2-19) 即得 K 值的分布函数－贝塔分布密度函数。

(3) 其他连续形式。巴尔和福尔斯坦诺提出，用多项式描述 K 值的变化规律，即：
$$F(K) = a + bK + cK^2 + dK^3 \qquad (6.2\text{-}22)$$
其实质是以多项式逼近 K 值，a，b，c，d 为待定系数，通过实验及回归分析求得。

(4) 离散分布。对于离散的浮选速率常数分布函数，列举一种最简单的形式。在离散分布形式中，认为浮选原料由具有不同浮选速率常数的两种或多种成分组成，各成分间没有相互作用。凯索尔建议将欲浮矿物分成快浮部分（浮选速率高）和慢浮部分（浮选速率低），式 (6.2-18) 可以写成
$$C = C_0 \left[\varphi e^{-K_s t} + (1 - \varphi) e^{-K_f t} \right] \qquad (6.2\text{-}23)$$
式中，K_s、K_f 分别指慢浮和快浮物料的浮选速率常数；φ 指慢浮矿物占原料的比率。这种形式的浮选速率公式形式简单，但能否将物料分成互相独立的两部分，还有待进一步分析。

也有观点按可浮性或粒度把欲浮矿物分为若干部分，分别确定其 K 值，再按各部分的数量综合计算浮选速率，但解决起来仍然比较困难。

综上可见，K 值并非常数而是一个非线性的复杂的分布函数，其函数形式尤其与具体浮选入料情况相关。K 值的分布函数有待进一步研究。

6.2.1.2　单槽连续浮选的浮选速率公式

对于连续浮选过程，浮选速率公式不仅需要解决浮选速率常数的分布问题，还要考虑矿浆中物料停留时间的影响。浮选机不同，矿浆在浮选槽中的运动状态不同，停留时间也不同。所以，连续浮选的浮选速率公式中要加入停留时间分布函数 $E(t)$。

在式 (6.2-6) 中加入停留时间分布函数，得到单一成分的连续浮选速率公式
$$C = C_0 \int_0^{\infty} e^{-Kt} E(t) \, \mathrm{d}t \qquad (6.2\text{-}24)$$

再在式 (6.2-24) 中加入浮选速率常数的连续分布函数，得到宽级别原料的连续浮选速率公式
$$C = C_0 \int_0^{\infty} \int_0^{\infty} e^{-Kt} f(K) E(t) \, \mathrm{d}K \mathrm{d}t \qquad (6.2\text{-}25)$$

对于矿浆中物料的停留时间分布函数，可以借助登兹克韦兹对连续反应器的研究结果。登兹克韦兹研究了连续反应器中液体的混合情况，并按液体混合方式，把反应器分为柱塞流式反应器和完全混合式反应器，按不同方式计算两种反应器的停留时间。

(1) 柱塞流式。柱塞流反应器中，物料流动状态类似于柱塞流运动，物料浓度沿反应器长度方向渐变；出口处，所有矿粒的停留时间相等。矿粒的标称停留时间计算公式为：
$$\tau = V/v \qquad (6.2\text{-}26)$$

式中，V 指反应器容积；v 指尾矿流量。

从矿粒混合停留时间看，分批浮选中尾矿颗粒在浮选机中的停留时间相等，等价于柱塞流式的连续浮选槽，可按式（6.2-26）计算停留时间。

（2）完全混合式。完全混合式反应器中的物料完全均匀混合，反应器内的物料具有相同的离开概率，排出物料组分与反应器内物料组分完全相同。矿粒停留时间分布函数 $E(t)$ 用下式表示

$$E(t) = \frac{1}{\tau}\mathrm{e}^{-\frac{t}{\tau}} \tag{6.2-27}$$

式中，τ 用式（6.2-26）计算。而 $E(t)\mathrm{d}t$ 表示尾矿流中，停留时间从 t 到 $t+\mathrm{d}t$ 区间的物料量。

将式（6.2-27）代入式（6.2-24）中，得出单一成分单槽连续浮选的浮选速率公式

$$C = C_0\int_0^\infty \mathrm{e}^{-Kt}\frac{v}{V}\mathrm{e}^{-\frac{v}{V}t}\mathrm{d}t \tag{6.2-28}$$

用给矿量 F 代替 C_0，尾矿量 T 代替 C，得：

$$T = F\int_0^\infty \mathrm{e}^{-Kt}\frac{v}{V}\mathrm{e}^{-\frac{v}{V}t}\mathrm{d}t \tag{6.2-29}$$

6.2.1.3　多槽连续浮选的浮选速率公式

多槽连续浮选中，给料量和排料量都恒定不变，矿浆浓度也是恒定的，浮选过程处于稳态。可以利用单槽连续浮选速率公式推导多槽连续浮选速率公式。

计算式（6.2-29）中的积分，得：

$$T = F\int_0^\infty \mathrm{e}^{-Kt}\frac{v}{V}\mathrm{e}^{-\frac{v}{V}t}\mathrm{d}t = \frac{Fv}{V}\int_0^\infty \mathrm{e}^{-(K+\frac{v}{V})t}\mathrm{d}t = \frac{F}{1+K\dfrac{V}{v}}$$

用 P 表示精矿产率，则：

$$P = F - T = F - \frac{F}{1+K\dfrac{V}{v}} = \frac{FK\dfrac{V}{v}}{1+K\dfrac{V}{v}}$$

代入 $\tau = V/v$，得：

$$P = \frac{FK\tau}{1+K\tau} \tag{6.2-30}$$

精矿回收率 R 为：

$$R = \frac{P}{F} = \frac{K\tau}{1+K\tau} \tag{6.2-31}$$

该式即为用于模拟连续浮选的单槽浮选速率公式。

若有 N 个浮选槽，各槽的停留时间相同，记 R_1，R_2，…，R_N 为第 1，2，…，N 槽的回收率，则有：

$$R_1 = \frac{K\tau}{1+K\tau}$$

$$R_2 = \frac{K\tau}{1+K\tau}(1-R_1) = R_1(1-R_1)$$

$$R_3 = \frac{K\tau}{1+K\tau}(1-R_1-R_2) = R_1(1-R_1)^2$$

$$\vdots$$
$$R_N = R_1(1 - R_1)^{N-1}$$

N 槽的综合回收率为：

$$R = R_1 + R_2 + R_3 + \cdots + R_N$$
$$= R_1 + R_1(1 - R_1) + R_1(1 - R_1)^2 + \cdots + R_1(1 - R_1)^{N-1}$$

即：
$$R = 1 - (1 + K\tau)^{-N} \qquad (6.2\text{-}32)$$

称为计算多槽浮选综合回收率的浮选速率公式。

式（6.2-32）不仅可以用于计算浮选产物的数量，而且能间接计算出浮选产物的质量。下面举例说明。

【例 6.2-1】 设浮选一种非常简单的矿石，矿石含矿物 A 和矿物 B，两者分别以 5t/h 和 95t/h 通过 6 槽浮选机，在各槽中的停留时间均为 2min，要求：计算浮选精矿的质量以及矿物 A 在精矿中的品位。

解：（1）根据实验数据，确定两种矿石的浮选速率常数

$$K_A = 0.3; \quad K_B = 0.02$$

（2）利用浮选速率公式（6.2-32）计算 6 槽浮选机的回收率

$$R_A = 1 - (1 + 0.30 \times 2)^{-6} = 94.1\%$$
$$R_B = 1 - (1 + 0.02 \times 2)^{-6} = 21.0\%$$

（3）计算精矿的产量。精矿中两种矿物的产量分别为：

$$T_A = 94.1\% \times 5.0 = 4.71\text{t/h}$$
$$T_B = 21.0\% \times 95.0 = 19.95\text{t/h}$$

精矿产量为：
$$T = T_A + T_B = 4.71 + 19.95 = 24.66\text{t/h}$$

（4）矿物 A 在精矿中的品位为：

$$\frac{4.71}{24.66} \times 100\% = 19.1\%$$

式（6.2-32）中，假设矿物在各槽中的停留时间相等，而实际中，精矿会带走一定量的矿浆，所以各浮选槽的标称浮选时间并不相等，各槽的精矿回收率应该分别计算。若 N 个浮选槽各槽的标称停留时间为 τ_1，τ_2，$\cdots$，τ_N，则各槽精矿的回收率为：

$$R_1 = \frac{K\tau_1}{1 + K\tau_1}$$

$$R_2 = \frac{K\tau_2}{1 + K\tau_2}(1 - R_1)$$

$$\vdots$$

$$R_N = \frac{K\tau_N}{1 + K\tau_N}\left(1 - \sum_{i=1}^{N-1} R_i\right)$$

则，N 槽的综合回收率为：

$$R = \sum_{i=1}^{N} R_i \qquad (6.2\text{-}33)$$

6.2.1.4　影响浮选速率的其他因素

研究人员为建立浮选数学模型进行了大量工作，发现了影响浮选速率的许多其他因

素，下面简要介绍文献中见到的 3 种浮选影响因素。

（1）水流机械夹带作用的影响。佐韦特在用两种人工原料（石英与萤石、煤与页岩的混合物）进行的实验室连续浮选实验中，发现了水流机械夹带对脉石回收的重要作用，并提出精矿中游离脉石的浓度与矿浆中游离脉石的浓度成比例。约翰逊等提出了下述基本方程

$$RRFG_i = \frac{RRW \cdot CF_i}{MWC} \cdot MFGC_i \tag{6.2-34}$$

式中，$RRFG_i$ 为第 i 粒级被水流机械夹带的回收率；RRW 为水的回收速率；MWC 为浮选槽中水的质量；$MFGC_i$ 为浮选槽中第 i 粒级游离脉石的质量；而 CF_i 的定义式为：

$$CF_i = \frac{精矿单位质量水中的游离脉石质量}{矿浆单位质量水中的游离脉石质量}$$

该公式假设，排出矿浆中的单位质量的水，带走了浮选槽内矿浆中单位质量水中的所有固体（包括有用矿物和脉石）。CF_i 表示第 i 粒级游离脉石被水夹带的概率，取决于矿物的密度和矿浆的密度，并且接近于常数。一般地，粒度越小，水流夹带的效率越高，严重影响高效率浮选。该公式的一级动力学方程的标准形式为：

$$RRFG_i = K_i \cdot MFGC_i \tag{6.2-35}$$

式中，$K_i = \dfrac{RRW \cdot CF_i}{MWC}$ 或 $K_i = K_w \cdot CF_i$。反映了脉石速率常数 K_i 与水的速率常数 K_w 之间的关系。

CF_i 按下式计算

$$CF_i = \frac{F_i}{F_w x_i} = \frac{1 + \alpha\lambda}{\beta_i\lambda} \tag{6.2-36}$$

式中，λ 为颗粒在泡沫中的停留时间；F_i 为 i 粒度脉石在精矿中的产率；F_w 为精矿中水的流量；x_i 为 i 粒度脉石在浮选槽中的固体浓度。

（2）泡沫过载的影响。浮选过程中，气泡是矿物的载体。气泡上升过程中，一些矿粒附着在气泡上，又有一些已附着矿粒从气泡上脱落下来。稳定条件下，气泡载荷量可以达到动态平衡。在载荷平衡时，气泡表面应该沾满着矿粒。但是，当由于原料品位高、矿浆密度大、充气速度低或起泡剂不足等原因，使气泡表面不足以承载本应该承载的矿物颗粒时，会发生泡沫过载现象。

泡沫过载会降低矿物的浮选速率，增加矿物颗粒在矿浆中的停留时间，使质量好的矿粒又返回到矿浆中，不利于浮选。这种现象往往产生在粗选或精选的前几槽。在煤的浮选中，精煤产率比较高，特别容易发生。

当泡沫过载发生时，浮选过程不再满足一级浮选速率公式。可以据此判断泡沫过载是否发生，即观察浮选结果，看它是否符合一级动力学。当矿物颗粒含量逐槽降低，而精矿产率也随着降低时，可以认为没有发生泡沫过载；相反，如果颗粒含量降低，精矿产率保持定值，甚至还有升高，则可以认为发生了泡沫过载现象。

泡沫过载时，只能用经验模型来计算矿物的回收率。经验模型中应该包含进入精矿的水量，这是因为泡沫过载时，固体物料进入精矿槽中的数量与进入精矿中的水量成正比。同时，对宽粒级原料，应按不同粒级分别计算，因为粒级不同，能被水携带进入精矿中的

最大数量也就不同。煤浮选中泡沫过载的经验公式为：

$$MR = A_1 \cdot RW + A_2 \cdot MP + A_3 \cdot MC + A_4 \tag{6.2-37}$$

式中，MR 为某一级别的煤粒回收率，kg/min；RW 为水的回收率，kg/min；MP 为给料中该种煤粒的数量，kg/min；MC 为给料中粒度最小煤粒的数量，kg/min；A_1，A_2，A_3，A_4 为常数。

在浮选机组中，各槽发生泡沫过载的情况各不相同。这时，可采用混合模型进行计算，即对正常工作的浮选槽，用浮选速率公式计算；对泡沫过载的浮选槽，则用经验公式计算。

（3）水的回收率。以上两个影响因素都涉及浮选时进入精矿中的水的回收率。水的回收率会决定亲水性脉石机械夹带作用的强度，也会在一定程度上影响憎水性有价矿物和脉石的回收率。泡沫过载发生后，水的回收率则是影响有价矿物回收率的关键因素。

从一些生产资料中发现，水的回收率可以用一级浮选速率公式计算，但要注意起泡剂浓度逐槽降低，所以水的速率常数会沿浮选槽递减。递减计算公式为：

$$K_{W1_{N+1}} = \alpha \cdot K_{W1_N}$$

式中，K_{W1_N}、$K_{W1_{N+1}}$ 为第 N 槽、第 $N+1$ 槽中水的一级速率常数；α 为小于 1 的常数。

水回收率的计算公式为：

$$R = \frac{K_W \cdot \alpha \cdot \tau}{1 + K_W \cdot \alpha \cdot \tau}$$

式中，R 为水的回收率，小数；τ 为矿浆标称停留时间，min；K_W 为水的速率常数，min^{-1}；α 为常数。

实际浮选中，影响水回收率的因素比较多，如起泡剂添加量、充气量、矿浆面高度、泡沫中固体含量等。但是，因为没有水回收率模型，只能通过水速率常数与矿物浮选速率常数的关系来概括这些影响因素。

【例 6.2-2】 某浮选机组入料中，可燃物数量为 500kg/min，水的加入量为 5000kg/min；可燃物组成中，20% +425μm、8% −38μm；水的速率常数为 0.05min^{-1}。并且，第一槽发生了泡沫过载，第一槽的标称浮选时间为 1min，泡沫过载计算采用如下经验模型：

$$MR = 0.1282RW + 0.1161MP - 0.2936MC - 3.72$$

式中，MR 为 +425μm 的回收率，kg/min；RW 为水的回收率，kg/min；MP 为给料中 +425μm 的数量，kg/min；MC 为给料中 −38μm 的数量，kg/min。

试计算第一槽中 +425μm 级别进入精煤的数量。

解：（1）计算水的回收率：

$$R = \frac{0.05 \times 1}{1 + 0.05 \times 1} = 0.0476$$

（2）计算第一槽中 +425μm 进入精煤的数量：

$MR = 0.1282 \times 5000 \times 0.004676 + 0.1161 \times 500 \times 0.2 - 0.2936 \times 500 \times 0.8 - 3.72$

$\quad = 26.66kg/min$

6.2.2 浮选回路的模拟

原则上，利用浮选动力学模型，可以模拟简单的浮选机组，也可以模拟比较复杂的浮选回路。通过模拟浮选回路，可以实现以下目的：

（1）研究确定浮选回路中最合适的槽数，例如粗选、扫选和精选的槽数。

（2）预测原料改变后的浮选效果，如给料量、原料粒度组成和密度组成变化后的浮选效果。

（3）预测浮选回路变化后的浮选效果。

（4）利用中试数据，进行新浮选厂的回路优化设计。

但实际中，由于浮选过程的复杂性，要使模拟结果完全反映实际生产过程的浮选状况，非常困难。不仅模型本身难以做到准确（从本节中前面的叙述可以看到），而且获取准确的原始数据也比较困难。

浮选模型要做到有效，需要考虑浮选入料的具体情况；同时，K 值的分布函数也有待进一步研究。

6.2.2.1 浮选机组的模拟

如果浮选机工作正常，不发生泡沫过载，可以利用式（6.2-33）计算浮选机组。但前提是能够确定速率常数 K、各槽的标称浮选时间 τ 等参数。

A 浮选速率常数

从实用角度考虑，一般采用离散分布的浮选速率常数。对煤泥浮选，可以把原料分为可燃和不可燃两部分，用两个速率常数进行计算；也可以按粒度组成或密度组成把原料分为若干级别（或品级），用多个速率常数计算。这两种方法的原始数据都来源于浮选生产的技术检查资料。

这两种方法的优缺点很明显。所划分级别的数目越多，原始资料误差对计算可靠性的影响越明显。采用两部分划分方法，原始数据容易取得，但煤中可燃物和不可燃物并不是单体分离，分解为互相独立的两个部分，方法本身就已经造成误差。

此处以两个速率常数的划分方法为例，介绍浮选机组模拟中，浮选速率常数的计算方法。将煤泥浮选原料分为可燃（快浮）和不可燃（慢浮）两部分，可以推出与式（6.2-23）类似的浮选速率公式

$$R_s = \frac{K_s \tau}{1 + K_s \tau} \tag{6.2-38}$$

$$R_f = \frac{K_f \tau}{1 + K_f \tau} \tag{6.2-39}$$

$$R = \varphi \cdot R_s + (1 - \varphi) \cdot R_f \tag{6.2-40}$$

式中，R_s，R_f，R 分别为原料中慢浮部分回收率、快浮部分回收率、综合回收率；K_s，K_f 分别为慢浮部分的浮选速率常数、快浮部分的浮选速率常数；φ 为慢浮部分在原料中所占的比例。

实际上，每个部分中的物料可浮性还有差别，可浮性好的先浮出，所以，各槽浮出的精煤，K_s，K_f 不同，为便于拟合，加入两个参数 α_s，α_f

$$K_{s_N} = K_{s(N-1)} \cdot \alpha_s \tag{6.2-41}$$

$$K_{f_N} = K_{f(N-1)} \cdot \alpha_f \tag{6.2-42}$$

式中，N 为浮选槽的顺序号；α_s，α_f 为由各槽煤泥的浮选性能决定的常数。

将式（6.2-41）与式（6.2-42）分别代入式（6.2-38）和式（6.2-39），有

$$R_{s_N} = \frac{K_s \alpha_s^{(N-1)} \tau}{1 + K_s \alpha_s^{(N-1)} \tau} \tag{6.2-43}$$

$$R_{f_N} = \frac{K_f \alpha_f^{(N-1)} \tau}{1 + K_f \alpha_f^{(N-1)} \tau} \tag{6.2-44}$$

如果已知各槽的标称浮选时间和可燃物、不可燃物的回收率，就可以用非线性拟合方法求出 K_s，K_f 及 α_s，α_f。拟合时，可根据最小二乘法原理，以"观测值与计算值的偏差平方和为最小"作为判别式。

如按粒级或密度组成划分为几个部分，同样可采用上述思路确定浮选速率常数。

B 标称浮选时间

每个浮选槽的产出精煤与矿浆在浮选槽中的标称浮选时间有直接关系，所以标称浮选时间是浮选机组模拟的另一个重要参数。要注意浮选槽的标称浮选时间是顺次增加的。

标称浮选时间由浮选槽容积 V 除以尾矿流量来计算，但在浮选时间未知的情况下，尾矿流量也是未知的。所以，浮选机组模拟时，需要采用迭代法计算标称浮选时间的近似值。

设原料划分为 i 部分（$i = 1, 2, \cdots, M$），原料的流量为 Q，标称浮选时间为 T（之前用符号 τ，为靠拢计算机代码的书写，用符号 T）。则，迭代计算步骤如下：

（1）设一个 x 值（$x > 1$），用下式计算第一个标称浮选时间

$$T_1 = x \cdot \frac{V}{Q} \tag{6.2-45}$$

（2）计算各个部分的回收率

$$R_i = \frac{K_i T_1}{1 + K_i T_1} \tag{6.2-46}$$

（3）计算精煤量

$$Q_1 = \sum_{i=1}^{M} \frac{1}{S_i} F_i R_i + P \sum_{i=1}^{M} F_i R_i \tag{6.2-47}$$

式中，F_i 为原料中第 i 部分的质量；S_i 为原料中第 i 部分的平均密度；P 为精煤的液固比。

（4）计算尾煤流量

$$Q_2 = Q - Q_1 \tag{6.2-48}$$

（5）再次计算标称浮选时间

$$T_1' = \frac{V}{Q_2} \tag{6.2-49}$$

（6）比较 T_1，T_1'，如误差小于规定范围，则 x 即为结果。否则，回到第（1）步，重新调整 x 的值，再进行计算，直到这个误差达到规定范围。

浮选机组的计算流程如图 6.2-2 所示。

【例 6.2-3】 某厂用 6 槽浮选机浮选煤泥，原煤密度组成及各密度级别的浮选速率常数见表 6.2-2。原料中固体含量为 170g/L，浮选槽容积为 $8m^2$，给料量为 $360m^3/h$，精煤液固比为 3，试预测产物的产率和灰分。

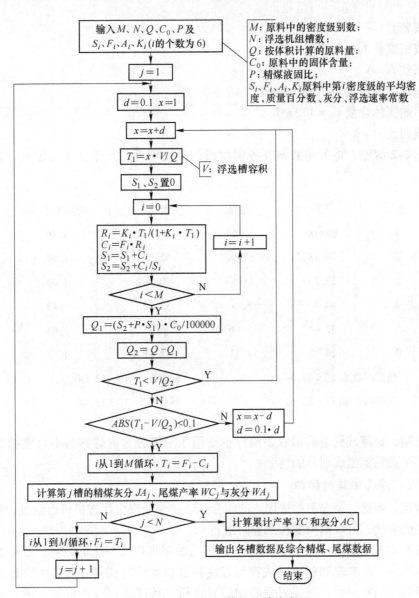

图 6.2-2　浮选机组模拟的计算流程

表 6.2-2　某厂原料的密度组成及浮选速率常数

密度级/g·cm^{-3}	产率/%	灰分/%	浮选速率常数
-1.3	12.10	3.26	0.56
1.3~1.4	35.90	9.47	0.54
1.4~1.5	25.10	15.34	0.20
1.5~1.6	14.20	28.63	0.12
1.6~1.8	4.00	36.28	0.04
+1.8	8.70	70.03	0.02
合　计	100.00	19.27	

注：浮选速率常数为假设值。

解：按题意

原料按密度分为 6 个部分，$M = 6$

浮选槽数 $N = 6$

按体积计的原料量 $Q = 6\text{m}^3/\text{min}$

原料中的固体含量 $C_0 = 170\text{g/L}$

精煤液固比 $P = 3$

按图 6.2-2 编程，将上述数据及各密度级的平均密度、产率、灰分输入，运行结果如下：

槽号	原料	精煤	尾煤	浮选时间/min
1	100.00	29.61	70.33	1.46
2	70.38	17.99	52.39	1.40
3	52.39	11.93	40.46	1.43
4	40.46	8.06	32.40	1.43
5	32.40	5.66	26.73	1.45
6	26.73	4.11	22.61	1.45

精煤回收率 $YC = 77.38$ 精煤灰分 $AC = 13.64$

尾煤回收率 $YT = 22.61$ 尾煤灰分 $AT = 38.44$

需要说明，该浮选机组模拟程序同样也适用于原煤分为可燃物与不可燃物的划分情形，也适用于按粒度组成划分的情形。

6.2.2.2 浮选回路的模拟

浮选过程是粗选、精选和扫选作业的组合，这些作业都由浮选机机组组成，所以用模拟浮选机组的方法，可以模拟多种浮选回路。

对于图 6.2-3a 所示的开路浮选回路，以粗选的尾煤作为扫选的原料、以粗选的精煤作为精选的原料，其产率和密度组成都可以由粗选机组计算获得，所以回路计算比较简单。如果需要添加补充水，只要根据添加位置在模拟程序的相应位置加入所补充水量即可，按容积计算的原料量仍然是已知的。此时，回路模拟思路为，以浮选机组计算程序作为子程序，按回路中机组间的物料连接关系，顺次调用浮选机组计算子程序即可。

对于图 6.2-3b 所示的闭路浮选回路，精选尾煤又加入到粗选入料中，可以采用迭代方法进行计算。具体思路为，采用开路模拟方法进行第一次计算；第二次计算仍按开路进行计算，只是要以第一次计算的精选尾煤与粗选入料加权平均后的物料作为入料；第三次计算类似第二次计算，只是要以第二次计算的精选尾煤与粗选入料加权平均后的物料作为入料；依次进行第四次、第五次计算，……直到后次计算与前次计算所得到的同类型同级别的产物差值非常接近时为止（其差值小于某一规定数值）。这时，浮选回路处于稳定工作状态，计算所得产物即为闭路流程的最终产物。

从概念上讲，任何复杂的浮选回路都可以通过调用浮选机组模拟程序进行模拟，但实际应用时，只有通过大量实验才能得到模拟计算所需的原始数据。流程越复杂，原始数

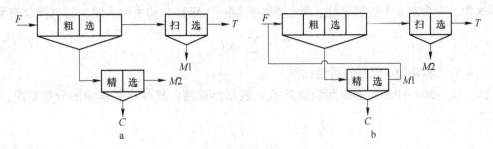

图 6.2-3　浮选回路
a—开路流程；b—闭路流程

据越多，工作量越大，同时原始数据的误差对计算结果的影响也越大。所以需要进一步研究浮选过程的数据采集和数据调整问题。

国外，由澳大利亚 JKMRC 研究中心、南非开普敦大学、加拿大 McGill 大学等的协作项目开发的浮选计算软件包——JKSimFloat 中，采用式（6.2-50）所示的精矿回收率公式。该软件包的功能模块包括模拟、质量平衡计算、解离数据可视化、模型拟合等几大部分，能对选矿厂浮选流程进行多种状况的模拟，如不同给矿生产能力、不同总浮选时间、增加精选段的浮选槽个数、增加扫选段的浮选槽个数、增加再选段的水量、增加指定浮选槽的充气量、精选尾矿开路流程等。图 6.2.4 为该软件包模拟过的一个金属矿选矿流程。

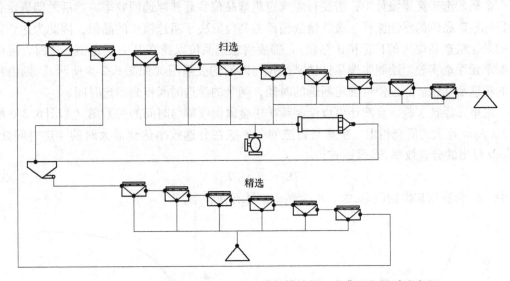

图 6.2-4　用于检验 JKSimFloatV6.0 模拟模块的一个典型金属浮选流程

JKSimFloat 中，精矿中被回收颗粒划分成两部分来源，其一为纯浮选（粘附于气泡上的颗粒部分）；其二为夹带（气泡间被夹带的颗粒部分）。浮选入料中第 i 部分矿物的回收率为：

$$R_i = \frac{P_i \cdot S_b \cdot R_f \cdot \tau \cdot (1 - R_W) + ENT \cdot R_W}{(1 + P_i \cdot S_b \cdot R_f \cdot \tau)(1 - R_W) + ENT \cdot R_W} \tag{6.2-50}$$

式中，P_i 为第 i 部分矿物的可浮性，S_b 为气泡表面积通量，$\min^{-1}$；R_f 为泡沫的回收率；τ 为停留时间，$\min$；R_W 为水的回收率；ENT 为夹带程度。

这样，对含有 n 个级别（注：类似颗粒归到一个级别）构成的入料，其总回收率为：

$$R = \sum_{i=1}^{n} m_i R_i \qquad (6.2\text{-}51)$$

式中，m_i 为入料中第 i 级别的质量比率。

式（6.2-50）中的气泡表面积通量 S_b，表示浮选槽内气体在浆体中的分散状况，其定义为

$$S_b = \frac{6J_g}{d_b} \qquad (6.2\text{-}52)$$

式中，J_g 为泡沫表面气体速度，m/s；d_b 为 Sauter 平均气泡直径，m。这两个参数可以由专门仪器测得。

式（6.2-50）中的泡沫回收率 R_f 指精矿中粘有颗粒气泡的流量与泡沫中粘有颗粒气泡的流量的比值，根据浮选操作条件与 R_f 之间的预测模型求出。

式（6.2-50）中的夹带程度 ENT 定义为被夹带物料的回收率与水回收率的比值。通常，由质量平衡数据得出。

式（6.2-50）中的可浮性参数 P_i 由实验数据拟合出的可浮性分布函数模型表示。

据文献，JKSimFloat 软件包已经应用于很多浮选计算中，被研究人员和企业认可。

6.2.2.3　金属矿浮选回路最佳浮选时间的确定

金属矿选矿流程设计中，需要首先选定粗选品位和最佳浮选回收率，然后才能确定获得目标精矿品位的浮选流程。最终精选精矿的品位取决于粗选精矿的品位，因此为达到规定的最佳精选品位（即目标精矿品位），需要将粗选品位保持在某一预定值。这时，可以根据单元浮选实验，绘制粗选累计精矿品位与时间的关系图（如图 6.2-5 所示），则由指定的粗选最佳精矿品位便可确定粗选的时间，剩余的浮选时间作为扫选时间。

由单元浮选实验，自然还可以绘制精矿中金属回收率与时间的关系图（如图 6.2-6 所示）。Agar 等人的研究指出，粗选与扫选的分界应在分选效率达到最大时的浮选时间处。Schulz 提出的分选效率 SE 表达式为

$$SE = R_m - R_g \qquad (6.2\text{-}53)$$

式中，R_m 为有用矿物回收率,%；R_g 为精矿中脉石回收率,%。

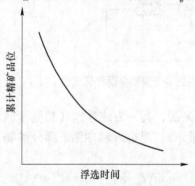

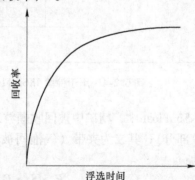

图 6.2-5　粗选累计品位与浮选时间的关系　　　图 6.2-6　精矿中金属回收率与时间的关系

设入选原矿的质量为 C，其金属品位为 f（%），而精矿品位为 c（%）、尾矿品位为

m（%），则：

$$R_{\mathrm{m}} = 100Cc/f \tag{6.2-54}$$

而

$$R_{\mathrm{g}} = 100C(m - c)/(m - f) \tag{6.2-55}$$

所以，分选效率可表示为：

$$SE = R_{\mathrm{m}} - R_{\mathrm{g}} = \frac{100Cc}{f} - \frac{100C(m - c)}{(m - f)}$$

即

$$SE = \frac{100Cm(c - f)}{f(m - f)} \tag{6.2-56}$$

当 $\mathrm{d}SE/\mathrm{d}t$ 为 0 时，分选效率 SE 达到最大值，也就是

$$\frac{\mathrm{d}(R_{\mathrm{m}} - R_{\mathrm{g}})}{\mathrm{d}t} = 0$$

即

$$\frac{\mathrm{d}R_{\mathrm{m}}}{\mathrm{d}t} = \frac{\mathrm{d}R_{\mathrm{g}}}{\mathrm{d}t}$$

因此，最大分选效率时，有用矿物的浮选速率与脉石的浮选效率相等；而超过最佳浮选时间时，脉石上浮将快于矿物上浮。最佳浮选时间可由一级浮选速率公式（6.2-9）计算得到。

但对于单元浮选实验，需要在式（6.2-9）基础上引入一个时间修正因子（注由 Agar 提出）。原因有二：其一，在通入空气之前，浮选已经开始，意即在调浆阶段，一些疏水性的固体颗粒上会吸附气泡，使其比自然状态下更快速地上浮；其二，从开始通入空气到浮选槽内形成厚的载矿泡沫这段时间，需要花费几秒钟时间。Agar 给出的单元浮选实验速率修正公式为：

$$R = R_{\infty}(1 - \mathrm{e}^{-k(t+b)}) \tag{6.2-57}$$

式中，b 为时刻零的修正系数。

$\ln((R - R_{\infty})/R_{\infty})$ 与 $(t + b)$ 的关系曲线应该是一条斜率为"$-k$"的直线。但是，R_{∞} 和 b 都是未知的。用迭代法计算可以解决这个问题，迭代的递推公式由最小二乘原理导出。由单元浮选实验能得到浮选时间 t 及其对应回收率 R 构成的数据集。设共有 n 组这样的数据，并记浮选时间为 t_i 时，对应的精矿回收率为 R_i，则有

$$\ln\left(\frac{R_{\infty} - R_i}{R_{\infty}}\right) + k(t_i + b) = r_i \tag{6.2-58}$$

式中，r_i 代表由实验误差导致的计算值与实验值之间的差值。所以，有

$$r_i^2 = \left(\ln\left(\frac{R_{\infty} - R_i}{R_{\infty}}\right)\right)^2 + k^2(t_i + b)^2 + 2k(t_i + b) \cdot \ln\left(\frac{R_{\infty} - R_i}{R_{\infty}}\right)$$

对 n 组实验数据，有

$$\sum_{i=1}^{n} r_i^2 = \sum_{i=1}^{n}\left(\ln\left(\frac{R_{\infty} - R_i}{R_{\infty}}\right)\right)^2 + k^2\sum_{i=1}^{n} t_i^2 + nk^2b^2 + 2k^2b\sum_{i=1}^{n} t_i +$$

$$2k\sum_{i=1}^{n}\left(t_i\ln\left(\frac{R_{\infty} - R_i}{R_{\infty}}\right)\right) + 2kb\sum_{i=1}^{n}\ln\left(\frac{R_{\infty} - R_i}{R_{\infty}}\right) \tag{6.2-59}$$

若使 $\sum_{i=1}^{n} r_i^2$ 取最小值，须使 $\frac{\partial}{\partial k}\left(\sum_{i=1}^{n} r_i^2\right) = 0$ 和 $\frac{\partial}{\partial b}\left(\sum_{i=1}^{n} r_i^2\right) = 0$，即：

$$\begin{cases} 2k\sum_{i=1}^{n} t_i^2 + 2nkb^2 + 4kb\sum_{i=1}^{n} t_i + 2\sum_{i=1}^{n}\left(t_i\ln\left(\frac{R_\infty - R_i}{R_\infty}\right)\right) + 2b\sum_{i=1}^{n}\ln\left(\frac{R_\infty - R_i}{R_\infty}\right) = 0 \\ 2nk^2b + 2k^2\sum_{i=1}^{n} t_i + 2k\sum_{i=1}^{n}\ln\left(\frac{R_\infty - R_i}{R_\infty}\right) = 0 \end{cases}$$

解此方程组，得：

$$\hat{k} = \frac{n\sum_{i=1}^{n}\left(t_i\ln\left(\frac{R_\infty - R_i}{R_\infty}\right)\right)}{n\sum_{i=1}^{n} t_i^2 - \left(\sum_{i=1}^{n} t_i\right)^2} - \frac{\sum_{i=1}^{n}\ln\left(\frac{R_\infty - R_i}{R_\infty}\right)\cdot\sum_{i=1}^{n} t_i}{n\sum_{i=1}^{n} t_i^2 - \left(\sum_{i=1}^{n} t_i\right)^2} \tag{6.2-60}$$

和

$$\hat{b} = -\frac{\hat{k}\sum_{i=1}^{n} t_i + \sum_{i=1}^{n}\ln\left(\frac{R_\infty - R_i}{R_\infty}\right)}{n\hat{k}} \tag{6.2-61}$$

迭代过程为：给定一个 R_∞ 初值（如 100），利用公式（6.2-60）和式（6.2-61）可以计算出 $\hat{k}$、$\hat{b}$，再由式（6.2-59）可计算出 $\sum_{i=1}^{n} r_i^2$。逐渐减少 R_∞ 的值，重复该计算过程，直到找出使取得最小值的 $\hat{k}$、$\hat{b}$ 及 $\hat{R}_\infty$。

由式（6.2-57）得：

$$\frac{dR}{dt} = R_\infty \cdot k \cdot e^{-k(t+b)}$$

因此，如果对有用矿物和脉石进行计算，在最佳浮选时间处，有

$$R_{\infty_m} \cdot k_m \cdot e^{-k_m(t+b_m)} = R_{\infty_g} \cdot k_g \cdot e^{-k_g(t+b_g)}$$

所以，最佳浮选时间 t_b 为

$$t_b = \frac{\ln\dfrac{R_{\infty_m}\cdot k_m}{R_{\infty_g}\cdot k_g} - k_m\cdot b_m + k_g\cdot b_g}{k_g - k_m} \tag{6.2-62}$$

6.3   两相浮选动力学模型

两相动力学模型由瑞曼（Rimmer H. W.）与阿尔比特、哈瑞斯等提出。浮选过程中，矿物从矿浆转移到泡沫层，而部分矿物会从泡沫层重又进入矿浆，最后只有附着在泡沫上的矿物才能排入精矿。因此，两相模型把浮选槽内物划分为泡沫和矿浆两个相，首先分别建立各相的模型，然后综合两相建立浮选槽模型。下面介绍把各相看作一级反应的一级浮选速率两相模型。

图 6.3-1 为浮选两相模型示意图，其中，V，M，C 分别表示各相的体积（未包括空气）、各相内欲浮矿物质量、矿物浓度（未包括空气），K_p，K_d 表示两相间物质交换的速率常数，下标 p，f，c 和 t 分别表示矿浆、泡沫、精矿和尾矿。

假设两相都是理想混合体，矿物的浮选过程遵

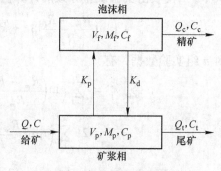

图 6.3-1   两相浮选模型

循一级反应，按泡沫相的质量平衡，有如下关系：

某成分从矿浆进入的速率 = 该成分排出到精矿中的速率 + 该成分排出到矿浆中的速率

用公式表示，即

$$K_p M_p = \left(\frac{Q_c}{V_f}\right) M_f + K_d M_f$$

或

$$\frac{M_f}{M_p} = \frac{K_p}{K_d + \dfrac{Q_c}{V_f}} \tag{6.3-1}$$

同时，按照浮选速率常数的定义，矿浆中单位质量的精矿回收率就是浮选速率常数 K，即

$$K = \left(\frac{Q_c}{V_f} M_f\right) \Big/ M_p$$

或

$$K = \frac{Q_c}{V_f} \cdot \frac{M_f}{M_p} \tag{6.3-2}$$

将式（6.3-1）代入，得：

$$K = \frac{Q_c}{V_f} \cdot \left(\frac{K_p}{K_d + \dfrac{Q_c}{V_f}}\right) = \frac{K_p}{K_d \dfrac{V_f}{Q_c} + 1}$$

而 V_f/Q_c 即为精矿在泡沫相中的停留时间，用 τ 表示，则：

$$K = \frac{K_p}{1 + K_d \tau} \tag{6.3-3}$$

该式反映了综合的浮选速率常数 K 与各相浮选速率常数的关系，称为一级浮选速率两相模型，简称一级两相模型。

【例 6.3-1】 单槽分批浮选可用下述公式描述：

$$C = C_0 e^{-Kt} \qquad K = \frac{K_p}{1 + K_d \tau}$$

设，$K_p = 1.0 \text{min}^{-1}$，$K_d = 1.0 \text{min}^{-1}$，$\tau = 0.5 \text{min}$，计算下列两种工况下，浮选 1min 后浮选槽中剩余的矿物数量，并将结果绘图。（1）泡沫层很薄，忽略从泡沫层排出到矿浆中的矿粒；（2）泡沫层很厚，必须考虑从泡沫层排出到矿浆中的矿粒。

解：（1）计算综合浮选速率常数。

第一种工况下，$K = \dfrac{K_p}{1 + K_d \tau} = 1.0 \text{min}^{-1}$（因 $K_d = 0$）

第二种工况下，$K = \dfrac{K_p}{1 + K_d \tau} = \dfrac{2}{3} \text{min}^{-1}$

（2）计算浮选槽中的剩余矿物数量。对

$$C/C_0 = e^{-Kt}$$

分别代入 K 及 $t = 1, 2, \cdots, 6$ 计算两种工况下浮选槽中以分数表示的矿物数量，结果见表 6.3-1。

表 6.3-1   单槽分批浮选时单相与两相
浮选模型的槽内剩余矿物数量对比

$t/\min$	1	2	3	4	5	6
工况一 C/C_0	0.3679	0.1353	0.0498	0.0183	0.0067	0.0025
工况二 C/C_0	0.5134	0.2634	0.1353	0.0695	0.0357	0.0183

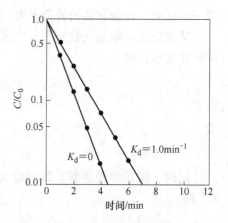

图 6.3-2   单相与两相浮选
模型计算结果对比

（3）将结果绘得图 6.3-2，可知，当矿粒从泡沫层排到矿浆中的作用显著时（$K_d = 1.0\min^{-1}$），矿浆中残留的矿物数量明显增加。

如单相浮选模型一样，两相浮选模型也有 n 级反应速率，其模型更为复杂。本节不讨论。

6.4   总体平衡模型

哈贝－帕纽等选矿工作者利用概率理论并对一些浮选过程参数进行一些必要假设后，提出了浮选过程的通用模型，由通用模型按总体平衡原理可以推导出适用于分批浮选和连续浮选的多种模型。这些演化的浮选模型中，有的已经做过实验验证，发现与实际吻合；有的则没有实验验证。

6.4.1   通用模型的基础

通用模型的基本思想包括以下几种函数和参数。

（1）有用矿物的粒度分布函数。用密度函数 $H(x)$ 表示给入浮选的有用矿物的颗粒粒度分布特性，则粒度介于 x 和 $x + \mathrm{d}x$ 之间的产率为 $H(x)\mathrm{d}x$。有用矿物浮选的粒度分布函数满足

$$\int_{x_0}^{x_{\max}} H(x)\mathrm{d}x = 1 \tag{6.4-1}$$

式中，x_0 与 $x_{\max}$ 分别为有用矿物颗粒尺寸的最小值及最大值。

（2）不同粒级有用矿物的回收率。用 ε_x 表示 x 粒级的有用矿物的回收率，则有用矿物的总回收率表示为：

$$\int_{x_0}^{x_{\max}} \varepsilon_x H(x)\mathrm{d}x \tag{6.4-2}$$

（3）有用矿物的浮出函数。浮选中有用矿物的各个粒级并不能全部浮出，因此，引入一个有用矿物的浮出函数。用 ψ_x 代表 x 粒级中可浮出的有用矿物占该粒级的质量分数，则从 x_0 到 $x_{\max}$ 所有粒级的可浮出有用矿物的分布函数 ψ 表示为：

$$\psi = \int_{x_0}^{x_{\max}} \psi_x H(x)\mathrm{d}x \tag{6.4-3}$$

若有用矿物各粒级可浮出的产率 ψ_x 及粒度密度函数均已知，则可浮出有用矿物颗粒可用条件质量密度函数 $H_\psi(x)$ 表示，即：

$$H_\psi(x) = \frac{\psi_x}{\psi}H(x) \tag{6.4-4}$$

式中，$\dfrac{\psi_x}{\psi}$ 是 x 粒级可浮有用矿物占总体可浮出有用矿物产率 ψ 的比值，所以，作为密度函数，$H_\psi(x)$ 代表 x 粒级可浮出有用矿物占该粒级所有参与浮选的质量分数。

总体有用矿物可浮出分布函数

$$\int_{x_0}^{x_{\max}} H_\psi(x)\,\mathrm{d}x = 1 \tag{6.4-5}$$

（4）可浮性函数。无论对同一种矿物还是同一种粒级，其中各颗粒的可浮性也是不一样的。对具体颗粒，其自身的表面性质的差异、吸附药剂的不同、与气泡碰撞概率的不同、浮选槽内矿浆与泡沫流动动力学条件的差异等，这些因素共同影响最终导致同一粒级内各个有用矿物颗粒的可浮性不同。用 $\phi_{x_{\max}}$ 表示 x 粒级中有用矿物的最大可浮性，该 x 粒级有用矿物颗粒的可浮性密度函数为 $f_x(\phi)$，则 $f_x(\phi)\mathrm{d}\phi$ 为 x 粒级中可浮有用矿物的可浮性在 ϕ 和 $\phi+\mathrm{d}\phi$ 之间的质量分数。所以，x 粒级有用矿物可浮性在 $0\to\phi_{x_{\max}}$ 间的分布函数满足：

$$\int_0^{\phi_{x_{\max}}} f_x(\phi)\,\mathrm{d}\phi = 1 \tag{6.4-6}$$

（5）剩余函数。浮选过程中，有用矿物的部分颗粒未被浮出而剩留在矿浆中。x 粒级中可浮性为 ϕ 的有用矿物颗粒剩留在矿浆中的部分用剩余函数 $F(x,\phi)$ 表示。对于窄级别物料，被剩余物料符合一级反应，即：

$$F(x,\phi) = \mathrm{e}^{-Kt} \tag{6.4-7}$$

从浮选的理论和实践可知，有用矿物的浮游速率与矿浆中单位体积的气泡数 N 及有用矿物的可浮性 ϕ 的乘积成比例，即：

$$R(x,\phi) \propto N\phi \tag{6.4-8}$$

式中，$R(x,\phi)$ 为 x 粒级中可浮性为 ϕ 的有用矿物的浮游速率。用 $C(x,\phi,t)$ 表示浮游速率系数（实质是浓度）随浮选时间的变化函数，则：

$$R(x,\phi) = C(x,\phi,t)N\phi \tag{6.4-9}$$

设浮选槽中浮选矿浆的体积为 V，则有

$$\frac{\mathrm{d}[C(x,\phi,t)V]}{\mathrm{d}t} = -C(x,\phi,t)VN\phi \tag{6.4-10}$$

该式变换并积分得：

$$\ln[C(x,\phi,t)V] = -N\phi t + C \tag{6.4-11}$$

$t=0$ 时，$V=V_0$，$C=\ln[C(x,\phi,t_0)V_0]$，代入式（6.4-11）得：

$$\ln\frac{C(x,\phi,t)V}{C(x,\phi,t_0)V_0} = -N\phi t \tag{6.4-12}$$

所以，剩余函数

$$F(x,\phi) = \mathrm{e}^{-N\phi t} \tag{6.4-13}$$

式（6.4-13）所示剩余函数适用于分批浮选，上述推导过程类似于分批浮选浮选速率公式的推导过程。对比式（6.4-7）与式（6.4-13），可知：

$$K = N\phi \tag{6.4-14}$$

对于由 n 个浮选槽组成的连续浮选，设各浮选槽体积均为 V，矿浆体积流量为 Q，矿浆中有用矿物浓度为 C，则矿浆流经第 i 槽后选出的有用矿物量为：

$$Q_{i-1} C_{i-1} - Q_i C_i = N\phi V C_{mi} \tag{6.4-15}$$

式中，$Q_{i-1}C_{i-1}$，Q_iC_i 分别为矿浆离开第 $i-1$ 槽进入第 i 槽和离开第 i 槽进入第 $i+1$ 槽（也就是在第 i 槽中未被浮出）的有用矿物固体流量；C_{mi} 为第 i 槽内矿浆中有用矿物平均浓度，$i = 1，2，\cdots，n$。

而矿浆流经第 $i-1$ 槽后第 i 槽内未浮出有用矿物的比例（即剩余函数）为：

$$F_i(x,\phi) = \frac{Q_i C_i}{Q_{i-1} C_{i-1}} \tag{6.4-16}$$

令第 i 槽的体积流量比为：

$$\gamma_i = \frac{Q_{i-1}}{Q_i} \tag{6.4-17}$$

则第 i 槽内矿浆的浓度变化比为：

$$f_i = \frac{C_{i-1} - C_{mi}}{C_{i-1} - C_i} \tag{6.4-18}$$

变换得到：

$$C_{mi} = C_{i-1} - C_{i-1}f_i + C_i f_i \tag{6.4-19}$$

将式 (6.4-19) 代入式 (6.4-15)，得：

$$\frac{C_i}{C_{i-1}} = \frac{Q_{i-1} - N\phi V(1 - f_i)}{Q_i + N\phi V f_i} \tag{6.4-20}$$

再将式 (6.4-20) 代入式 (6.4-16)，得：

$$F_i(x,\phi) = \frac{Q_i C_i}{Q_{i-1} C_{i-1}} = \frac{Q_i}{Q_{i-1}} \frac{Q_{i-1} - N\phi V(1 - f_i)}{Q_i + N\phi V f_i} \tag{6.4-21}$$

因各浮选槽体积一样（均为 V），则各浮选槽的体积流量比 γ_i 近似相等，记 $\gamma_i \approx \gamma$，同时假设 $f_i = f$，则：

$$Q_i = \left(\frac{1}{\gamma}\right)^i Q_0 \tag{6.4-22}$$

式中，Q_0 为第 1 浮选槽中有用矿物固体流量。用 q_0 表示浮选单位体积有用矿物固体流量，即：

$$q_0 = \frac{Q_0}{V} \tag{6.4-23}$$

则式 (6.4-21) 可简写为：

$$F_i(x,\phi) = \frac{q_0 - N\phi(1 - f)\gamma^{i-1}}{q_0 + N\phi f \gamma^i} \tag{6.4-24}$$

浮选过程进入稳态后，x 粒级、可浮性为 ϕ 的有用矿物经过 n 个浮选槽后，未浮出的剩留颗粒占总可浮颗粒的比率为：

$$F(x,\phi) = \prod_{i=1}^n F_i(x,\phi)$$

即：

$$F(x,\phi) = \prod_{i=1}^n \frac{q_0 - N\phi(1 - f)\gamma^{i-1}}{q_0 + N\phi f \gamma^i} \tag{6.4-25}$$

若令 $a_i = (1-f)\gamma^{i-1}$，$b_i = f\gamma^i$，式 (6.4-25) 可简写为：

$$F(x,\phi) = \prod_{i=1}^n \frac{q_0 - a_i N\phi}{q_0 + b_i N\phi} \tag{6.4-26}$$

式 (6.4-26) 即为连续浮选的剩余函数。

6.4.2　通用浮选数学模型

用 ψ 表示浮选给料中可浮有用矿物总量，F 表示剩留比例，则有用矿物回收率 ε 为：

$$\varepsilon = \psi(1 - F) \tag{6.4-27}$$

对粒级为 x、可浮性为 ϕ 的有用矿物，能浮出的量为：

$$f_x(\phi)\psi H_\psi(x)\,\mathrm{d}\phi\mathrm{d}x \tag{6.4-28}$$

而，剩留在矿浆中的未浮游有用矿物占原矿的比例为：

$$F(x,\phi)f_x(\phi)\psi H_\psi(x)\,\mathrm{d}\phi\mathrm{d}x \tag{6.4-29}$$

所以，粒级为 $x_0 \to x_{\max}$、可浮性为 $0 \to \phi_{x_{\max}}$ 的有用矿物剩留在矿浆中而未浮出的部分占原矿的总比例为：

$$\int_{x_0}^{x_{\max}}\int_0^{\phi_{x_{\max}}} F(x,\phi)f_x(\phi)\psi H_\psi(x)\,\mathrm{d}\phi\mathrm{d}x$$

占有用矿物的总比例为：

$$F = \frac{1}{\psi}\int_{x_0}^{x_{\max}}\int_0^{\phi_{x_{\max}}} F(x,\phi)f_x(\phi)\psi H_\psi(x)\,\mathrm{d}\phi\mathrm{d}x$$

即：

$$F = \int_{x_0}^{x_{\max}}\int_0^{\phi_{x_{\max}}} F(x,\phi)f_x(\phi)H_\psi(x)\,\mathrm{d}\phi\mathrm{d}x \tag{6.4-30}$$

将式（6.4-30）代入式（6.4-27），得：

$$\varepsilon = \psi\left(1 - \int_{x_0}^{x_{\max}}\int_0^{\phi_{x_{\max}}} F(x,\phi)f_x(\phi)H_\psi(x)\,\mathrm{d}\phi\mathrm{d}x\right) \tag{6.4-31}$$

式（6.4-31）既适用于分批浮选又适用于连续浮选，称为浮选通用模型。

针对浮选具体类型和有用矿物可浮性分布具体形式，浮选通用数学模型式（6.4-31）可以转化出许多不同形式。

如对离散型粒度分布（由 ν 个粒级组成）的分批浮选，浮选通用模型变为：

$$\varepsilon = \psi\left(1 - \sum_{h=1}^{\nu} H_{\psi,h}\int_0^{\phi_{h,\max}} F_h(\phi)f_h(\phi)\,\mathrm{d}\phi\right) \tag{6.4-32}$$

而物料视作单一物料时，式（6.4-32）变为：

$$\varepsilon = \psi\left(1 - \int_0^{\phi_{\max}} F_1(\phi)f_1(\phi)\,\mathrm{d}\phi\right) \tag{6.4-33}$$

当可浮性函数视作均匀分布

$$f_h(\phi) = \frac{1}{\phi_{h,\max}} \tag{6.4-34}$$

时，并参照式（6.4-13），单一物料的浮选的有用矿物回收率为：

$$\varepsilon = \psi\left(1 - \frac{1}{\phi_{\max}}\int_0^{\phi_{\max}} \mathrm{e}^{-N\phi t}\,\mathrm{d}\phi\right) = \psi\left(1 - \frac{1}{Nt\phi_{\max}}(1 - \mathrm{e}^{-N\phi_{\max}t})\right) \tag{6.4-35}$$

若令 $K = N\phi_{\max}$，则式（6.4-35）变为：

$$\varepsilon = \psi\left(1 - \frac{1}{Kt}(1 - \mathrm{e}^{-Kt})\right) \tag{6.4-36}$$

即通常的浮选动力学方程。

再如，对离散型粒度分布（由 ν 个粒级组成）的连续浮选，可浮性函数按式（6.4-34）均匀分布、并采用式（6.4-26）剩余函数时，浮选通用模型变为：

$$\varepsilon = \psi\sum_{h=1}^{\nu} H_{\psi,h}\sum_{i=1}^{n} B_i\left(1 - \frac{q_0}{b_i\,\phi_{\max}N}\ln\left(1 + \frac{b_i\,\phi_{\max}N}{q_0}\right)\right) \tag{6.4-37}$$

式中，
$$B_i = \prod_{j=1}^{n}\left(1 + \frac{a_j}{b_i}\right) \bigg/ \prod_{i=1, j=1}^{n}\left(1 - \frac{b_j}{b_i}\right) \qquad (6.4\text{-}38)$$

而物料视作单一物料时，式（6.4-37）变为：
$$\varepsilon = \psi \sum_{i=1}^{n} B_i\left(1 - \frac{q_0}{b_i\,\phi_{\max}N}\ln\left(1 + \frac{b_i\,\phi_{\max}N}{q_0}\right)\right) \qquad (6.4\text{-}39)$$

又如，连续浮选中，若物料视作单一物料且假定有用矿物可浮性一样，则 $F_\psi(x)=1$，$f_x(\phi)=1$，通用模型变为：
$$\varepsilon = \psi\left(1 - \prod_{i=1}^{n}\frac{q_0 - a_iN}{q_0 + b_iN}\right) \qquad (6.4\text{-}40)$$

另，认为浮选槽搅拌充分，式（6.4-25）中的 $f=1$，且精矿体积忽略不计（即 $\gamma=1$），则，式（6.4-40）简化为：
$$\varepsilon = \psi\left(1 - \left(1 + \frac{\phi N}{q_0}\right)^{-n}\right) \qquad (6.4\text{-}41)$$

式中，n 为浮选槽数。再假设 $\psi=1$，令 $K=\phi N$，$\tau=\dfrac{1}{q_0}$，τ 的意义为矿浆在各浮选槽中的平均停留时间，则式（6.4-41）进一步简化为：
$$\varepsilon = 1 - (1 + K\tau)^{-n} \qquad (6.4\text{-}42)$$

该式曾被用于描述 n 个相同浮选槽连续浮选的性能。

上述所列由浮选通用模型演化来的浮选模型，已经经过有些矿物（如黄铁矿）的浮选实验检验，其实验数据所求参数（如 K）代入模型后的计算值与实验值，有的吻合好，有的吻合不好，但都证明浮选速率系数 K 不是不变的常量，而是与有用矿物可浮部分的含量，矿石的性质、粒度，操作情况等有关。

浮选总体平衡模型依然有待进一步研究。

6.5　浮选经验模型

浮选经验模型在实际应用中占有重要地位。浮选经验模型指根据浮选过程中变量之间的统计关系建立的数学模型。经验模型的具体建模方法参见本书第 3 章与第 4 章，本节只介绍针对浮选过程建立经验模型时的分析方法。

浮选作为一个复杂的物理化学过程，其中的变量（或称为参数）有很多。按照其性质，可以分为独立变量与非独立变量两大类。浮选的独立变量包括可以控制的变量（如药剂用量与加药点，矿浆液位，充气量等）和干扰变量（如原料品位与粒度，矿浆流量等）；非独立变量包括描述浮选特性的变量（如最终精矿品位与回收率，矿浆密度，矿浆流量等）和影响最终产品性质的中间变量（如粗选或扫选的精矿品位、回收率、矿浆密度、流量等）。根据不同的研究目的，可以从这些变量中选择输入量和输出量，获取它们的原始数据，从而建立经验模型。

原始数据的获取途径有两种：其一，通过在线检测设备（如流量计、密度计、荧光品位测定仪、灰分测定仪，粒度分析仪等）进行在线收集，必要时可以进行专门的以获取建模数据为目的的实验；其二，从常规生产记录数据中筛选建模所需的原始数据。

本节列举几个浮选经验模型例子。

6.5.1 回归分析模型

斯他巴等利用回归分析对波兰某选煤厂的煤泥浮选作业进行了研究。首先在浮选过程正常工作时进行实验，然后根据实验数据建立了原料灰分 A_N（%）、精煤灰分 A_K（%）、尾煤灰分 A_O（%）、精煤全硫分 S_C（%）、精煤罗加指数 $R.I$（%）、原料量 P_N（t/h）、药剂消耗量 O_D（kg/t）、给料浓度 G（g/L）等浮选变量之间的统计关系，其结果见表 6.5-1。

表 6.5-1 所列方程的对应量之间都具有显著的相关关系。这些模型对于其来源的煤泥浮选作业是适用的，可以用于该煤泥浮选的自动控制、预测计算。

表 6.5-1 浮选的线性回归方程

	回 归 方 程	偏相关系数	显著性水平
一元线性回归	$A_K = 4.92436 + 0.166351 A_N$	0.2726	0.001
	$P_N = 78.409937 - 4.127611 A_N$	-0.403	0.001
	$O_D = -3.497469 + 0.523474 A_N$	0.5687	0.001
	$A_O = 23.509999 + 6.817614 A_K$	0.6570	0.001
	$S_C = 0.386766 + 0.0094264 A_K$	0.1979	0.005
	$P_N = 0.171591 + 3.990143 A_K$	0.3187	0.001
	$O_D = 1.030105 + 0.274159 A_K$	0.1817	0.005
	$P_N = 8.044096 + 0.502389 A_O$	0.4164	0.001
	$G = 53.954348 + 5.589064 A_K$	0.1981	0.005
	$O_D = 0.813022 + 0.029960 A_O$	0.2061	0.005
	$G = 83.668135 + 8.856304 S_C$	0.1495	0.2
	$G = 138.024929 - 0.6523356 R.I$	-2.0156	0.2
	$O_D = 4.433760 - 0.054000 P_N$	0.4482	0.001
多元线性回归	$A_K = 0.2321 + 0.3800 A_N + 0.0740 P_N$	0.6692	0.01
	$A_K = 4.9957 + 0.1870 A_N - 0.00844 O_D$	0.2075	0.1
	$A_K = 4.3881 + 0.1739 A_N + 0.0052 G$	0.2319	0.1
	$A_O = 13.4147 + 3.4872 A_N + 0.5780 P_N$	0.7231	0.001
	$A_O = 56.5002 + 1.1507 A_N + 0.1884 O_D$	0.3103	0.01
	$A_O = 62.7445 + 1.2648 A_N - 0.0527 G$	0.3405	0.01

6.5.2 浮选混合模型

荣瑞煊根据株洲选煤厂浮选机组单机检查资料，建立了该厂浮选的动力学模型和混合模型。株洲选煤厂采用 6 槽 XJM-8 浮选机组，产出精煤和尾煤两种产物。根据式（6.2-43）与式（6.2-44）一级浮选速率方程式拟合精煤回收率，各粒级的拟合标准差见表 6.5-2。若认可标准差为 1.0，则表 6.5-2 说明拟合效果不理想，原因为第 1、第 2、第 3 浮选槽发生泡沫过载。

表 6.5-2　采用浮选速率方程拟合株洲选煤厂浮选回收率的误差

粒级	标　　准　　差						
	+40 目	40～60 目	60～80 目	80～100 目	100～120 目	-120 目	合计
可燃物	1.31	0.83	1.07	0.73	1.30	0.89	0.90
不可燃物	1.55	1.66	1.95	1.68	1.80	1.28	1.40

采用浮选混合模型的拟合误差见表 6.5-3。混合模型指浮选槽的 1～3 槽采用式（6.2-37）经验模型计算、4～6 槽仍按一级浮选速率方程计算。表 6.5-3 数据说明，混合模型比单纯采用动力学模型的拟合误差要小。可以认为，在泡沫过载情况下，混合模型是较好的煤泥浮选模型。

表 6.5-3　采用混合模型拟合株洲选煤厂浮选回收率的误差

粒级	标　　准　　差						
	+40 目	40～60 目	60～80 目	80～100 目	100～120 目	-120 目	合计
可燃物	0.30	0.27	0.05	0.23	0.32	0.12	0.18
不可燃物	0.59	0.76	0.93	0.79	0.26	0.15	0.30

1～3 槽的拟合结果见表 6.5-4，其中，CC 与 CI 分别表示浮选槽给料中不同粒级可燃物与不可燃物的数量（kg/min），MC 与 MI 分别表示浮选槽给料中 -120 目可燃物与不可燃物的数量（kg/min），拟合结果中多数模型的标准差较小，表明这些经验模型可以接受。4～6 槽动力学模型模拟时，式（6.2-43）与式（6.2-44）中所采用的浮选速率常数及参数见表 6.5-5。

表 6.5-4　1～3 槽多元线性回归模型

原料	粒级/目	经　验　模　型	标准差
可燃物	+40	$RC = 0.004583RW - 0.04229MC + 0.6331CC$	0.258
	40～60	$RC = 0.03839RW - 0.4409MC + 1.001CC$	1.922
	60～80	$RC = 0.0714RW - 0.6814MC + 1.609CC$	1.712
	80～100	$RC = 0.03535RW - 0.3684MC + 1.757CC$	0.314
	100～120	$RC = 0.007413RW - 0.002646MC + 0.5734CC$	0.623
	-120	$RC = 0.1306RW - 0.1184MC + 13.74$	2.278
不可燃物	+40	$RI = 0.0002293RW - 0.04719MI + 1.824CI$	0.154
	40～60	$RI = 0.004863RW + 0.1218MI - 0.6647CI$	0.999
	60～80	$RI = 0.00614RW + 0.03183MI + 0.1084CI$	1.697
	80～100	$RI = 0.002223RW + 0.01011MI - 0.05605CI$	0.596
	100～120	$RI = 0.0008956RW - 0.1346CI$	0.013
	-120	$RI = 0.01925RW - 0.02623MI + 0.9232CI$	0.365

表 6.5-5　4～6 槽动力学模型拟合参数

粒级/目	可　燃　物		不　可　燃　物	
	K_f	α_f	K_s	α_s
+40	0.4781	0.9668	0.2766	0.7633
40～60	0.6758	1.1629	0.4960	0.7823

续表 6.5-5

粒级/目	可 燃 物		不 可 燃 物	
	K_f	α_f	K_s	α_s
60~80	0.8612	1.1950	0.5452	0.6942
80~100	0.9380	1.1289	0.4945	0.6318
100~120	1.2157	0.8757	0.4582	0.5281
-120	0.8921	0.8675	0.2381	0.5283
合 计	0.8634	0.9455	0.2844	0.5603

6.5.3 浮选实际可选性曲线

根据浮选单机检查结果,可以建立浮选实际可选性曲线,对选煤厂设计和生产预测,有较大的指导意义。浮选单机检查一般是逐槽采集原、精、尾煤的样品,测定其灰分,并对结果进行计算,具体内容见表 6.5-6,其中,第 1、2、5 行为测量数据,其余为计算数据。

表 6.5-6 浮选机组单机检查实验资料

产物名称			一室	二室	三室	四室	五室	六室
精煤	灰分/%	1	11.53	12.20	13.88	18.33	23.48	27.26
	产率/%	2	29.51	25.38	16.51	10.28	3.43	1.22
精煤累计	灰分/%	3	11.53	11.84	12.31	13.07	13.49	13.68
	产率/%	4	29.51	54.89	71.40	81.68	85.11	86.33
尾煤	灰分/%	5	25.92	33.64	45.64	60.01	68.43	72.09
	产率/%	6	70.49	45.11	28.60	18.32	14.89	13.67
精煤	基元灰分/%	7	11.53	12.20	13.88	18.33	23.48	27.26
	产率/%	8	14.76	42.20	63.15	76.54	83.40	85.72

煤泥浮选预测计算中所需的几种关系为:(1)精煤累计产率与灰分的关系;(2)尾煤累计产率与灰分的关系;(3)精煤累计产率与基元灰分的关系。这三种关系构成了浮选的实际可选性曲线,如图 6.5-1 所示。注意表 6.5-6 第 8 行数据为基元灰分对应的精煤累计产率,各基元灰分的对应产率按下式计算

$$LW_i = W_{i-1} + \frac{W_i}{2} \qquad (6.5-1)$$

式中,W_i 表示各槽精煤产率($i = 1, 2, \cdots, n$,$W_0 = 0$);LW_i 表示各基元灰分对应的产率。

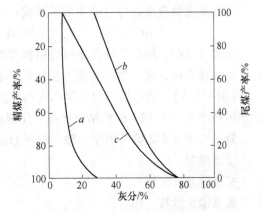

图 6.5-1 浮选实际可选性曲线
a—精煤累计;b—尾煤累计;c—灰分特性

对于这三种关系，可以采用拟合法或插值法，通过编程建立浮选预测的经验模型。程序流程如图 6.5-2 所示，其中，精煤累计产率曲线采用一元多项式回归进行拟合（参见本书 3.3 节），设拟合公式的最高次数为 10，则拟合多项式为：

$$GC = B_{10}A^{10} + B_9A^9 + \cdots + B_1A + B_0$$

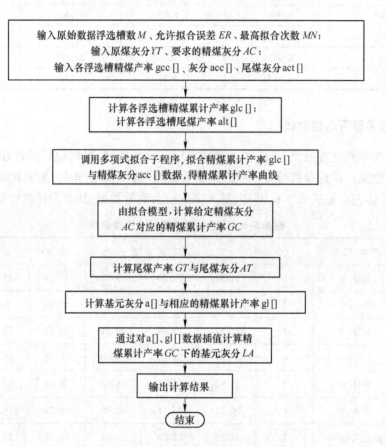

输入原始数据浮选槽数 M、允许拟合误差 ER、最高拟合次数 MN；
输入原煤灰分 YT、要求的精煤灰分 AC；
输入各浮选槽精煤产率 gcc []、灰分 acc []、尾煤灰分 act []

计算各浮选槽精煤累计产率 glc []；
计算各浮选槽尾煤产率 alt []

调用多项式拟合子程序，拟合精煤累计产率 glc []
与精煤灰分 acc [] 数据，得精煤累计产率曲线

由拟合模型，计算给定精煤灰分
AC 对应的精煤累计产率 GC

计算尾煤产率 GT 与尾煤灰分 AT

计算基元灰分 a [] 与相应的精煤累计产率 gl []

通过对 a []、gl [] 数据插值计算精
煤累计产率 GC 下的基元灰分 LA

输出计算结果

结束

图 6.5-2   浮选产物预测经验模型的程序流程

为提高运算效率，可以采用如下形式

$$GC = ((\cdots(B_{10}A + B_9)A + B_8)A + \cdots + B_1)A + B_0 \qquad (6.5\text{-}2)$$

预测计算时，尾煤累计产率可以由精煤累计产率与原煤灰分计算得出。基元灰分曲线可以先计算表格数据，然后用插值法计算要求精煤灰分下的基元灰分。

【例 6.5-1】 某选煤厂六槽浮选机的单机检查资料见表 6.5-6，原煤灰分为 21.67%。试预测精煤灰分为 12% 时的精煤产率、尾煤产率、尾煤灰分，以及相应的基元灰分。

解：按图 6.5-2 编写程序，输入如下原始数据：

浮选槽数：6

拟合误差：0.5

最高拟合次数：10

各槽精煤灰分与产率：表 6.5-6 中第 1 行、第 2 行

各槽尾煤灰分：表 6.5-6 中第 5 行

原煤灰分：21.67
要求的精煤灰分：12.00
计算结果如下：

精煤灰分 $AC = 12.00$ 精煤产率 $GC = 61.60$
尾煤灰分 $AT = 37.18$ 尾煤产率 $GT = 38.40$
基元灰分 $LA = 13.53$

7 粉碎数学模型

7.1 概　述

粉碎是固体物料在外力作用下，克服内聚力，使之粒度减小，表面积增加的过程。粉碎包括破碎和磨矿，当物料和产品粒度较粗时称为破碎；当物料和产品粒度较细时称为磨矿。分选加工过程中，矿物粉碎有两个目的：一是减小粒度，改变粒度组成；二是使矿物解离，改变共生状态。因此，粉碎模型包括粒度减小模型和矿物解离模型。破碎解离模型较粒度减小模型研究难度大，进展缓慢，相关文献资料较少，本章只进行简要阐述。

粉碎模型的建立方式有两种：不连续方式（把粉碎过程划分为几个阶段）、连续方式（把粉碎看作连续过程）。实际应用中，多采用不连续方式。

7.1.1　粒度减小数学模型

粒度减小数学模型的基本观点，由爱泼斯坦（Epstein）在 1948 年提出，其对破碎过程作的基本描述如下：假设破碎过程分解为几步，每一步都可以用两个函数来表述，概率函数表述物料块被破碎的概率，分布函数表述物料破碎后的粒度分布。该模式被多数学者接受。1956 年布罗德本特（Broadbent）和考尔科特（Callcott）将它发展成矩阵模型。

下面罗列四种基本的粒度减小数学模型。

（1）矩阵模型。将粉碎看作是一系列相继发生的事件，前次产物作为后一次给料，每次事件是一个独立的计算单元。粉碎周期越长，粉碎事件的数目越多。矩阵模型可以用于模拟破碎机和磨机，也能用于回路模拟。

（2）动力学模型。将粉碎看作一个速率方程，颗粒的破碎速率可以用一级动力学方程描述。动力学模型将粉碎看作是一个连续过程，粉碎时间越长，物料粉碎越多。动力学模型用于磨机自动控制时有其优越性。

（3）理想混合模型。只含有一段的模型，用一个理想混合段来模拟一个磨机。用动力学模型中速度过程的概念模拟磨机内物料的变化，用矩阵模型中的矩阵函数来设置模型参数和计算。理想混合模型具有矩阵方法运算简便的优点，同时又能与时间因素直接联系起来，由凯索尔（Kelsall）等人提出，并由怀坦（whiten）进一步完善。

（4）总体平衡模型。总体平衡模型是总体平衡理论在粉碎模型中的具体应用。将上述模型用到具体设备中，根据设备工作情况确定有关的模型参数，建立粉碎设备的模型。粉碎设备的建模方法有两种：一是利用能耗和粒度减小的关系；二是采用经验方法，对破碎机实验数据进行回归分析和方差分析，选取显著变量建立经验模型。

7.1.2 破碎解离数学模型

破碎解离模型的基本观点，1948 年由高登（Gaudin）提出，假设矿粒由大量小正方体的矿粒和脉石构成，建立矿物随机破碎解离模型，此后韦格尔（Weigel）和安德鲁斯（Andrews）等也进行了相关研究。他们在建模时，都同时考虑了矿石的结构特性和破碎过程，但由于把矿石的结构和破碎过程过于理想化，因此所建模型不适合实际应用。而安德鲁斯等人又过分强调碎磨过程本身，忽略了解离是与矿物结构有关的一种行为，认为计算某一特定粒级的解离度时可以不考虑产生这个粒级的详细的破碎过程。实际上，只要破碎过程没有分级，破碎和解离就可以单独的进行。所以解离模型的发展目标可以认为是如何利用矿物的结构特性和粒度分布预测解离度，金（King）在这方面取得很大的成就。

7.2 矩 阵 模 型

布罗德本特和考尔科特将粉碎过程划分为一系列相继发生的事件，每次事件作为一个独立的计算单元，前次结果作为后次计算的输入，以矩阵形式计算出粉碎产物的粒度组成，建立了矩阵模型。

7.2.1 矩阵模型的建立

粉碎过程中，原料和产物的粒级可以用向量表示。表 7.2-1 中，粒级 1 为最大粒级，粒级 n 为筛上物的最小粒级，粒级 $n+1$ 为筛下物粒级。

表 7.2-1 粉碎原料和产物的粒度分布

粒　　级	原　　料	产　　物
1	f_1	p_1
2	f_2	p_2
3	f_3	p_3
⋮	⋮	⋮
n	f_n	p_n
$n+1$	f_{n+1}	p_{n+1}

粉碎过程中，各粒级的粉碎概率不同，粉碎产物既可能留在原粒级中，又可能进入更细粒级。若颗粒只受局部粉碎或轻微的削碎，其自身粒度并未发生明显改变，则很大程度会保留在原粒级中。各粒级粉碎后，列出粉碎过程的质量平衡，见表 7.2-2。

表 7.2-2 粉碎过程的质量平衡

粒级	原料	粉 碎 过 程 的 质 量 平 衡						产物
1	f_1	p_{11}	0	0	…	0	0	p_1
2	f_2	p_{21}	p_{22}	0	…	0	0	p_2
3	f_3	p_{31}	p_{32}	p_{33}	…	0	0	p_3
⋮	⋮	⋮	⋮	⋮	⋱	⋮	⋮	

粒级	原料	粉碎过程的质量平衡						产物
n	f_n	p_{n1}	p_{n2}	p_{n3}	$\cdots$	p_{nn}	$\cdots$	p_n
$n+1$	f_{n+1}	$p_{n+1,1}$	$p_{n+1,2}$	$p_{n+1,3}$	$\cdots$	$p_{n+1,n}$	$p_{n+1,n+1}$	p_{n+1}
合计		f_1	f_2	f_3	$\cdots$	f_n	f_{n+1}	

表7.2-2中，粉碎产物实际上由很多元素组成，而这些元素正是原料不同粒度粉碎后得到的产物。各元素中，粉碎过程平衡第1列：原料中最大粒级的粉碎产物；第2列：原料中第2个粒级的粉碎产物；对元素p_{ij}：i为行号，表示破碎后形成的粒级，j为列号，表示原料第j粒级粉碎后的产物。由表中还可以看出，各粒级的产物含量是各行元素之和，原料总量为：

$$F = \sum_{i=1}^{n+1} f_i$$

筛下粒级为：
$$f_{n+1} = F - \sum_{i=1}^{n} f_i$$

元素p_{ij}可以写成：$p_{ij} = x_{ij} \times f_j$，其中$x_{ij}$表示原料的第$j$粒级经过粉碎后落在产物第$i$粒级的质量分数。因此，表7.2-2中的粉碎过程产物可以写成表7.2-3的形式。

表7.2-3　以原料表示的破碎产物

$x_{11} \times f_1$	0	0	$\cdots$	0
$x_{21} \times f_1$	$x_{22} \times f_2$	0	$\cdots$	0
$x_{31} \times f_1$	$x_{32} \times f_2$	$x_{33} \times f_3$	$\cdots$	0
$\vdots$	$\vdots$	$\vdots$	$\ddots$	$\vdots$
$x_{n1} \times f_1$	$x_{n2} \times f_2$	$x_{n2} \times f_3$	$\cdots$	$x_{nn} \times f_n$

记$\boldsymbol{X} = (x_{ij})$，$(i = 1, 2, \cdots, n; j = 1, 2, \cdots, n)$，实际上是一个$n \times n$矩阵，粉碎过程的产物可以用下述"矩阵×向量"的形式表示

$$\begin{bmatrix} p_1 \\ p_2 \\ p_3 \\ \vdots \\ p_n \end{bmatrix} = \begin{bmatrix} x_{11} & 0 & 0 & \cdots & 0 \\ x_{21} & x_{22} & 0 & \cdots & 0 \\ x_{31} & x_{32} & x_{33} & \cdots & 0 \\ \vdots & \vdots & \vdots & & \vdots \\ x_{n1} & x_{n2} & x_{n3} & \cdots & x_{nn} \end{bmatrix} \begin{bmatrix} f_1 \\ f_2 \\ f_3 \\ \vdots \\ f_n \end{bmatrix} \quad (7.2\text{-}1)$$

即
$$\boldsymbol{P} = \boldsymbol{XF} \quad (7.2\text{-}2)$$

当$\boldsymbol{X}$矩阵已知时，粉碎产物的粒度分布容易求得。$\boldsymbol{X}$矩阵由选择函数、分级函数、碎裂函数共同确定。

7.2.1.1　选择性函数

粉碎过程中，各种粒级受到的碎裂是随机性的，存在碎裂多、碎裂少、不碎裂的情况。在矩阵模型中，用选择性函数表示这种碎裂概率。如果用s_1表示最粗粒级的碎裂部分，则该粒级受碎裂的数量为$s_1 f_1$；同理，第n粒级受碎裂的数量为$s_n f_n$。因此，碎裂过程中，原料中选择碎裂部分的矩阵计算式为

$$SF = \begin{bmatrix} s_1 & 0 & 0 & \cdots & 0 \\ 0 & s_2 & 0 & \cdots & 0 \\ 0 & 0 & s_3 & \cdots & 0 \\ \vdots & \vdots & \vdots & & \vdots \\ 0 & 0 & 0 & \cdots & s_n \end{bmatrix} \begin{bmatrix} f_1 \\ f_2 \\ f_3 \\ \vdots \\ f_n \end{bmatrix} \qquad (7.2\text{-}3)$$

式（7.2-3）左边的对角矩阵即为选择性函数，用 S 表示。则原料中被碎裂部分为 SF，未被碎裂部分即为 $(I-S)F$，其中 I 为单位矩阵；用 B 表示受碎裂部分的质量，则各粒级粉碎概率的产物计算公式为

$$P = BSF + (I-S)F = (BS+I-S)F \qquad (7.2\text{-}4)$$

式（7.2-4）与式（7.2-2）联立可知，此时的粉碎矩阵为

$$X = BS + I - S$$

7.2.1.2 分级函数

一个粉碎过程通常由许多粉碎事件组成，这些事件可能同时发生、也可能相继发生、或者两种情况并存。每次粉碎事件中都包括选择和碎裂。上次事件得到的产物，在下一次事件之前可能又经过粒度分级，这种情况存在于所有的工业磨矿设备中，以棒磨机最明显。

粉碎－分级过程可用图 7.2-1 表示，原料 F、粉碎产物 Q、最终产物 P，均为由粒度级别构成的列向量，而分级函数 C 表示各粒级物料分级后又返回碎裂过程的粗粒分数。

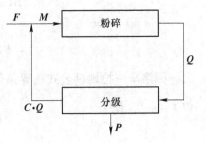

图 7.2-1 粉碎－分级过程
F—原料；Q—粉碎产物；
P—最终产物；C—分级函数

分级函数 C 可用对角矩阵表示，即

$$C = \begin{bmatrix} c_1 & 0 & 0 & \cdots & 0 \\ 0 & c_2 & 0 & \cdots & 0 \\ 0 & 0 & c_3 & \cdots & 0 \\ \vdots & \vdots & \vdots & & \vdots \\ 0 & 0 & 0 & \cdots & c_n \end{bmatrix} \qquad (7.2\text{-}5)$$

所以，粉碎－分级过程的产物可以通过矩阵计算得到，推导过程包括

$$P = (I-C)Q = (I-C)(BS+I-S)M \qquad (7.2\text{-}6)$$

又 $$M = F + CQ = F + C(BS+I-S)M$$

故 $$F = (I - C(BS+I-S))M$$

$$M = (I - C(BS+I-S))^{-1}F \qquad (7.2\text{-}7)$$

将公式（7.2-7）代入式（7.2-6），得：

$$P = (I-C)(BS+I-S)(I-C(BS+I-S))^{-1}F \qquad (7.2\text{-}8)$$

比较公式（7.2-2），得到具有选择和分级作用的矩阵 X 为：

$$X = (I-C)(BS+I-S)(I-C(BS+I-S))^{-1} \qquad (7.2\text{-}9)$$

当分级作用不显著时，C 中各元素趋向 0，X 矩阵变为选择性函数。

7.2.1.3　碎裂函数

在矩阵模型中，将粉碎过程看作一系列相继发生的碎裂事件，描述各碎裂事件产物的粒度组成表达式称为碎裂函数。碎裂事件既与矿石性质有关，又与设备、流程等因素有关，比较难确定。布罗德本特、考尔科特根据洛辛－拉姆勒粒度特性公式，推导碎裂函数。

一般认为，粉碎产物符合洛辛－拉姆勒粒度特性公式，其正累计含量 R 为：

$$R = e^{-ax^b}$$

式中，x 为产物粒度；a，b 为原料和设备参数。

设初始粒度为 y，将上式中粒度以相对量 x/y 表示，则有

$$R = e^{-a\left(\frac{x}{y}\right)^b}$$

负累计含量 $B(x, y)$ 可以表示为：

$$B(x,y) = 1 - R = 1 - e^{-a\left(\frac{x}{y}\right)^b}$$

令 $a = 1$，$b = 1$，则：

$$B(x,y) = 1 - R = 1 - e^{-\frac{x}{y}} \tag{7.2-10}$$

因洛辛－拉姆勒公式临界条件时不符合，即当 $\frac{x}{y} = 1$ 时，$B(x,y) \neq 1$，所以将上式除以 $1 - e^{-1}$，化为：

$$B(x,y) = \frac{1 - e^{-\frac{x}{y}}}{1 - e^{-1}} \tag{7.2-11}$$

即为"碎裂函数"。

7.2.1.4　重复碎裂

碎裂过程中，物料粉碎多数是经过了数次碎裂事件完成的。假设发生了 v 次碎裂事件，每次事件的碎裂函数都用 X 表示，逐次事件所得产物依次为

$$p_1 = Xf$$
$$p_2 = Xp_1$$
$$p_3 = Xp_2$$
$$\vdots$$
$$p_v = Xp_{v-1}$$

原料 F 经过 v 次粉碎循环，得到产物 P，粉碎过程表示为：

$$P = \left[\prod_{j=1}^{j=v} X_j \right] F \tag{7.2-12}$$

式中，X_j 是第 j 次循环期间所发生的碎裂事件。每次循环都与粉碎设备操作因素有关。例如，对圆筒球磨机，可以把转动一次或单位时间当作一次循环。

如果各次循环的碎裂事件都一样，则有

$$P = X^v F \tag{7.2-13}$$

7.2.2　矩阵模型的应用

按照矩阵模型，任何粉碎设备的粉碎过程，都可用下式计算：

$$P = XF \tag{7.2-14}$$

实际应用过程中，不但要确定 X 矩阵数值，还要考察其与粉碎过程各变量的联系。

针对给定的粉碎设备，能够获取的与粉碎过程有关数据有：

（1）设备的操作特性，例如，磨机直径、长度、转数，破碎机排料口尺寸等。

（2）设备的给料量。

（3）给料的粒度组成、产物的粒度组成。

（4）X 矩阵各元素的值。

（5）矿石在磨机中的停留时间。

其中，最困难的是确定 X 矩阵中各个元素的值。困难在于：

（1）用实验办法测定出来的数据，必然是一组点，无法得到连续的产物粒度分布曲线。

（2）用套筛筛分分析得出这些实验点的数据，一般的筛比为 $2^{0.5}$，粒级中最大颗粒和最小颗粒的体积比接近 2.82。而筛上较大颗粒可能受到碎裂，但碎片却有可能仍然留在该粒级。

（3）在一个粒级中，无法区分未碎裂颗粒与已经经过碎裂的碎片。

因此，要想求出 X 矩阵中的碎裂函数和选择性函数，区分出经过破碎的颗粒与未经破碎的颗粒，就必须减小筛比。推导一个粉碎设备的模型时，需要深入分析设备的操作特性、同时进行一些可靠的假设，进而确定模型的形式、碎裂函数、选择性函数。

7.3 破碎解离数学模型

本节仅介绍单体解离模型。

矿物分选的目的是为了有效富集并回收有用矿物。因此要先通过破碎和磨矿使有用矿物和脉石相互解离。产物中某种矿物的单体含量与该产物的总含量比值的百分数，称为该矿物的单体解离度。单体解离度计算公式为

$$L_0 = \frac{Q_m}{Q_m + Q_1} \times 100\% \tag{7.3-1}$$

式中，L_0 为矿石碎磨产物中某种矿物的单体解离度，%；Q_m 为矿石碎磨产物中某种矿物的单体含量，g；Q_1 为矿石碎磨产物中某种矿物在自身连生体中的含量，g。

解离模型的基本功能是在矿物破碎磨矿前，对不同粉碎粒度下的矿物解离做出预测，从而指导矿物分选过程，起到降低能耗、节约生产用料、减少泥化、提高有用矿物回收指标的作用。通过对比预测结果与实际资料，还可以加深对矿物解离现象的认识。解离模型的研究一直是粉碎模型研究中的难点，因此，各国学者的相关研究均以单体解离模型为主。

7.3.1 高登单体解离模型

高登假定矿石破碎前的有用矿物是呈等大的正方体矿粒，且彼此平行、均匀的嵌布在脉石矿物中。矿粒的粒度为 D_k，颗粒数为 N_k；矿石破碎时是沿着平行于正方体的矿粒表面破碎，破碎颗粒同样也是大小相同的正方体颗粒，破碎产物粒度为 D_p，且 $D_k > D_p$。

破碎产物中的有用矿物单体来自于矿粒的中间部位，边长为 $D_k - D_p$，并且有用矿物

单体也是正方体，通过以上假设可以求得 Q_m 和 $Q_m + Q_1$，即：

$$Q_m = N_k(D_k - D_p)^3$$

$$Q_m + Q_1 = N_k D_k^3$$

因此，有用矿物的单体解离度 $L_{(D_m)}$ 表达为：

$$L_{(D_m)} = \frac{N_k(D_k - D_p)^3}{N_k D_k^3} = \left(1 - \frac{D_p}{D_k}\right)^3 \tag{7.3-2}$$

令

$$\frac{D_k}{D_p} = \theta$$

则式（7.3-2）可以写为：

$$L_{(D_m)} = \begin{cases} (\theta - 1)^3 / \theta^3 & (\theta > 1) \\ 0 & (\theta \leq 1) \end{cases} \tag{7.3-3}$$

式中，D_k 为未破碎矿粒的粒度，mm；D_p 为破碎后矿粒的粒度，mm；N_k 为未破碎矿粒的颗粒数；$L_{(D_m)}$ 为破碎后有用矿物的单体解离度。

式（7.3-3）即为高登的矿物解离数学模型，以此模型预测由随机破裂导致的破碎解离。通过这个模型可以得出以下四个结论：

（1）只有当粉碎颗粒小于矿粒颗粒时，有用矿物才有可能发生单体解离。

（2）当矿粒粒度一定时，破碎粒度越小，则解离度越高。

（3）一定的破碎粒度下，解离度随着有用矿物粒度的上升而提高。

（4）当 $\theta = 10$ 时，解离度为 72.9%，通过这个数据可以得出，只有破碎粒度远小于矿石粒度才能使有用矿物明显的解离。

高登模型考虑到了矿石的结构和破碎的作用，涉及了破碎解离的主要因素，也为此后破碎解离模型的发展起到了重要的作用。

7.3.2　C. S. Hsin 单体解离模型

针对高登模型的不足，C. S. Hsin 按照标准筛的筛序，将有用矿物颗粒的粒度划分成 k 个粒级，并用 γ_i 代表第 i 个粒级有用矿物矿粒的体积分数，D_i 表示 i 粒级的粒度几何平均值，且 $D_i > D_{i+1}$。对于破碎产物颗粒，D_j 代表破碎颗粒第 j 级的粒度几何平均值。当 $j = i$ 时，则 $D_i = D_j$，此时破碎产物中第 j 级的有用矿物的粒级解离度 $L_{(D_j)}$ 可表示为：

$$L_{(D_j)} = \frac{\sum_{i=1}^{j} \mu_L \theta_i^3 \gamma_{Vi} + \sum_{i=1}^{j} (1 - \mu_L)(\theta_i - 1)^3 \gamma_{Vi}}{\sum_{i=1}^{k} \theta_i^3 \gamma_{Vi}} \tag{7.3-4}$$

式中，θ 为有用矿物粒度 D_i 与破碎颗粒粒度 D_j 之比，即 $\theta = D_i/D_j$；μ 为脱离解离系数，$\mu = 0 \sim 1$；若 $\mu = 0$，表示没有发生脱离解离；若 $\mu = 1$，表示单体解离全部来自于脱离解离。

式（7.3-4）描述的是粒级的解离度。而破碎产物整体的平均解离度，可通过粒级产率和粒级解离度的加权得出，即：

$$\bar{L} = \sum_{j=1}^{k} L_{(D_j)} \gamma_j \tag{7.3-5}$$

式中，$\overline{L}$ 为破碎产物的平均解离度；γ_j 为粒级 j 的产率，%。

　　进一步扩展以上两个模型的假设条件，即假设：两种矿物的颗粒是正方体，矿物颗粒在矿石中以彼此平行的方式排列聚集；两种颗粒在矿石中是随机分布的；破碎过程中，随着产物粒度的减小，矿石被分割成粒度相等的粒状正方体颗粒。

　　由于每种排列方式都有自己相应的单体和连生体数，将这些数和排列方式的概率结合起来，然后将同类颗粒加起来，即可得到了以下 3 个关系式，包括

$$F_{g(m)} = \frac{(\theta_D - 1)^3}{\theta_D^3}\left(\frac{\theta_V}{(\theta_V + 1)}\right) + \frac{3(\theta_D - 1)^2}{\theta_D^3}\left(\frac{\theta_V}{\theta_V + 1}\right)^2 +$$

$$\frac{3(\theta_D - 1)}{\theta_D^3}\left(\frac{\theta_V}{\theta_V + 1}\right)^4 + \frac{1}{\theta_D^3}\left(\frac{\theta_V}{\theta_V + 1}\right)^8 \tag{7.3-6}$$

和

$$F_{P(m)} = \frac{(\theta_D - 1)^3}{\theta_D^3}\left(\frac{1}{\theta_V + 1}\right) + \frac{3(\theta_D - 1)^2}{\theta_D^3}\left(\frac{1}{\theta_V + 1}\right)^2 +$$

$$\frac{3(\theta_D - 1)}{\theta_D^3}\left(\frac{1}{\theta_V + 1}\right)^4 + \frac{1}{\theta_D^3}\left(\frac{1}{\theta_V + 1}\right)^8 \tag{7.3-7}$$

以及含两种矿物的连生体的出现概率

$$F_{(1)} = 1 - (F_{g(m)} + F_{P(m)}) = \frac{3(\theta_D - 1)^2}{\theta_D^3}\left(\frac{(\theta_V + 1)^2 - (\theta_V^2 + 1)}{(\theta_V + 1)^2}\right) +$$

$$\frac{3(\theta_D - 1)}{\theta_D^3}\left(\frac{(\theta_V + 1)^4 - (\theta_V^4 + 1)}{(\theta_V + 1)^4}\right) + \frac{1}{\theta_D^3}\left(\frac{(\theta_V + 1)^8 - (\theta_V^8 + 1)}{(\theta_V + 1)^8}\right) \tag{7.3-8}$$

式中，θ_D 为矿石中矿物的粒度和破碎后矿物粒度之比；θ_V 为矿石中两种矿物的体积比；$F_{g(m)}$ 为有用矿物单体出现的概率；$F_{P(m)}$ 为脉石矿物单体出现的概率。

　　二元矿物体系的矿石在破碎过程中，随着产物粒度的下降，有三种类型的颗粒受到破碎，即两种矿物的单体和两者共存的连生体。

　　以上关系式都同时考虑了矿石结构特性和破碎过程，也奠定了建立破碎解离模型的基础。矿石的矿物组成与粒度，以及破碎颗粒的大小，仍然是制约矿物解离的关键因素。而解离是与矿石中矿物的分布等结构有关的一种行为，计算某一粒级的解离度可以不用考虑产生这个粒级的详细的破碎过程。事实上，如果破碎过程中没有发生分级作业，则碎磨和解离的计算是可以独立进行的。解离模型可以利用矿石结构特性和粒度分布预测解离度。

　　根据利用矿石结构特性和粒度分布，以及矿物在矿石中的线性截线长度的分布，并运用概率论的理论，得出的解离模型如下。

　　无用矿物出现的概率公式为：

$$P\{X_m \leqslant gl \mid LE = G, L = l\}$$

$$= 1 - \frac{1}{\mu_g}\int_0^{l-gl}\left(1 - F_g(u) + \sum_{n=1}^{\infty} F_m^{(n)}(gl)\{F_g^{n-1}(u) - 2F_g^{(n)}(u) + F_g^{(n+1)}(u)\}\right)du \tag{7.3-9}$$

同样，有用矿物出现的概率为

$$P\{X_m \leqslant gl \mid LE = M, L = l\} = 1 - P\{X_m \leqslant gl \mid LE = G, L = l\}$$

$$= \frac{1}{\mu_m}\int_0^{gl}\left(1 - F_m(u) + \sum_{n=1}^{\infty} F_g^{(n)}(l - gl)(F_m^{n-1}(u) - 2F_m^{(n)}(u) + F_m^{(n+1)}(u))\right)du$$

$$\tag{7.3-10}$$

式中，l 为颗粒的线性截线长度，mm；g 为颗粒中矿物的体积分数，%；m 为有用矿物的下标；$F(x)$ 为线性截线分布函数。

并且，由 $L_g(D) = P_m(0 \mid D)/V_g$，则，当 $g = 0$ 时，式（7.3-9）和式（7.3-10）可以写为：

$$\begin{cases} P\{X_m \leqslant 0 \mid LE = M, L = l\} = 0 \\ P\{X_m \leqslant 0 \mid LE = G, L = l\} = 1 - \dfrac{1}{\mu_g} \displaystyle\int_0^l (1 - F_g(u)) \mathrm{d}u \end{cases} \tag{7.3-11}$$

而

$$L_g(D) = 1 - \frac{1}{\mu_g} \int_0^{D_u} \int_0^l (1 - F_g(u)) n(l \mid D) \mathrm{d}u \mathrm{d}l$$

$$= 1 - \frac{1}{\mu_g} \int_0^{D_u} (1 - F_g(l))(1 - N(l \mid D)) \mathrm{d}l \tag{7.3-12}$$

式中，$N(l \mid D)$ 是产物粒度为 D 的颗粒中的线性截线累计函数。由对称性可得：

$$L_g(D) = 1 - \frac{1}{\mu_m} \int_0^{D_u} (1 - F_m(l))(1 - N(l \mid D)) \mathrm{d}l \tag{7.3-13}$$

$\boldsymbol{8}$ 筛分和分级数学模型

8.1 粒度数学模型

粒度组成是指松散物料中各粒级的质量分数或累计质量分数,表征了物料的粒度构成情况。粒度组成是矿物的重要特征,对于研究矿物可选性、确定矿物选别方法、选择筛分分级设备等均具有借鉴意义。粒度组成可以通过实验和经验确定,用不同的曲线来描述。采用计算机对粒度组成进行分析和计算可以一定程度上预测物料的粒度组成,减少繁重的筛分工作。

8.1.1 粒度特性曲线

常用的粒度特性曲线是累计粒度特性曲线,如图8.1-1所示。正、负累计粒度特性曲线分别用正、负累计产率画出,表示小于、大于某一粒度的产率总和。正、负累计曲线是相互对称的,并在产率50%处相交。累计粒度曲线形状可能是凸形、凹形、直线,烟煤通常是凹形曲线,说明煤比矸石易碎。累计粒度特征曲线能容易地看出某一粒度物料的累计产率,但是对粒度组成的变化反应不灵敏,某些窄粒级物料数量的增减,直观上不易发现。

如果物料粒度组成范围较宽,又需要精确表示出细粒产率,可将物料粒度的坐标用对数形式表示,绘制半对数累计特性曲线。对数坐标曲线的特点是当粒度组成范围较宽,需要准确表示细粒级产率时,可以准确地找出细粒级产率。

物料的粒度组成也可用密度函数形式表示。密度函数可以根据各粒级的产率绘制,以粒度为横坐标,各粒级的百分比为纵坐标,画出粒度与产率的柱状图,连接各柱状图的中点,就形成一条曲线,该曲线从数学上看是一种密度函数,表示物料中某颗粒出现的频率,密度函数可以定义为:

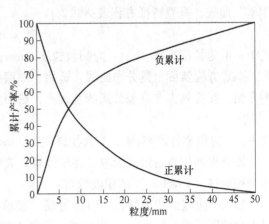

图 8.1-1 50~0mm 原煤筛分累计粒度曲线

$$\lim_{\Delta x \to 0} \frac{\Delta y_i}{\Delta x_i} = \frac{dy}{dx} = f(x) \tag{8.1-1}$$

对于某一粒度Δx_i,在密度函数$f(x)$中对应的值为$f(x_i)$,Δx_i与$f(x_i)$围成的微元面积可以表示为:

$$\Delta A_i = \Delta x_i f(x_i)$$

总面积 A 为：
$$A = \sum_{i=1}^{n} \Delta A_i = \sum_{i=1}^{n} \Delta x_i f(x_i) \qquad (8.1\text{-}2)$$

以极限的形式表示为：
$$\lim_{n \to \infty} \sum_{i=1}^{n} \Delta x_i f(x_i) = \int_{0}^{x_{max}} f(x)\, dx \qquad (8.1\text{-}3)$$

结合实际意义，可知
$$\lim_{n \to \infty} \sum_{i=1}^{n} \Delta x_i f(x_i) = \int_{0}^{x_{max}} f(x)\, dx = 1$$

表示整个粒群的累计产率，且满足
$$f(x) \geqslant 0$$
$$P(a < x \leqslant b) = \int_{a}^{b} f(x)\, dx$$

令 a，b 分别为粒度范围的上下限，则有
$$\int_{a}^{b} f(x)\, dx = F(b) - F(a)$$

因此
$$F(x) = \int F'(x)\, dx = \int f(x)\, dx \qquad (8.1\text{-}4)$$

式中，$F(x)$ 为分布函数；$f(x)$ 为其对应的密度函数。

8.1.2 粒度分布函数

矿物加工实践中，较为常用的粒度分布函数是指数分布（高登－安德列夫－舒曼方程）、双对数分布（洛辛－拉姆勒方程），此外还有对数正态分布、柯西分布等。

8.1.2.1 高登—安德列夫—舒曼方程

高登研究了大量的破碎、磨碎产物粒度组成的数据，并用双对数坐标绘制"粒度—产率"曲线。高登特征方程表达式为：
$$W = cX^k \qquad (8.1\text{-}5)$$

式中，W 为粒度产率，%；X 为物料粒度，mm；k，c 为粒度分布的参数。

高登方程实际上是分布曲线，适用于球磨机、棒磨机、辊式破碎机等的产物，但使用不方便。安德列夫在高登公式的基础上，给出负累计粒度特性公式，即：
$$Y = AX^k \qquad (8.1\text{-}6)$$

式中，Y 为负累计产率，%；X 为物料粒度，mm；A，k 为粒度分布的参数。

该方程的优点是形式简单、便于计算，式中各参数都有一定的物理意义，较好地反映细颗粒物料（$y < 60\%$）的粒度分布。

参数 k 决定曲线形状：$k = 1$，直线，表示物料粒度均匀分布；$k > 1$，凸形曲线，物料中大粒度居多；$k < 1$，凹形曲线，物料中细颗粒为主。

当 $X = X_{max}$，$Y = 100\%$ 时
$$A = \frac{100}{X_{max}^k} \qquad (8.1\text{-}7)$$

所以，k 一定时，A 由最大颗粒的尺寸决定，因此，A 反映绝对粒度。

高登－安德列夫方程还可用相对粒度表示，即：
$$Y = 100 \left(\frac{X}{X_{max}} \right)^k \qquad (8.1\text{-}8)$$

舒曼在此基础上进行了深入研究，提出以相对粒度$\dfrac{X}{X_{\max}}$表示粒度方程。

令 $X_{相对} = \dfrac{X}{X_{\max}}$，则式（8.1-8）变为：

$$Y = 100X_{相对}^k \tag{8.1-9}$$

这样上述方程仅包含一项与物料性质相关的参数 k，而与所选的粒度单位无关，因此更为方便简洁。式（8.1-8）的密度函数 Y' 为：

$$Y' = \frac{\mathrm{d}Y}{\mathrm{d}X} = 100k\left(\frac{1}{X_{\max}}\right)X^{k-1} \tag{8.1-10}$$

高登 – 安德列夫 – 舒曼方程对于中等硬度以上，中等碎裂程度以前的产物较为符合，如颚式破碎机、辊式破碎机以及棒磨机的细粒级产物，但是球磨机产物仅是近似符合，模型应用有局限性。

8.1.2.2　洛辛 – 拉姆勒方程

洛辛 – 拉姆勒在研究破碎机和磨机产物粒度组成时发现，物料正累计产率在以双对数坐标表示时实验点集中在一条直线上，令正累计产率为 Z，则有

$$\ln\ln\left(\frac{100}{Z}\right) = m\ln X + \ln R \tag{8.1-11}$$

整理得：

$$Z = 100\exp(-RX^m) \tag{8.1-12}$$

式中，X 为产物粒度，mm；Z 为正累计产率，%；R，m 为参数。

当已知产物粒度和正累计产率时，即可利用最小二乘法计算式中的参数。公式中 m 表示颗粒的粒度分布特性。m 不同的煤，粒度分布形式不同。洛辛 – 拉姆勒方程在 $y <$ 70% 时拟合性较好，其缺点是不符合临界条件，当 $X = X_{\max}$ 时，$Z \neq 0$。对于粒度较大的颗粒，其计算结果只是近似。

8.2　筛分数学模型

筛分是选矿过程的重要环节，其预测主要是根据原料的粒度组成确定筛分产物数量和筛分产物的粒度组成。以煤炭分选为例：一般工艺流程计算中，多是根据经验选定一个总筛分效率，然后来计算筛分产物的数量。上述过程仅限于对不含分级产品选煤厂产物的粗略计算，对生产多粒级产品的选煤厂不够精确。

筛分数学模型主要解决的问题是如何确定筛分过程的"部分筛分效率"。由于不同粒级透筛的难易程度不一样，部分筛分效率各不相同，用部分筛分效率分别计算筛下产物中各粒级的产率，然后综合计算筛分产物的数量，更能够准确地预测筛分过程。

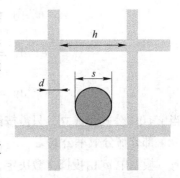

8.2.1　振动筛数学模型

怀坦从单个颗粒透筛概率出发，推导单层振动筛的数学模型，用最小二乘法求解模型参数。

图 8.2-1 为振动筛的单颗粒透筛模型。设一个粒度为

图 8.2-1　单颗粒透筛模型

s 的颗粒垂直投射到单个筛孔上，并透过筛孔进入筛下物。则颗粒必然落在筛孔中 $(h-s)^2$ 面积内。一个筛孔在筛面上实际所占面积为 $(h+d)^2$，h 为筛孔尺寸；d 为筛丝直径。

因此，颗粒透过筛孔的概率为 $\left(\dfrac{h-s}{h+d}\right)^2$，若经 m 次投掷，颗粒 s 仍未透筛，其未透筛概率为：

$$E(s) = \left(1 - \left(\frac{h-s}{h+d}\right)^2\right)^m \tag{8.2-1}$$

同样，此模型可以预测各粒级的物料量，假设粒级下限为 s_1、上限为 s_2，每个粒级的概率平均值为：

$$E(s_1,s_2) = \frac{\displaystyle\int_{s_1}^{s_2}\left(1 - \left(\frac{h-s}{h+d}\right)^2\right)^m \mathrm{d}s}{s_2 - s_1} \tag{8.2-2}$$

为了便于计算，可将上式进行简化。根据二项式定理，有

$$(1-x)^m = 1 - mx + \frac{m(m-1)}{2!}x^2 - \frac{m(m-1)(m-2)}{3!}x^3 + \cdots \tag{8.2-3}$$

而 e^{-mx} 的泰勒展开式为：

$$\mathrm{e}^{-mx} = 1 - mx + \frac{m^2}{2!}x^2 - \frac{m^3}{3!}x^3 + \cdots \tag{8.2-4}$$

当 m 很大时，可以用 e^{-mx} 近似代替 $(1-x)^m$，因此有

$$\left(1 - \left(\frac{h-s}{h+d}\right)^2\right)^m \approx \mathrm{e}^{-m\left(\frac{h-s}{h+d}\right)^2} \tag{8.2-5}$$

令 $y = \sqrt{m}\left(\dfrac{s-h}{h+d}\right)$，则：

$$\mathrm{d}s = \frac{h+d}{\sqrt{m}}\mathrm{d}y \tag{8.2-6}$$

代入式（8.2-2），则概率平均值计算式可以化成

$$E(s_1,s_2) = \frac{\dfrac{h+d}{\sqrt{m}}\displaystyle\int_{y_1}^{y_2}\mathrm{e}^{-y^2}\mathrm{d}y}{s_2 - s_1} \tag{8.2-7}$$

关于积分项的计算，有

$$\int_{y_1}^{y_2}\mathrm{e}^{-y^2}\mathrm{d}y = \int_{y_2}^{\infty}\mathrm{e}^{-y^2}\mathrm{d}y - \int_{y_1}^{\infty}\mathrm{e}^{-y^2}\mathrm{d}y$$

$$\int_{y}^{\infty}\mathrm{e}^{-y^2}\mathrm{d}y = \frac{0.124734}{y^3 - 0.4378805y^2 + 0.266892y + 0.138375}$$

$$\int_{0}^{\infty}\mathrm{e}^{-y^2}\mathrm{d}y = 0.89$$

当 $y<0$，公式仍成立，只需按绝对值代入即可。

部分筛分效率公式为　　　　　　　　$1 - E(s_1,s_2)$ 　　　　　　　　　　(8.2-8)

模型中 m 由投掷次数决定，与下列因素成正比：（1）效率常数 $(k_1)^2$；（2）筛子长度 L；（3）筛子负荷减小系数 f，即：

$$m = (k_1)^2 Lf \tag{8.2-9}$$

式中，当振动筛给料量低时，$f=1$；给料量高时，$f \to 0$。

8.2.2 概率筛数学模型

韦兰特提出一种适合煤用筛分设备的指数函数模型。假设：粒度为 s_1、s_2 的两个小颗粒同时透过一个筛孔的概率与粒度为 $s_1 + s_2$ 的单个颗粒透过筛孔的概率相等，并且 s_1 粒度的颗粒透过筛孔的事件与 s_2 粒度的颗粒透过筛孔的事件无关。用概率公式表示为：

$$P(s_1 + s_2) = P(s_1)P(s_2) \tag{8.2-10}$$

式中，$P(s)$ 表示粒度为 s 的颗粒透过筛孔的概率。

该方程的一个特解为：

$$P(s) = e^{ks}$$

根据振动筛的实验数据，利用指数模型形式，韦兰特提出的计算筛上产物产率的经验公式为：

$$C(s) = e^{-A\left(1 - \frac{s}{s_0}\right)}$$

式中，$C(s)$ 为平均粒度为 s 的限下物料在筛上产物中的分配率；s_0 为筛孔尺寸，mm；s 为限下物料的平均粒度，mm；A 为筛子的分离强度常数。

用部分筛分效率表示为：

$$E(s) = 1 - e^{-A\left(1 - \frac{s}{s_0}\right)} \tag{8.2-11}$$

式中，$E(s)$ 代表平均粒度为 s 的限下物料的部分筛分效率。

韦兰特提出的公式形式简单，模型参数比较容易确定，实验验证其预测精度较高。

8.3 分级数学模型

水力旋流器作为一种利用离心力原理进行粒度分离的设备，构造简单、占地面积小、处理能力大，在矿物加工工业中应用广泛。水力旋流器可用于分级、分选、脱泥等作业，特别是水力旋流器代替螺旋分级机作为磨矿回路的分级设备在国内外应用较为普遍。

水力旋流器作业过程中，矿浆以一定压力从旋流器上部给料口切线给入。在离心力作用下，矿浆分为两部分，分别从顶部溢流口和底部底流口排出。不同质量的固体颗粒受离心力和水流运动推动力的作用，产生分级。受到的离心力大于向心力，则向旋流器壁运动，最后从底流管排出；反之则向旋流器中心运动，从溢流管排出。

水力旋流器并不是单纯按粒度分级，颗粒的分离还遵循一定的概率规则，溢流产物中有粗粒，底流产物中又有细粒。同时，物料在旋流器中停留的时间短，影响旋流器工作效果的因素又很多，因此实际生产中，水力旋流器很敏感，指标易波动，这也使得维持水力旋流器工况稳定变得非常重要。

水力旋流器主要工作指标包括处理量、分离粒度、分级效率等，其影响因素有：

(1) 结构变量。如旋流器直径，给料口、溢流口和底流口尺寸，旋流器锥角等。

(2) 操作变量。如给料压力、浓度，给料的粒度分布、密度和形状等。

(3) 给料及介质特性。如给料密度、粒度组成，介质密度、黏度等。

这些影响因素互相关联。通常在设计和选用旋流器时，结构变量尽可能满足工艺要求，在实际生产中则要求保证一定的给料量、给料压力、给料浓度等，只有这样，才能保证较好的工作指标。水力旋流器的数学模型很难用一个统一的公式来表示，本节仅对其理论模型进行介绍。

8.3.1 处理量模型

研究工作者普遍认为，水力旋流器的处理量主要与给料压力以及旋流器底流口、溢流口的直径有关，表达式为：

$$Q = KD d_o \sqrt{Pg} \qquad (8.3\text{-}1)$$

式中，Q 为旋流器体积流量，m^3/h；K 为与 d/D 相关的常数；d 为旋流器入料口直径，cm；D 为旋流器直径，cm；d_o 为旋流器溢流口直径，cm；g 为重力加速度，m/s^2；P 为入料压力，kg/cm^3。

根据实验数据的拟合结果，有

$$K = \exp\left(4.8 \frac{d}{D} - 1\right) \qquad (8.3\text{-}2)$$

因此，处理量公式为：

$$Q = D d_o \sqrt{Pg} \exp\left(4.8 \frac{d}{D} - 1\right) \qquad (8.3\text{-}3)$$

由该式可知，水力旋流器体积流量与旋流器直径、溢流口直径的一次方成正比，与入料压力的 1/2 次方成正比，此外，还与入料口直径与旋流器直径的比值有关，当两者比值固定时，有

$$Q \propto D d_o P^{\frac{1}{2}} \qquad (8.3\text{-}4)$$

由于 d_o 与 D 存在比较适宜的比例关系，因此，当入料压力不变时，有

$$Q \propto D^2 \qquad (8.3\text{-}5)$$

综上，可以得到两点结论：

（1）当压力不变时，旋流器处理量与旋流器直径的平方成正比，即

$$\frac{Q_1}{Q_2} = \frac{D_1^2}{D_2^2} \qquad (8.3\text{-}6)$$

（2）当旋流器直径不变时，处理量与入料压力的 1/2 次方成正比关系，即

$$Q \propto P^{\frac{1}{2}}$$

也就是

$$\frac{Q_1}{Q_2} = \frac{P_1^{\frac{1}{2}}}{P_2^{\frac{1}{2}}} \qquad (8.3\text{-}7)$$

由此可见，提高旋流器直径或者增大给料压力均能够提高旋流器处理量，但比较而言，前者提高处理量的效果更为明显。

8.3.2 分离粒度模型

水力旋流器分离粒度常用 d_{50} 表示，其实际意义是旋流器分级过程中某个粒度的颗粒进入底流和溢流的概率相等，则该颗粒的粒度即为 d_{50}。

d_{50}的理论公式很多，但多为与实验结合的经验公式，下面列举几种。

矿浆在旋流器中回转半径等于溢流口 d_o 处，颗粒进入底流和溢流的概率相等，据此可以导出

$$d_{50} = 0.75 \frac{d^2}{\varphi_x} \sqrt{\frac{\pi\mu}{QP(\delta - \rho)}} \tag{8.3-8}$$

式中，μ 为矿浆黏度；δ 为固体密度；ρ 为介质密度；φ_x 为矿浆回转速度变换系数。

由于溢流管半径处的切向速度 v_{ot} 难以准确测量，而入料口速度 v_p 更容易测得，故有

$$v_{ot} \propto v_p$$

$$v_{ot} = \varphi_x v_p \tag{8.3-9}$$

回转速度变换系数的计算公式可以采用

$$\varphi_x = 6.6 \frac{F_s \alpha^{0.3}}{D d_o} \tag{8.3-10}$$

式中，F_s 为入料口截面积，cm^2；α 为旋流器锥角，$(°)$。

另外，也有研究文献支持经验公式

$$d_{50} = 2.6 \sqrt{\frac{Dd_o}{dP^{0.5}(\delta - \rho)}} \tag{8.3-11}$$

或

$$d_{50} = 0.9 \sqrt{\frac{Dd_o^2 T_f}{d^2 P^{0.5}(\delta - \rho)}} \tag{8.3-12}$$

式中，T_f 为入料固体浓度，%。

9 矿物加工流程计算

矿物加工流程计算（业界也常称为流程模拟）是循着一个工厂的完整流程从入厂原料经由各单元作业直至出厂产品的物料的所有路线进行的计算，一般在计算机中完成。其中对各单元作业的计算以相应的矿物加工数学模型为技术核心，即单元作业的计算是流程计算的基础。所以，矿物加工数学模型的发展和成熟模型的建立是矿物加工流程计算的基础，矿物加工数学模型的水平往往决定着和制约着流程计算应用的水平。当然，矿物加工流程计算也有赖于各种计算机技术尤其是数值计算和计算数学的发展水平。矿物加工流程计算的程序和/或软件系统一直是从事矿物加工数学建模有关研究的科技人员的较高目标和终极目标，将数学模型表达为程序甚至软件可以"一劳永逸"，提高数学模型的应用效率，最终带来可观的经济效益和社会效益。

本章介绍两种矿物加工流程计算软件，于国内，选择介绍"选煤优化软件包"，该软件（系统）汇集了目前国内选煤数学建模的主要成果，且与工厂技术管理信息化相结合，能按企业实际需求进行定制开发；于国外，选择介绍命名为"ModSim"的流程计算软件，该软件采用了以图论为基础的流程图技术。这两种软件都被较广泛地应用，并得到业界的较多认可。

9.1 选煤优化软件包

9.1.1 概述

"选煤优化软件包"由中国矿业大学（北京）路迈西团队于 2011 年在原有"选煤工艺计算软件包"基础上研发，已在中煤集团、潞安集团和开滦集团等企业推广应用。

截至 2011 年，原来的"选煤工艺计算软件包"已经使用了三十多年，在我国得到了广泛应用。但是，随着选煤工业的发展和计算机技术的进步，这套软件包有些不能满足需要或不够适用了，比如，它由几个独立程序组成，通过文件传输数据，使用起来不够方便，且流程优化结果的显示不够直观，使用过程中还需要过多的人员操作。

新的"选煤优化软件包"包含和扩展了"选煤工艺计算软件包"的所有功能，且在软件结构上完全颠覆了"选煤工艺计算软件包"的模式，取消了数据在文件中传输，完成了网络、数据库与数学模型的有机结合，用户通过浏览器进行交互操作，运算结果直接进入数据库，通过 Excel 导入导出数据。功能上，优化软件包从煤炭配煤、分选效果评定、重选效果预测到工艺流程预测优化等全方位进行了集成。

最后，需要说明一点，"选煤优化软件包"的界面是呈现在网页上的，其界面的纵向长度较长，所以，本节内表示软件界面的插图都是局部截图。

9.1.2 软件系统架构

"选煤优化软件包"采用 B/S（Browser/Server）结构，即"浏览器 + 服务器"结构，这种结构是随着 Internet 技术的兴起，对 C/S 结构（"客户机 + 服务器"结构）的一种改进，包括服务器和浏览器两部分。服务器由高性能的计算机充任，在其中安装主要事务逻辑（包括操作系统、支持软件、系统软件、数据库和选煤优化软件等）。浏览器是用户使用的客户端，由一般的计算机、笔记本、智能终端等充任，极少部分事务逻辑可以在客户端实现。服务器和浏览器通过网络通讯。用户使用优化软件包时，借由客户端浏览器，通过网络调用服务器中的选煤优化软件，通过网络访问服务器中的数据库数据，在服务器中进行预测优化计算，得到的计算结果再通过网络传输到客户端计算机，在客户端屏幕以数字、图形、表格等方式显示最终运行结果。服务器和浏览器的物理距离可以很远，但是由于网络、计算机的高速运行，客户端用户在使用优化软件包时，感觉好像是在自己的计算机上运行一样。另外，还允许多个（几十个以上）用户同时运行优化系统。

"选煤优化软件包"采用 B/S 结构后，其系统维护与升级只需在服务器端进行，自然减轻了系统维护与升级的成本和工作量；同时对客户端电脑配置要求不高，能降低总体成本。所以这种模式更能适应选煤企业集团化、规模化的运营模式。

9.1.3　优化软件包的主要功能

"选煤优化软件包"采用模块化的软件结构，主要功能如图 9.1-1 所示。优化软件包的最终功能可以按照用户需求定制。

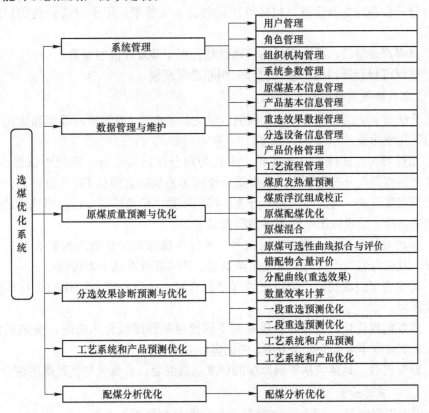

图 9.1-1　优化软件包的功能示意图

9.1.3.1　数据管理与维护

"数据管理与维护"模块实现系统运行所需原始数据的输入、初步计算、存储、输出。这些基础数据按照一定格式存储到数据库，以便检索、查询、排序、调用。网页界面上，根据需要从数据库中抽取有关联的数据，以技术人员熟悉的表格形式显示，其示例如图9.1-2所示。基础数据主要包括以下几类：

当前位置：数据管理与维护->重选效果数据管理

| 保存 | 计算 | 导入 | 下载资料模板 | 返回 |

标签：三产品一段精煤　洗选方式：【● 一段出精煤　● 一段出矸石】计算方式：【● 手动输入产率　● 格式法】

密度(kg/m^3)	精煤(%)					中煤(%)			矸石(%)			计算原煤		分配率		偏差
	占本级	灰分	占本级	占全样	灰分	占本级	占全样	灰分	占本级	占全样	灰分	一段	二段	一段	二段	
-1.3	10.86	0.00	16.81	6.56	0.00	4.15	1.68	0.00	0.23	0.05	0.00	8.29	1.73	20.88	2.71	-2.57
1.3-1.4	42.39	0.00	70.70	27.59	0.00	39.14	15.89	0.00	1.78	0.36	0.00	43.84	16.25	37.07	2.23	1.45
1.4-1.5	13.45	0.00	10.38	4.05	0.00	20.60	8.36	0.00	1.35	0.28	0.00	12.69	8.64	68.08	3.19	-0.76
1.5-1.6	4.52	0.00	1.32	0.52	0.00	11.47	4.66	0.00	1.67	0.34	0.00	5.51	5.00	90.65	6.81	0.99
1.6-1.8	5.33	0.00	0.65	0.25	0.00	10.60	4.30	0.00	5.49	1.12	0.00	5.68	5.42	95.53	20.64	0.35
+1.8	23.45	0.00	0.14	0.05	0.00	14.04	5.70	0.00	89.48	18.24	0.00	23.99	23.94	99.77	76.19	0.54
合计	100.00	0.00	100.00	39.02	0.00	100.00	40.59	0.00	100.00	20.38	0.00					

图9.1-2　数据管理与维护界面示例——重选产率与分配率数据

（1）原煤筛分浮沉实验资料，用于筛分浮沉资料综合、原煤可选性表的计算。

（2）重选分选效果原始资料，用于格氏法产率计算、分配率计算。

（3）分选设备的主要信息，包括可能偏差、不完善度，用于设备分选的预测计算和优化计算。

（4）选煤产品价格，不同产品的价格信息，用于涉及经济的计算。

（5）选煤流程管理，用于输入/查询/删除选煤流程。

9.1.3.2　原煤质量预测和优化

原煤质量信息是选煤效果评价、预测、优化的基础。"原煤质量预测和优化"模块具体包括如下几项功能。

（1）原煤可选性曲线拟合与评价。细化为筛分浮沉表综合、原煤可选性曲线拟合、原煤理论指标查询及可选性评价。原煤筛分浮沉实验数据直接从 Excel 表导入，自动生成原煤全粒级密度组成、可选性表和筛分表；再利用数学模型模拟并绘制可选性曲线，并自动查询理论指标，结果以图形和表格的形式显示。

（2）煤炭发热量预测。据煤炭的灰分、水分等指标和发热量的相关关系建立发热量预测模型，以获得煤炭产品的实时发热量数据。该功能针对动力煤选煤厂。

（3）煤炭密度组成校正。据历史原煤浮沉资料，通过校正获得比较接近实际的原煤浮沉实验资料。

（4）原煤配煤优化。当有多种质量和不同价格的原煤混合入选时，按照混合煤的产品质量约束求得成本最低的配煤方案，并计算出混合煤的密度组成。

（5）原煤混合。具体包括不同原煤的密度组成混合，自然级与破碎级的综合。

9.1.3.3　重选分选效果评价

结合国内选煤实际，"重选分选效果评价"模块包括三个方面：

（1）分配曲线评价。包括二产品产率计算、三产品产率计算、分配率计算，并用数学模型模拟和绘制分配曲线，可自动查询分选密度和可能偏差/不完善度。一般情况下，重介选煤的可能偏差必须低于 0.05，跳汰选煤的不完善度在 0.18 左右，TBS（TSS）、螺旋分选机的可能偏差在 0.1～0.12。将本厂设备的可能偏差/不完善度和国内外水平对比，可以评价本厂重选的分选水平。

（2）错配物含量评价。自动查询重选产品的错配物含量。

（3）数量效率评价。根据理论产率和实际产率计算数量效率。同一厂可选性变化不大时，可以用数量效率评价不同时期的分选效果。

9.1.3.4 重选分选效果预测优化

重选预测功能包括一段预测和二段预测，根据已知的原煤可选性资料和分配曲线资料，预测指定分选密度的分选效果，即预测所有产物的数、质量指标。

一段重选优化功能是对已知的原煤资料和分配曲线资料，利用优化方法预测达到指定精煤灰分的分选密度。二段重选优化功能是对已知的原煤资料和分配曲线资料，在高密度端分选密度不变的前提下进行优化计算，预测达到指定精煤灰分时低密度端的分选密度。

9.1.3.5 选煤流程预测优化

优化软件包能对由跳汰、重介、螺旋分选、TBS（TSS）、浮选、筛分、分流等作业组成的各种选煤流程进行预测和优化。

流程预测计算时需要从数据库中选择原煤浮沉资料、产品价格、产品发热量模型和被预测流程，同时需要输入原煤价格、配煤比例、生产成本等选煤运行的实况信息。优化计算时另需输入产品灰分约束。

预测优化结果直接显示在网页流程图上，并允许在线修改分选参数，实时显示预测结果（如图 9.1-7 所示）。另外，还以表格形式显示流程的原料、产品的数质量、价格、密度组成和吨煤经济效益。

9.1.3.6 配煤

根据煤炭水分、灰分、挥发分、硫分、发热量等具有线性可加性的特点，通过线性规划进行配煤方案选优。"选优"含义为通过计算搜索出达到产品质量要求的成本最低的方案。

9.1.4 优化软件包的主要算法

原煤可选性曲线与分配曲线结合，可将理论指标变成实际指标。所以可选性曲线和分配曲线是选煤过程评定、预测、优化的最基本曲线。可选性曲线和分配曲线的计算机模拟也就成为了优化软件包的基础和最核心技术。

9.1.4.1 原煤可选性曲线的计算机模拟

优化软件包采用亨利可选性曲线，以密度曲线和浮物累计曲线为关键曲线，采用反正切模型、双曲正切模型、复合双曲正切模型等三种模型进行拟合建模，另 3 条曲线根据这两条曲线算出。

实际中，煤的可选性曲线是千变万化的，且都是非线性的，"选煤优化软件包"采用阻尼最小二乘法求取拟合模型参数。应用证明优化软件包对数据的适应性强、收敛速度快、拟合误差小，并给出迭代参数。例如，对于表 9.1-1 所示数据，软件包给出的拟合过程信息为图 9.1-3，绘制的可选性曲线为图 9.1-4。由图 9.1-3 可知，对给定数据，软件包计算后选定双曲正切模型和复合双曲正切模型分别作为密度曲线和浮物累计曲线的模型，拟合误差都很小（分别为 0.825 和 0.163）。

表 9.1-1 某矿原煤可选性数据表

密度/kg·m⁻³	产率/%	灰分/%	硫分/%	浮 物 累 计		
				产率/%	灰分/%	硫分/%
−1.3	2.32	4.48	1.14	2.32	4.48	1.14
1.3~1.4	36.07	9.63	1.07	38.39	9.32	1.07
1.4~1.5	15.44	17.83	1.27	53.83	11.76	1.13
1.5~1.6	4.84	25.88	1.77	58.67	12.92	1.18
1.6~1.7	1.98	34.92	2.64	60.65	13.64	1.23
1.7~1.8	3.02	43.36	3.97	63.67	15.05	1.36
1.8~2.0	1.22	55.12	3.45	64.89	15.81	1.4
+2.0	35.11	80.08	1.32	100	38.37	1.37
合 计	100	38.37	1.37			

密 度 曲 线				
双曲正切模型	拟合次数 = 31		拟合误差：0.8251	
m=4.42063	px1=0.88666	a=12.49350	b=−12.13294	c=0.00000

浮物累计曲线				
复合双曲正切模型	拟合次数 = 31		拟合误差：0.1630	
m=3.05077	px1=0.82547	a=0.83799	b=−0.25306	c=−0.15242

图 9.1-3 可选性曲线的模型与拟合误差的拟合界面示例

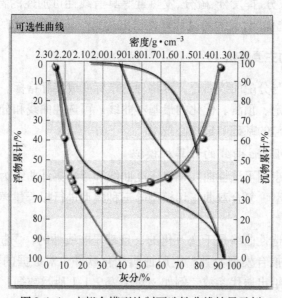

图 9.1-4 由拟合模型绘制可选性曲线结果示例

软件包研究过程中，曾针对多厂数据进行过可选性曲线拟合模型研究和筛选。多次拟合运算表明，软件包的可选性曲线拟合误差值（最大为 1.05%）远低于行业标准值（5%），拟合结果是理想的。

9.1.4.2 重选分选效果评定方法

"选煤优化软件包"提供分配曲线和数量效率两种评定方法，具体采用"GB-T 15715 煤用重选设备工艺性能评定方法"。

9.1.4.3 分配曲线的计算机模拟

优化软件包采用重产物的分配曲线，且分配曲线用分段函数表示，即：

$$\begin{cases} y = 0 & x \leqslant \delta_1 \\ y = f(x) & \delta_1 < x < \delta_2 \\ y = 100 & x \geqslant \delta_2 \end{cases} \tag{9.1-1}$$

式中，x 为密度；y 为分配率；δ_1、δ_2 为两个极限密度，通过函数求得。所以，拟合分配曲线的主要工作是求函数 $f(x)$，分配曲线的特征参数主要由 $f(x)$ 决定。

软件包开发过程中，对我国多个选煤厂进行了分配曲线拟合研究，拟合误差平均为 0.82%，最大为 1.5%，远低于行业标准要求的 5%。

通过选煤厂单机检查获得的实际分配曲线，实验点有限（一般只有 6~8 个），非线性明显，同样采用前面 9.1.4.1 节所述的拟合模型和拟合方法。

图 9.1-5 和图 9.1-6 为优化软件包对某厂跳汰机分配曲线的拟合界面结果，所得一段、二段分配曲线的模型为反正切模型和复合双曲正切模型，拟合误差仅为 0.4670 和 0.4988。优化软件包也给出了分配曲线特征参数，即一段、二段分选密度分别为 1.964 和 1.446，不完善度分别为 0.30 和 0.20。

一段曲线				
分 配 曲 线				
模型	反 正 切 模 型	拟 合 次 数	31	拟 合 误 差	0.4670
参数	k=7.37710	c=1.90276	t1=-1.34946	t2=2.19845	
分选密度	1.964	可能偏差	0.289	不 完 善 度	0.3001
二段曲线				
分 配 曲 线				
模型	复 合 正 态 积 分 模 型	拟 合 次 数	31	拟 合 误 差	0.4988
参数	k=63.63381	pxl=1.46416	c=-3.32806	a=0.82230	b=-0.05649
分选密度	1.446	可能偏差	0.090	不 完 善 度	0.2019

图 9.1-5 分配曲线拟合结果显示界面

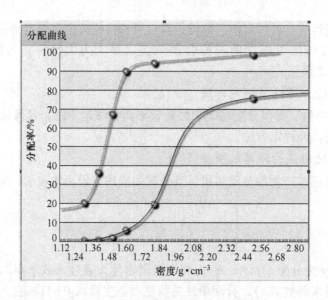

图9.1-6　分配曲线拟合绘制界面示例

9.1.4.4　重选效果预测

重选分选效果预测的方法为利用原煤浮沉实验数据（亨利曲线数学模型），按照各密度级在产物中的分配率（分配曲线数学模型）进行产率的计算。

一般地，煤炭越接近密度间隔的下限，灰分越低，在重产物中的分配率越低。为了减小由此造成的误差，优化软件包采用密度级别细化的方法。例如，对手工计算的常规密度级 1.3 ~ 1.4，优化软件包将它细分为 1.31 ~ 1.32、1.32 ~ 1.33、…、1.39 ~ 1.40。

另外，当分选密度改变时，需要重新计算分配率。此时，优化软件包采用"平移分配曲线"方法。具体为:跳汰等水介分选的分配曲线按照"不完善度不变"平移，重介分配曲线则按照"可能偏差不变"平移。具体地，按"可能偏差不变"平移时，平移公式为:

$$D_s = D - SGS2 + SGS1 \tag{9.1-2}$$

而按"不完善度不变"平移时，平移公式为:

$$D_s = (D - 1)(SGS1 - 1)/(SGS2 - 1) + 1 \tag{9.1-3}$$

式中，D_s 为转换后的密度坐标；D 为实际分配曲线的分选密度；$SGS1$、$SGS2$ 分别为平移前的分选密度和平移后的分选密度。

软件包用于选煤厂或生产管理单位时，应该采用实际分配曲线进行预测，且不同设备、不同分选密度的分配曲线是分开的。如第一段和第二段的分配曲线，跳汰和重介的分配曲线，都要分别进行预测运算。

9.1.4.5　选煤工艺流程预测优化

A　选煤工艺流程预测优化的内涵

实际中，煤炭企业（集团）一般有多个矿区、同一矿区有多个煤层，而不同矿区、不同煤层煤炭的变质程度和杂质含量都不相同。各个矿区的诸多原煤，可能单独入选、销售，也可能以不同比例混合入选。另一方面，同一矿区有多个选煤厂，产品品种很多，如某矿区有工艺流程不同的五个选煤厂，有十余种煤炭产品，而这些最终产品一般都由几种分选产物混合而成（如，最终精煤由块精煤、末精煤、螺旋分选机精煤混合而成。又如，对动力煤选煤厂，煤泥往往和精煤或混煤混合成最终产品）。所以，对选煤过程，从原料到最终产品之间的煤流的"路径"是复杂多样的。意即，在"最终产品达到质量要求"这个约束下，选煤流程可以有多种搭配方案。搭配方案不同，产品产率不同，经济效益也不同。

优化软件包选煤工艺流程预测优化具体集成了配煤、校正、预测、优化等运算，按照经济效益最大原则快速完成优化运算。

B 选煤流程的计算机表达

选煤流程是由多段重选、浮选等作业经串联和/或并联组成的系统。优化软件包中，用网络代表流程；网络的节点代表作业或最终产品，网络间的连线代表物流的方向。编程中，对选煤流程作如下约定：每个作业有一个入料、两个产品；三产品作业可以转化为串联的两产品作业；不考虑循环物料。

优化软件包直接在网页中显示流程图，并将主要操作参数（如分选密度、可能偏差、筛分效率、分流比例等）显示在流程图上。预测优化结束后自动将产率、灰分、硫分等指标的信息标注在流程图上。流程显示直观且可以随时调整。

C 选煤流程优化的调优变量

对流程已经确定的选煤厂，分选作业的分选制度和产品搭配方案是决定选煤厂利税的关键因素，所以流程优化的调优变量为分选制度（如重力分选作业中的主、再选分选密度，块、末煤分选密度）与最终产品组成（如块精煤与末精煤在最终精煤中的结构比例、煤泥的分配比例等）。

D 选煤流程优化的约束条件与约束处理

选煤流程优化的约束来自两方面：其一是用户对产品的质量要求，主要是灰分、硫分等，其二是为保证流程优化的结果（主要指分选设备的操作制度）在生产上切实可行，优化运算中根据生产经验，对分选密度进行了约束，且约束在程序中设定。因此，流程寻优问题的数学表达式为：

$$\begin{cases} \min f\left(- \sum_{i=1}^{n} \gamma_i p_i \right) \\ \text{S. t } A_i' \leq A_i \leq A_i'' \qquad i = 1,2,\cdots,n; j = 1,2,\cdots,m \\ \text{S. t } \rho_j' \leq \rho_j \leq \rho_j'' \end{cases} \qquad (9.1\text{-}4)$$

式中，i 为产品序号；j 为分选作业序号；γ_i 为第 i 个产品的产率；p_i 为第 i 个产品的价格；A_i 为第 i 个产品的灰分；A_i' 为第 i 个产品的灰分下限；A_i'' 为第 i 个产品的灰分上限；ρ_j 为第 j 个分选作业的分选密度；ρ_j' 为第 j 个分选作业分选密度的下限；ρ_j'' 为第 j 个分选作业分选密度的上限。

优化软件包约束处理方法为密闭约束法，即以可行域边界形成一个密闭的容器，选优变量存于密闭的容器内，在可行域内任意滚动，但不允许冲出边界；一旦冲出边界，则认为它在冲出边界瞬间前的工作有效。密闭约束法没有附加因子，可使选优过程得以自然发展。

E 选煤流程优化的优化方法

选煤流程属多变量输入/输出的复杂非线性系统，可选性曲线和分配曲线均为复杂非线性函数，无法计算其导数。所以，流程优化方法只能用直接搜索法。

优化软件包采用遗传算法与传统搜索法相结合构成的混合算法，即在寻优初期采用遗传算法，以克服对初始搜索点的依赖；在寻优后期采用传统搜索方法，以利用其较强局部搜索能力加快搜索速度。

选煤厂大多数分选作业是多段的，不同作业的搭配方案很多，往往存在许多能满足约束要求的方案，可能导致多维、多谷状态，所以优化初值的确定很重要。优化软件包根据专家经验，结合初始点优化方法确定初值，可防止局部最优情况的出现。

F　选煤流程优化结果的显示

选煤优化软件包以数质量流程图的形式显示计算得到的最优方案（如图9.1-7所示），流程图中直观地显示了优化初值、约束条件、优化结果。软件包还以表格形式显示初始条件及优化结果，其中包括原煤和产品数质量表，+0.5mm原煤、产品密度组成和经济效益表。

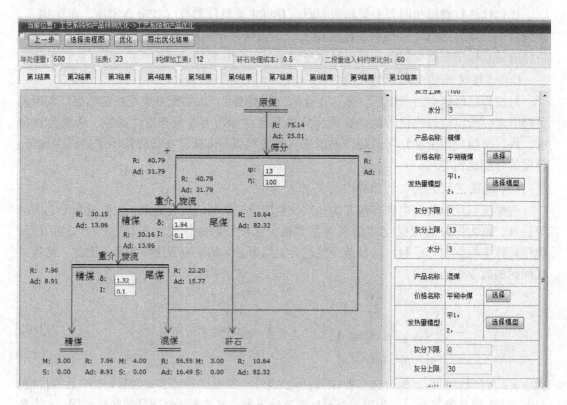

图9.1-7　优化结果的流程图显示界面示例

G　优化结果的讨论

虽然优化软件包采取一系列方法提高了选煤预测的准确性，但永远不可能使预测结果完全等于生产实际。预测优化运算的结果与原始资料的准确性有紧密关系，包括原煤资料的准确性、分配曲线资料的准确性、筛分效率数据的准确性。

同时，优化软件包的预测和优化是对生产过程的静态模拟。实际分选过程中，原煤性质和生产系统的参数（如处理量、可选性、粒度组成、悬浮液密度等）都是动态变量，所以软件包的静态模拟只能尽可能地逼近生产实际，使用中应该留意辨别。

9.1.4.6 煤炭最佳配煤方案确定

研究证明，不同煤炭的灰分、硫分、水分、挥发分、固定碳、发热量具有线性可加性（如图9.1-8所示）；且一般情况下，灰成分、灰熔点也有线性可加性。由于各种约束（配煤产品的质量要求）符合线性可加性，可以用线性规划求解。

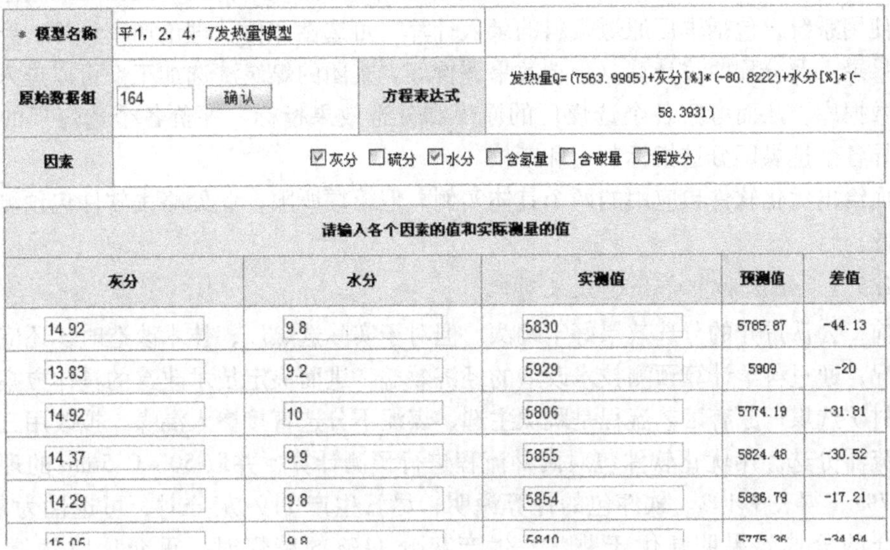

* 模型名称	平1, 2, 4, 7发热量模型		
原始数据组	164　确认	方程表达式	发热量Q= (7563.9905)+灰分 [%]* (-80.8222)+水分 [%]* (-58.3931)
因素	☑灰分 ☐硫分 ☑水分 ☐含氢量 ☐含碳量 ☐挥发分		

请输入各个因素的值和实际测量的值				
灰分	水分	实测值	预测值	差值
14.92	9.8	5830	5785.87	-44.13
13.83	9.2	5929	5909	-20
14.92	10	5806	5774.19	-31.81
14.37	9.9	5855	5824.48	-30.52
14.29	9.8	5854	5836.79	-17.21
15.05	9.8	5810	5775.36	-34.64

图 9.1-8　煤炭发热量预测界面示例

配煤计算的目标是：在满足用户煤质要求条件下，配煤成本最低，即：

$$\min z = \sum_{j=1}^{n} p_j X_j \qquad (9.1\text{-}5)$$

式中，z 为总成本或总价格；p_j 为第 j 种煤的成本或价格；X_j 为第 j 种煤的质量。

配煤计算的约束有以下三方面：

（1）对配煤产品的质量要求，如灰分、水分、发热量、硫分、固定碳、灰熔融特性等。

（2）单种煤的配煤最低质量限制，由产量、合同（例如，对某用户的煤炭必须使用等情况）或运力等客观条件决定。

（3）配煤产品总量要求，按配煤质量百分比表示。对于一般线性配煤数学模型。共有 $k = 2 \times j + 2 \times i + 1$ 个约束式，其中 "$2 \times j$" 为指标约束式的个数，"$2 \times i$" 为质量（配比）约束式的个数，"1" 对应总量约束式。

该最佳配煤方案问题用单纯形法求解。

9.1.4.7 煤炭发热量预测

根据煤炭的发热量与灰分、水分、硫分等工业分析/元素分析指标具相关关系的原理，依据煤种的历史分析资料，获得发热量的多元一次模型，并进行发热量预测。

优化软件包中发热量预测的界面如图9.1-8所示。图9.1-8中，对某矿煤炭的164组发热量与灰分、水分的关系数据进行了回归分析，显示其预测模型，并给出各组数据的预测值及其误差。

9.1.5　优化软件包的应用

优化软件包的系统一般安装在企业集团服务器中，用户通过集团的网络使用优化软件包。例如，开滦集团所属的十余个选煤厂虽然位置上距离几十公里，但都可以通过开滦内部网络使用系统，包括本厂原煤资料的录入计算、可选性评价及理论产率计算，产品浮沉实验结果录入及分配曲线计算，分选效果评价等。集团的煤炭洗选加工部可以进入各个选煤厂的数据库，从而考察各个选煤厂的原煤和分选效果指标、评价各个选煤厂的管理水平、指导各个选煤厂分选指标制定和考核。

下面给出优化软件包应用的两个具体实例。但篇幅所限，此处略去软件包预测结果的界面截图。

9.1.5.1　跳汰和重介分选效果对比

目前，公认重介的分选效果好于跳汰。但对于实际选煤厂，技术改造时，还应结合煤质等情况，通过科学计算预测技术改造的经济效益，进而决定技术改造的具体方案。

常村矿选煤厂原有工艺流程是跳汰主选、煤泥不分选直接掺入混煤。拟改用三产品重介质旋流器分选。用优化软件包对两种流程进行预测计算，并取 50～0.5mm 的理论产率为 81.97%，得表 9.1-2。软件包的计算说明，尽管生产 11% 灰分时，可选性为易选煤，但是重介的分选效果明显优于跳汰，生产灰分 11% 的精煤时，重介比跳汰增加产率 6.11%（5.94%），数量效率提高约 7.5%，因此，将跳汰分选改为重介分选的经济效益是显著的。

表 9.1-2　精煤灰分取 11% 时常村选煤厂重介分选与跳汰分选效果对比

分选方法	精煤产率/%		50～0.5mm 的数量效率/%
	占 50～0.5mm	占 50～0mm	
三产品旋流器	81.55	69.36	99.45
跳汰	75.44	63.96	92.04
重介分选与跳汰分选的产率差	6.11	5.94	7.41

预测结果还显示，重介可以生产低灰精煤，根据市场灵活改变产品结构。如重介流程进行生产 9.5% 低灰精煤的预测计算，跳汰分选密度取 1.3 时精煤灰分（9.67%）已经超过 9.5%，说明跳汰不能生产 9.5% 的炼焦精煤。重介分选密度取 1.47 时，可以得到产率 57.2%（占原煤 48.49%）、灰分 9.49% 的炼焦精煤。此时原煤为极难选，数量效率为 76.80%。

9.1.5.2　不同分选作业产品灰分最佳配合方案的预测

以某选煤厂为例，其工艺流程为：50～1mm 原煤进入二产品重介旋流器分选，1～0.5mm 末煤进入螺旋分选机分选，煤泥浮选，三种精煤混合为最终精煤，总精煤灰分要求小于 11%。

表 9.1-3 为该流程不同分选密度组合的预测结果，可以看出，旋流器和螺旋分选机分选密度相同时，精煤产率最高，这时是按照等分界灰分分选的。由于 1～0.5mm 末煤比 50～1mm 质量好，此时螺旋分选机精煤灰分比旋流器低 2% 左右。

表 9.1-3 不同分选密度组合的预测结果

旋流器			螺旋分选机			总精煤	
分选密度/g·cm⁻³	产率/%	灰分/%	分选密度/g·cm⁻³	产率/%	灰分/%	产率/%	灰分/%
1.70	61.08	11.22	1.70	5.84	9.17	79.64	10.87
1.73	61.67	11.38	1.73	5.96	9.27	80.35	11.00
1.75	61.99	11.49	1.40	3.88	8.35	78.58	11.09
1.65	59.73	10.92	1.75	6.04	9.33	78.49	10.66
1.65	59.73	10.92	1.80	6.20	9.49	78.65	10.66
1.68	60.61	11.10	1.80	6.20	9.49	79.52	10.80

对给定原煤，相同密度煤的基元灰分应该是相同的，因此重介和螺旋的分选密度应该相近。也就是说，螺旋精煤的灰分应该比重介低2%左右。如果要求螺旋和重介精煤灰分相同，必定压低重介分选密度，提高螺旋分选密度，一部分 50～1mm 的合格煤炭排入中煤，一部分 1～0.5mm 的不合格煤炭回收到精煤，这是不合理的。

利用"选煤优化软件包"预测该厂不同产品灰分配合方案，重介的可能偏差取0.1，螺旋分选机的可能偏差取0.2，浮选精煤抽出率为90%，灰分为10%。当总精煤灰分不大于11%时，预测结果为：旋流器和螺旋分选机分选密度同取为 1.73 时，精煤总产率80.35%，总精煤灰分11%，其中，旋流器精煤灰分11.38%，螺旋分选机精煤灰分9.27%，中煤灰分38.12%，矸石灰分77.11%。

9.2 选矿厂模拟软件 ModSim

本节例子源自 R. P. KING 所著"Modeling and Simulation of Mineral Processing Systems"一书，其流程计算的有关界面和插图系由 ModSim 软件生成，为呈现软件原貌，对这类英文界面和插图不做翻译；但为阅读顺畅起见，部分图中术语在正文中进行了适当叙述。另外，也存在中外矿物加工术语不能完全对应的现象，尤其是分选描述中物理量"比重"（specific gravity）与"密度"（density）的不同，本节在不影响理解的原则下，更多地按国内矿物加工界习惯，采用"密度"一词。

9.2.1 概况

ModSim 是一个用于矿物加工工厂质量平衡计算的模拟软件，其质量平衡涉及选矿流程中各路水与固体物料的流量、固体颗粒粒度分布、固体颗粒成分分布以及固体化验数据的计算。对不同矿物，软件能处理的化验参数可以是矿物成分、金属含量、元素含量，也可以是颗粒系统中的其他特定属性/特征的化验值，如热值、挥发物、黄铁矿硫、有机硫、煤灰分，抑或是磁选或电选加工体系中的磁化率、电导率。对某些矿物加工单元运行行为有重要影响的其他颗粒特征，如颗粒形状、矿物的纹理以及表面特征的测定值，软件也可以处理。ModSim 能计算矿物加工的主要单元作业，包括粉碎作业、压碎和磨碎作业、按粒度分选颗粒的分级作业、按矿物组成分选颗粒的富集作业、固液分离作业。现阶段比较成熟的矿物加工数学模型，几乎都被囊括于 ModSim 软件中了。

ModSim 软件采用模块结构，并允许用户为软件增添作业单元模型。这样，用于模拟诸多单元作业的模型就能够持续地得到发展和修订，以适应工厂的各种运行情形，满足实际需要。

ModSim 软件的输出内容包括：所有物料的水流量和固体流量、粒群的粒度分布和成分分布以及各路物料的化验数据。软件会生成并输出一份全厂各单元的综合报告，其数据详实，可用于单元作业的详细设计和分级粒度确定、单元经济核算、设备选择/选型以及设备评估和加工过程评估。

在目前可采用的模拟软件中，ModSim 独有针对粉碎作业的矿物解离模拟功能。众所周知，矿物的解离处理是选矿厂最耗费能源的环节，将矿物解离模型用于评估和改善选矿厂的实际运行状况，有助于选矿厂维持更好的运转状况和更高经济效益，所以 ModSim 解离模型得到越来越多的密切关注。

需要注意，ModSim 是稳态计算软件，不是为模拟动态运行而设计的，所以它不适用于过程控制系统的设计和模拟。

9.2.2　ModSim 软件使用

ModSim 在开发时充分考虑了软件的易用性和计算速度，软件使用方便（不需要复杂的软件设置程序），计算速度快（即使是复杂的加工流程，也能在几个小时内完成计算），确保使用时用户能将更多精力专注于矿物加工问题本身。

（1）基本情况。硬件角度，ModSim 可以在工作站或高性能微机上运行。软件角度，ModSim 完全遵循图形用户界面的计算机技术风格和模块化设计思想，由菜单驱动的程序主窗口和子窗口构成，并包含方便易用的图形编辑器（Flowsheet Editor），借助与工程流程图一致的图形结构表达流程信息（如图 9.2-1 所示）。ModSim 中，各种数据（如矿石的特征数据、设备运行参数）的输入通过表单进行；而输出尽量采用图形化的形式，并带有注释，还具有对输出结果进行复制和粘贴等编辑功能，便于将输出数据转化成用户选用的电子表格或绘图程序。

图 9.2-1 中，正在用 Flowsheet Editor 子窗口绘制工厂流程。其中，矿物加工流程图由称为图标（icon）的各类单元作业经称为料流（stream）的折线连接而成。从料流折线上引出的矩形田字框称为该料流的 flyout，用于显示料流的流量等概要信息。流程图的单元与料流分别编号，例如图 9.2-1 中，单元 1 为球磨机、料流 1 为工厂入料。

（2）软件界面。在不打开子窗口时，ModSim 软件主窗口菜单包括 File，Edit，View，Run，Help 五个菜单，各菜单构成如图 9.2-2 所示，从中可窥见 ModSim 的主要功能。

当有子窗口打开时，菜单项会相应变化，如打开 Flowsheet Editor 子窗口时，主窗口菜单显示为 File，Edit，Select，Run 四个子菜单（如图 9.2-1 所示），此时的 select 菜单按字母表顺序罗列模拟软件提供的单元操作名称，选中某单元后其图标出现在流程图子窗口内；此时的 Edit 菜单则包括刷新图形、光标类型切换（含位置、擦除、矩形三种光标形状）、字体设置、标注添加、flyout 添加、图标大小设置、移动、删除等功能。

（3）文档组织。ModSim 软件每次计算的数据和计算工作以单独 job 名字进行组织，即模拟工作的数据和信息都保存在以 job 名称命名的目录下，以方便存取和查找。而 Mod-

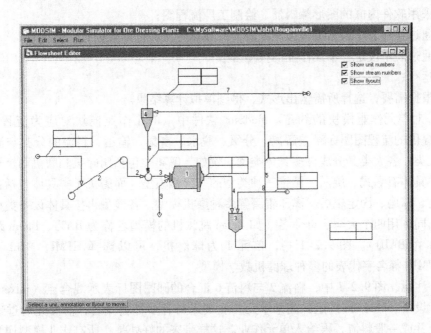

图 9.2-1　ModSim 软件界面（图形编辑器已打开）

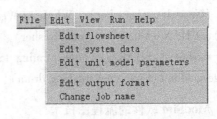

a

b

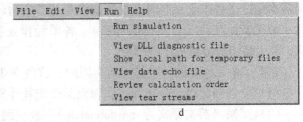

c

d

图 9.2-2　ModSim 主窗口菜单

a—File 菜单；b—Edit 菜单；c—View 菜单；d—Run 菜单

Sim 的各种内部文件则采用软件自定义的扩展名。

（4）模拟计算的步骤。用 ModSim 软件进行矿物加工流程的模拟计算，按如下六个步骤进行：

1）新建一个 job，并命名；

2）采用软件内嵌的图形编辑器，绘制工厂流程图；

3）通过各种表单设定被模拟流程的流程数据与入料特征数据；

4）通过表单设定各单元作业的模型参数；

5）运行；

6）根据需要，选择所需输出形式，得到模拟计算结果。

（5）对单元作业模块的约定。ModSim 软件中，单元作业模块对应为流程图图标。ModSim 提供的流程图图标涵盖解离、分级、脱水、富集、输运、料流的分支与混合以及选煤等大类，各大类又分成许多具体类型。例如，解离类包括压碎机和磨机两个子类，压碎机子类具体有颚式、旋回、圆锥三种类型的破碎机模型，而磨机子类具体包括自生介质磨、棒磨、球磨、固定辊磨、高压辊磨等多种磨机模型。各模型再按具体设备类型或数学公式的不同，用四个大写字母命名（如 Batac 跳汰机的模型名称为 BATJ，Baum 跳汰机的模型名称为 BAUJ）。图 9.2-1 中，单元 1 为球磨机，可以选择 HFMI、MILL、HFML、GMIL、UMIL 等名字代表的多种球磨机数学模型。

另外注意，图 9.2-1 中，料流 2 与料流 6 汇合的圆圈图标表示混合点（mixer），不会对应实际设备。ModSim 约定：当某单元作业的入料有多种料流时，需要先通过这种混合点计算合并成一股料流，再给入单元作业。这样带来的好处是：所有作业模型均为物料单入形式，方便模型程序的统一处理。

ModSim 软件特别提供了一组选煤作业模型，实为多个适用于选煤的重选单元模型。这些重选模型的共性基础是：以不完善度为参数的标准规范化分配曲线。具体包括 NORW（Norwalt coal washer）、WEMC（Wemco drum coal washer）、DREW（Drewboy coal washer）、CHAN（Chance san coal washer）、SLIP（shallow bath coal washer）、BAUJ（Baum jig coal washer）、SHAK（a concentrating table）、BATJ（Batac jig coal washer）、DRUM（a dense-medium coarse coal washing drum）、WOCY（Water-only cyclone）等多种模型。

9.2.3　ModSim 软件的流程图技术

选矿厂流程图包含加工流程中相互连接的多种单元作业，物料进入工厂，按照流程结构顺次经过这些作业（有时在设备或作业处形成循环回路），直到最终脱离工厂流程，得到一种或多种产品（自然也属物料）。各单元作业对物料的加工处理，要么改变物料性质，要么将组分分离成不同部分。

选矿厂单元作业的种类是相对有限的，这些作业可被分为三种基本类型，即：

（1）分选与分级。分离固体颗粒而不改变其性质（如浮选、重选，分级）。

（2）变换（英文原文为 transformation），改变固体颗粒的规格（如破碎、研磨）。

（3）固液分离。分离出固体成分与液体成分。

ModSim 按照这种简化模式来建立各类作业单元的程序模块。自然，各单元模型必须具备"连接料流"这个属性。分选单元总是生成至少两种产品料流（分别称为精矿与尾矿，或底流与溢流），有时还包括中间产品；变换单元只生成一种产品料流；而固液分离单元总是得到两种产物，其一必定是以水为主的料流。

另外，如前所述，ModSim 约定，所有单元模型都只允许单股料流进入。

这样，矿物加工中出现的各种各样的单元作业，其模型都可按同一种模式构建，即单元作业模型计算的实质就是根据（也许是多股汇合的）入料流的颗粒物料的特征计算出各产品料流的特征数据。

对于变换作业，其功能是将具有一定粒度分布与级别分布的入料物料流变换成包含粒度减小的、更解离的物料。总体上，变换作业的行为可以用如下矩阵表示

$$\boldsymbol{W}_{\mathrm{P}} = \boldsymbol{T}\boldsymbol{W}_{\mathrm{f}} \tag{9.2-1}$$

式中，$\boldsymbol{W}$ 为指定料流颗粒各个级别的质量流率，矢量；下角标 P 代表产品；下角标 f 代表入料；$\boldsymbol{T}$ 为变换矩阵，用于定义入料颗粒的各个级别变换到了怎样级别的产品。变换矩阵不必是常数，而其矩阵元素也可能是矢量 $\boldsymbol{W}_{\mathrm{P}}$ 中某元素的函数。

对于分选/分级作业，其功能主要是把颗粒按某些物理性质分开。入料颗粒"变换"到精矿、中矿或尾矿的效率用矩阵向量表示，即分别用 3 个对角矩阵表示从入料到相应产品的回收率：$\boldsymbol{E}_{\mathrm{C}}$ 代表变换到精矿的回收率，$\boldsymbol{E}_{\mathrm{T}}$ 代变换到尾矿的回收率，$\boldsymbol{E}_{\mathrm{M}}$ 代表变换到中矿的回收率。这些回收率矩阵中，第 i 个对角元素表示级别 i 颗粒变换到相应产品的回收率，所以有

$$\begin{cases} \boldsymbol{W}_{\mathrm{C}} = \boldsymbol{E}_{\mathrm{C}}\boldsymbol{W}_{\mathrm{f}} \\ \boldsymbol{W}_{\mathrm{T}} = \boldsymbol{E}_{\mathrm{T}}\boldsymbol{W}_{\mathrm{f}} \\ \boldsymbol{W}_{\mathrm{M}} = \boldsymbol{E}_{\mathrm{M}}\boldsymbol{W}_{\mathrm{f}} \end{cases} \tag{9.2-2}$$

无论什么样的选厂加工流程，都可表示为由多个多种这样的矩阵变换式表示的单元作业构成的网络，某个单元的产物作为另一单元的入料，或者成为最终产品。然而，因为流程中存在回路，所以不可能总能由一个单元到下一个单元顺次计算得出最终产品。这时，可通过适当"拆开"网络，使流程图呈现为无环结构。要做到这一点，必须打开流程图中的环路结构，即有选择地"打开"一些料流。

下面举例演示 ModSim 软件的"去环"方法。

考虑图 9.2-3 所示含再磨机的浮选厂流程，选择料流 3 与料流 5 作为被拆料流，便可使整个流程图变为无环结构。或者拆开料流 11 与料流 12，代替拆开料流 5，但这样做将导致三路而不是两路料流被拆开，会使流程计算复杂化。一般地，流程的"去环"过程总是优先选用被拆料流数量最少的方案。

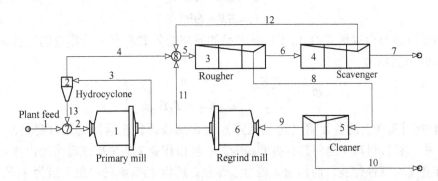

图 9.2-3　一个包含再磨机的浮选厂流程

令 $\boldsymbol{W}_i$ 表示料流 i 颗粒级别的质量流率向量，$\boldsymbol{W}'_i$ 表示被拆料流 i 的假设向量。则依照式（9.2-1）、式（9.2-2）单元作业的矩阵—向量模型，有

$$W_2 = W_{13} + W_1$$

$$W_{13} = E_{T2}W_3'$$

$$W_2 = E_{T2}W_3' + W_1$$

$$W_4 = E_{C2}W_3'$$

$$W_3 = T_1W_2 = T_1E_{T2}W_3' + T_1W_1$$

$$W_6 = E_{T3}W_5'$$

$$W_7 = E_{T4}W_6 = E_{T4}E_{T3}W_5'$$

$$W_{12} = E_{C4}W_6 = E_{C4}E_{T3}W_5'$$

$$W_8 = E_{C3}W_5'$$

$$W_9 = E_{T5}W_8 = E_{T5}E_{C3}W_5'$$

$$W_{11} = T_6W_9 = T_6E_{T5}E_{C3}W_5'$$

$$W_5 = W_4 + W_{12} + W_{11} = E_{C2}W_3' + E_{C4}E_{T3}W_5' + T_6E_{T5}E_{C3}W_5'$$

$$W_{10} = E_{C5}W_8 = E_{C5}E_{C3}W_5'$$

因，工厂入料流为单股料流（料流 1），其向量表示为：

$$F = W_1 \tag{9.2-3}$$

而产品料流有两个（料流 7 和料流 10），所以流程产品表示为如下复合向量

$$P = \begin{bmatrix} W_7 \\ W_{10} \end{bmatrix} \tag{9.2-4}$$

被拆的两股料流联合表示为如下复合向量

$$Y = \begin{bmatrix} W_3 \\ W_5 \end{bmatrix} \tag{9.2-5}$$

且被拆料流的假设值为：

$$X = \begin{bmatrix} W_3' \\ W_5' \end{bmatrix} \tag{9.2-6}$$

则，该厂流程运行可简明地表达为两个矩阵方程

$$Y = \boldsymbol{\Phi}X + \boldsymbol{\Psi}F \tag{9.2-7}$$

和

$$P = \boldsymbol{\Xi}X + \boldsymbol{\Theta}F \tag{9.2-8}$$

这些矩阵应是合成形式的,由工厂各产品的效率矩阵和所有单元作业的变换矩阵相加得到。如,$\boldsymbol{\Phi}$ 可表示为：

$$\boldsymbol{\Phi} = \begin{bmatrix} T_1E_{T2} & 0 \\ E_{C2} & E_{C4}E_{T3} + T_6E_{T5}E_{C3} \end{bmatrix} \tag{9.2-9}$$

矩阵 $\boldsymbol{\Phi}$ 对角线上的各元素（也是矩阵）代表从被拆料流返回到其自身之间的路线。图 9.2-3 中，被拆料流 3 返回其自身的路线为：经由作业 2 的尾矿流后再经由作业 1 的产物流。作业 1 是变换作业，而作业 2 是分选作业，所以矩阵 $\boldsymbol{\Phi}$ 的对角元素为 T_1E_{T2}。相应地，被拆料流 5 通过两条路线返回其自身：其一为经由作业 3 的尾矿流及作业 4 的精矿流；其二为经由作业 3 的精矿流、作业 5 的尾矿流及作业 6 的产物流。混合点 8 表示两个不同路线的料流及料流 4 相加，其产物料流即料流 5，因此料流 5 的"去环"路线表示为矩阵 $\boldsymbol{\Phi}$ 的右下角元素。同样的，$\boldsymbol{\Phi}$ 的非对角元素（也是矩阵）对应流程图中从一个拆流

到另一个拆流之间的路线。对图 9.2-3 流程，没有直接从拆流 5 返回到拆点的物流路线，所以矩阵 $\boldsymbol{\Phi}$ 的右上元素为零矩阵。从拆流 3 到拆流 5 有直接路线（经由作业 2 的溢流料流），因此矩阵 $\boldsymbol{\Phi}$ 的左下元素是 $\boldsymbol{E}_{C2}$ 矩阵。

矩阵 $\boldsymbol{\Xi}$ 与矩阵 $\boldsymbol{\Phi}$ 的构建方式相同，只是 $\boldsymbol{\Xi}$ 的元素循踪的是从拆流直接到产品流之间的路线。图 9.2-3 中，从拆流 5 出发有两条这样的路线：其一是经由作业 3 及作业 4 的尾矿流；其二是经由作业 3 和作业 5 的精矿流。从拆流 3 到产品流没有直接路线，即从拆流 3 到各产品的路线都需要经由其他拆流。因此，矩阵 $\boldsymbol{\Xi}$ 左列的两个矩阵元素均为零矩阵。

$$\boldsymbol{\Xi} = \begin{bmatrix} \boldsymbol{0} & \boldsymbol{E}_{T4}\boldsymbol{E}_{T3} \\ \boldsymbol{0} & \boldsymbol{E}_{C5}\boldsymbol{E}_{C3} \end{bmatrix} \tag{9.2-10}$$

矩阵 $\boldsymbol{\Psi}$ 的元素表示从工厂入料流到拆流之间的直接路线，而矩阵 $\boldsymbol{\Theta}$ 的元素表示从工厂入料流到产品流之间的路线。图 9.2-3 中，没有不经由拆流的从工厂入料至产品的连接路线。因此，$\boldsymbol{\Theta}$ 的元素均为零矩阵，即：

$$\boldsymbol{\Psi} = \begin{bmatrix} \boldsymbol{T}_1 \\ \boldsymbol{0} \end{bmatrix} \tag{9.2-11}$$

$$\boldsymbol{\Theta} = \begin{bmatrix} \boldsymbol{0} \\ \boldsymbol{0} \end{bmatrix} \tag{9.2-12}$$

对任何复杂结构的流程图，采用数学图论理论及其算法，即能可靠地辨识出全部环路。自然，具体选择那些料流作为被拆料流，方法不唯一；只要保障所选拆流方案的迭代计算程序有效收敛即可。ModSim 软件内嵌有环路查找和环路拆流算法，用户使用软件时不必考虑这些细节问题。

从计算机程序角度看，上述拆流过程就是寻找满足等式（9.2-13）的向量 $\boldsymbol{X}$

$$\boldsymbol{X} = \boldsymbol{Y} = \boldsymbol{\Phi}\boldsymbol{X} + \boldsymbol{\Psi}\boldsymbol{F} \tag{9.2-13}$$

其计算程序可简略图示为图 9.2-4。

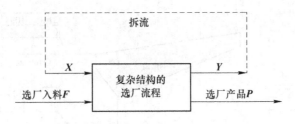

图 9.2-4 方程（9.2-13）的图形表示

方程式（9.2-13）的求解以及程序开发是"计算数学"专业的任务，可考虑两种方法：逆矩阵法与迭代。

迭代计算的过程大致为：先假定被拆料流的特征数据，之后以这些假设数据作为迭代起点，循着从工厂入料到拆流及被拆料流再回到拆流的所有路径，进行计算（上一作业的输出流数据作为下一作业的输入流数据），循踪完成一次迭代运算后，得到一组新的被拆料流数据；再将这组数据与作为起点的假设数据进行比较，根据比较结果对迭代起点数据进行修正，修正后的数据再作为下一次迭代计算的起点；如此不断迭代下去，直到收敛。以末次迭代的被拆料流数据为基础，不难完成流程模拟全套数据的计算。

ModSim 主要选用两种迭代方法：直接置换法和牛顿 – 拉夫申法（Newton-Raphson），且业已证明它们能为工厂流程运算提供迅速而可靠的收敛。

直接置换法的递推式为：

$$X^{(k+1)} = \boldsymbol{\Phi}X^{(k)} + \boldsymbol{\Psi}F \tag{9.2-14}$$

式中，$X^{(k)}$ 是第 k 遍迭代解，且 $\boldsymbol{\Phi}$ 和 $\boldsymbol{\Psi}$ 也可能是 $X^{(k)}$ 的函数。

牛顿 – 拉夫申法的递推式为：

$$X^{(k+1)} = X^{(k)} - (I - \boldsymbol{\Phi}'(X))^{-1}(X^{(k)} - \boldsymbol{\Phi}X^{(k)}) \tag{9.2-15}$$

式中，$\boldsymbol{\Phi}'(X)$ 是 $(\boldsymbol{\Phi}(X)^{(k)})$ 对各 X 元素的导数矩阵。实际中，导数矩阵难以获得，因而必须采用各种各样的近似方法。

对绝大多数实际问题，牛顿–拉夫申法往往比直接置换法收敛快，所以牛顿–拉夫申法在 ModSim 软件中被指定为缺省方法。

9.2.4 ModSim 对单个作业的模拟

举一个振动筛模型的例子，从中可以体会 ModSim 软件的功能及其作业模型模块的使用方法。例中采用 Karra 模型作为振动筛模拟模型。限于篇幅，设置界面略。

该例的筛机参数和实验数据来自美国矿业局报告所报道的实验。具体地，筛机尺寸为 16ft×0.88ft，筛网类型为铁丝网 1.25-in.，孔径（线径）为 0.5-in.，倾角为 20°，所筛物料白云石的体积密度为 110lb/ft³。振动筛测试实验的粒度分布结果此处也略去。

该作业模拟计算的步骤包括：

（1）画模块。在 ModSim 中画出一个仅包含一台振动筛的流程图，并进行标注料流名称、显示 flyout 等设置，如图 9.2-5 所示（注意：图中已包含运行结果）。

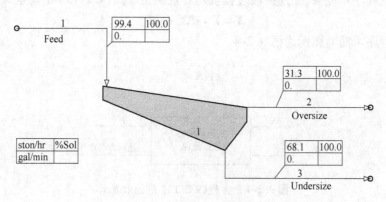

图 9.2-5 由一台振动筛构成的流程图

（2）设置流程的基本数据主要包括被处理矿物的特征数据、模拟计算采用粒级个数。

（3）设置计算模型。选择 Karra 模型（即"SCR2"），设置所需参数，主要包括被处理矿物的特征参数（如筛面倾角）、筛网的特征参数，包括设定这些参数的单位。

（4）运行计算。由"Run"菜单运行该模拟模型，软件会通过两个信息提示框分别告知用户完成模拟计算和生成输出报告。

（5）查看模拟结果。根据需要查看模拟计算的结果。比如，以模拟计算所得粒度分布数据表示该振动筛模拟结果，并与实验结果对比，则需要选设料流名称、粒度单位、曲

线绘制的坐标与刻度网格等，确认设置后，得到图 9.2-6。由图 9.2-6 对比可知，两者的
一致性很好，说明模拟计算时选择的"SCR2"筛机模型是合适的。当然，用户可以换用
ModSim 提供的其他筛机模型（注：软件提供有六种筛机模型），再次进行计算实验，对
比计算结果，分析和体验多种筛机模型的模拟效果。

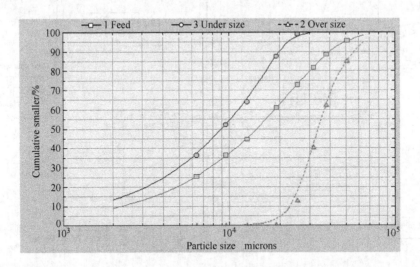

图 9.2-6　筛机模拟结果与实验结果的对比

9.2.5　ModSim 对完整流程的模拟

实际选厂的矿物加工流程，往往比较复杂，除了图论角度的复杂性，还有矿物加工角
度的专业性。本节举例说明 ModSim 如何协调不同的单元作业从而实现完整工厂流程的模
拟计算。

图 9.2-7 所示的常规选煤流程，具有典型性，用于全粒级入选，其粗、中、细粒分别
由圆筒形重介分选机、重介旋流器和水介旋流器进行分选。该流程模拟计算的核心是流程
运行的优化计算。

对图 9.2-7 流程，其运行优化需要通过模拟计算确定五个参数：两处分级筛的分级粒
度（即单层倾斜筛的筛孔、弧形筛筛孔），以及三处分选密度（圆筒形重介分选机的分选密
度、重介旋流器的分选密度、水介旋流器的分选密度），以期获得最优的综合精煤灰分和产
率。显然，可以分成两个优化内容：第一，搜寻获得优化目标的分选密度值；第二，再计算经
优化的分级粒度。本节只介绍第 1 个优化内容，即通过仿真计算找到优化分选密度。

该流程优化计算的主体是选煤作业的优化，即三处分选作业应具有怎样的目标分选密
度，而分选作业的入料粒度由筛分作业调控。模拟计算中，重选单元的目标密度对应于分
配曲线的期望分割点，而其中的分配曲线采用由综合给料（而不是割裂地考虑每个窄粒
级）到精煤产物的分配率进行绘制。事实上，所有重选设备的分选性能都是入料颗粒粒
度的函数。一般地，随颗粒粒度减少分选密度值增加；同时分选性能随粒度减少而减少。

实际生产中，总是通过改变操作条件或设备物理参数来调控分选的分选密度。对重介
分选设备，通过调控重介质的密度去改变分选密度，而对自生介质的重选设备，像水介旋

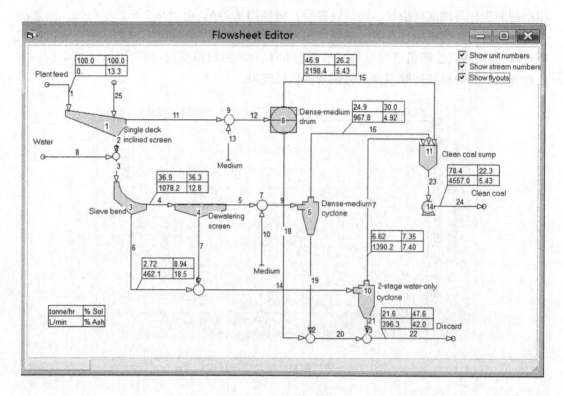

图 9.2-7　典型选煤流程

流器、摇床、跳汰等，通过调节设备参数去调控分选密度。理想的流程计算机模拟计算应该是：以特定的分选设备类型与全部可调节的物理参数为输入，通过仿真计算，得到并输出许可的分选密度和分选效率，这种预测才是符合实际分选的预测。遗憾的是，这种仿真计算的"最高境界"，是做不到的，而且这种具有完全实际意义的模拟通常都需要根据小规模实验或真实工厂的数据进行仔细校订。一句话，对任给的特定分选设备，预测其分配曲线是有困难的。本例中，无从得到合适的用以校验的实验数据，只能采用一种有约束和限制的计算模型用于重选单元的规范化分配函数模型。其具体计算思路为：确定目标分选密度与给料综合粒度，由"综合粒度物料的重选分选密度与每个窄粒级重选的分选密度"之间的经验公式，计算各个窄粒级平均粒度对应的重选分选密度，从而计算各窄粒级给料的分选产品数质量，再将这些产品数据综合起来，就能得到比较符合实际分选效果的产品的数质量信息（产率和灰分）。

关于规范化分配曲线模型的内涵、处理方法已在本书 5.2 节介绍过。此处只简要补充这种处理方法的其他内容。

Gottfried 和 Jacobsen 于 1977 年提出采用"规范化"措施解决重选预测计算的难题，即根据指定重选作业的目标密度来估算规范化分配曲线。其中的目标密度是指按各粒级的综合数据所绘制分配曲线上 ρ_{50} 的对应密度。实际上，该目标密度点已经包含对分选设备中各粒级分选行为的修正，也包含了对入料各个粒级综合分选行为的修正。对任意重选分选作业，不同粒级的分配曲线是不同的，随 ρ_{50} 位置不同而变化，也随各粒级的不完善度而变化，不妨参见图 9.2-8 中的重介旋流器分选实验结果（源自：Sokaski 和 Geer 于 1663

年发表的文献)。由图 9.2-8 显见,分选密度和不完善度都随颗粒粒度减小而增加。在工业重选设备中,该图所示数据是相当典型的。不同粒级的分选密度建模为:

$$r = \frac{SG_S}{\overline{SG_S}} = f(d_p / \overline{d_p}) \tag{9.2-16}$$

式中,SG_S 为颗粒 d_p 的分选密度;$\overline{SG_S}$ 为综合入料的分选密度;$\overline{d_p}$ 为入料颗粒的平均粒度。

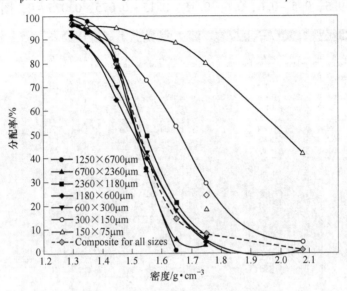

图 9.2-8 重介旋流器选煤测得的分配函数

式(9.2-16)中的 $\overline{SG_S}$ 也就是目标分选密度,包含对指定分选设备的运行工作点的调整。至于函数 $f(d_p / \overline{d_p})$ 的具体形式,业已研究过许多重选分选数据,并发现如下指数形式模型对所用数据的匹配性非常好。

$$r = a + b\exp\left(- c \frac{d_{pi}}{\overline{d_p}}\right) \tag{9.2-17}$$

式中,下标 i 为入料粒级的序号。表 9.2-1 列出了不同重选设备的 a、b、c 参数值。

综上,采用某种形式的适宜的规范化分配函数(可参见本书 5.2.5 节),就能确定目标分选密度。一旦目标分选密度与入料平均粒度确定后,入料各粒级的分选密度就可由式(9.2-16)算得。另外,根据对设备运行情况的预料,也可采用针对浮物或沉物的适宜的短路模型。

表 9.2-1 窄粒级的分选密度与综合粒级的分选密度之间的关联参数取值

作业类型	a	b	c
水介旋流器	0.8	0.6	1.26
重介旋流器	0.98	0.1	1.61
摇 床	0.97	0.3	7.7
圆筒形选煤机	0.98	0.1	1.61

为便于评估 ModSim 优化计算的效果,本例收集了工厂实际运行中这三种分选设备目

标分选密度的取值，即圆筒形重介分选机、重介旋流器和水介旋流器的分选密度（g/cm³）分别为：1.35、1.65、1.95。这组密度取值，将作为评判该流程的优化解的比照数据。

用 ModSim 计算图 9.2-7 所示流程时，给料流参数设置表单界面如图 9.2-9、图 9.2-10 所示，其给料的可选性数据按粒级逐个设定，具体含七个粒度级别（mm）：75～37.6，37.6～19，19～9.5，9.5～0.6，0.6～0.15，0.15～0.075，0.075～0，图 9.2-10 所示为

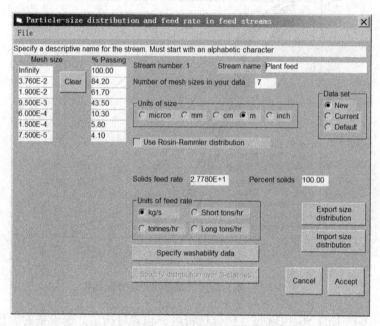

图 9.2-9　选煤流程模拟中给料流参数的设定（粒度分布与给料量）

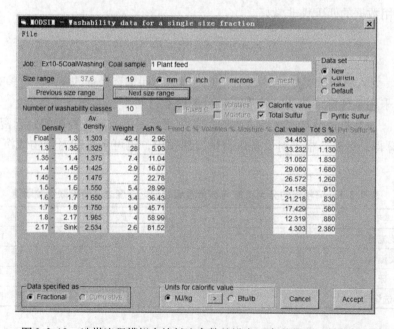

图 9.2-10　选煤流程模拟中给料流参数的设定（各粒级可选性数据）

第 2 个粒级的设置数据。

该流程优化需要通过多次仿真计算才能完成。首先必须通过仿真计算考察每个分选单元在流程结构中能够（或者是许可）达到的分选性能。具体方法为，在合理范围内取多个目标分选密度，对各分选单元的性能进行仿真计算，得到三种分选作业各自累计灰分下的累计产率值，汇总成图 9.2-11。图 9.2-11 中曲线上的标记点代表各分选作业的目标分选密度。为对照，图 9.2-11 也画出了由各分选作业入料可选性数据计算得出的理论累计产率。

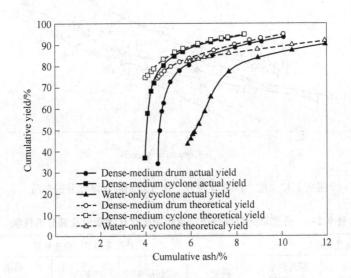

图 9.2-11 三个分选单元各自的分选性能曲线与
其理论分选结果的对比

该流程中，三种分选作业呈并列关系，所以优化目标为：在给定灰分条件下，工厂生产出最高产率的精煤；或给定产率条件下，生产出最低灰分的精煤。采用图 9.2-11 所示数据，容易得到三种分选作业目标分选密度的优化搭配（也称优化组），具体做法为，将计算结果以各作业不同累计产率下"产率×灰分"的形式重新绘图，得图 9.2-12。图 9.2-12 中，计算点按各分选作业的目标分选密度排序，三种分选作业目标分选密度的优化组位置在曲线斜率相同的那些分选工作点上；图中共有 7 组搭配，用连接不同作业曲线之工作点的虚线来表示。另外，图 9.2-12 中还画出一组与三条产率曲线都相切的典型平行线，意即切点处三条曲线的斜率相等，三个切点构成目标分选密度的一组优化值。以这些计算点数据为基础，通过在图示各计算点间的向内插值运算，便能找到适宜的目标分选密度，即满足优化目标的最终分选密度值（1.44，1.42，1.56）。

显而易见，工厂实际采用的分选密度组合值（1.35，1.65，1.95），称不上优化搭配。直观起见，表 9.2-2 给出目标分选密度的七组搭配优化值以及这些优化条件下的产率、灰分和最终精煤产品的热值。有意思的是，目标分选密度的搭配优化组与三种分选作业的相对流量无关。

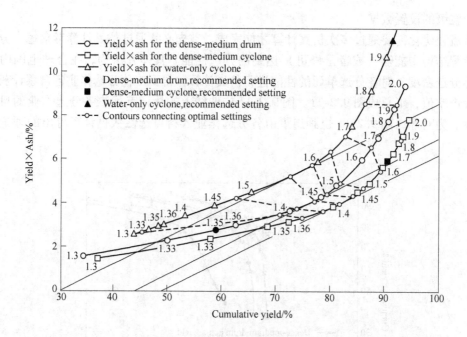

图 9.2-12   按"产率×灰分"形式绘制的各单元分选产品

表9.2-2   分选单元目标分选密度搭配的优化组取值及其分选性能

目标密度的优化搭配			计算所得工厂分选性能				
水介旋流器	重介旋流器	圆筒型重介分选机	产物	灰分/%	产率/%	热值/MJ·kg^{-1}	硫分/%
1.40	1.35	1.35	精煤	4.92	69.5	33.60	1.10
			尾煤	32.5		22.80	1.30
1.48	1.38	1.39	精煤	5.16	74.5	33.50	1.11
			尾煤	37.7		21.00	1.31
1.56	1.42	1.44	精煤	5.43	78.4	33.40	1.12
			尾煤	42.0		19.20	1.31
1.59	1.54	1.55	精煤	5.65	80.5	33.40	1.13
			尾煤	45.11		18.00	1.30
1.64	1.70	1.68	精煤	6.01	82.9	33.20	1.13
			尾煤	49.0		16.50	1.29
1.69	1.79	1.78	精煤	6.95	87.0	32.80	1.13
			尾煤	55.9		13.80	1.36
1.78	2.00	1.90	精煤	8.52	91.5	32.32	1.12
			尾煤	62.2		10.3	1.63

图9.2-13 给出七种目标分选密度优化搭配条件下全厂的分选性能。仿真计算说明：按工厂实际所采用的目标密度值进行分选时，会损失掉约10%的潜在产率。

必须指出，该模拟举例中，有两方面的重要数据无从获得，会导致仿真计算不完全，

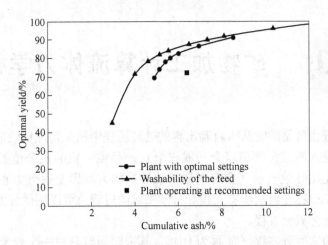

图 9.2-13　优化后的分选性能与入料理论分选性能对比

需要补充和完善。其一，可选性的两头密度级别的有效密度没有给出；其二，"200 目 ×
0"粒级没有可选性分析数据。对于煤可选性实验数据集，这种缺漏是很普遍的。但是，
两头可选性级别的有效密度影响着仿真模型对这部分物料分选行为的预测，因而必须为这
两个密度级别的物料指定合理的有效密度；尤其是当所涉及单元作业的分选密度被设置在
高或低分选密度时。

（1）对"200 目 ×0"粒级的可选性数据估算方法。对该粒级的物料，其 9 个低密度
级的分布情况，取与"100 目 ×200 目"粒级中的分布比例完全相同的分布；而高密度级
别的占比百分数，以粒度实验所得"200 目 ×0"级别的灰分值为参照，进行调整，要保
证调整后该粒级可选性数据的计算灰分，等于粒度分析时该粒级的实验灰分值。

（2）对可选性两头级别有效密度的确定方法。假定，煤被描述为由两种不同表观密
度矿物组成的两种相的混合物：密度约为 1.29 的可燃组分、密度在 2 ~ 3.3 的灰分组分。
这样一来，对许多煤样来说，灰分与密度之间的关系就比较简单，即灰分是密度倒数的线
性函数。具体到本例数据，绘制原煤灰分对各密度级别平均密度倒数的关系图，可以发现
其线性相关性明显，再建立已知灰分数据的回归方程，即可估算出两头粒级的有效密度。
经计算确定，本例原煤两头密度级别的有效密度分别为 1.303，2.534。

补充了这两方面的数据后，就可以在 ModSim 模拟软件中输入完整的可选性数据了。

10 矿物加工计算流体力学模型

矿物加工过程也就是矿物从入料到出料的处理历程中相关物理量数值的变化过程，如煤炭分选过程就是入料混合物到两个（或三个）产品混合物的灰分值的变化过程。数学中，物理量的变化用导数表示，含有未知函数导数的方程即是微分方程。从机理模型角度，包括矿物加工过程在内的所有工程和科学领域的过程总可以用微分方程表示，即数学上，过程可以转化为微分方程。

微分方程分为常微分方程（简写为 ODE，其未知函数只对一个变量求导）和偏微分方程（简写为 PDE，其未知函数不止对一个变量求导）。大部分常微分方程无法得到解析解，只能通过在计算机中应用数值算法得到其数值解；而对偏微分方程，要获得其解析解比常微分方程更困难。所以，伴随计算机技术的发展，数值方法早已成为科学和工程领域中机理模型的常见解法。

数值模拟是指以计算机为工具，通过数值计算和图像处理等方法，对科学技术问题进行研究和分析的过程。近几十年来，数值模拟方法已被广泛应用于各类工程及物理问题的研究中，同时也推动了各学科的发展。矿物加工行业也不例外。

数值模拟的方法有很多，其中的计算流体力学（Computational Fluid Dynamics，简称 CFD，或译为计算流体动力学）理论和技术，是用于流动、传导等相关物理现象的数值模拟方法，伴随计算机图形技术等的飞速发展和商用软件的成功开发，已广泛应用到航空航天、水利、海洋、环境、食品、流体机械与流体工程等多种工程和科学领域。矿物加工过程中包含大量的流动过程，CFD 技术近年已成为矿物加工数值模拟的主力军和生力军。

以计算流体力学方法进行有关矿物加工的数值模拟时，得到的模型称为矿物加工计算流体力学模型。矿物加工的计算流体力学模拟实际包括模型建立与求解。

计算流体力学模型是一种建立在被模拟流域的几何网格模型基础上的数值模型，在每个网格节点都包含来自流动控制方程的代数方程组。因此，计算流体力学模型倾向归类于一种特殊的理论模型，同时又是一种计算模型，稳态问题或非稳态问题都能处理。

目前，矿物加工的计算流体力学研究多以采用 FLUENT、ANSYS 软件为主，少数模拟研究选用 PHONIX（如跳汰机数值模拟）、CFX 等软件，极少数的有流体力学专业基础或跨流体力学专业的学者选择自行编制计算机程序来进行模拟研究。

矿物加工 CFD 模拟业已成为涉及流体的矿物加工处理过程的主要研究方法和技术，其研究涉及矿物加工的准备作业、分选和选后产品处理等过程的方方面面，本章将结合实例介绍其方法和技术，阐明矿物加工计算流体力学模型的建立方法和求解技术。

10.1 矿物加工计算流体力学模拟的特点

利用传统方法对矿物加工过程进行研究或对矿物加工设备进行开发，需要通过理论研究、模型实验、实验室小试、工业化中试等步骤，才能最终应用到工业生产中，其过程漫长且受经费、场地等各种条件限制。而利用计算机进行的 CFD 模拟研究（自然也要结合理论分析方法及实验测量方法），可以克服实验受设备模型尺寸、运行环境扰动、实验及施工人员人身安全和实际测量精度等的限制，缓解实验经费投入、人力和物力的耗费等诸多困难，缩短研究周期，节约研究费用。同时，CFD 模拟得出的结果是直观的或者是动态的，有助于工程技术人员对矿物加工设备的实际运行过程建立更加深入的了解和把握，有助于改进或优化设备及工艺过程。

更便利地，对矿物加工过程进行 CFD 模拟，除了可以反复进行各种不受物理模型和实验模型限制的数值计算实验外，还可以对特殊尺寸设备，以及高温、易燃、含毒等生产条件下难以实施的理想条件等工况进行模拟。

例如，对重介质旋流器的结构和流场进行 CFD 模拟，能够得出矿粒在重介质旋流器中的运动规律，了解旋流器内的速度场、密度场、压力场的分布情况，计算重介质旋流器的处理量和分选效率等。根据 CFD 模拟得出的相关结论，还可进一步应用于对重介质旋流器的结构参数和工艺参数的优化研究，甚或最终研制出新型的重介质旋流器设备以及与之配套的工艺系统。

CFD 的局限性也很明显。其一，数值模拟采用的是离散的和近似的、能被计算机运算的数学模型，其最终结果只能是空间离散点上的数值解，不能为问题提供任何形式的解析表达式。其二，CFD 方法的实施有赖于借由原体观测或物理模型实验所提供的流动参数，只有这样才能建立有实际意义的完整 CFD 模型，且其计算模型也需要实验或实际验证。其三，CFD 程序的编制及资料的收集、整理与合理采用，在很大程度上依赖于研发者的经验和技巧。另外，CFD 模型运算过程中，数值处理方法使用不当时，可能导致计算结果的不真实（例如，产生数值黏性，即纯粹由数值离散产生出来的黏性项）。自然，CFD 运算还需要较高的计算机硬软件配置。

10.2　计算流体力学原理

计算流体力学是建立在经典流体力学与数值计算方法基础之上的一门新型独立学科，通过计算机数值计算和图像显示方法，在时间和空间上定量描述流场的数值解，从而达到对物理问题研究的目的。CFD 具有理论性和实践性的双重特点。

CFD 方法与传统的理论分析方法、实验测量方法一起组成了研究流体流动问题的完整体系。理论方法的优点是所得结果具有普遍性，问题的影响因素（实际物理参数）清楚可见，可以更加准确地预测系统行为。但是理论模型往往对对象进行抽象和简化后才能得出理论解；对于无处不在的非线性情形，只有少数流动才能给出解析解。实验测量方法的优点是所得结果真实可信，同时也是理论分析和数值方法的基础，但实验测量往往受到模型尺寸、流场扰动、人身安全、测量精度、条件资源的限制，有时很难通过实验方法得到结果(矿物加工过程的流体组成不均一、不透光、不单一且设备大型化,尤甚)。CFD 方法恰恰很大程度上能克服这两种方法的弱点，在计算机上进行特定的运算，就像在计算机中做了一次矿物加工实验，并能在屏幕上显示流场的各种细节。例如,涡的生成和传播。

CFD 讨论过程中，涉及关于流体及流动的许多基本概念和术语，包括理想流体与黏性流体、牛顿流体与非牛顿流体、流体热传导及扩散、可压流体与不可压流体、定常流动与非定常流动、层流与湍流等。本书不再展开介绍。

10.2.1　计算流体力学的工作步骤

计算流体力学是通过数值方法求解流体力学控制方程，得到流场的离散的定量描述，并以此预测流体运动规律的学科。计算流体力学是多种领域的交叉学科，涉及流体力学、偏微分方程的数学理论、计算几何、数值分析、计算机科学等学科。

计算流体力学的基本思想是：把在时间域及空间域上连续的物理量的场（如速度场），用个数有限的一系列离散点上的变量值的集合来代替，再通过一定的原则和方式建立起关于这些离散点上场变量之间关系的代数方程组，然后求解这些代数方程组获得场变量的近似值。

计算流体力学可以看作是在流动基本方程控制下对流动的数值模拟。通过这种数值模拟，可以得到复杂问题流场的各空间离散点上的基本物理量（如速度、压力、温度、浓度等）的分布，以及这些物理量随时间的变化情况，确定旋涡分布特性、空化特性等。CFD 还能以基本物理量分布为基础计算出相关的物理量，如旋转式流体机械的转矩、水力损失和效率等。此外，与 CAD 联合，CFD 还可进行设备结构的优化设计等更深入的应用工作。

因此，实施计算流体力学的大致步骤有如下四步：

（1）建立数学模型。具体指建立反映矿物加工问题各个量之间关系的微分方程及相应的定解条件。数学模型是 CFD 的出发点，换句话说，没有正确完善的数学模型，数值模拟将毫无意义。流体的基本控制方程通常包括质量守恒方程、动量守恒方程、能量守恒方程以及这些方程的定解条件。

（2）建立由控制方程表示的数学模型的高效率、高准确度的计算方法。这种计算方法不仅包括微分方程的数值离散化方法（如有限差分法、有限元法、有限体积法等）与求解方法，还包括贴体坐标的建立、边界条件的处理等。计算方法是 CFD 的核心。

（3）编制程序并运行计算。具体包括划分计算网格、输入初始条件和边界条件、设定控制参数等。编程并运算是 CFD 中花时间最多的部分，由于被求问题的复杂性，数值求解方法不是绝对完善的，往往需要通过"数值试验"对求解方法进行多次验证。这一步是不会轻松完成的。

（4）显示计算结果。CFD 的计算结果一般通过图、表等方式作为数据显示，并可根据问题需要对结果数据进行多种角度的处理和分析。

现在，CFD 数值模拟的主要工作，一般都在计算机内完成（在计算机技术成熟发展之前，数值方法业已存在并被研究，只是受限于"运算条件"而进展缓慢），需要较高的编程技术和算法理论，所以才会出现诸多的商用 CFD 软件。

10.2.2　流体流动的控制方程

任何流体的流动都要符合三大基本守恒定律，即质量守恒定律、动量守恒定律、能量守恒定律。另外，当包含有不同成分（或组分）时，流体系统还要遵守成分（或组分）守恒定律。当流动处于湍流状态时，流体系统还要遵守附加的湍流输运方程。

流体力学控制方程组是这些基本守恒定律的数学描述。这些方程可以具有各种不同的形式。在 CFD 中，对于给定的一种算法，使用某种形式的方程能成功，而使用另一种形式的方程却可能导致数值解产生振荡，甚至不能得到稳定解。所以，在 CFD 领域，方程的形式至关重要。限于篇幅，本书主要给出每种控制方程的最通用形式（对任何类型的流体均成立）。

（1）质量守恒方程。任何流动问题都必须满足质量守恒定律。质量守恒定律可表述为：单位时间内流体微元体中质量的增加，等于同一时间间隔内流入该微元体的净质量。据此，可以得出质量守恒方程

$$\frac{\partial \rho}{\partial t} + \frac{\partial (\rho u)}{\partial x} + \frac{\partial (\rho v)}{\partial y} + \frac{\partial (\rho w)}{\partial z} = 0 \tag{10.2-1}$$

引入矢量符号 $\mathrm{div}(\boldsymbol{a}) = \partial a_x / \partial x + \partial a_y / \partial y + \partial a_z / \partial z$，式（10.2-1）写成

$$\frac{\partial \rho}{\partial t} + \mathrm{div}(\rho \boldsymbol{u}) = 0 \tag{10.2-2}$$

式中，ρ 为密度；t 为时间，$\boldsymbol{u}$ 为速度矢量；u，v 和 w 是速度矢量 $\boldsymbol{u}$ 在 x，y 和 z 方向的分量。

质量守恒方程常称作连续方程。

（2）动量守恒方程。任何流动系统都必须满足动量守恒定律。动量守恒定律可表述为：微元体中流体的动量对时间的变化率等于外界作用在该微元体上的各种力之和。据此，可以导出 x，y 和 z 三个方向的动量守恒方程

$$\frac{\partial (\rho u)}{\partial t} + \mathrm{div}(\rho u \boldsymbol{u}) = -\frac{\partial p}{\partial x} + \frac{\partial \tau_{xx}}{\partial x} + \frac{\partial \tau_{yx}}{\partial y} + \frac{\partial \tau_{zx}}{\partial z} + F_x \tag{10.2-3a}$$

$$\frac{\partial (\rho v)}{\partial t} + \mathrm{div}(\rho v \boldsymbol{u}) = -\frac{\partial p}{\partial y} + \frac{\partial \tau_{xy}}{\partial x} + \frac{\partial \tau_{yy}}{\partial y} + \frac{\partial \tau_{zy}}{\partial z} + F_y \tag{10.2-3b}$$

$$\frac{\partial (\rho w)}{\partial t} + \mathrm{div}(\rho w \boldsymbol{u}) = -\frac{\partial p}{\partial z} + \frac{\partial \tau_{xz}}{\partial x} + \frac{\partial \tau_{yz}}{\partial y} + \frac{\partial \tau_{zz}}{\partial z} + F_z \tag{10.2-3c}$$

式中，p 为流体微元体上的压力；τ_{xx}，τ_{xy} 和 τ_{xz} 为因分子黏性作用而产生的作用在微元体表面上的黏性应力 $\boldsymbol{\tau}$ 的分量；F_x，F_y 和 F_z 是微元体上的体力。

对于牛顿流体，式（10.2-3）变成

$$\frac{\partial (\rho u)}{\partial t} + \mathrm{div}(\rho u \boldsymbol{u}) = \mathrm{div}(\mu \,\mathrm{grad} u) - \frac{\partial p}{\partial x} + S_u \tag{10.2-4a}$$

$$\frac{\partial (\rho v)}{\partial t} + \mathrm{div}(\rho v \boldsymbol{u}) = \mathrm{div}(\mu \,\mathrm{grad} v) - \frac{\partial p}{\partial y} + S_v \tag{10.2-4b}$$

$$\frac{\partial (\rho w)}{\partial t} + \mathrm{div}(\rho w \boldsymbol{u}) = \mathrm{div}(\mu \,\mathrm{grad} w) - \frac{\partial p}{\partial z} + S_w \tag{10.2-4c}$$

式中，μ 是动力黏度；$\mathrm{grad}(\ ) = \partial (\ )/\partial x + \partial (\ )/\partial y + \partial (\ )/\partial z$，符号 S_u，S_v 和 S_w 是动量守恒方程的广义源项。对于黏性为常数的不可压流体，$S_u = F_x$，$S_v = F_y$，$S_w = F_z$。

动量守恒方程简称动量方程，也常称作运动方程，还称为 Navier-Stokes 方程。

（3）能量守恒方程。任何包含热交换的流动系统都必须满足能量守恒定律。能量守恒定律可表述为：微元体中能量的增加率等于进入微元体的净热流量加上体力与面力对微元体所做的功。针对牛顿流体，以温度 T 为变量的能量守恒方程为：

$$\frac{\partial(\rho T)}{\partial t} + \mathrm{div}(\rho \boldsymbol{u} T) = \mathrm{div}\left(\frac{k}{c_p}\mathrm{grad}T\right) + S_T \tag{10.2-5}$$

式中，c_p 是比热容；k 为流体的传热系数；S_T 为流体的内热源及由于黏性作用流体机械能转换为热能的部分，有时简称黏性耗散项。

能量守恒方程简称为能量方程。

基本控制方程中，式（10.2-2）、式（10.2-4）、式（10.2-5）中有 u，v，w，p，T 和 ρ 六个未知量，还需补充联系 p 和 ρ 的状态方程

$$p = p(\rho, T) \tag{10.2-6}$$

方程才能封闭。

对于不可压流动，当热交换量很小以致可以忽略时，可不考虑能量守恒方程。

（4）组分质量守恒方程。对于一个包含多种化学组分的确定的系统，组分质量守恒定律可表述为：系统内某种化学组分质量对时间的变化率，等于通过系统界面净扩散流量与通过化学反应产生的该组分的生产率之和。据此，组分 s 的组分质量守恒方程为

$$\frac{\partial(\rho c_s)}{\partial t} + \mathrm{div}(\rho \boldsymbol{u} c_s) = \mathrm{div}(D_s \mathrm{grad}(\rho c_s)) + S_s \tag{10.2-7}$$

式中，c_s 为组分 s 的体积浓度；ρc_s 为该组分的质量浓度；D_s 为该组分的扩散系数；S_s 为该组分的生产率（指系统内部，单位时间单位体积通过化学反应产生的该组分的质量）。式（10.2-7）左侧的第一项、第二项分别称为时间变化率和对流项，右侧的第一项、第二项分别称为扩散项和反应项，各组分质量守恒方程之和就是连续方程。因此，如果共有 n 个组分，则只有 $n-1$ 个独立的组分质量守恒方程。

组分质量守恒方程常简称为组分方程。在某些情况下，组分方程又称为浓度传输方程或浓度方程，因为组分的质量守恒方程实际就是该组分的浓度的传输方程。

（5）控制方程的通式。控制方程式（10.2-2）、式（10.2-4）、式（10.2-5）、式（10.2-7）的因变量各不相同，但均反映了单位时间单位体积内物理量的守恒性质。用 ϕ 表示通用变量，则各控制方程可表示成通式，即

$$\frac{\partial(\rho \phi)}{\partial t} + \mathrm{div}(\rho \boldsymbol{u} \phi) = \mathrm{div}(\Gamma \mathrm{grad}\phi) + S \tag{10.2-8}$$

式中，通用变量 ϕ 可以代表 u，v，w，T 等求解变量；Γ 为广义扩散系数；S 为广义源项。

从左到右，式（10.2-8）中的各项依次为瞬态项、对流项、扩散项和源项。符号 ϕ，Γ 和 S 与各特定方程的对应关系见表 10.2-1。

表 10.2-1   控制方程通式中各符号的具体形式

方　　程	符　　号		
	ϕ	Γ	S
连续方程	1	0	0
动量方程	u_i	μ	$-\dfrac{\partial p}{\partial x_i} + S_i$
能量方程	T	$\dfrac{k}{c_p}$	S_T
组分方程	c_s	$D_s\rho$	S_s

所有控制方程都可经过适当的数学处理化为通式形式。这样，CFD 程序就只需考虑通用微分方程（10.2-8）的数值解，即用同一程序对各控制方程进行求解。

式（10.2-8）中的对流项采用散度形式，物理量都在微分符号内。在许多文献中，称这种形式的控制方程为守恒型控制方程。守恒型控制方程更能体现物理量的守恒性质，在有限体积法中可方便地建立离散方程，因此得到广泛应用。

（6）湍流的控制方程。湍流是自然界非常普遍的流动类型，矿物加工等工业过程也常常借助湍流来实现某种工业目的，换句话说，湍流在工程中占有重要地位。

湍流运动的特征是流动内的流体质点具有不断互相混掺的现象，其物理量在空间和时间上均是具有随机性质的脉动值。

对于实际工程问题中的湍流流动，通用控制方程式（10.2-4）作为 Navier-Stokes 方程是适用的，但其求解在目前技术条件下是不可能的；另一方面，工程应用中流场瞬时量的取值一般也不会有实际意义。所以，工程中广为采用的方法是：对这种瞬态的 Navier-Stokes 方程做时间平均处理，同时补充反映湍流特性的方程（如湍动能方程和湍流耗散率方程等），并将附加的湍流特性方程也归入通用形式的控制方程（式（10.2-8））中，即可采用同一程序代码求解全部控制方程。

湍流所带有的旋转流动结构，称为湍流涡，简称涡（eddy）。正是流体内不同尺度的涡的随机运动造成了湍流流动中物理量的脉动。为了考察脉动的影响，CFD 广泛采用时间平均法，即把湍流运动看作是时间平均流动与瞬时脉动流动这两个流动的叠加。以 Reynolds 平均法为例，控制方程通用变量 ϕ 的时间平均定义为：

$$\bar{\phi} = \frac{1}{\Delta t}\int_t^{t+\Delta t} \phi(t)\,\mathrm{d}t \tag{10.2-9}$$

式中，上标"−"表示对时间的平均值。若以上标"′"表示脉动值，则，物理量的瞬时值 ϕ、时均值 $\bar{\phi}$ 和脉动值 ϕ' 之间有如下关系：

$$\phi = \bar{\phi} + \phi' \tag{10.2-10}$$

再用平均值与脉动值之和代替其他流动变量，即：

$$\boldsymbol{u} = \bar{u} + u';\ u = \bar{u} + u';\ v = \bar{v} + v';\ w = \bar{w} + w';\ p = \bar{p} + p' \tag{10.2-11}$$

之后，将式（10.2-10）和式（10.2-11）代入瞬时状态的控制方程，并对时间取平均，即可得到湍流时均流动的控制方程。

以可压湍流流动为例，考虑平均密度的变化，但忽略密度脉动的影响（即认为细微的密度变动不对流动带来明显影响），由 Reynolds 平均法能推出可压湍流平均流动的控制方程（注，为方便，除脉动值的时均值外，其他符号的时均值略去了头标"−"），即

连续方程
$$\frac{\partial \rho}{\partial t} + \mathrm{div}(\rho \boldsymbol{u}) = 0 \tag{10.2-12}$$

动量方程（Navier-Stokes 方程）

$$\frac{\partial(\rho u)}{\partial t} + \mathrm{div}(\rho u \boldsymbol{u}) = \mathrm{div}(\mu \mathrm{grad}u) - \frac{\partial p}{\partial x} + \left[-\frac{\partial(\rho \overline{u'^2})}{\partial x} - \frac{\partial(\rho \overline{u'v'})}{\partial y} - \frac{\partial(\rho \overline{u'w'})}{\partial z}\right] + S_u$$
$$\tag{10.2-13a}$$

$$\frac{\partial(\rho v)}{\partial t} + \mathrm{div}(\rho v \boldsymbol{u}) = \mathrm{div}(\mu \mathrm{grad}v) - \frac{\partial p}{\partial y} + \left[-\frac{\partial(\rho \overline{u'v'})}{\partial x} - \frac{\partial(\rho \overline{v'^2})}{\partial y} - \frac{\partial(\rho \overline{v'w'})}{\partial z}\right] + S_v$$
$$\tag{10.2-13b}$$

$$\frac{\partial(\rho w)}{\partial t} + \mathrm{div}(\rho w \boldsymbol{u}) = \mathrm{div}(\mu \mathrm{grad}w) - \frac{\partial p}{\partial z} + \left[-\frac{\partial(\rho\,\overline{u'w'})}{\partial x} - \frac{\partial(\rho\,\overline{v'w'})}{\partial y} - \frac{\partial(\rho\,\overline{w'^2})}{\partial z} \right] + S_w$$

$$(10.2\text{-}13\mathrm{c})$$

输运方程

$$\frac{\partial(\rho\varphi)}{\partial t} + \mathrm{div}(\rho \boldsymbol{u}\varphi) = \mathrm{div}(\Gamma \mathrm{grad}\varphi) + \left[-\frac{\partial(\rho\,\overline{u'\varphi'})}{\partial x} - \frac{\partial(\rho\,\overline{v'\varphi'})}{\partial y} - \frac{\partial(\rho\,\overline{w'\varphi'})}{\partial z} \right] + S_s$$

$$(10.2\text{-}14)$$

方程（10.2-13）称为 Reynolds 时均 Navier-Stokes 方程（Reynolds-Averaged Navier-Stokes，简称 RANS），常直接称为 Reynolds 方程。

时均流动方程多出了很多变量（具体包括 6 个 Reynolds 应力和 5 个时均未知量），使得流动控制方程组不再封闭。为使之封闭，需要引入新的湍流模型（方程），以便求解。

为了使方程组封闭，必须对 Reynolds 应力做出某种假设，即建立应力表达式，把脉动值与时均值等联系起来，但又没有特定的物理定律可以用来建立湍流模型，所以目前的湍流模型只能以大量实验观测结果为基础。根据对 Reynolds 应力所作的处理方式的不同，常用的湍流模型有 Reynolds 应力模型和涡黏模型两大类。

对涡黏模型，对 Reynolds 应力的假设处理是引入名为"湍动黏度"的变量，之后再把湍流应力表示成湍动黏度的函数，因此，控制方程组计算的关键就变成了确定湍动黏度。依据确定湍动黏度的微分方程数目的多少，涡黏模型包括零方程模型、一方程模型、两方程模型。目前两方程模型在工程中的使用最为广泛，具体包括 $k\text{-}\varepsilon$ 标准模型及其各种改进模型（比较著名的是 RNG $k\text{-}\varepsilon$ 模型和 Realizable $k\text{-}\varepsilon$ 模型）。涡黏模型中的 k 为湍动能、ε 为耗散率。

以上给出的是推导湍流模型并使控制方程组封闭的基本思路。从中不难体会到湍流模型本身的复杂性。另外，必须指出，根据流动类型（如可压、不可压，牛顿流体、非牛顿流体，等）的不同，上述各控制方程都还会有更多其他形式。

方便的是，商用 CFD 软件已能将湍流模型的较成熟研究成果囊括在内，也造就了当今 CFD 广泛应用的状况。自然，只有具备比本节内容更深入的必要的 CFD 理论知识，才能有效地使用 CFD 软件。

CFD 模拟计算中，围绕求解控制方程，无论是自己编写程序还是借助商用软件进行计算，需要的基本工作过程是相同的，即：建立控制方程→确立边界条件与初始条件→划分计算网格→建立离散方程→离散边界条件和初始条件→给定求解控制参数→求解离散方程→判断解的收敛性→显示和输出计算结果。为方便应用，CFD 软件将复杂的 CFD 过程集成，只有需要用户设置/确定的数据和参数以用户接口的形式填选，其他的计算工作都由软件实施。

10.2.3　控制方程的离散

计算流体力学的实施过程中，偏微分方程定解问题的数值求解分为两个阶段。首先，用网格线将连续的计算域划分为有限离散点（网格节点）集，选取适当的途径将微分方程（控制方程）及定解条件转化为网格节点上相应的代数方程组，即建立离散方程组。其次，求解离散方程组，得到节点上的解。节点之间的近似解，按插值方法确定，从而得到定解问题在整个计算域上的近似解。

将计算域划分为有限离散点集的过程，称为网格化，所得模型称为网格模型。当网格节点足够密时，离散方程的解将趋于微分方程的精确解。所以，网格在离散过程中起着关键作用。网格的形式和密度对计算结果有着重要影响。相邻节点构成的封闭表面，称为单元。单元间的位置关系称为网格结构。一般地，二维问题中，有三角形和四边形等单元类型；在三维问题中，有四面体、六面体、棱锥体和楔形体等单元类型。

按照因变量在网格节点之间的分布假设及推导离散方程的方法的不同，离散化方法有有限差分法、有限元法和有限体积法等不同类型。同时，离散方法也成为划分 CFD 方法的主要依据，即从离散原理角度，CFD 数值解法大体分为有限差分法（Finite Difference Method，简写为 FDM）、有限元法（Finite Element Method，简写为 FEM）和有限体积法（Finite Volume Method，简写为 FVM）三类，另有谱（元）方法、粒子方法等。这些方法中，有限体积法被大多数 CFD 商用软件采用，是目前 CFD 应用最广的一种方法。

有限体积法的优势在于：导出的离散方程可以保证守恒特性，且离散方程系数的物理意义明显，计算量相对较小，计算效率高。

有限体积法的基本思想是：将控制方程对每一个控制体进行积分，得出一组离散方程。积分的未知数是网格点上的因变量 ϕ。为了求出控制体的积分，必须假定 ϕ 在网格点之间的变化规律。有限体积法中，因变量 ϕ 在有限大小的控制体中的守恒原理，就如同微分方程表示因变量在无限小的控制体中的守恒原理一样，所以有限体积法的离散方程有直接物理意义。

有限体积法的流动区域离散实施过程是：把待计算区域划分为多个互不重叠的子区域，即计算网格（grid），然后确定每个子区域中的节点位置和该节点所代表的控制体。区域离散化过程结束后，便可得到由四类几何要素（即节点、控制体、界面、网格线）描述的网格模型。

离散时所假定的 ϕ 在网格点之间的变化规律，常称为离散格式。CFD 中出现的离散格式分为一阶离散格式和高阶离散格式。一阶离散格式有中心差分格式、一阶迎风格式、混合格式、指数格式、乘方格式等多种；高阶离散格式有二阶迎风格式、QUICK 格式、改进 QUICK 格式等多种。不同离散格式的稳定性、稳定条件、精度、经济性各不相同，实际计算时要统筹选择。

控制方程在时间域上离散时，可以选择显式时间积分方案、Crank-Nicolson 时间积分方案、全隐式时间积分方案等，同样，需要酌情选择。其中全隐式方案应用最为广泛。

10.2.4 计算流体力学的软件结构

FLUENT 等较成熟商用软件的出现，为研究人员提供了很大的便利。

所有商用 CFD 软件均包括 3 个基本环节：前处理、求解和后处理，与之对应的程序模块常简称前处理器、求解器、后处理器。

（1）前处理器。前处理器（preprocessor）用于完成前处理工作，输入所求问题的相关数据。前处理阶段需要进行的工作（有赖于用户通过软件交互界面输入所需参数）包括：

1）定义所求问题的几何计算域；

2）将计算域划分为多个互不重叠的子区域，得到由单元组成的网格；

3）对所求问题进行抽象，选择相应的控制方程；

4）定义流体的属性参数；

5）为计算域边界处的单元指定边界条件；

6）对于瞬态问题，指定初始条件。

CFD 数值解的精度由网格单元的数量决定。一般来说，网格单元数量越多，所得解的精度越高，但需要的计算机资源（内存、CPU、收敛所耗费机时等）也相应增加。所以，在生成计算网格时，要把握好计算精度与计算成本之间的平衡。

目前，使用商用 CFD 软件进行数值模拟时，几何区域的定义及计算网格的生成基本上都会花去 50% 以上的时间。

（2）求解器。求解器（solver）用于求解控制方程组，其核心是数值求解方案。有限体积法是目前商用软件广泛采用的方法。FLUENT 的求解方案即为有限体积法。求解器完成的工作包括：

1）借助简单函数来近似待求的流动变量；

2）将近似关系代入连续型的控制方程中，得到离散方程组（代数方程组）；

3）求解代数方程组。

求解器使用过程中，需要用户设置一系列控制求解过程的参数，尤其包括监视求解过程的参数，如残差等。

（3）后处理器。后处理器（postprocessor）用多种方式显示/打印计算结果数据，以便观察和分析这些结果。

后处理器的功能包括：显示计算域的几何模型，显示网格，以多种方式显示结果数据、显示动态流动效果，对显示图形的图像处理功能（如平移、缩放、旋转），统计计算结果等。其中，结合用户设置，数据结果可以显示为物理量的矢量图、等值线图、云图（填充的等值线图）、XY 散点图、粒子轨迹图等多种形式。

目前，主流的 CFD 数值模拟软件有 ANSYS、FLUENT（FLUENT 公司于 2006 年被 ANSYS 公司收购）、PHOENICS、EDEM 等。其中，EDEM 是模拟和分析颗粒系统运动的通用 CAE 软件，可以与 FLUENT 耦合使用。

10.3　采用软件进行矿物加工 CFD 模拟的方法

本节以 FLUENT 软件为例介绍矿物加工 CFD 模拟的具体方法和步骤。

FLUENT 广泛应用于模拟各种流体流动、传热、燃烧和污染物运移等问题，是处于领先地位的 CFD 商业化软件。FLUENT 由美国 FLUENT 公司于 1983 年推出，是继 PHOE-NICS 之后的第二个投放市场的基于有限体积法的软件，是目前功能最全面、适用性最广、国内外使用广泛的通用 CFD 软件之一。2006 年 5 月开始，ANSYS 公司将 FLUENT 纳入其 Workbench 环境中，并加大对 FLUENT 核心技术的投资，确保 FLUENT 在 CFD 领域的领先地位。

FLUENT 采用多种求解方法（包括基于压力的分离求解器、基于压力的耦合求解器、基于密度的隐式求解器、基于密度的显式求解器）和多重网格加速收敛技术、灵活的非结构化网格和基于解的自适应网格技术，包含非常丰富、经过工程检验的物理模型，在高超音速、转换与湍流、传热与相变、化学反应与燃烧、多相流、旋转机械、动/变形网格、噪声、材料加工、燃料电池等方面有广泛应用。

FLUENT 软件使用 C 语言开发完成，支持包括 UNIX 和 Windows 等在内的多种平台，支持基于 MPI 的并行环境。FLUENT 的用户界面采用 Windows 风格，计算结果可以采用多种方式显示、存储和打印，甚至传送给其他软件。FLUENT 还提供了用户编程接口，允许用户定制或控制相关的计算和输入输出。

FLUENT 本质上只是求解器，其提供的主要功能包括导入网格模型、提供计算的物理模型、施加边界条件和材料属性、求解和后处理。GAMBIT（常被选用）、TGrid、prePDF 等软件均可作为 FLUENT 软件的前处理器。另外，FLUENT 的计算结果也可以在导出之后采用其他后处理软件（如 Tecplot）进行后处理。

10.3.1 准备工作

在使用 FULENT 进行矿物加工数值模拟前，首先应针对待解问题，制定求解方案。制定求解方案时需要考虑以下几个因素：

（1）CFD 计算目标。确定从模拟获得什么样的结果（含模型精度）、怎样使用这些结果。

（2）计算模型。考虑对物理系统进行怎样的抽象概括，包括计算域的范围、边界及边界条件、维数（2D 还是 3D）、离散网格的拓扑结构等。

（3）物理模型。考虑/判断对象流体的性质，包括流体有无黏性，是层流还是湍流，是可压的还是不可压的，是单相的还是多相的，流动是稳态还是非稳态（或瞬态），热交换是否考虑，是否需要基本控制方程之外的其他物理模型。

（4）求解过程。考虑 FLUENT 求解器的现有公式是否够用，是否需要增加其他参数，是否有更好的求解方式可使收敛速度加快，计算机内存对网格的适用情况，达到收敛需要多长时间。

考虑并准备好这些问题，相当于确定计算流体力学模型的建模目的和求解的具体模型范围、类型、计算过程，之后方可开始 CFD 模拟工作。

10.3.2 CFD 模拟的求解步骤

做好准备工作之后，FLUENT 流动模拟需按下列过程进行：

（1）创建几何模型和网格模型。几何模型的建立和网格划分一般均采用前处理器 GAMBIT 进行。但是，几何模型也可以先在前处理软件（如 GAMBIT）之外的其他 2D/3D 软件中完成，再导入到前处理软件中实现网格划分。

（2）启动 FLUENT 软件，导入网格模型。启动时要选择是 2D 还是 3D 模型（具体操作中，依版本不同，也可以是启动后再选定），是采用单精度求解器还是双精度求解器。导入的网格模型文件一般称为案例文件，带"cas"扩展名。

（3）检查网格模型。FLUENT 自己不能生成网格，但在导入网格后，可以对网格进行平移与缩放、区域的合并或分割、并行计算子域的划分、网格质量的改善（包括 smoothing，swapping faces）等操作。检查网格模型后，可以对网格进行诊断、报告内存使用情况及网格拓扑结构、显示网格统计结果（包括节点、面、单元的个数，计算域内单元的体积最大值和最小值）、检查各个单元是否包含合适的节点数和面数（即模型中网格及网格结构的完备性）。网格检查的目的是确认网格模型是否可以直接用于 CFD 求解。

（4）选择求解器及运行环境。FLUENT 求解器有分离式和耦合式两种，两种方式都是在某初值下的迭代过程，直至收敛。分离式求解器是先在全部网格上求解某个方程，再求解另一个方程，即顺序地、逐一的求解各方程；耦合式求解器是同时求解所有方程组。耦合式求解器又有隐式和显式两种方案。FLUENT 默认使用分离式求解器。运行环境需要选择参考压力、重力选项，默认情况下，FLUENT 不计重力影响。

（5）确定计算模型。为适应多种行业流体的模拟，FLUENT 提供了丰富而全面的计算模型，且操作简单（通过勾选对话框窗口中的选择项实现对计算模型的设定）。这时，具体包含的设定有，是否考虑热交换（即是否进行能量方程的计算），流动的黏性模型（是无黏、层流还是湍流），是否多相，是否存在组分变化和化学反应，是否考虑凝固和熔化等。FLUENT 的湍流模型包括 Spalart-Allmaras 单方程、k-ε 双方程、k-ω 双方程、Reynolds 应力和大涡模拟五种湍流模型。FLUENT 提供 3 种多相流模型，即 VOF 模型、混合模型和欧拉模型。使用时需要根据求解对象的流动特性选择适宜的计算模型。

（6）设置材料特性。FLUENT 中，流体和固体的物理属性都用材料（material）这个术语表示。材料特性用于代表流体或固体的物理属性。FLUENT 计算时需要为每个计算区域指定一种材料。特别地，在组分计算中采用 Mixture 材料、在离散相模型中还需定义附加材料。FLUENT 软件内含材料数据库，其中已经提供 air、water 等常用材料，也允许用户创建新的材料。一种“材料”包含的属性有密度或分子量、黏度、比热容，热传导系数、质量扩散系数、标准状态焓等。

（7）设置边界条件。边界条件是施加在流动的边界和区域上的，所以早在生成网格模型阶段，就要标记出（即命名）流动的边界和区域，只有这样才能在本步骤中通过选择相应的名称，进行设置。FLUENT 提供有数十种边界条件，分成四大类型，即进口边界与出口边界（包括速度进口、压力进口、质量进口、进风口、进气扇，出流、压力出口、压力远场、排风口、排气扇），壁面/重复/轴类边界（包括壁面、对称、周期、轴），内部单元区域（包括流体、固体），内部表面边界（包括风扇、散热器、多孔介质阶跃条件、内部界面）。这些边界条件需要根据具体流动进行设置。在 FLUENT 中，除了可以对边界条件进行设置外，还可以进行改变（网格模型中指定的）边界、复制边界、定义非均匀边界等操作。另外，进口、出口及远场边界的湍流参数也在这一步设置。

（8）调整用于控制求解的参数并初始化流场。为更好地控制求解过程，需要对求解器进行一些具体设置，包括离散格式、亚松弛因子、求解限制项以及初始化场变量并设置求解过程的监视参数。离散格式和亚松弛因子将影响求解器的性能；求解限制项是为了保证流场变量在指定范围内，预防某些极端条件下出现解的不稳定；初始化场变量用于向 FLUENT 提供解的初始猜测值，以便开展流场求解的迭代过程，其值对解的收敛性有重要影响；求解过程的监视参数包括各变量的残差、统计值、力、面的积分、体的积分等，FLUENT 通过监视窗口允许用户监视当前求解计算结果和求解计算的收敛性；对于非稳定流动，还可以监视时间进程。

（9）运行求解。开始并进行流场迭代计算。注意稳态问题求解和非稳态问题求解的迭代启动设置有所不同。

（10）后处理。包括对求解结果数据的显示、观察、统计、导出、存储/打印等工作。FLUENT 显示/输出计算结果的形式非常丰富，包括显示速度矢量图、压力等值线图、等温线图、压力云图，绘制 *XY* 散点图、残差图，生成流场变化的动画，报告流量、力、界面积分、体积分及离散相的信息等。

（11）判定结果是否合乎要求。若不满意，则可以根据需要，修改网格或计算模型，重新计算。另外，也可以对某些参数进行优化设置后再次进行模拟求解。比如，细化网格以提高求解精度。再如，更改求解模型，进行不同条件下数值试验结果的对比。

10.3.3 搅拌槽 CFD 模拟

本节以搅拌槽的计算流体力学模拟为例，说明如何采用 FLUENT 进行矿物加工 CFD 模拟。

该模拟将利用压力基求解器和欧拉多相模型求解搅拌槽颗粒悬浮问题，并采用用户自定义函数（User-Difined function，简写为 UDF）来模拟搅拌槽内的旋转叶轮。该例来自 FLUENT 公司（Fluent Inc.）的教程（具体为 FLUENT 6.3 Tutorial Guide）。

10.3.3.1 模拟对象

模拟对象为图 10.3-1 所示流域的搅拌槽，搅拌槽内含有搅拌器，搅拌器近底位置装有搅拌叶轮。流域内被混合的物料为水和沙粒（直径为 111μm），搅拌启动前沙粒位于搅拌槽底部且高度为叶轮所处位置之上。流域几何模型属 2D 轴对称模型。

用户自定义函数 UDF 是用户使用 C 语言编写的函数，可被 FLUENT 软件动态加载，从而增强 FLUENT 软件的已有功能。为方便，模拟计算中采用 UDF 设置方式来处置搅拌器。即用户自己定义相间动量交换的计算方式，这样做可以避免为搅拌器建模。模拟中，搅拌器所在位置的时间平均速度和湍流量均来自实验数据。

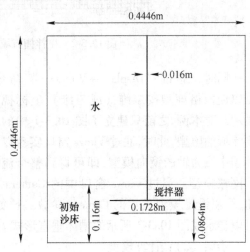

图 10.3-1 搅拌槽问题示意图

10.3.3.2 模拟计算

搅拌槽 FLUENT 模拟的设置和求解过程按如下步骤进行。

步骤（1）：几何模型与网格模型。

启动 FLUENT，注意采用 2D 单精度求解器。通过执行"File→Read→Case…"菜单命令读入网格文件（例如，mixtank.msh）。该文件中的网格模型按图 10.3-1 对象尺寸建立（实际只需画流域的左半侧网络模型），为二维模型，并已在前处理软件（如 GMBIT）中完成网格划分。自然，进行网格划分前，已经完成了如 10.3.1 节所述的针对模拟问题的分析准备工作。

执行"Grid →Check"命令，进行网格检查，确保模型中最小网格的体积非负。否则，FLUENT 将无法进行后续计算。

执行"Grid →Scale…"命令，设置模拟计算区域的界定尺寸，保证几何模型采用的单位制被 FLUENT 软件正确解读，即保证模拟模型的几何尺寸与实际对象相符。

执行"Display→Grid…"命令，在显示器上显示网格模型（如图 10.3-2 所示），从中可以看到流域被分为 3 类区域（zones）。这时，还可以通过"网格显示"窗口进行设置，以使屏幕上只显示用户感兴趣的某个/某些局部。自然，根据观察需要，可以对网格模型进行缩放、拖动、旋转等操作，也可设置用不同的颜色显示模型中的不同对象（用 ID 标记）。

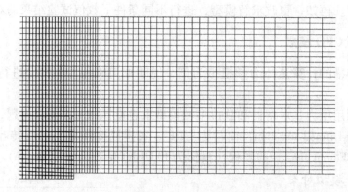

图 10.3-2　搅拌槽流域（左半部分）的网格模型

同时，通过"Display→Views…"命令，可以使网格模型按二维（或三维）坐标视图显示。对本例，之前只建立了图 10.3-1 中的左侧流域的模型，此时，通过 Views 窗口实现以搅拌器中线为轴的镜向模型，即可得到整个流域的网格模型。通过 Views 窗口中的 Camera 按钮，可以设置模型显示的 Camera 参数。比如，可以显示成图 10.3-3 所示的槽体垂直形式。

步骤（2）：计算模型。

执行"Define→Models→Solver…"命令，设置求解器的细节参数，包括采用压力基求解器，空间上为轴对称模型，时间上为非稳态形式。另有些选项设置由软件缺省选定，不用鼠标操作。

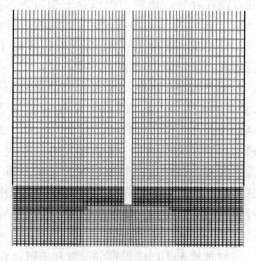

图 10.3-3　搅拌槽流域的网格模型（按垂直显示）

执行"Define→Models→Multiphase…"命令，选择欧拉模型，保留"两相"这个流域材料数目的设置。

执行"Define→Models→Viscous…"命令，设置采用 k-ε 双方程湍流模型，近壁处理方式为标准壁面函数法，并为刚选定的 k-ε 多相模型选择"Dispersed"多相湍流模型。因为模拟流域内以水为主导相且两种物料的密度比约为 2.5，再加流域的斯托克斯数远低于1，所以颗粒相动能对液相的影响不大，可以只求解连续相的湍流方程。

执行"Define→Operating Conditions…"命令，设置流动环境为考虑重力加速度，且设定重力加速度的方向为几何模型之 X 坐标，大小为 $-9.81\mathrm{m/s}^2$。

步骤（3）：物料性质。

被模拟流体包含两种物料（即 Material，文献中一般称材料，本书按矿物加工过程习惯称为"物料"），水和沙粒。液相的"水"物料可以直接从 FLUENT 材料库中拷贝到计算模型中，但固相的"沙粒"物料，需要新建，因为自带材料库中没有这种物料。

执行"Define→Materials…"命令，在 Materials 窗口内，设置物料名称为"sand"，密度为 $2500\mathrm{kg/m}^3$，单击 create 按钮，即可生成一种名为"sand"的新物料。

步骤（4）：相。

执行"Define→Phase…"命令，设置模拟流动的 phase-1 为主相且主相物料为之前拷自 FLUENT 材料库的 water-liquid 物料、模拟流动的 phase-2 为第二相且第二相物料为新建的 sand 物料。同时，对 phase-2 相，将其性质设置为直径 0.000111m 的"Granular"性质，并设置沙粒的颗粒黏度、体积黏度、充填限制（为 0.6）。再单击"Interaction…"按钮设置两相之间的作用模式，阻力系数选择"gidaspow"参数，该参数用于计算相间动量传递。

步骤（5）：用户自定义函数 UDF。

如前所述，搅拌器的模拟采用 UDF 固定速度。搅拌器的时均速度矢量的分量和湍流的数据信息由实验测量结果确定，具体可表示为如下多项式函数

$$变量 = A_1 + A_2 r + A_3 r^2 + A_4 r^3 + \cdots \qquad (10.3\text{-}1)$$

式中，r 代表半径。多项式的阶数取决于拟合数据。所采用的多项式系数见表 10.3-1。

表 10.3-1　例中 UDF 采用的搅拌器多项式函数系数

变量名称	A_1	A_2	A_3	A_4	A_5	A_6
速度分量 u	$-7.1357\mathrm{e}-2$	54.304	$-3.1345\mathrm{e}+3$	$4.5578\mathrm{e}+4$	$-1.966\mathrm{e}+5$	
速度分量 v	$3.1131\mathrm{e}-2$	-10.313	$9.5558\mathrm{e}+2$	$-2.0051\mathrm{e}+4$	$1.186\mathrm{e}+5$	
湍动能	$2.2723\mathrm{e}-2$	6.7989	-424.18	$9.4615\mathrm{e}+3$	$-7.725\mathrm{e}+4$	$1.8410\mathrm{e}+5$
耗散率	$-6.5819\mathrm{e}-2$	88.845	$-5.3731\mathrm{e}+3$	$1.1643\mathrm{e}+5$	$-9.120\mathrm{e}+5$	$1.9567\mathrm{e}+6$

执行"Define→User-Defined→Functions→Interpreted…"命令，在"Interpreted UDFs"窗口中，输入准备好的源文件名（如名为 fix.c），并选择显示汇编列表选项，之后单击"Interpret"按钮，即可在 FLUENT 中编译 UDF 文件。

步骤（6）：边界条件。

本例模型不含出口边界条件，但搅拌槽内部流域被分为 3 个区域（zones），分别是搅拌器对应的区域、沙粒的初始位置区域、搅拌槽的其余部分。此处仅搅拌器区域需要设置，即需要借助 UDF 分别设置搅拌器区域的两种相（液相 water 和固相 sand）的边界条件。

执行"Define→Boundary Conditons…"命令，设置域名为"fix-zone"的搅拌器区域，选定 water 相，再选定"Fixed Values"，为搅拌器选定轴向速度参数取值为"udf fixed-u"、径向速度取值为"udf fixed-v"、湍动能 k 取值为"udf fixed-ke"、湍动能耗散率 ε 取值为"udf fixed-diss"。接着，选定 sand 相，同样选定"Fixed Values"，设置搅拌器轴向速度参数取值为"udf fixed-u"、径向速度取值为"udf fixed-v"。

步骤（7）：求解。

执行"Solve→Controls→Solution…"命令，设置各控制方程的亚松弛因子（Under - Relaxation Factors）分别为0.5，1，1，0.2，湍流黏度取0.8，其他参数采用缺省值。

执行"Solve→Monitors→Residual…"命令，设置计算过程中在显示器上显示残差趋势图。

执行"Solve→Initialize→ Initialize…"命令，确认采用系统显示的变量初始值，进行流场初始化。

执行"Solve→Initialize→ Patch…"命令，用"打补丁"方法为第二相sand设置初始体积分数，即沙粒在搅拌槽内的起始"Volume Fraction"值为0.56。

执行"Solve→Iterate…"命令，设置时间步长为0.005s、每时间步的最大迭代次数为40。

执行"File→Write→Case & Data…"命令，分别为模型Case文件和Data文件命名并保存。

到此，模拟问题的所有设定都已经完成。但为谨慎起见，先要运行1个时间步长的模拟计算，以便观察和确认"UDF速度预处理文件已被执行且其变量值能够在屏幕上显示"。

执行"Solve→Iterate…"命令，设置时间步数为1，进行0.005s时长的模拟计算。再执行"Surface→Zone…"命令，如名为"fix-zone"的区域创建一个表面（Surfaces，是CFD软件可视化流场参数的几何区域，类型包括区域表面、点表面、线表面、平面表面等。此处用到的是区域表面，即新建表面与模拟模型原有的某个区域相同），以便显示观察流场变量取值。

通过两次执行"Display→Vectors…"命令，分别设置在显示器显示相water和相sand的初始搅拌速度。具体地，在矢量显示窗口中，选择显示速度矢量，选择相water，选择对速度及速度幅值进行彩色显示，显示面选择刚才新建的区域表面。这样，就可在显示器上看到水的速度矢量图（如图10.3-4所示）。对相sand进行同样的设置后，可在显示器上看到沙粒的速度矢量图（如图10.3-5所示）。需要说明，两幅速度矢量图都是彩色的，不同颜色表示不同的速度幅值；而速度矢量用带箭头的短线表示，短线的长度和箭头指向分别代表被显示面上速度分量的大小和方向（如图10.3.4b所示）。

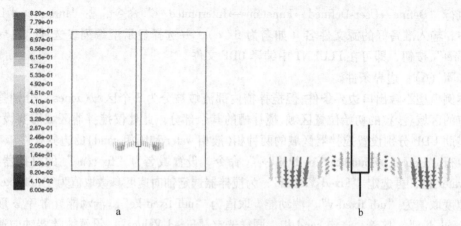

图 10.3-4　搅拌器内水的起始速度矢量图（m/s）

a—完整显示；b—局部放大

根据观察需要,执行"Display→Contours…"命令,设置等值图显示模式为"Filled",显示对象为"Phases"及"Volume fraction"、设置显示的相为"sand",确认后可以在显示器上看到搅拌槽内沙粒床的初始位置(如图 10.3-6 所示)。沙粒等值图中,不同的填充颜色代表沙粒体积分数不同。此时,沙粒体积分数最小值为 0、最大值为 0.562。

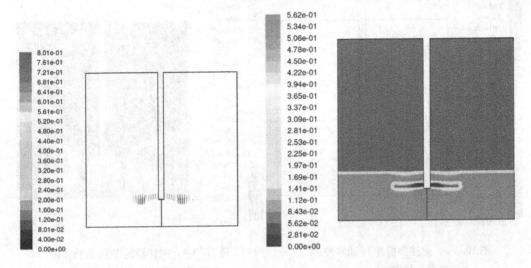

图 10.3-5　搅拌器内沙粒的起始　　　　图 10.3-6　搅拌槽内沙粒的起始
　　　　速度矢量图 (m/s)　　　　　　　　　分布等值图 (体积分数)

为对比,可通过执行"Solve→Iterate…"命令,设置时间步数为 199,令模拟计算进行 200 个时间步 (即搅拌槽运行 1s)。之后,通过一系列的显示设置,可以得到搅拌槽经过 1s 搅拌后,各相的速度矢量图 (如图 10.3-7、图 10.3-8 所示) 及沙粒体积分数的等值图 (如图 10.3-9 所示)。图 10.3-7 中,相 water 在搅拌器周围已经初步形成环流,但环流还没有扩展到槽体上部;图 10.3-8 中,相 sand 在搅拌器周围也形成明显环流,而槽体上

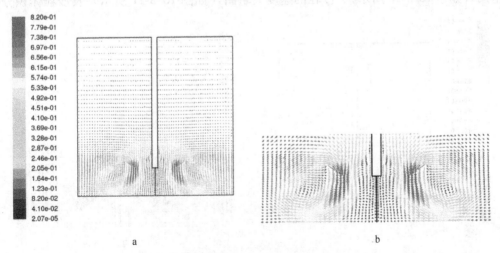

a　　　　　　　　　　　　　　　　b

图 10.3-7　搅拌器搅拌 1s 后水的速度矢量图 (m/s)
a—完整显示;b—局部放大

部却没有沙粒；图 10.3-9 中，搅拌器将沙粒从初始床位置改变成了明显的流动状态，同时沙粒床位置被些许抬高，而且由于沙粒与水的混合，沙粒的最大体积分数（为 0.549）已经减少。

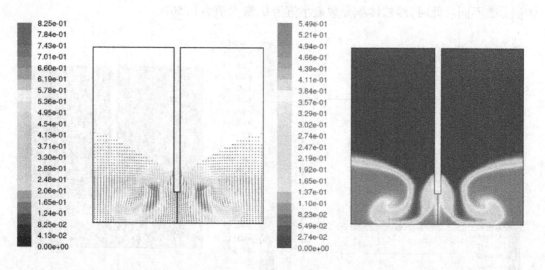

图 10.3-8　搅拌器搅拌 1s 后沙粒的　　　　图 10.3-9　搅拌器搅拌 1s 后槽体内
　　　　速度矢量图（m/s）　　　　　　　　　　沙粒分布的等值图（体积分数）

在上述初步模拟计算后，数值解已经稳定了。这时，可通过执行 "Solve→Iterate…" 命令，设置时间步长为 0.01s、时间步数为 1900，令模拟计算再进行 19s。所以，此次瞬态流动模拟的总搅拌时间至此已达 20s，搅拌槽内的流动已经接近稳态了。

执行 "File→Write→Case & Data…" 命令，保存模拟案例文件和计算结果。

步骤（8）：后处理。

分别执行 "Display→Vectors…" 和 "Display→Contours…" 命令，设置得到水的速度矢量图（如图 10.3-10 所示）、沙粒的速度矢量图（如图 10.3-11 所示）及沙粒体积分数

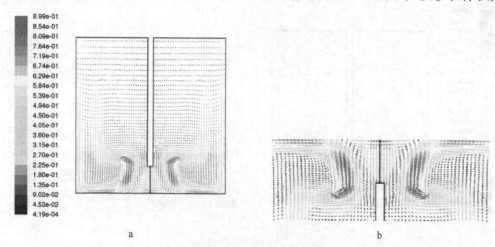

a　　　　　　　　　　　　　　　　　　b

图 10.3-10　搅拌器搅拌 20s 后水的速度矢量图（m/s）
a—完整显示；b—局部放大

分布等值图（如图 10.3-12 所示）。经过 20s 时间的搅拌，图 10.3-10 中，槽体的下部，水的环流已经非常明显；图 10.3-11 中，沙粒已经悬浮于槽体的相当高位置，但还是没有到达槽体顶部，这是因为槽体顶部的水流速度（对沙粒的托举作用）还不足以克服沙粒所受重力；图 10.3-12 中，沙粒流的最大体积分数已经减少为 0.249。

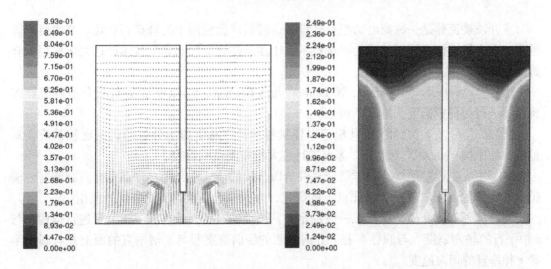

图 10.3-11　搅拌器搅拌 20s 后沙粒
的速度矢量图（m/s）

图 10.3-12　搅拌器搅拌 20s 后槽体内沙粒
分布的等值图（体积分数）

后处理时，可以根据需要进行多种显示。例如，执行"Display→Contours…"命令，设置等值图显示模式为"Filled"，显示对象为"Pressure"及"Static Pressure"、并设置显示的相为"mixture"，确认后可以在显示器上看到搅拌 20s 后槽内的静压分布等值图（如图 10.3-13 所示）。图 10.3-13 所示静压分布中，因受到槽体底部位置的搅拌器的影响，槽体底部流体静力学压力的数值会存在轻微偏差。

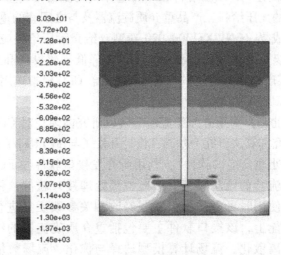

图 10.3-13　搅拌器搅拌 20s 后槽体内混合流动的静压分布等值图（pascal）

必须指出，通过改进网格及采用更高阶的差分方案，该搅拌槽模拟计算的精度还能得到进一步提高。

10.4　重介质旋流器的 CFD 模拟

重介质旋流器是一种离心力型分选设备，目前广泛应用于处理矿石和煤。在主要产煤国家，重介质旋流器选煤已成为首选技术。中国新建选煤厂和老厂技术改造大多采用重介旋流器选煤技术。

国外，Narasimha、Brennan、N. Lourens 与 J. Bosman、Slack 等学者对重介质旋流器或旋流器进行过模拟研究，本节不讨论。

国内，重介质旋流器的 CFD 模拟以煤炭科学研究总院唐山分院的研究比较系统，其他单位如中国矿业大学（北京）等也进行了大量相关模拟研究。

本节中，主要参照煤炭科学研究总院唐山分院的研究，介绍二产品重介质旋流器的模拟；主要参照中国矿业大学（北京）的研究，介绍三产品重介质旋流器的模拟。

对旋流器和重介质旋流器，一般约定，其流动的速度矢量按如下三分量进行描述：与 z 轴平行的轴向速度、与圆柱半径 r 方向一致的径向速度和与 z 轴垂直的面上并与圆柱半径 r 相垂直的切向速度。

煤炭科学研究总院唐山分院对重介质旋流器 CFD 模拟研究的主线是：首先，采用理论分析方法，研究流体力学特性和矿粒在重介质旋流器中的运动规律；其次，结合实验测试对旋流器进行模拟研究以筛选适合旋流器 CFD 模拟的湍流模型，进而对国内常用的有压两产品重介质旋流器 DSM 进行模拟研究并进行 LDV 实验测量，研究重介质旋流器 CFD 模拟的关键技术；再次，对无压两产品重介旋流器 DWP 进行 CFD 模拟研究，再以两产品旋流器的模拟研究结果为基础，对 DSM-DWP 组合的双给介无压给料重介质旋流器进行 CFD 模拟，研究旋流器结构参数对分选效果的影响；最后，在对这些不同结构的重介质旋流器的模拟研究基础上，对无压给料三产品重介质旋流器结构参数和工艺参数进行优化，提出一种新结构的无压给料三产品重介质旋流器及与之配套的重介质选煤新工艺。文献所见，其模拟研究成果（3NWXS1300/920 新型双给介无压给料三产品重介质旋流器）已成功应用于晋阳选煤厂技术改造工程中，不仅能降低基建投资和运行费用（电耗、介耗），而且提高了精煤产率和分选效率。该系列旋流器 CFD 模拟选用 FLUENT 软件，其前处理和后处理都在 FLUENT 中完成。

中国矿业大学（北京）对重介质旋流器的模拟研究体现在对 CFD 模拟的模型和算法的研究，并以模型研究和算法研究为基础，设计开发了与 FULUENT 软件衔接的"重介旋流器流场数值模拟预处理及接口软件"，利用所开发接口软件与 FULENT，进行 CFD 模拟，研究了重介质旋流器的流场特征。该模拟预处理接口软件，针对两产品和三产品分别进行设计开发，使用时可以多次设置或修改相关参数反复进行模拟，以对流场数值计算进行优化。功能上，该接口软件主要包括重介质旋流器的结构参数设置、结构模型构建、结构模型离散化、流场计算模型选择与优化、流场数值模拟属性及边界条件设置、流场计算参数设置与迭代计算等六个部分。此外，中国矿业大学（北京）也有利用 Solidworks 软件与其自带插件对旋流器进行 CFD 模拟研究。

10.4.1　由旋流器的 CFD 模拟筛选湍流模型

旋流器内流体呈现的是一种复杂的三维旋转流动，到目前为止还不能完全用理论分析方法阐明其流体力学规律。许多学者对旋流器内的速度分布做了大量实验研究，结果表明，旋流器内的流体运动可分为短路流、内旋流、外旋流、空气柱等形式，其流场基本上是由半自由涡流和强制涡流耦合成的螺旋涡流。因此，可以说，重介质旋流器的分选过程，实质上就是流体漩涡的产生、发展和消亡的过程。

流体力学认为，涡是湍流所造就的旋转流动结构。因此，重介质旋流器 CFD 模型的关键是其湍流模型。

为了给 CFD 模拟筛选合适的湍流模型，针对试验台 $\phi100$ 旋流器进行了三种湍流模型的 CFD 模拟，同时进行了旋流器进口流量、进口压强和溢流口流量的激光多普勒测速仪（Laser Doppler Velocimetry，LDV）测量。

相同边界条件下对 $\phi100$ 旋流器模型分别采用 $k\text{-}\varepsilon$、RNG、RSM 三种湍流模型进行试探性数值模拟，考察了三种湍流模型模拟结果中旋流器 XY 剖面上的密度分布与压强分布，发现：只有 RSM 模型能得到完整的空气柱，采用另两种模型时无法得到完整的空气柱。图 10.4-1 为旋流器内不同湍流模型模拟下某截面上的切向速度与采用 LDV 实测该截面位置切向速度结果的比较曲线，从曲线的拟合情况可以看出 RSM 模型模拟结果与实验测量结果拟合的较好。

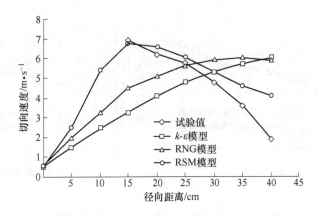

图 10.4-1　旋流器某截面切向速度的 CFD 模拟值与实验测量值的对比

为进一步验证采用 RSM 湍流模型进行重介质旋流器流场模拟的可行性，针对实验室 $\Phi100$ 旋流器，进行了三种直径底流口的旋流器实验测量和 RSM 模拟研究，不同尺寸底流口的旋流器，其入口流量、溢流口流量和入口压强的模拟值与实测值对比如图 10.4-2 所示，由图 10.4-2 可见，实验测量结果与数值模拟结果很接近，说明采用 RSM 湍流模型能够较好地模拟旋流器流场。

10.4.2　DSM 型重介质旋流器的 CFD 模拟

用 FLUENT6.1 软件对 DSM 型重介质旋流器进行了速度场、密度场和压力场的三维模拟，所模拟旋流器的结构参数如图 10.4-3a 及表 10.4-1 所示。采用 LDV 测量了相同运行

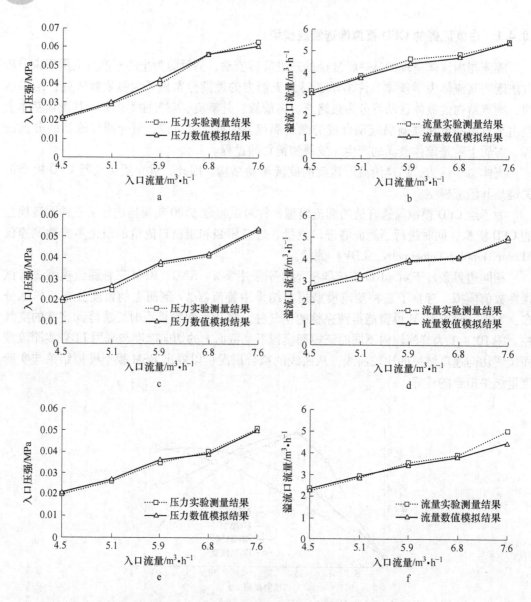

图 10.4-2　三种溢流口的旋流器模拟值与实测值对比

a—不同入口流量下的入口压强(底流口直径取 28mm);b—不同入口流量下的溢流口流量(底流口直径取 28mm);
c—不同入口流量下的入口压强(底流口直径取 30mm);d—不同入口流量下的溢流口流量(底流口直径取 30mm);
e—不同入口流量下的入口压强(底流口直径取 32mm);f—不同入口流量下的溢流口流量(底流口直径取 32mm)

环境下旋流器流场指定截面上的轴向速度和切向速度。

几何模型和网格划分在 Gambit 中进行,因该旋流器入口附近的速度场沿旋流器对称轴呈非对称,所以采用 3D 建模,所得的网格物理模型如图 10.4-3b 所示。

模拟的主要设定参数包括:进口为速度入口,底流口和溢流口均为压力出口,壁面为标准固壁;求解器采用分离式(segregated);离散方法中,压力项用 PRESTO! 法、压力与速度之间的耦合用 SIMPLE 法、三大基本控制方程用 QUICK 法。CFD 模拟的其他参数基本采用软件的缺省设置。

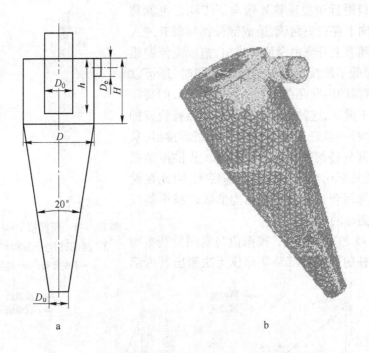

图 10.4-3 所模拟 DSM 重介质旋流器的结构与网格模型

a—结构参数；b—网格物理模型

表 10.4-1 所模拟 DSM 重介质旋流器的结构参数和工艺参数

结构参数和工艺参数	单位	数值	结构参数和工艺参数	单位	数值
旋流器直径 D	mm	98	溢流管插入深度 h	mm	62
锥角	(°)	20	柱段长度 H	mm	85
进口管直径 D_e	mm	25	进口压强 P	Pa	4.9×10^4
溢流管直径 D_o	mm	35	进料流量 Q_e	m³/h	6.88
底流口直径 D_u	mm	27	溢流口流量 Q_d	m³/h	1.72

CFD 模拟后处理中，主要考察了旋流器内的速度场、压力场和密度场的分布情况。图 10.4-4a 所示为旋流器 XY 面剖面的速度分布。图 10.4-4b 所示为旋流器的零轴速包络面。LDV 测速截面的位置为：以旋流器的筒体与圆锥的相交面为基准面，在基准面下方平行截取六个面（六个平行截面与基准面的垂直距离分别为 27mm、47mm、67mm、87mm、107mm、127mm），由上到下依次标号为 Ⅰ、Ⅱ、Ⅲ、Ⅳ、Ⅴ、Ⅵ 截面。各截面上轴向速度的模拟值与实测值的结果如图 10.4-5 所示，各截面上切向速度的模拟值与实测值的结果如图 10.4-6 所示。模拟值与实测值的这些结果对比说明，该 DSM 型旋流器模拟的 CFD 技术是可行的、其模拟结果是有意义的。

由图 10.4-4 可见，沿溢流管外侧，旋流器内存在着一个向下的流动区域，该区域延展到溢流管的下端最后与溢流汇合从溢流管流出。可以认为这种流动导致了分选时会有部分物料在进料口附近顺溢流管外壁向下流动，也就是沿溢流管外壁向下存在短路流，造成部分物料没有进入分选区域而是随着上升流由溢流管排出，造成溢流跑粗的现象，从而降低了旋流器的分选效率。同时，还可以看出，沿着旋流器的内壁存在一个一直到底流口的高梯度速度变化的下滑区，这种存在有利于重粗颗粒快速排出，但是轻细颗粒一旦进入该下滑区也会随着排出，从而造成了一小部分轻细颗粒短路到底流。从模拟结果看，溢流短路的几率比底流短路的几率要大，因此在设计旋流器时应选用合适的工艺和结构参数以减小甚或消除这两种短路流的发生。

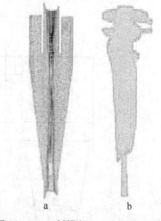

图 10.4-4 　所模拟 DSM 重介质旋流器 XY 面的速度分布和零轴速包络面
a—速度分布；b—零轴速包络面

　　从图 10.4-5 的对比可见，模拟值与实测值基本吻合，由于空气柱的干扰，LDV 测速仪无法测出其内部

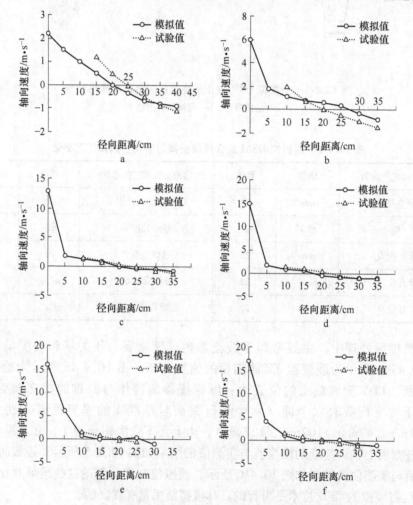

图 10.4-5 　DSM 重介质旋流器各截面上轴向速度的模拟值与实验值对比
a—Ⅰ截面；b—Ⅱ截面；c—Ⅲ截面；d—Ⅳ截面；e—Ⅴ截面；f—Ⅵ截面

的速度分布，但数值模拟结果可以作为补充，为重介质旋流器研究提供支持。从轴向速度值沿径向距离的变化看，旋流器内的轴向速度从器壁越接近中心越高；速度由负变正，大约在旋流器半径的中部通过零点。所有速度为零的点形成所谓零轴速包络面 LZVV（如图 10.4-4b 所示）；该面内部的流体向上流动形成内旋流，而在外部的流体则向下（往底部）流动形成外旋流。

由图 10.4-6 可知，靠近旋流器壁面的测点值与模拟值符合情况不太好，其他测点符合情况较好。旋流器内的切向速度总体的变化趋势是从内向外逐渐升高，在空气柱附近达到最大值；然后逐步下降到最低点。这种变化趋势同强制涡和自由涡相对应，证明旋流器内确实存在着这两种涡。

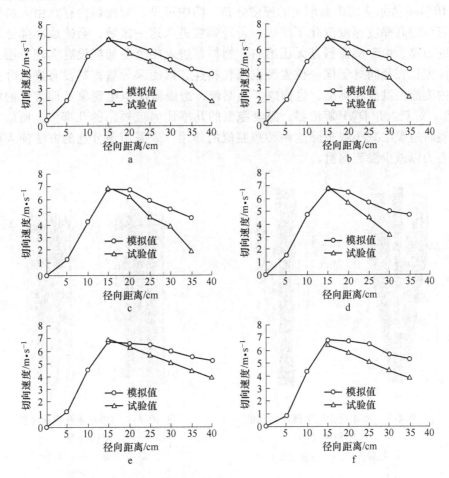

图 10.4-6　DSM 重介质旋流器各截面上切向速度的模拟值与实验值对比
a—Ⅰ截面；b—Ⅱ截面；c—Ⅲ截面；d—Ⅳ截面；e—Ⅴ截面；f—Ⅵ截面

图 10.4-7 为该旋流器 CFD 模拟的压强分布和密度分布。从压强分布图可知，流域的中间形成一个负压区，这个负压区把空气从底流口吸入从溢流口排出，从而形成了空气柱；空气柱截面直径大约为溢流口直径的 0.6 倍，与实验测量到的空气柱直径相符。从密度分布图可知，流域中间存在着一个密度为 $1.225g/cm^3$（空气密度）的区域，也证明了空气柱的存在。

10.4.3　DWP 型重介质旋流器的 CFD 模拟

采用 FLUENT 软件及其 RSM 湍流模型对单入介和双入介两种 DWP 型重介质旋流器流场进行 CFD 模拟，主要对比其速度场、密度场的分布。

在 Gambit 中完成前处理，因旋流器结构上含有入介口，非轴对称，所以采用 3D 几何模型。

CFD 模拟的主要设定参数包括：进口为速度入口，底流口和溢流口均为压力出口，壁面为标准固壁；求解器采用分离式；离散方法中，压力项用 PRESTO！法、压力与速度之间的耦合用 SIMPLE 法、三大基本控制方程用 QUICK 法。

图 10.4-8 所示为旋流器剖面的速度分布，图中可见，旋流器内存在由入料管外壁流向底流口的高梯度速度变化下滑区，若轻颗粒进入这一区域，会造成小部分轻颗粒到底流的短路；由于旋流器是无压给料，物料在进入旋流器初期没有实现分层，且入料口与溢流口在径向处于同一位置经空气柱相连，这使部分重物料没有进入分选区域就随着内旋流由溢流管排出，也构成了短路流，造成溢流跑粗现象（即常说的精煤夹矸现象）。对双入介 DWP 旋流器，溢流跑粗的几率比底流短路的几率大。所以，在设计旋流器时应设法减小或消除这两种短路流的作用，或采用预分选的方法使入料具有初始离心力以减少溢流跑粗。

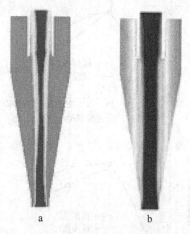

图 10.4-7　DSM 重介质旋流器内部的
压强和密度

a—压强分布；b—密度分布

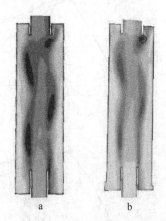

图 10.4-8　DWP 重介质旋流器
速度场分布

a—单入介；b—双入介

以距入介段相同距离（150cm）处的截面为典型截面，进行两种旋流器的速度分布和压强分布对比研究。图 10.4-9 所示为其速度分布对比。由图 10.4-9a 的合速度对比可知，在外旋流区域，单入介旋流器的速度值要大于双入介旋流器的速度；而在内旋流区域，速度反而要比双入介旋流器低。这说明，双入介旋流器入口速度可以比单入介旋流器的低，也能达到良好的分选效果。同时，从速度变化率上看出双入介旋流器能耗低于单入介旋流器。由图 10.4-9b 的轴向速度对比可知，两种旋流器的轴向速度随着半径的减小而增大，与旋流器的理论分析一致；在相同径向位置上，双入介旋流器轴向速度要比单入介旋流器的高，而且零速点距离中心远，说明内旋流区域较大，加快了溢流口的排料速度，有利于缩短分选过程，即处理能力较大。由图10.4-9c的切向速度对比可知，旋流器内的切向速度基本上随半径的减小而逐渐增大，即与半径成反比例，与旋流器理论分析一致。但在相同径向位置上，双入介旋流器切向速度要比单入介旋流器的高，也就是产生的离心力较大，有利于重产物向器壁方向移动，有利于改善分选过程。若根据切向速度与重介悬浮液给入压头的关系式计算，则发现半径60cm处，双入介旋流器的重介质悬浮液给入压力是单入介旋流器的重介质悬浮液给入压力的76%，因此，双入介旋流器的能耗要比单入介旋流器的能耗小。由图10.4-9d的径向速度对比可知，两种旋流器径向速度在半径方向的变化趋势是一致的，都在约1/2半径处达到最大值，然后随半径减小而减小，与旋流器理论分析一致。同时，双入介旋流器径向速度值比单入介旋流器径向速度值要小，有利于重产物进入分离区域，有利于重产物的分选；双入介旋流器径向速度递减梯度也较小，说明其能耗比单入介旋流器的能耗要小。

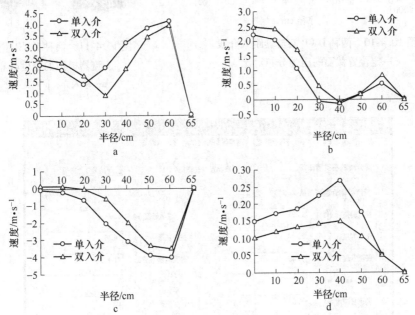

图10.4-9　两种DWP旋流器距入介段一定位置截面的速度场分布对比

a—合速度；b—轴向速度；c—切向速度；d—径向速度

图10.4-10为两种DWP旋流器在上述相同截面上的压强分布对比，可知，两种旋流器的压强在半径方向的变化趋势是一致的，均随半径的减小而减小，与理论分析一致。同时，双入介旋流器压强要比单入介旋流器的要小，有利于重产物进入分离区域，有利于重产物的分选，同时也说明双入介旋流器能耗比单入介旋流器小。

图10.4-11为两种DWP旋流器剖面的密度分布，可知，流域中间存在着一个其密度接近空气密度的区域，说明旋流器中心存在空气柱。

10.4.4　三产品重介质旋流器的CFD模拟

采用"重介旋流器流场数值模拟预处理及接口软件"与FLUENT配合，对3NZX1200-850有压给料三产品重介质旋流器进行CFD模拟。

    所模拟的重介质旋流器的结构参数如图 10.4-12 所示、几何结构如图 10.4-13 所示。这两幅图都来自"重介旋流器流场数值模拟预处理及接口软件"，前者是三产品重介质旋流器结构参数的设置界面，而后者是按所设置参数建立的 3D 几何模型。

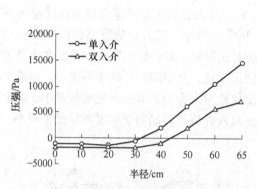

图 10.4-10 　两种 DWP 旋流器距入介段
一定位置截面的压强分布对比

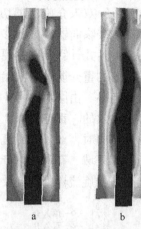

图 10.4-11 　两种 DWP 重介质
旋流器模拟的密度分布
a—单入介；b—双入介

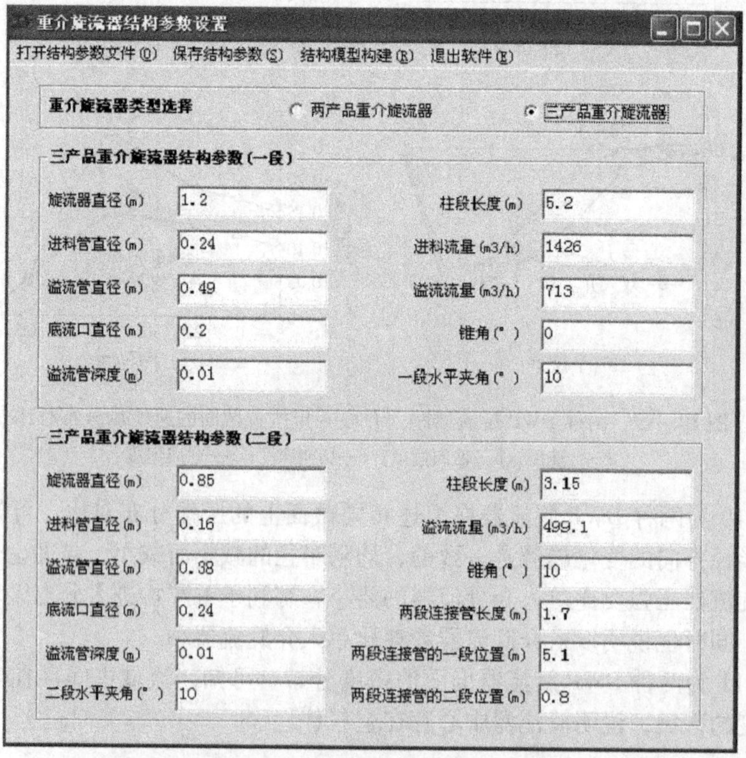

图 10.4-12 　三产品重介质旋流器的结构参数暨设置界面

图 10.4-14 为模拟所得重介质旋流器内流体的运动轨迹图，图 10.4-15 ～ 图 10.4-17

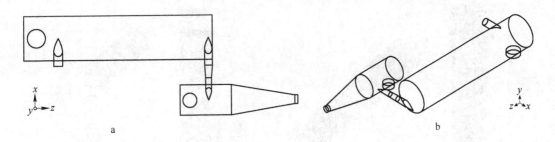

图 10.4-13　所模拟三产品重介质旋流器的几何结构

a—俯视图；b—侧视图

分别为模拟所得重介质旋流器内精煤颗粒、中煤颗粒和矸石颗粒的运动轨迹图。由包括图 10.4-14 ~ 图 10.4-17 在内的模拟研究结果可知，三产品重介旋流器内的流体流动主要可描述为：

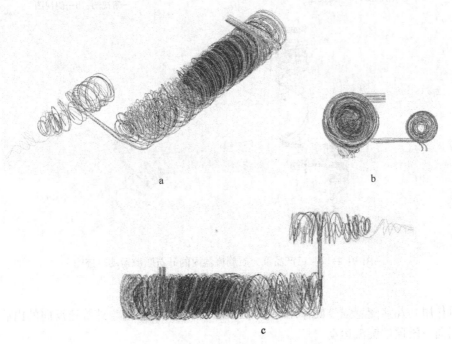

图 10.4-14　三产品重介质旋流器内流体运动轨迹图

a—侧视图；b—后视图；c—底视图

（1）靠近壁面的流体做外旋运动，筒体壁面附近形成强烈的外旋流；外旋流向一段溢流口和一段底流口两个方向迅速扩展，一部分向上运动的外旋流经过一段溢流口时，由溢流口流出；另一部分向上的外旋流旋流至一段顶端壁面时，产生向下的内旋流，这股内旋流经过一段溢流口时，一部分经由一段溢流口流出，剩余部分向一段筒体底端运动。

（2）自给料口给入筒体向一段底流口方向流动的混合液，在运动过程中形成外旋流。部分混合液经一段底流口进入二段分选，另一部分运动至一段底端时，由于受到底端壁面

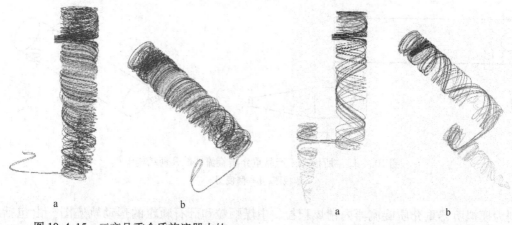

图 10.4-15   三产品重介质旋流器内的
精煤颗粒运动轨迹图
a—俯视图；b—侧视图

图 10.4-16   三产品重介质旋流器内的
中煤颗粒运动轨迹图
a—俯视图；b—侧视图

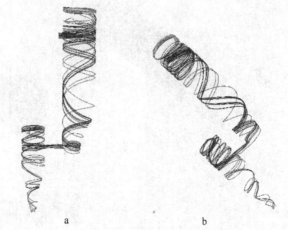

图 10.4-17   三产品重介质旋流器内的矸石颗粒运动轨迹图
a—俯视图；b—侧视图

的阻碍作用，并伴随着强外旋作用，在外旋流内部形成了方向与外旋流反向的内旋流，内旋流朝向一段顶端旋流运动。

（3）入料中，部分密度较轻的入选颗粒，进入一段筒体后，受到筒体内的内旋流和外旋流的作用，在并未运动至一段底端之前，就开始经历内旋流动。

（4）内旋流的分布主要以一段筒体中心轴线为中心，向一段顶端旋流。这股内旋流流至给料口与筒体切线附近时，受给料入流的影响。

（5）伴随着给料的持续，过程（1）至（4）也在持续，使得一段筒体的中上部位置积聚的混合液较一段其他位置的混合液多。一段中实际的分选行为，也主要发生在所述混合液积聚的流场区域范围内。

（6）一段底端的入选颗粒与重介质悬浮液混合液经一段底流口，沿一二段连接管进入二段分选。混合液运动至连接管与二段筒体切线处时，离心行为再次发生；混合液进入二段筒体后，主要以向着二段溢流口和二段底流口的两个方向运动，形成外旋流和内旋流。外旋流和内旋流的共同作用使得混合液中的入选颗粒经过相应的溢流口和底流口时流出，从而实现分选。

（7）进入二段筒体向二段底流口方向运动的混合液形成的外旋流在流经二段底流口时，经由二段底流口流出。入选颗粒中密度较大的颗粒，经由一段的旋流作用，主要积留在二段的底端，并由二段底流口伴随重介质悬浮液一同流出三产品重介旋流器的二段底流口。

（8）二段中密度较轻的入选颗粒，进入二段筒体后，受到筒体内的外旋流和二段锥体壁面的阻碍作用，在并未运动至二段底端之前，即形成内旋流动。

（9）二段内旋流与外旋流的流向反向，内旋流朝向二段顶端旋流运动。内旋流的分布主要以二段筒体沿 Z 轴方向的中心轴线为中心，向二段顶端旋流。这股内旋流流至二段入料口与筒体切线附近时，受到二段入料流的影响。接近入料口与筒体切线处位置的内旋流，受到入料离心旋流的影响，加速向二段溢流口流动；而离二段入料口与筒体切线较远处位置的内旋流，由于受到向二段筒体底端运动的外旋流作用，向二段顶端流动的趋势减缓，但总体上仍然向着二段顶端运动。

（10）二段的内旋流产生过程与一段不尽相同。二段中的大部分内旋流集中形成在二段筒体和锥体的中上部，此外，二段筒体和锥体的中上部位置积聚的混合液较二段其他位置的混合液多。二段中入选颗粒的实际分选行为，也主要发生在所述混合液积聚的流场区域范围内。

10.5　浮选柱的 CFD 模拟

浮选是细粒和极细粒物料分选中应用最广、效果最好的一种矿物加工方法。浮选设备有机械搅拌式浮选机、浮选柱等类型，近十年来浮选柱的工业应用（含选煤、选矿）越来越多。目前对浮选机的数值模拟研究较多，机械搅拌式浮选机和浮选柱的 CFD 模拟研究都较多地见诸文献。本节介绍浮选柱的 CFD 模拟。

浮选柱种类繁多，结构多样，体现在柱体高度、充气方式、矿化方式等很多方面。其 CFD 模拟的几何模型存在明显差别，但都会涉及湍流模型。

中国矿业大学（北京）化学与环境工程学院较早对射流浮选柱 CFD 模拟进行了研究，具体为利用 PHOENICS 软件对美国 Microcel 浮选柱进行单相和两相数值模拟，两相模拟时以"矿化后气泡"为一相、其余矿浆为另一相，研究了浮选柱的结构参数和操作参数对浮选柱流场的影响，并应用相似准则确定出大型双射流浮选柱的主要结构参数。

中国矿业大学化工学院多年致力于旋流—静态微泡浮选柱的研制、开发与应用研究，并对其进行了多角度的 CFD 模拟和流体力学测量实验，多次得到与测量实验结论吻合度较高的数值模拟结果。其 CFD 模拟基本采用 FLUENT 软件进行。

旋流—静态微泡浮选柱由柱选段、管流段及旋流段组成，将逆流、旋流、管流等多种不同的流态集成在一个柱体中去适配浮选过程中矿物可浮性的变化，因此选择性更好、回收率更高。旋流—静态微泡浮选柱 CFD 模拟时，往往先对整个浮选柱进行单相或气—液两相的数值模拟，得出完整的流场信息，再重点针对某部分，分析其流场规律。例如，对浮选柱进行两相模拟，是将原本的气—液—固三相浮选体系简化为气—液两相（流体内的固体颗粒归于液相），采用欧拉—欧拉双流体模型和标准 k-ε 双方程湍流模型计算两相流、采用相 SIMPLE 算法计算压力－速度耦合、采用二阶迎风格式离散控制方程，对旋流－静态微泡浮选柱进行 CFD 非稳态求解。目前的许多研究结果认为，柱选段内部以简单的逆流流态为主、管流段以其高气含率和高紊流实现对最难浮矿物的回收。限于篇幅，下面仅简要介绍对旋流段的模拟分析，以窥其一角。

图 10.5-1 为某直径为 1m 的旋流—静态微泡工业浮选柱模拟研究的几何模型与气相流线、液相流线，旋流段内部，气、液两相的流动均以切向运动为主，锥上区域气相流动具有向心和向上的趋势，锥下区域液相旋流向下运动。

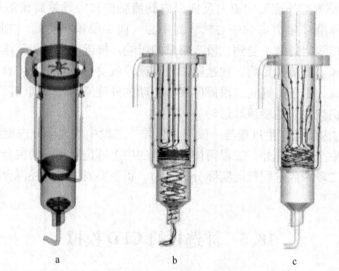

图 10.5-1   某旋流—静态微泡浮选柱模拟的几何模型与液相、气相流线

a—几何模型；b—液相流线；c—气相流线

另外一项对直径 0.1mm、高 2m 有机玻璃浮选柱的实验测量和模拟研究也表明，旋流段流体的速度以切向速度为主，且有着明显的分布规律，即旋流段内部流体以同一方向切向速度进行旋转运动，在边壁和中心处速度为最小，接近于 0，在一定半径处存在着切向速度的最大值，不同高度的最大切向速度出现在大约相同的半径处。以切向速度的最大值点为界形成内外两个漩涡，外围是类自由涡，内部是类强制涡。而旋流段流体的径向速度比较小，且分布比较复杂。旋流段流体的轴向速度相对径向速度较大，速度分布呈对称分布，随循环量的提高，轴向速度的零点向中心靠拢，最大值出现在不同横截面的相近半径位置。

10.6   粉体表面改性机的 CFD 模拟

非金属矿加工处理是矿物加工工程的有机组成部分，其加工设备内部多为气固流场。目前，国内外对非金属矿粉体加工设备流场模拟的研究也较地多见诸文献，主要集中在颗粒粉碎、分级、选粉、混合等方面。

SLG 型连续粉体表面改性机是目前国内非金属矿粉体干法表面改性的主流设备，实际应用效果得到业界认可但其工作原理的研究缺乏。中国矿业大学（北京）采用理论分析、实验测试与计算流体力学相结合的方法，开展 SLG 改性机改性流场的参数测试和数值模拟研究，提出以 CFD 模拟为中心的改性机结构/工作参数优化途径。

该粉体表面改性机的气固两相模拟研究，以对改性机入料口与出料口的气速、改性筒内温度和压力的实测结果为模拟参数依据，选用 Rhinocers 建立改性流域 3D 模型、Gambit 进行网格划分、ANSYS 实现 CFD 计算、Tecplot360 与 ANSYS 联合完成后处理。其模拟求解采用分离式求解器、考虑重力加速度、以 SIMPLE 为压力—速度耦合格式、RANS 湍流模型（近壁处理采用壁面函数法）、旋转区采用 MRF 模型、采用 DPM 为两相流求解方法。模拟结果与实验测试结果符合较好。

SLG 粉体改性机改性流域由 3 个呈"品"字形的改性筒组成，改性筒各含交叉排列的数个转子和定子，模拟流域复杂。图 10.6-1 为 SLG 粉体改性机 CFD 模拟的几何模型，流域分为 3 个定域和 3 个转域，并在入料仓、3 个改性筒、出料仓这 5 个部件间设置了 4 个分界面。

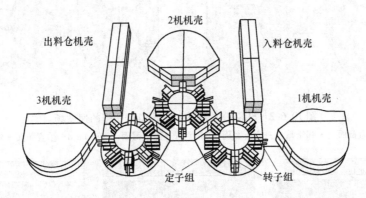

图 10.6-1　SLG 粉体表面改性机 CFD 模拟的几何模型（为观察，部件已分离）

SLG 粉体改性机 CFD 模拟后处理中分析了改性域的速度场、压力场，各分界面上的涡量、剪切速率、湍动能耗散率，以及固相（粉体粒子）的浓度分布。图 10.6-2 所示为速度分布的举例，以通过改性机转轴长度中心的垂直面为参考面，分别截取了半轴长度的 −40%、0%、20%、40% 位置处的 4 个平行截面，即，图 10.6-2a 为含定子的截面，图 10.6-2b 为含转子的截面，图 10.6-2c 为非含定子转子的截面，图 10.6-2d 为图 10.6-2a 的对称截面。图 10.6-3a、图 10.6-3b、图 10.6-3c 为分界面上涡量、湍动能耗散率、剪切速率分布，以 1 机改性筒与 2 机改性筒的衔接面所构成的流域分界面为例。图 10.6-4 为 CFD 模拟得到的两种固相粉粒的浓度分布，改性机模拟研究中对 3 种典型尺寸（直径分别为 $100\mu m$、$50\mu m$、$20\mu m$）与 3 种典型密度（分别为 $2300kg/m^3$、$2650kg/m^3$、$2850kg/m^3$）的粉粒分别进行了模拟。

SLG 粉体表面改性机的 CFD 模拟表明，改性流域内转子旋转带动流体旋转，对速度场的影响占主导地位；速度场分布可视为关于过 2 机轴线中点的纵截面对称。改性机内转子附近存在负压区，而 1 机/2 机衔接处压力高于其周边区域。改性流场内湍流动能耗散率、剪切速率和涡量的分布是基本重合的。由于改性机综合了"射流"和"桨叶搅拌"两种流场混合机制，因此能适应较宽范围内不同粒径粉体的混合和改性。

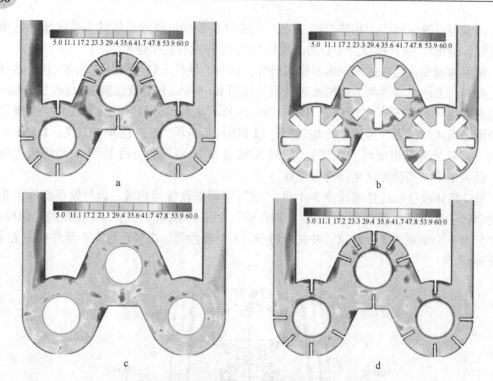

图 10.6-2 SLG 粉体表面改性机 CFD 模拟的速度场

a—垂直截面（-40%）；b—垂直截面（0%）；c—垂直截面（20%）；d—垂直截面（40%）

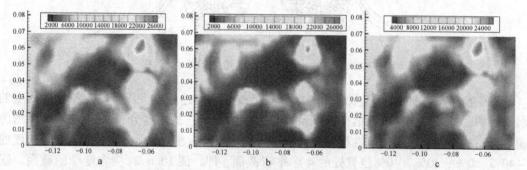

图 10.6-3 SLG 粉体表面改性机 CFD 模拟的内部界面湍流特性（1 机与 2 机的分界面）

a—涡量；b—湍动能耗散率；c—剪切速率

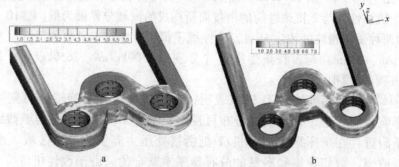

图 10.6-4 SLG 粉体表面改性机 CFD 模拟的粉粒浓度分布

a—粉粒密度取 2650kg/m³ 且直径取 20μm；b—粉粒密度取 2300kg/m³ 且直径取 50μm

参 考 文 献

[1] 冯绍灌. 选煤数学模型 [M]. 北京：煤炭工业出版社，1990.

[2] 樊民强. 选煤数学模型与数据处理 [M]. 北京：煤炭工业出版社，2005.

[3] 何亚群，赵跃民，匡亚莉. 计算机在矿物加工中的应用 [M]. 徐州：中国矿业大学出版社，2003.

[4] 李贤国，张明旭，李新. MATLAB 与选煤/选矿数据处理 [M]. 徐州：中国矿业大学出版社，2005.

[5] 路迈西. 选煤厂技术管理 [M]. 徐州：中国矿业大学出版社，2005.

[6] 张荣曾. 选煤实用数理统计 [M]. 北京：煤炭工业出版社，1986.

[7] 边炳鑫. 选煤工业数理统计方法及应用 [M]. 北京：煤炭工业出版社，1998.

[8] R P King, C L Schneider, E A King. Modeling and simulation of mineral processing systems (2nd edition) [M]. American：Society for Mining Metallurgy and Exploration Inc. 2012.

[9] Frank R. Giordano, William P. Fox, Steven B. Horton, et al. 数学建模 [M]. 4 版. 叶其孝，姜启源，等译. 北京：机械工业出版社，2009.

[10] 胡为柏，李松仁. 数学模型在矿物工程中的应用 [M]. 长沙：湖南科学技术出版，1983.

[11] 任天忠. 选矿数学模拟及模型 [M]. 长沙：中南工业大学出版社，1990.

[12] 陈炳辰. 选矿数学模型 [M]. 北京：冶金工业出版社，1990.

[13] 尹蒂，李松仁. 选矿数学模型 [M]. 长沙：中南工业大学出版社，1993.

[14] 王泽红，陈晓龙，袁致涛，等. 选矿数学模型 [M]. 北京：冶金工业出版社，2015.

[15] 段希祥. 碎矿与磨矿 [M]. 4 版. 北京：冶金工业出版社，2010.

[16] 颜庆津. 数值分析 [M]. 4 版. 北京：航空航天大学出版社，2012.

[17] 甘应爱，田丰，李维铮，等. 运筹学 [M]. 3 版. 北京：清华大学出版社，2005.

[18] 徐士良. C 常用算法程序集 [M]. 2 版. 北京：清华大学出版，1996.

[19] 威尔斯，纳皮·尔马恩. 矿物加工技术 [M]. 7 版. 印万忠，等译. 北京：冶金工业出版社，2011.

[20] 官长平，吴翠平，周天明，等. MATLAB 在浮选动力学建模中的应用 [J]. 现代矿业，2009，(6)：30~32.

[21] 陆恩锡，张慧娟. 化工过程模拟：原理与应用 [M]. 北京：化学工业出版社，2011.

[22] Kai Velten. 数学建模与仿真：科学与工程导论 [M]. 周旭，译. 北京：国防工业出版社，2012.

[23] 王振生，李寻. 选煤厂生产技术管理 [M]. 北京：煤炭工业出版社，1990.

[24] 匡亚莉，董宪姝，陶秀祥，等. 选煤厂管理 [M]. 徐州：中国矿业大学出版社，2011.

[25] 叶其孝，沈永欢. 实用数学手册 [M]. 2 版. 北京：科学出版社，2006.

[26] Ronald E Walpole, Raymond H Myers, Sharon L Myers, et al. 理工科概率统计 [M]. 8 版. 周勇，马昀蓓，谢尚宇，等译. 北京：机械工业出版社，2009.

[27] 谢广元，张明旭，边炳鑫，等. 选矿学 [M]. 徐州：中国矿业大学出版社，2001.

[28] 高允彦. 正交及回归试验设计方法 [M]. 北京：冶金工业出版社，1988.

[29] 陶东平，王振生. 论选煤厂最大精煤产率与最佳经济效益的关系 [J]. 中国矿业大学学报，1989，18 (1)：22~30.

[30] 张莹. 运筹学基础 [M]. 北京：清华大学出版，2004.

[31] 《运筹学》教材编写组. 运筹学 [M]. 3 版. 北京：清华大学出版社，2005.

[32] 巴赫瓦洛夫，热依德科夫，柯别里科夫. 数值方法 [M]. 5 版. 陈阳舟，译. 北京：高等教育出版社，2014.

[33] 朱晓临. 数值分析 [M]. 2 版. 合肥：中国科学技术大学出版社，2014.

[34] 张军，陈伟能，胡晓敏，等. 数值计算 [M]. 北京：清华大学出版社，2008.

[35] 马昌凤，林伟川. 现代数值计算方法（MATLAB 版）[M]. 北京：科学出版社，2008.

[36] 王岩，隋思涟. 试验设计与 MATLAB 数据分析［M］. 北京：清华大学出版社，2012.

[37] 卓金武，魏永生，秦健，等. MATLAB 在数学建模中的应用［M］. 北京：北京航空航天大学出版社，2011.

[38] 陈怀琛. MATLAB 及其在理工课程中的应用指南［M］. 3 版. 西安：西安电子科技大学出版社，2007.

[39] 黄华江. 实用化工计算机模拟［M］. 北京：化学工业出版社，2004.

[40] 屈一新. 化工过程数值模拟及软件［M］. 北京：化学工业出版社，2006.

[41] 刘维. 精通 MATLAB 与 C/C＋＋混合程序设计［M］. 3 版. 北京：北京航空航天大学出版社，2012.

[42] 刘正君. MATLAB 科学计算与可视化仿真宝典［M］. 北京：电子工业出版社，2009.

[43] 刘峰，钱爱军，郭秀军. DSM 重介质旋流器流场的数值模拟［J］. 煤炭学报，2006，31（10）：627~630.

[44] 刘峰，邵涛，罗时磊，等. 无压给料三产品重介质旋流器流场的数值模拟［J］. 煤炭学报，2009，34（08）：1115~1119.

[45] 刘峰，郭秀军，钱爱军. DWP 重介质旋流器流场的数值模拟［J］. 煤炭学报，2007，32（02）：186~189.

[46] 刘峰. 重介质旋流器流场的计算流体力学数值模拟与结构参数优化的研究［D］. 北京：中国矿业大学（北京），2005.

[47] 夏玉明. 重介旋流器流场算法及数值模拟研究［D］. 北京：中国矿业大学（北京），2011.

[48] 吴翠平. SLG 型粉体表面改性机流场特性与数值模拟研究［D］. 北京：中国矿业大学（北京），2013.

[49] JONH D Anderson. 计算流体力学基础及其应用［M］. 吴颂平，刘赵淼，译. 北京：机械工业出版社，2007.

[50] 王福军. 计算流体动力学分析：CFD 软件原理与应用［M］. 北京：清华大学出版社，2004.

[51] 韩占忠. Fluent：流体工程仿真计算实例与分析［M］. 北京：北京理工大学出版社，2009.

[52] 徐志强，等. 矿物加工过程的数值模拟［M］. 北京：科学出版社，2013.

[53] 曾鸣，徐志强，皇甫京华，等. 射流浮选柱的两相流数值模拟［J］. 煤炭学报，2008，33（7）：794~798.

[54] 徐宏祥，王永田，刘炯天，等. 基于 PIV 浮选柱旋流场的测试与模拟［J］. 煤炭学报，2014，39（S1）：212~218.

[55] 闫小康，刘煜，张秀宝. 旋流－静态微泡浮选柱旋流流场的数值模拟与试验测量［J］. 煤炭学报，2016，41（6）：1560~1567.

[56] 闫小康，刘炯天，周长春. 旋流－静态浮选柱管流段的两相流数值模拟［J］. 煤炭学报，2012，37（3）：506~510.

[57] 翟爱峰，刘炯天. 基于 FLUENT 的浮选柱旋流分选结构数值模拟［J］. 金属矿山，2012.

[58] Schwarz S, Alexander D, Whiten W J, et al. JKSimFloat V6: improving flotation circuit performance and understanding［C］. 23rd International Mineral Processing Congress, IMPC 2006. Istanbul: Istanbul Technical University. 2006: 1717~1722.

[59] 煤炭科学研究总院唐山研究院. GB/T 16417—2011 煤炭可选性评定方法［S］. 北京：中国标准出版社，2011.

[60] 中煤国际工程集团北京华宇工程有限公司. GB/T 7186—2008 选煤术语［S］. 北京：中国标准出版社，2008.

[61] 煤炭科学研究总院唐山分院. GB/T 15715—2014 煤用重选设备工艺性能评定方法［S］. 北京：中国标准出版社，2014.

附　　录

附录1　上机实验

本附录可以充任本科生课程的上机实验手册，共安排 4 个上机任务，每个任务上机 2 学时。鉴于目前许多学校选用 C 语言作为本科生计算机编程基础的教学语言，本附录给出实验任务的 C 语言代码片段（代码块）作为示例。其实，因为是数学建模的核心代码段，以各种运算和分支结构或循环结构为主，不同编程语言之间的差别不大，所给代码仍可以作为参考。之所以以片段形式呈现，是为了既展现矿物加工数学模型的程序建模技术，又留有让学生学习与练习的空间。学生需要在大致读懂的基础上，以大学低年级培养的高级语言程序设计基础，补全代码，写出完整程序并上机运行。

前 3 个任务的练习内容分别为：拟合建模（用回归方法进行模型参数估计）、拟合建模（用迭代法进行模型参数估计）、插值模型（包括求解三对线方程组），这样已经能练到矿物加工数学模型中经验模型的基础建模技术；任务 4 练习重选分配曲线的正态分布模型，也就是通过计算机解决矿物加工特定作业或设备的模型运算。这 4 个上机任务，难度适中，能起到学习计算机数学建模技术的作用。至于回路计算、优化预测等比较复杂的矿物加工数学模型问题，可以在掌握数学建模基础知识和基本技术之上，选用数学软件来辅助建模，以便将数学建模的主要精力用于专业问题的分析和处理上而不是单纯编程问题或单纯数学问题上。

建议上机实验报告的内容分为：实验名称、目的、内容、程序流程图、代码、运行结果、总结与分析等部分。其中，代码要求进行适当注释，同时按缩进格式书写；运行结果要按显示器的显示格式书写。

附录1.1　用线性化回归进行一元非线性模型的参数估计

【实验目的】

通过编写具有一定通用性的可转化为线性的一元非线性模型的程序，学习线性回归这种参数估计方法，体会作为经验模型主要形式之一的拟合模型的建立方法。

【实验内容】

针对本书例 3.3-1，建立某无烟煤粒度特性的拟合模型。

【实验要求】

复习 3.2 节与 3.3 节，参考图 3.3-2，绘制详细流程图，编写程序并上机验证，最后撰写实验报告。

【参考程序（部分）】

☞根据所选模型号，进行模型的线性化变换

```
/ * 变量说明：

        model_ n------整型，所选模型号，对应表3.3-1 第1 列；
        n--------------原始数据组数，其值为实际数据组数减1；
        i--------------整型，循环控制变量；
        x [ ]，y [ ]-------实型数组，分别对应表3.3-2 中的"筛孔"行与"正累计产率"行；
        u [ ]，v [ ]-------实型数组，用于存放 x [ ]，y [ ] 原始数据线性化转换后的结果；
* /
switch( model_n)
    {
        case 1：for( i = 0；i < = n；i + + )
                {
                    u[ i] = x[ i];
                    v[ i] = y[ i];
                }
                break;
        case 2：for( i = 0；i < = n；i + + )
                {
                    u[ i] = log( x[ i]);
                    v[ i] = log( log( 100/ y[ i]));
                }
                break;
        case 3：for( i = 0；i < = n；i + + )
                {
                    u[ i] = log10( x[ i]);
                    v[ i] = log10( y[ i]);
                }
                break;
        case 4：for( i = 0；i < = n；i + + )
                {
                    u[ i] = x[ i];
                    v[ i] = log( y[ i]);
                }
                break;
        case 5：for( i = 0；i < = n；i + + )
                {
                    u[ i] = 1/ x[ i];
                    v[ i] = log( y[ i]);
                }
                break;
        case 6：for( i = 0；i < = n；i + + )
                {
                    u[ i] = log10( x[ i]);
```

```
                v[i] = y[i];
            }
            break;
    case 7: for(i = 0; i < = n; i + + )
            {
                u[i] = exp(-x[i]);
                v[i] = 1/y[i];
            }
            break;
    case 8: for(i = 0; i < = n; i + + )
            {
                u[i] = x[i];
                v[i] = log(y[i]);
            }
            break;
    default:printf("不合法的模型号！\n");
            break;
    }
```

☞计算线性化模型的参数和相关系数

/ * 变量说明：

    e,f,g,l,m--------实型,中间变量。需要初始化为0；

    c,d------------实型,线性化后各模型的参数,对应表3.3-1中的符号 C 与 D；

    r----------------实型,相关系数；

    i----------------整型,循环控制变量；

    n----------------原始数据组数,其值为实际数据组数减1；

*/

```
    for(i = 0; i < = n; i + + )
    {
        e = e + u[i];
        f = f + v[i];
        g = g + u[i]  *  u[i];
        l = l + u[i]  *  v[i];
        m = m + v[i]  *  v[i];
    }
    e = e/(n + 1);
    f = f/(n + 1);
    g = g - (n + 1)  *  e  *  e;
    l = l - (n + 1)  *  e  *  f;
    m = m - (n + 1)  *  f  *  f;
    r = sqrt(g * m);
    r = l/r;
    c = l/g;
```

```
        d = f-c * e;
```

☞线性化模型的反线性化变换

```
/ * 变量说明:
    a,b------------实型,各非线性模型的参数;
* /
    switch(model_n)
    {
        case 1:
        case 6:
        case 7: a = d;
                b = c;
                break;
        case 2:
        case 3:
        case 4:
        case 5: a = exp(d);
                b = c;
                break;
        case 8: a = exp(d);
                b = exp(c);
                break;
        default: printf("非法模型号! \n");
                break;
    }
```

☞计算拟合结果

```
/ * 变量说明:
    p[ ]------------实型数组,存放与各原始数据对应的拟合值;
* /
    for(i = 0; i < = n; i + +)
    {
        switch(model_n)
        {
        case 1: p[i] = a + b * x[i];
                break;
        case 2:p[i] = 100 * exp(-a * pow(x[i],b));
                break;
        case 3:p[i] = a * pow(x[i],b);
                break;
        case 4:p[i] = a * exp(b * x[i]);
                break;
        case 5:p[i] = a * exp(b/x[i]);
```

```
             break;
     case 6:p[i] = a + b * log10(x[i]);
             break;
     case 7:p[i] = 1/(a + b * exp(-x[i]));
             break;
     case 8:p[i] = a * pow(b,x[i]);
             break;
     default:printf("非法模型号! \0");
             break;
     }
}
```

☞计算剩余标准差

```
/ * 变量说明:
     q--------实型,中间变量,用于存放剩余平方和,需要初始化为0;
     sm------实型,存放剩余标准差;
*/
     for(i = 0; i < = n; i + +)
     {
         q = q + (y[i]-p[i]) * (y[i]-p[i]);
     }
     sm = sqrt(q/(n-2));
```

附录1.2 黄金分割法

【实验目的】

通过编写针对单变量寻优问题的黄金分割法程序,学习用迭代法进行模型参数估计的方法,体会经验模型建立中的迭代法参数估计方法。

【实验内容】

针对本书3.4.1节中表3.4.1数据,求取分批浮选速度公式中的浮选速度常数。

【实验要求】

复习3.4.1节,参考图3.4-1,编写程序并上机验证,最后撰写实验报告。

【参考程序（部分）】

☞计算目标函数 $f(k)$ 的子程序

```
/ * 变量说明:
     f ------实型,用于保存计算出的f(k) 函数值;
     r [ ] ----实型数组,用于存放回收率,对应表3.4-1第2行数据;
     t [ ] ----实型数组,用于存放累计浮选时间,对应于表3.4-1第1行数据;
     N -----整型,全局变量,用于存放原始数据组数;
     R -----整型,全局常量,用于存放R∞;
*/
float obj(float k,float r[ ],float t[ ])
{
```

```
        float f = 0;
        for( int i = 0; i < N; i + + )
        {
            float temp;
            temp = (float)( ( r[i]-R * (1-exp(-k * t[i])) ) * (r[i]-R * (1-exp(-k * t[i])) ) );
            f = f + temp;
        }
        return f;
    }
```

☞分割区间及迭代计算

```
/ * 变量说明：
    a0,b0 -------实型,迭代初始区间的端点,分别初始化为 0 和 5；
    x1,x2 -------实型,迭代区间上,选取的两个分割点；
    a,b -------实型,迭代区间的端点,进入循环之前,a 取 a0、b 取 b0；
    fx1,fx2 ------实型,端点处对应的 f(k)函数值,通过调用子程序 obj( )得到；
    fx ----------实型,临时变量；
    fk ----------实型,(迭代结束后的)偏差平方和；
    k ------------实型,(迭代结束后)搜索到的模型参数,即最终浮选速度常数取值；
*/
while ( fabs( (x1-x2)/b0-a0) ) > 0.01f )
    {
        if( fx2 < fx1)
        {
            a = x1；
            x1 = x2；
            fx1 = fx2；
            x2 = a + 0. 618f * (b-a)；
            fx = obj(x2)；
            fx2 = fx；
        }
        else
        {
            b = x2；
            x2 = x1；
            fx2 = fx1；
            x1 = b-0. 618f * (b-a)；
            fx = obj(x1)；
            fx1 = fx；
        }
    }
    k = (a + b)/2；
```

```
        fk = obj(k);
  }
```

附录1.3　三次样条插值

【实验目的】

通过编写三次样条插值程序，学习分段插值方法，体会经验模型的另一种主要形式"插值模型"的建立。

【实验内容】

针对本书例4.4-1，求取加密后的浮沉实验数据。

【实验要求】

复习4.4节，绘制流程图、编写程序并上机验证，最后撰写实验报告。

【参考程序（部分）】

☞建立三对角线方程组。注意，其端点边界条件采用的是自然样条

/ * 变量说明：

x[], y[]------实型数组，存放原始数据，即已知节点数据；

h[]-----------实型数组，存放 h_i；

a[], b[]------实型数组，存放 α_i，β_i；

d[]-----------实型数组，存放三对角线方程组（4.4-11）中的主对角线元素；

c[]-----------实型数组，存放三对角线方程组（4.4-11）中 $1-\alpha_i$；

n-------------整型，存放原始数据组数，其值为实际数据组数减1；

 * /

```
for(i=1; i<=n; i++)
{
     h[i-1] = x[i] - x[i-1];
}
for(i=1; i<=n-1; i++)
{
     a[i] = h[i-1]/(h[i-1]+h[i]);
     b[i] = 3 * ((1-a[i]) * (y[i]-y[i-1])/h[i-1] + a[i] * (y[i+1]-y[i])/h[i]);
}
a[0] = 1;
a[n] = 0;
b[0] = 3 * (y[1]-y[0])/h[0];
b[n] = 3 * (y[n]-y[n-1])/h[n-1];
for(i=0; i<=n; i++)
     d[i] = 2;
for(i=1; i<=n; i++)
     c[i] = 1-a[i];
```

☞用追赶法解三对角线方程组

/ * 新增变量说明：

```
    beta[ ]------实型数组，存放方程组的解 m_i;
*/
    for( i = 1; i < = n; i + + )
    {
        if( fabs( d[ i ] ) < = 0.000001 )
        {
            printf("FAIL !!! \n");
            exit(1);
        }
        a[i-1] = a[i-1]/d[i-1];
        b[i-1] = b[i-1]/d[i-1];
        d[i] = a[i-1] * (-c[i]) + d[i];
        b[i] = -c[i] * b[i-1] + b[i];
    }
    beta[ n ] = b[ n ]/d[ n ];
    for( i = 1; i < = n; i + + )
        beta[ n-i ] = b[ n-i ]-a[ n-i ] * beta[ n-i + 1 ];
```

☞ 计算各待插值点对应的函数值

/* 主要变量说明：

　　i, j------整型,循环控制变量;
　　m-------整型,待插值点的个数,一般初始化为 26;
　　z[ ]------实型数组,存放各待插值点;共 m 个数据;
　　f[ ]------实型数组,存放各待插值点对应的函数值;
*/

```
    for( i = 1; i < = m; i + + )
    {
        for( j = 1; j < = n; j + + )
        {
            if( z[ i ] < = x[ j ] )
            { j = j-1;
                break;
            }
        }

        e = x[ j + 1 ]-z[ i ];
        e1 = e * e;
        ff = z[ i ]-x[ j ];
        f1 = ff * ff;
        h1 = h[ j ] * h[ j ];
        f[ i ] = ( 3 * e1-2 * e1 * e/h[ j ] ) * y[ j ] + ( 3 * f1-2 * f1 * ff/h[ j ] ) * y[ j + 1 ];
        f[ i ] = f[ i ] + ( h[ j ] * e1-e1 * e ) * beta[ j ]-( h[ j ] * f1-f1 * ff ) * beta[ j + 1 ];
        f[ i ] = f[ i ]/h1;
    }
```

附录1.4　分配曲线的正态分布模型

【实验目的】

通过编写分配曲线正态分布模型程序,学会用近似公式法来计算各密度级的分配率,体会专业数学模型的特殊性和多样性。

【实验内容】

编程计算各密度级别平均密度(如取 1. 20,1. 35,1. 45,1. 55,1. 70,2. 20)对应分配率的程序。

【实验要求】

复习 5. 2. 1 节,绘制流程图(功能上要实现,从键盘输入重选设备类型及其特征参数)、编写程序并上机验证,最后撰写实验报告。

【参考程序(部分)】

☞由键盘选择重选设备类型

```
/* 变量说明:
        flag------无符号整型,用于存放设备类型的标志变量;
*/
        do
        {     printf("请选择:1、跳汰选;2、重介选。\n");
              scanf("%d", &flag);
              printf("\n");
        }while( ! ( flag = =1 || flag = =2 ) );
```

☞根据设备类型输入分配曲线的特征参数

```
/* 变量说明:

        dp------实型,存放分选密度;
        I------实型,存放跳汰选设备的不完善度;
        E------实型,存放重介选设备的可能偏差;
*/
        printf("请输入分选密度:");
        scanf("%f", &dp);
        printf("\n");

        if(flag = =1)
        {
            printf("请输入跳汰选的不完善度:");
            scanf("%f", &I);

        }
        else
        {
            printf("请输入重介选的可能误差:");
```

```
        scanf("%f", &E);
    }
    printf("\n");
```

☞计算各平均密度对应的分配率

/ * 变量说明:

　　　　N------整型,存放密度级别数目,需要初始化为6;

　　　　x-------实型,存放由平均密度变换后的 t;

　　　　z-------实型,中间变量;

　　　　e[ ]-----实型数组,存放平均密度对应的分配率;

*/

```
    for(j=1; j<=N; j++)
    {   if( flag==1 )
            x=(0.6745*( log(d[j]-1)-log(dp-1) ))/log(I+sqrt(I*I+1))/1.4142;
        else
            x= 0.6745*(d[j]-dp)/E/1.4142;
        if( fabs(x) <=1.79 )
        {   z=x-pow(x,3)/3+pow(x,5)/10-pow(x,7)/42+pow(x,9)/216
                -pow(x,11)/1320+pow(x,13)/9360
                -pow(x,15)/75600+pow(x,17)/685440;
        e[j]=(0.5+0.5642*z)*100;
    }
    else if(x>1.79)
            e[j]=100;
        else e[j]=0;
    }
```

附录 2　上机涉及的编程知识

附录 2.1　编译系统给出错误的种类

编译系统查出的源程序错误分为三类：致命错误、一般错误和警告错误。C 程序调试过程中，编译系统发现错误后，会在开发环境窗口中依次显示如下内容：出错的源文件名、出错行号、错误类型（error 表一般错误；warning 表警告性错误）、出错代号及具体错误原因。例如，当把关键字 double 误写成 doule 时，会显示如下错误信息：

f：\ test \ exce.c（6）：error C2065：'doule'：undeclared identifier

说明在编译"f：\ test"目录下名称为"exce.c"的程序时出错，错误出现在代码的第 6 行中，错误类型为 error，出错代号为 C2065，具体原因是识别符"doule"未被定义。

需要注意，调试时往往出现这样一种现象：前面的某行出现一个错误，导致后面的代码出现多个错误。所以，修改程序要从前到后进行，并且每改一处错误，都要立即重新编译。

2.1.1　致命错误

致命错误通常是内部编译过程中的出错。一旦出现，编译立即停止。例如：

Bad call of in-line function　意即，未能正确调用内部函数。

Registerallocation failure　意即，寄存器分配失败。

2.1.2　一般错误

一般错误通常是源程序中的语法错误、存取错误或命令错误等。出现这类错误时，编译也会停止。例如：

Declarationsyntax error　意即，代码中某个声明语句出现语法错误，通常是丢失了某些符号或有多余的符号。

Division by Zero　意即，除数为零。在表达式中出现了除数为零的情况。

Do-while statement missing（　意即，do-while 循环语句中漏掉了"（"。

Expressionsyntax　意即，表达式语法错误。通常是表达式中连续出现两个操作符、括号不匹配或缺少括号，也可能是前一语句漏掉了分号等。

Illegal use of floating point　意即，非法的浮点运算。通常是在不允许使用实数的位置使用了实数。如，在条件运算符中使用了实数。

Incompatible type conversion　意即，不兼容的类型转换。通常是代码中试图把一种类型的表达式转换到另一种类型，但这两种类型是不相容的，例如函数与非函数之间的转换。

Redeclaration of 'xxxxxxx'　意即，引号中的标识符被重复定义。

Statement missing；　意即，语句缺少"；"。

2.1.3　警告信息

警告信息是提醒编程者某处代码值得怀疑（但也可能是合理的代码）。出现警告错误时，编译不会停止。警告信息提示编程者核实出错位置的代码。编程者最好修改代码，消除这些警告，以避免出现不尽如人意的运行结果。例如：

'xxxxx' declared but never used　意即，引号内的标识符声明了，但没有被使用。

Conversion may lose significant digits　意即，转换可能丢失高位数字。通常是赋值语句中，把长字节的类型转换成了短字节的类型，如，把 long 转换成 int。

Function should return a value　意即，函数应返回一个值。通常是源代码中声明了带返回值的函数，却在函数定义体内忘记写 return 语句，或者是编程者想定义一个不需要返回值的函数，却在函数声明行中误加了某种函数返回类型。

Possible use of 'xxxxxx' before definition　意即，在定义 'xxxxxx' 之前可能已经使用。通常是编译程序认为某一表达式中使用了未经赋值的变量。

Unreachable code　意即，不可能执行到的代码。通常是 break，continue，return 等语句后没有跟分号。这是因为编译程序使用一个常量测试条件来检查 while、for 等循环语句，并试图确认循环没有失败。另外，当代码中出现一个永远也不会执行到的条件语句时，也会有这种提示。

附录 2.2　附录 1 所列上机任务的常用库函数

附表 2-1　包含在头文件 "math. h" 中常用函数

函数及其形参	功　能
double exp（double x）	计算并返回 e^x 值
double fabs（double x）	计算并返回 x 的绝对值
double log（double x）	计算并返回自然对数值 $\ln(x)$，要求 $x > 0$
double log10（double x）	计算并返回常用对数值 $\log_{10}(x)$，要求 $x > 0$
double pow（double x，double y）	计算并返回 x^y 值
double sqrt（double x）	计算并返回 $\sqrt{x}$ 值。要求 $x \geqslant 0$

附表 2-2　包含在 "stdio. h" 中的常用函数

函数及其形参	功　能
int printf（char ∗ format，args，…）	将输出表列 args 的值输出到屏幕上，返回值为输出字符的个数，若出错则返回负数格式字符串 format 中，可以采用如下格式控制符： % d---输出十进制整数，% md 中，m 指定输出字段的宽度； % c---输出一个字符； % s---输出一个字符串，% ms 表示输出字符串占 m 列； % f---输出实数（包含单、双精度），以小数形式输出； 　　% f 不指定宽度，整数部分全部输出并输出 6 位小数； 　　% m. nf 指定输出的数据总占 m 列，其中有 n 位小数； % e---输出指数形式

函数及其形参	功　　能
int scanf（char ＊ format，args，…）	按 format 格式字符串指定的格式，从键盘输入数据并赋给 args（地址指针）指向的存储单元。返回值为读入并赋值给 args 的数据的个数。若出错则返回 0。这里的 format 与 printf 函数相似，以 % 开头，格式控制符有： 　d---用于输入十进制整数； 　f 或 e---用来输入实数，输入数据可以用小数形式或指数形式； 　c---用于输入单个字符； 　s---用于将字符串送入字符数组中。第一个字符不能为空格，字符串必须以 ' \ 0 ' 作为最后一个字符 　使用注意：如果在 format 格式字符串中使用了除格式控制符之外的其他字符，那么，在输入数据时应输入与这些字符相同的字符。例如，语句 　scanf（"% d,% d"，&x，&y）； 　相对应的输入形式应该为： 　1，5 < CR >　　　　　　　　　 ／＊输入时 < CR > 表示敲回车键 ＊／

附录3   MATLAB 用于矿物加工数学建模

附录 3.1   MATLAB 简介

MATLAB 是一门优秀的语言（可以编程）和软件（自带多种工具箱并且具有 Windows 风格的人机交互 GUI 界面），在欧美非常普及，是大学生必须掌握的科学计算工具和软件。目前，在大学、科研机构和各大公司中，MATLAB 已被日益广泛地应用，成为计算机辅助设计与分析、科学计算和应用开发的基本工具。建立矿物加工数学模型时，自然也可以利用此工具。

MATLAB 软件是基于 C 语言和 FORTRAN 语言编写的。但它的表达式简练而准确（笔算式的），对许多功能进行了函数化：一项复杂的计算任务，在 MATLAB 中常常用一条语句就可以实现。MATLAB 的特点之一是与人类的思维方式和（数学）书写习惯相适应，操作简易而效率极高，容易被科技人员接受。

概括起来，MATLAB 具有极强计算功能、图形可视化功能和符号运算功能，且简单易学、扩展性好，可以与其他面向对象的高级语言进行混合编程。如，本书 2.1 节中的插图均采用 MATLAB 编程绘制。

MATLAB 的版本每年更新两次，会根据需要和发展不断扩充其工具箱。这些工具箱的计算程序由各行各业的专业人员编写并经过了多次验证，助力使用者可以"站在专业巨人的肩膀上"，即使不掌握专业的软件开发技术，也能调用工具箱进行计算，完成各种复杂的、专门行业的科学计算。另外，MATLAB 也允许使用者以自己开发/积累的程序文件为基础建立专用于满足自身工作需要的"工具箱"，从而"养护"出个性化的 MATLAB 计算软件。

需要指出，MATLAB 程序中无法输入斜体、粗体和希文字母（但在矿物加工的专业描述中常常使用，如 β），所以，希文字母有关的 MATLAB 名称命名往往用谐音命名方法（如 Beta）。另外，代码中的变量（即使是向量或矩阵）也只能写成非粗体的。可贵的是，MATLAB 尽量采用了贴合人类自然语言（英语）和数学语言的表达形式。例如，字符类型到数据类型的转换函数为 str2num（），其中的"2"，读作"to"，非常符合英语语言习惯。MATLAB 初学者要记着从这个角度去熟悉和记忆其语言要素（如函数名称、预定义符号名称等）。

学好 MATLAB 编程，需要多读优质程序、勤练（初学编程时要逐字符录入而不要复制粘贴）、多思考。一般地，只要掌握 MATLAB 知识中的 60%，就可以应用于数学建模了。

附录 3.2   矿物加工数学建模有关 MATLAB 函数

MATLAB 的基本函数都包括在路径"MATLAB \ toolbox \ matlab"的子目录下，不妨称为 MATLAB 的基本部分，安装时不需选择。而 MATLAB 的各种工具箱，需要在安装过程中勾选后才被安装，否则无从使用。

对诸多 MATLAB 函数的调用，需要首先掌握这些函数的基本功能，包括其输入宗量与输出宗量的类型、含义、用意等信息。这时，借由 MATLAB 庞大而细致的帮助系统，会是一种高效率的学习途经。此处，以查找和学习多项式拟合函数 polyfit（）为例，说明 MATLAB 基本函数的查学方法。在 MATLAB 命令窗口中，执行"help"命令，出现多行内容→找到并左击名为"matlab\polyfun"的路径链接（浅蓝色且带下划线），出现多项分类条目（黑色字为归类类型、带下划线的蓝色字为函数的超链接）→左击名为"polyfit"的函数链接，即能在命令窗口中显示该函数的帮助信息。

　　MATLAB 函数学习中，理解函数的"多态"对函数使用也非常重要。MATLAB 函数"多态"理解为：某功能函数有多种形态，即输入宗量与输出宗量的个数、类型不同，形成函数的"多种形态"，其实是为调用方便而提供的同一函数名称下的多种函数形式。例如，附表 3-1 第一行给出的多项式拟合函数 polyfit（），如果只想求得多项式模型，用形式"$p = \mathrm{polyfit}(x, y, n)$"，拟合得到的多项式系数放在向量 $\boldsymbol{p}$ 中；如果求解模型参数同时还想了解多项式拟合的效果，则用形式"$[p, S] = \mathrm{polyfit}(x, y, n)$"，则诸如误差估计等描述拟合效果的特征参数会放在名为 S 的结构体中。

　　以下按问题类型列出在矿物加工数学建模中可能用到的 MATLAB 函数（包括基本函数和一些工具箱函数），限于篇幅，不展开介绍。这些函数都是 MATLAB 用于数学建模的典型函数，随版本不同可能出现细微差别，读者在使用中碰到 error 时要有甄别意识。

附表 3-1　数据拟合

多项式拟合	命令语句形式	p = polyfit（x, y, n）% 功能为最小二乘多项式拟合 yi = polyval（p, xi）% 功能为计算多项式的值
	图形窗口形式	先用 plot（）画出散点图，在图形窗口中单击"Tools→Basic Fitting"，打开对话框，据需要进行操作
指定函数的拟合		f = fittype（s）% 对用字符串自定义的函数进行拟合 fit（x, y, f）% 根据自定义的拟合函数 f 拟合数据（x, y）
用最小二乘拟合生成样条曲线	平滑生成三次样条拟合曲线	sp = csaps（x, y, p）% 得到三次样条函数 yi = csaps（x, y, p, xi, w）% 得到三次样条函数并求出待估点 x_i 对应的函数值 y_i
	生成 B 样条拟合曲线（不进行平滑处理）	sp = spap2（knots, k, x, y, w）% 针对离散数据（x, y），拟合得到满足最小二乘的 k 次样条函数
	平滑生成 B 样条拟合曲线	sp = spaps（x, y, tol, m, w）% 针对离散数据（x, y），平滑生成 B 样条函数
曲线拟合工具箱		% MATLAB 提供了功能强且使用方便的曲线拟合工具箱 单击 Start→Toolboxes→Curve Fitting→Curve Fitting Tool（相当于 cftool 命令），打开曲线拟合工具箱，据需要进行操作

附表 3-2　数据插值

一维插值	yi = interp1（x, y, xi,'method','extrap'）　% 选用 4 种方法（'linear'、'nearest'、'pchip' 或 'cubic'、'spline'）之一对数据向量（x, y）进行插值，计算并返回待插向量 x_i 对应的 y_i

续附表 3-2

二维插值	zi = interp2 (x, y, z, xi, yi, 'method')％已知数据向量 (x, y, z)，计算并返回待插向量 (x_i, y_i) 对应的 z_i
三维插值	vi = interp3 (x, y, z, v, xi, yi, zi, 'method')％已知数据向量 (x, y, z)，计算并返回待插向量 (x_i, y_i, z_i) 对应的 v_i
三次样条插值	yi = spline (x, y, xi)％等同于 yi = interp1 (x, y, xi, 'spline') pp = spline (x, y)％返回三次样条插值的多项式形式的向量
分段多项式估计函数	yi = ppval (pp, xi)％计算以 pp 向量为分段多项式系数的待插向量 x_i 对应的 y_i

注：另有样条工具箱（Spline Toolbox）。

附表 3-3　回归

多元线性回归	利用最小二乘法求回归模型的系数	[b, bint, r, rint, stats] = regress (y, X, alpha)％多元线性回归模型
非线性回归	转化为最优化问题	％利用 MATLAB 非线性最小二乘法函数 lsqnonlin () 或非线性最小二乘拟合函数 lsqcurvefit ()：首先定义优化问题的目标函数，并给出决策变量初值，再调用这些函数得到最优解
		[beta, r, j] = nlinfit (X, y, @fun, beta0)％用 Gauss-Newton 法进行非线性最小二乘数据拟合
		nlintool (x, y, @fun, beta0, alpha)％用 Gauss-Newton 法进行非线性最小二乘数据拟合，并显示交互图形

附表 3-4　规划问题

线性规划（LP）		[x, fval] = linprog (c, A, b, Aeq, beq, LB, UB, X0, OPTIONS)％求解线性规划问题的标准型，算法采用投影法
非线性规划（NP）	（多变量）无约束非线性规划	[x, fval, exitflag] = fminbnd (@fun, x0, options, p1, p2, …)％采用拟牛顿算法求函数 fun 的最小值
	二次规划（线性约束）	[x, fval, exitflag] = quadprog (H, f, A, b, Aeq, beq, lb, ub, x0, options, p1, p2, …)％求解二次规划模型
	（多变量）有约束非线性规划	x = fmincon (@fun, x0, A, b, Aeq, Beq, lb, ub, @nonlcon, options, p1, p2, …)％采用序贯二次规划法算法求函数 fun 的极小值

附表 3-5　数值积分与数值微分

数值积分	z = ptrapz (y)％用梯形求积公式计算向量 y 的积分近似值 q = quad (@fun, a, b, tol, trace, p1, p2, …)％用自适应 Simpson 低阶求积公式计算被积函数向量 fun 在积分限 $[a, b]$ 上的积分 q = quad1 (@fun, a, b, tol, trace, p1, p2, …)％用自适应 Aobatto 高阶求积公式计算被积函数向量 fun 的积分
数值微分	pp = polyder (p)％对以 p 为系数向量的多项式函数求导 pp = finder (sp, dorder)％对样条拟合函数 sp 求取 dorder 阶导函数

附表 3-6　代数方程（组）的数值求解

线性代数方程组的解法	$X = inv$ (A) ＊b ％求 $AX = b$ 的解 $X = A \backslash b$ ％求 $AX = b$ 的解
非线性方程（组）的解法	x = fzero (@fun, x0, options, p1, p2, …) ％结合使用二分法、割线法和可逆二次内插法等迭代法求解单变量非线性方程 $f (x) = 0$
	x = fsolve (@fun, x0, options, p1, p2, …) ％使用最小二乘法解多变量非线性方程组 $f (x) = 0$

附表 3-7　常微分方程（组）的数值求解

常微分方程初值问题	$[t, y]$ = ode45 （@ ODEfun, tspan, y0, options, p1, p2, …）% 采用四五阶 Runge-Kutta 法求解一阶常微分方程初值问题
常微分方程组 边值问题	% MATLAB 中，对一阶常微分方程组两点边值问题求解步骤包括三步：调用 bvpinit（）生成在 $[a, b]$ 内的给定初始网格 x 上的初始猜测解（结构）；调用 bvp4c（）得到解 sol（结构）；调用 deval（）计算在 $[a, b]$ 内任意点 *xint* 处的解. solinit = bvpinit （x, yinit） sol = bvp4c （@ ODEfun, @ BCfun, solinit, options, p1, p2, …） yint = deval （sol, xint）

附表 3-8　最优化方法

单变量寻优问题	$[x, fval, exitflag]$ = fminbnd （@ fun, x1, x2, options, p1, p2, …） % 采用以黄金分割法和二次插值法为基础的算法，在区间 $[x_1, x_2]$ 内搜索函数 *fun* 的最小值
多目标寻优 （也称多目标规划）	x = fgoalattain （@ fun, x0, goal, weight, A, b, Aeq, beq, lb, ub, @ nonlcon, options, p1, p2, …）% 求解如下多目标问题最优化模型 $$\min_{x, \gamma} \gamma$$ $$F(x) - weight \cdot \gamma \leq goal$$ $$c(x) \leq 0$$ $$ceq(x) = 0$$ $$Ax \leq b$$ $$Aeq \cdot x = beq$$ $$lb \leq x \leq ub$$

附表 3-9　最小二乘

有约束线性最小二乘	x = lsqlin （C, d, A, b, Aeq, beq, lb, ub, x0, options, p1, p2, …）% 求解如下有约束线性最小二乘模型 $$\min_x f(x) = \frac{1}{2}\|Cx-d\|_2^2$$ $$\text{s. t.}\quad Ax \leq b$$ $$Aeq \cdot x = beq$$ $$lb \leq x \leq ub$$
非负线性最小二乘	x = lsqnonneg （C, d, x0, options）% 求解如下非负线性最小二乘模型 $$\min_x f(x) = \frac{1}{2}\|Cx-d\|_2^2$$ $$\text{s. t.}\quad x \geq 0$$
非线性最小二乘	x = lsqnonlin （@ fun, x0, lb, ub, options, p1, p2, …）% 求解如下非线性最小二乘模型 $$\min_x f(x) = \sum_i^m f_i(x)^2 + C$$ $$lb \leq x \leq ub$$
非线性最小二乘曲线拟合	$[x, resnorm]$ = lsqcurvefit （@ fun, x0, xdata, ydata, lb, ub, options, p1, p2, …）% 求解如下非线性最小二乘曲线拟合模型 $$\min_x \frac{1}{2}\|F(x, xdata) - ydata\|_2^2 = \frac{1}{2}\sum_i^m (F(x-xdata_i) - ydata_i)^2$$ $$lb \leq x \leq ub$$

附表 3-10 概率论与数理统计

随机数生成	rand（）% 均匀分布随机数生成函数 randn（）% 正态分布随机数生成函数
实验数据处理	sort（）% 排序函数 sum（）% 求和函数
计算随机变量数字特征	mean（）% 求平均值；　　　　　　cov（）求协方差； median（）% 求中值；　　　　　　corroef（x，y）% 求相关系数； mad（）% 求平均绝对偏差；　　　range（）求极差； var（）% 求方差；　　　　　　　skewness（）% 求偏度； std（）求标准差；　　　　　　　kurtosis（）% 求峰度
概率分布	~pdf（）% 概率密度函数 ~cdf（）% 分布函数 ~inv（）% 分布函数的逆函数 ~stat（）% 理论统计特性（均值、方差）计算函数 % 对以上四类函数，函数名称中的符号"~"可以是 20 种概率分布之一，如贝塔分布时对应为"beta"符号、Γ 分布时对应为"gam"符号、卡方分布时对应为"chi2"符号、正态分布时对应为"norm"符号、对数正态分布时对应为"logn"符号、t 分布时对应为"t"符号、F 分布时对应为"f"符号
回归分析	% regress（）、nlinfit（）、nlpredic（）、nlintool（）等函数已经包括在之前表格中 stepwisefit（）函数 % 建立逐步回归分析模型
假设检验	ranksum（）% 秩和检验；　　　　　ttest（）% 1 个样本的 t 检验； signrank（）% 符号秩检验；　　　　ttest2（）% 2 个样本的 t 检验； signtest（）% 成对样本的符号检验；　ztest（）% z 检验
参数估计	~fit（）% 由样本求总体参数估计值或未知参数的估计区间，其函数名称中的符号"~"同本表之"概率分布"行中的所述，如正态分布时的函数为 normfit（）
方差分析	p = anoval（x）% 得出单因素方差分析表及箱形图 anova2（）% 得出两因素方差分析表
聚类分析	linkage（）% 进行聚类分析 dendrogram（）% 画聚类谱系图
统计过程控制	xbarplot（）% 绘制平均值控制图 schart（）% 绘制标准差控制图 capable（）% 工序能力分析函数

附录4 相关系数 R 表

自由度	5%水平				自由度	1%水平			
	变 量 总 数					变 量 总 数			
	2	3	4	5		2	3	4	5
1	0.997	0.999	0.999	0.999	1	1.000	1.000	1.000	1.000
2	0.950	0.975	0.983	0.987	2	0.990	0.995	0.997	0.998
3	0.878	0.930	0.950	0.961	3	0.959	0.976	0.983	0.987
4	0.811	0.881	0.912	0.930	4	0.917	0.949	0.962	0.910
5	0.754	0.836	0.874	0.898	5	0.874	0.917	0.937	0.949
6	0.707	0.795	0.839	0.867	6	0.834	0.886	0.911	0.927
7	0.666	0.758	0.807	0.838	7	0.798	0.855	0.885	0.904
8	0.632	0.726	0.777	0.811	8	0.765	0.827	0.860	0.882
9	0.602	0.697	0.750	0.786	9	0.735	0.800	0.836	0.861
10	0.576	0.671	0.726	0.763	10	0.708	0.776	0.814	0.840
11	0.553	0.648	0.703	0.741	11	0.684	0.753	0.793	0.821
12	0.532	0.627	0.683	0.722	12	0.661	0.732	0.773	0.802
13	0.514	0.608	0.664	0.703	13	0.641	0.712	0.755	0.785
14	0.497	0.590	0.646	0.686	14	0.623	0.694	0.737	0.786
15	0.482	0.574	0.630	0.670	15	0.606	0.677	0.721	0.752
16	0.468	0.559	0.615	0.655	16	0.590	0.662	0.706	0.738
17	0.456	0.545	0.601	0.641	17	0.575	0.647	0.691	0.724
18	0.444	0.532	0.587	0.628	18	0.561	0.633	0.678	0.710
19	0.433	0.520	0.575	0.615	19	0.549	0.620	0.665	0.698
20	0.423	0.509	0.563	0.604	20	0.537	0.608	0.652	0.685
21	0.413	0.498	0.552	0.592	21	0.526	0.596	0.641	0.674
22	0.404	0.488	0.542	0.582	22	0.515	0.585	0.630	0.663
23	0.396	0.479	0.532	0.572	23	0.505	0.574	0.619	0.652
24	0.388	0.470	0.523	0.562	24	0.496	0.565	0.609	0.642
25	0.381	0.462	0.514	0.553	25	0.487	0.555	0.600	0.633
26	0.374	0.454	0.506	0.545	26	0.478	0.546	0.590	0.624
27	0.367	0.446	0.498	0.536	27	0.470	0.538	0.582	0.615
28	0.361	0.439	0.490	0.529	28	0.463	0.530	0.573	0.606
29	0.355	0.432	0.482	0.521	29	0.456	0.522	0.565	0.598
30	0.347	0.426	0.476	0.514	30	0.449	0.514	0.558	0.591
35	0.325	0.397	0.445	0.482	35	0.418	0.481	0.523	0.556
40	0.304	0.373	0.419	0.455	40	0.393	0.454	0.494	0.526

| 自由度 | 5%　水　平 | | | | 自由度 | 1%　水　平 | | | |
| | 变　量　总　数 | | | | | 变　量　总　数 | | | |
	2	3	4	5		2	3	4	5
45	0.288	0.353	0.397	0.432	45	0.372	0.430	0.470	0.501
50	0.273	0.336	0.379	0.412	50	0.354	0.410	0.449	0.479
60	0.250	0.302	0.348	0.380	60	0.325	0.377	0.414	0.442
70	0.232	0.286	0.324	0.350	70	0.302	0.351	0.386	0.413
80	0.217	0.269	0.304	0.332	80	0.283	0.330	0.362	0.389
90	0.205	0.254	0.288	0.315	90	0.267	0.372	0.343	0.368
100	0.195	0.241	0.274	0.300	100	0.254	0.297	0.327	0.351
125	0.174	0.216	0.246	0.269	125	0.228	0.266	0.294	0.316